人工智能

基础与进阶

U0163078

周 越 编著

上海交通大學出版社
SHANGHAI JIAO TONG UNIVERSITY PRESS

内容提要

人工智能是一门发展极其迅速且内容丰富的学科，其众多分支领域都值得大家去探索和学习。本书分为基础篇和进阶篇两个篇章。其中，基础篇内容包括了人工智能的基本概念、人工智能的发展历史、计算机与环境感知、简单几何形状的识别、人工智能搜索算法；进阶篇则包括大数据的定义、知识与推理、回归与分类、深度学习网络、感知信息处理。此外还有配合知识学习的课程实践，包括图形匹配以及微缩车倒车入库等实验。本书与《人工智能基础与进阶(Python 编程)》共同形成一套适合人工智能初学者的教材，同时也适合广大对人工智能相关领域感兴趣的读者。

图书在版编目(CIP)数据

人工智能基础与进阶/周越编著. —上海：上海交通大学出版社，2020

ISBN 978-7-313-23115-4

Ⅰ.①人… Ⅱ.①周… Ⅲ.①人工智能—教材 Ⅳ.①TP18

中国版本图书馆 CIP 数据核字(2020)第 054771 号

人工智能基础与进阶

RENGONG ZHINENG JICHU YU JINJIE

编　　著：周　越

出版发行：上海交通大学出版社

邮政编码：200030

印　　制：上海万卷印刷股份有限公司

开　　本：787 mm×1092 mm　1/16

字　　数：389 千字

版　　次：2020 年 7 月第 1 版

书　　号：ISBN 978-7-313-23115-4

定　　价：62.00 元

地　　址：上海市番禺路 951 号

电　　话：021-64071208

经　　销：全国新华书店

印　　张：17.75

印　　次：2020 年 9 月第 2 次印刷

版权所有　侵权必究

告读者：如发现本书有印装质量问题请与印刷厂质量科联系

联系电话：021-56928178

前　言

本书与《人工智能基础与进阶(Python 编程)》共同形成一套面向人工智能初学者的基础与实践教材。为了能够使读者对人工智能学习有更多的兴趣且易于理解,作者在书中试图尽可能少地使用过于专业的数学知识进行讲解。然而,在人工智能这门学科中,对概率、逻辑、统计和代数等数学知识的学习是不可避免的,因此本书作者将部分内容设定为拓展阅读部分,以便读者在掌握了更深入的知识之后再对这些内容做详尽的阅读和深入的理解。

本书分基础篇和进阶篇。从难易程度来讲,进阶篇中涉及数学知识的章节较难,因此对于读者的基础知识要求略高一些。考虑到读者的年龄与知识背景的不同,以及编写此教材的初衷,作者已尽可能做到深入浅出。作者并不想将本书设定为一本晦涩难懂的教科书,而是希望读者在阅读了本书之后能够对人工智能形成一个初步的概念,并且对这个领域产生兴趣,进而积极主动地去系统学习该领域相关的理论知识。人工智能是一门发展极其迅速且内容丰富的学科,其众多分支领域都值得大家深入探索和学习。下面较为详尽地介绍一下本套教材的章节安排。

在基础篇中,第 1 章主要介绍人工智能的发展概况,包括人工智能的定义、发展历史、发展现状以及对人工智能未来的探讨;第 2 章主要介绍了人工智能的首次"出现",为何今天提到人工智能总会与计算机联系在一起? 人工智能何以走到今天,它的发展脉络又是什么? 这些问题都将在这一章中进行探讨;如果我们想将一台计算机打造得像人一样,那么首先要使其像人一样拥有感官系统。如何让冰冷的计算机像人一样做到对环境的感知是第 3 章将要探讨的话题;第 4 章将承接第 3 章的内容,在计算机能够获取环境信息之后，如何检测简单的直线和圆成为这一章讨论的重点话题，此技术最终也将应用到交通场景中的车道检测和交通标志的检测；第 5 章将介绍三种基本搜索策略；第 6 章将介绍一种包含了摄像头、麦克风、激光雷达以及受计算机控制的执行机构的微缩智能车，结合之前章节所学的内容为其赋予一定的“智能”，从而达到实验目标。

在进阶篇中，第 7 章主要介绍了“大数据”这个近期的热点之一，梳理其与人工智能的脉络关系，让读者对大数据有较为清晰的认识；第 8 章主要介绍知识推理，如何使人类的知识表达与推理模式转化为计算机能够存储、运用和理解的知识与演绎推理机制？这个问题将在这一章节进行探讨；第 9 章针对人工智能领域中最常见的分类与回归问题，分别介绍了几种常用模型。前者可以理解为“使用计算机为某个事物打上一个标签”。而后者，即回归模型就是用来描述某个事件与影响它的因素之间关系的模型。这两种方法的思想脉络将贯穿人工智能的学习和发展；第 10 章将重点介绍深度学习网络，为读者呈现出深度神经网络的完整架构；第 11 章将目光投放于人工智能的应用场景——感知信息处理。对语音信息和图像信息的分析与处理是计算机学科中人机交互领域无法逃离的必经之路；第 12 章将结合实践平台和理论知识，指导读者亲自动手完成有挑战性的基于交通标志牌识别的微缩车自动巡航任务，并了解人工智能在计算机视觉中的一些前沿任务和实际效果。

本套教材的另外一本《人工智能基础与进阶（Python 编程）》为 Python 初级入门教程，主要为初学者介绍了当前人工智能发展中使用最为广泛的计算机编程语言——Python 语言的基础知识。书中介绍了 Python 语言的编写规范和 Python 的发展历史，同时还介绍了有关人工智能领域相关功能库的安装和使用方法，并提供了一些配套的实战练习。更重要的是，在《人工智能基础与进阶》这一册中涉及的人工智能和信息处理的主要算法给出了 Python 语言的程序设计和使用方法，以便帮助初学者能够快速尝试实践，体会“人工智能”的魅力。

人工智能经过几十年的发展已经成为一门内容丰富的学科，其众多分支领域都值得广大学者认真钻研和理解。作者在编写本套教材的过程中也时刻保持着学习的心态，由于精力和时间所限，书中如若出现错谬之处，还望广大读者告知，不胜感谢。

编　者

2020 年 5 月

目　录

基　础　篇

进 阶 篇

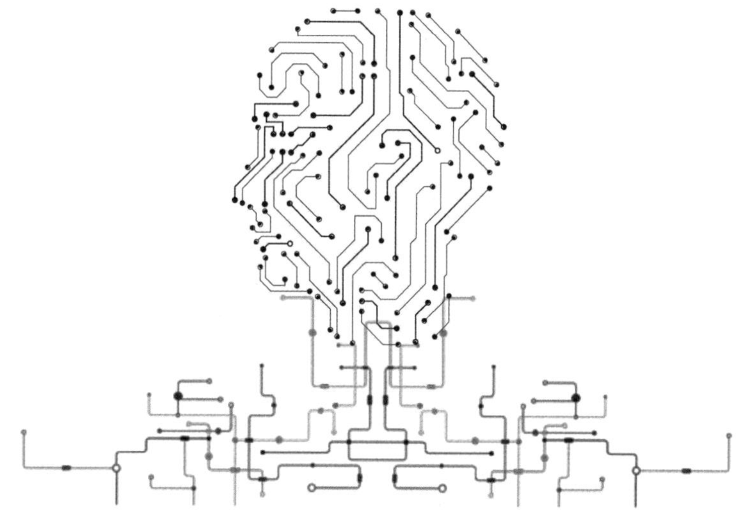

基 础 篇

1 走近人工智能

人工智能(artificial intelligence，AI)的定义是研究和开发用于模拟、延伸和扩展人的智能的理论、方法、技术及应用系统的一门新兴的技术科学。由此看出当下的人工智能是一个非常笼统的概念，它宽泛地将不同技术包罗在一起，并且随着这一领域的发展而不断更新。人工智能的发展历史长达60年，其发展道路荆棘丛生，所涉及的技术也十分广泛，因此它比其他领域拥有更复杂、更丰富的内涵。在本章中，我们将介绍人工智能的含义、发展历史、现状以及对人工智能未来的探讨。

1.1 什么是人工智能

通常，我们对人工智能的最初认识更多地来自科幻电影。电影中的AI技术已相当发达，那些机器人拥有与人类几乎相同的外表且具备比人类更强的思维能力，但在现实中，人工智能技术还远未达到这种水平。人工智能技术的形式多种多样，并不拘泥于类人机器人。其应用目前已遍布人们生活的各个方面，甚至包括一些我们很难联想到与之相关联的领域。

1.1.1 改变世界的人工智能

大数据时代的到来以及计算能力的提高为深度学习的发展提供了坚实有力的支撑，深度学习的迅猛发展掀起了人工智能发展的第3次浪潮。随着深度学习在语音识别、自然语言处理和计算机视觉等多个领域中取得成功，许多依赖于人工智能的应用也慢慢发展成熟起来，并逐渐渗透到我们生活的各个方面，例如我们手机中的智能语音助手，网页广告的智能投放，金融领域的智能投顾系统、智能安防系统，这些都依赖于人工智能。人工智能算法存在于我们的电脑和手机中，存在于企业、政府和学校的服务器中，也存在于公有或私有的云端中。可以预见，未来人工智能将更加快速地渗透到各个行业中，它会与许多传统的生产模式相结合，从而提高生产力；它也会更加深入我们的日常生活，甚至改变我们的生活方式。下面我们一起来了解一下当今活跃于你我之间，正在改变世界的人工智能技术。

1. 智能语音助手

智能语音助手是手机上最常见的人工智能技术之一，它的一些基础功能，如推送新闻简讯、语音输入、语音拨号及语音操作等已设计得非常出色。随着人工智能的快速发展，天猫精灵、小爱同学、小度等一系列的新型语音助手相继出现。智能语音助手开始运用于医疗咨询，为患者提供简单的问询服务；它也逐渐应用于汽车领域，让驾驶更便捷、更有趣。

目前智能语音助手所拥有的“智力”还远不及人类，它通常只是根据人们的提问在海量的人类语料库和互联网资料库中寻找最匹配的答案，在一些较复杂的语境或者人类变幻莫测的情感表达中，智能语音助手经常答非所问，牛头不对马嘴。但不可否认，智能语音助手已经逐步展现出与人类的沟通能力。未来，智能语音助手可能会像水、电等一样成为我们生活中的必需品，让我们的生活更加便捷。

2. 搜索引擎里的人工智能

使用AI技术的搜索引擎与传统的算法不同。在传统算法中，计算网页排序的模型及模型的参数是由人预先定义的，而在机器学习方向中，模型和参数是在大数据的基础上通过复杂的迭代自主学习得到的。影响排序结果的每个特征的重要程度与如何参与计算都是通过人工智能算法自我学习得到的。自2011年大数据时代的到来以及计算能力的提高，深度学习技术得到广泛且深入的应用，现在的搜索引擎越来越依赖于深度学习技术，搜索结果的准确性和相关性也由此得到大幅度的提升。人们甚至可以通过手绘草图来检索想要的对象。

近年来，AI技术在网页排序、个性化推荐、计算机视觉、语音识别和自然语言理解等领域都取得了长足的进步，当今主流搜索引擎正在从单纯的网页搜索和网页导航工具转变成为世界上最大的个人助理和知识引擎，也就说是AI技术让搜索引擎变得越来越智能了。

3. 智能驾驶

如今在拥挤的城市里很多人觉得开车麻烦，在通行高峰期呼叫出租车也很困难，乘坐地铁又太拥挤，目前很多城市的交通仍然不是很便利。如果有了无人驾驶技术可能会让我们的出行更便捷。我们只要通过智能手机就能方便快捷地叫来一辆没有司机驾驶的车，它可以送我们安全抵达目的地。

不仅如此，无人驾驶技术还能为其他很多方面带来巨大变化。例如，在汽车行业，无人驾驶的汽车可能将不再私有化，汽车企业的业务不是销售车辆，而是销售与车辆相关的服务；在金融行业，汽车保险的定义及其产业结构也可能将发生变化。

总的来看，无人驾驶技术是汽车行业与人工智能、高性能计算、物联网等新一代技术深度融合的产物，是当前全球汽车与交通出行领域智能化和网联化发展的主要方向。

4. 机器人

工业机器人在很多年前就开始在制造领域发挥作用，在主流的汽车生产线和手机生产线中协助人类完成自动化生产。

在物流领域，机器人也可以发挥很大的作用，谷歌、亚马逊、DHL 等公司在几年前就开始尝试使用机器人来完成物流中的“最后一英里①”。

服务机器人的出现时间要稍晚于工业机器人，它们直到 20 世纪 90 年代才逐渐受到人们的关注。服务机器人按其应用领域可分为个人/家庭服务机器人和专业服务机器人。不过今天的服务机器人还无法像大家想象的那样以真人的外貌形象出现在主人面前。从投资的角度看，机器人的设计追求与人长得一样，仿照人的方式做事不一定有很好的商业前景。原因是，机器人越像人类，我们就越容易拿它与真人比较，其技术的不足就暴露无遗，机器人会显得无比愚蠢和笨拙。真正容易打动用户的很可能是一些功能相对简单、外形更像家电，只面向一两个有限场景的机器人。也就是说，大多数用户更喜欢一个具备一定沟通能力、外形比较可爱的小家电，而不是有很多缺陷、笨拙的人形机器人。

1.1.2 了解什么是人工智能

人工智能这个概念存在于我们生活的各个方面，但并不是所有人都能留意到它的存在，许多人只是将它视作一种前沿科技。有的人认为只有长相和人类一样，智能水平至少达到普通成年人的机器才可以称为人工智能；但也有人认为，计算机可以做到人类做不到的事情，比如在一秒钟内完成数百亿次运算，即使再聪明的人类也无法在计算速度上超越计算机，那为什么不能将远超人类的计算机视为人工智能呢？这两种看法哪个更准确呢？为什么我们之前谈到的智能助理、搜索引擎、机器翻译、机器写作、计算机视觉、智能驾驶和机器人等技术可以称为 AI 技术，而计算机操作系统、财务管理系统和媒体播放器就不属于人工智能的范畴呢？

在人工智能的发展历史上，它的定义也经历了多次改变。一些比较肤浅的、不能揭示人工智能内在规律的定义很早就被学者们抛弃了。但直到今天，仍然存在多种关于人工智能的定义，具体使用哪一种定义，这通常取决于当时的语境和关注的焦点。下面我们简要地列举几种在历史上有重大影响的或者是目前仍然流行的定义。

1. 人工智能就是让人觉得不可思议的计算机程序

这个定义表示判断一个计算机程序是否具备智能的方法要看这个程序能不能完成一些让人不可思议的事情。这种定义既主观又明显缺乏一致性，它会因为时代、背景及评判者的不同而得到不同的结果。但是这个定义恰恰反映了普通人对人工智能的认识方式和判断标准。每当一个新的 AI 热点出现时，大众和新闻媒体倾向于用自己的直观经验来判断 AI 技术的价值高低，但大众对 AI 技术的难度和价值的直观认识与其实际发展状况存在较大的差异。比如，大众通常认为机器识别图像中的一个物体是一项基础任务而进行复杂运算是比较困难的。但事实上，对于机器来说准确识别图像中的物体是一项挑战性很高的任务，而进行复杂运算反而相对简单。

---

① 1 英里=1.609 千米

2. 人工智能就是与人类思考方式相似的计算机程序

这是一个在人工智能发展的早期非常流行的定义。从本质上来讲,这是一种类似仿生学的直观定义,即用机器来模拟人类的智慧。但是历史经验证明“简单模仿生物”的思路在科学发展中不一定完全可行。一个最著名的例子就是飞机的发明(见图 1-1)。在过去几千年的历史中,人类一直梦想着能像鸟类一样扇动翅膀飞上天空,但最后真正让人类能在空中翱翔,打破鸟类飞行速度和高度记录的是与鸟类飞行原理差别较大的固定翼飞机。

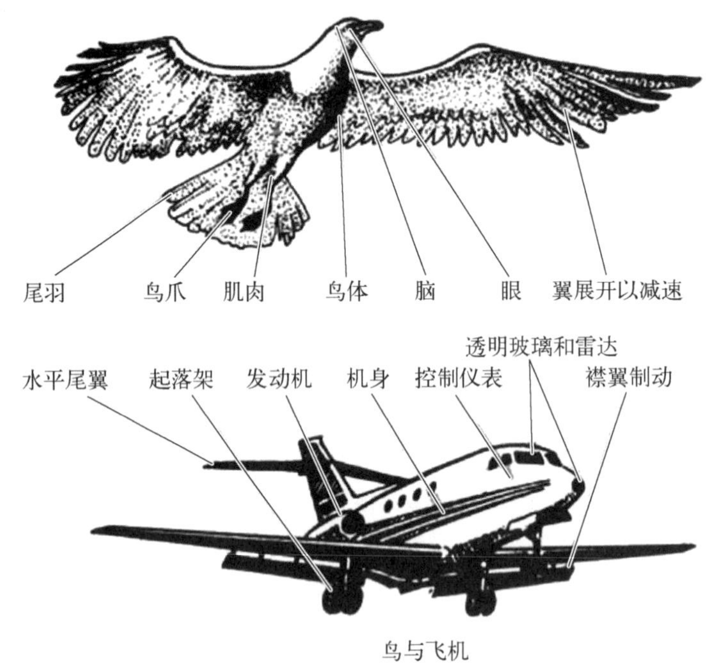

图 1-1　飞行器中的仿生学

人类是如何思考的? 这本身就是一个复杂的技术和哲学问题。哲学家们通过自省和思辨,试图找到人类思维的逻辑法则,而科学家们则通过生物学和心理学实验去了解人类在思考时的身心变化规律。他们都在人工智能的发展历史上起到了极为重要的作用。

一个人的逻辑能力是判断其能否进行理性思考的重要标准之一。从古希腊的先贤们开始,形式逻辑、数理逻辑、语言逻辑和认知逻辑等分支在长期的积累和发展过程中总结出了大量规律性的法则,并成功地为几乎所有科学研究提供了方法论指导。让人工智能遵循逻辑学的基本规律进行运算、归纳和推理是许多早期人工智能学者最大的追求。

世界上第一个专家系统 Dendral 第一次成功地用人类专家知识和逻辑推理规则解决了一个特定领域的问题。Dendral 项目在 20 世纪 60 年代取得了瞩目的成功,并衍生出了大量相似的智能程序。但人们也很快发现了基于逻辑学规则和人类知识库来构建人工智能系统的局限性:它只能解决特定的、狭小领域内的问题。因此这种构建方法很难扩展到较宽广的知识领域中,更不能扩展到基于世界知识的日常生活中去。

科学家们也试图从心理学和生物学的角度出发去弄清楚大脑究竟是如何工作的,并希望按照大脑的工作原理来构建计算机程序，从而实现人工智能。然而，这条道路同样艰难，其中最具代表的例子就是神经网络。

早在通用电子计算机出现以前，科学家们就已经提出利用神经元处理信息的假想模型，它与人脑结构十分相似，由数量庞大的神经元共同组成，信息通过若干层神经元的处理后，成为系统的输出信号，并通过它驱动系统的外部器件对环境做出反应。

早期人工神经网络的发展刚起步不久就陷入了低谷，主要有两个原因：一是当时的人工神经网络算法在处理某些特定问题时存在先天的局限，亟待理论上的突破；二是当时计算机的运算能力无法满足人工神经网络的需要。20 世纪 70－80 年代，人工神经网络的理论难题得到解决。从 20 世纪 90 年代开始，计算机的计算能力得到飞速提升，人工神经网络重新成为研究的热点。在 2010 年前后，支持人工神经网络的计算机集群开始得到广泛应用，可供深度学习训练使用的大规模数据集也越来越多。人工神经网络在新一轮人工智能复兴中起到了至关重要的作用。

客观地说，人工神经网络到底能在多大程度上精确地反映人脑的工作方式仍然存在争议。人类至今对大脑如何实现学习、记忆、归纳和推理等思维过程尚缺乏认识，而且我们并不知道，到底应该在哪个层面上（是大脑各功能区相互作用的层面？是细胞之间交换化学物质和电信号的层面？还是分子和原子运动的层面？）利用模拟人脑的结构和运作方式，才能制造出与人类智慧相匹敌的机器。

3. 人工智能就是与人类行为相似的计算机程序

与仿生学家强调对人脑的研究和模仿不同，实用主义者并不认为实现人工智能必须要遵循什么模式或理论框架，他们认为能实现目标的方法就是好方法，而不必在意具体使用什么途径。

这种实用主义思想在今天仍然有很强的现实意义。比如，目前的深度学习模型在处理语音识别、机器翻译等与自然语言相关的问题时，基本上都是将输入看成音素、音节、字或词组成的信号序列，然后将这些信号直接送入深度神经网络进行训练。在深度神经网络内部，每层神经元输出的信号都非常复杂，编程人员通常都不明白这些中间信号的真实含义，但这并不妨碍最终功能的实现。在研究者看来，深度学习模型的工作方式是否与人类相似并不重要，重要的是它能否做得像人类一样好，看起来就好像已经具备人类的能力，比如端到端的人工神经网络将图像直接作为系统的输入，经过中间运算后输出识别结果，我们通常不明白在识别过程中所产生的中间信号的真实含义，但这并不妨碍系统的识别功能。

4. 人工智能就是会学习的计算机程序

20 世纪 80－90 年代，研究人员还在统计模型和专家系统之间摇摆不定，机器学习在数据挖掘领域固守阵地。从 2000 年开始，在短短十几年的时间内机器学习已逐渐展示出了惊人的威力，并首先在计算机视觉领域有了惊人突破。从 2010 年至今，使用深度学习模型的图像算法在“ImageNet 竞赛”中表现出对象识别和定位的错误率显著降低。2015 年，在“ImageNet 竞赛”中脱颖而出的领先算法甚至已经超过了人眼的识别准确率。在同一年，语音识别也依靠深度学习获得了大约 49%的性能提升。机器翻译与机器写作领域也逐步被深度学习所渗透，其性能也得到了大幅度提升。

“无学习，不AI”，这几乎成了人工智能界的核心指导思想。许多人工智能研究者更愿意称自己为机器学习专家，而不是宽泛的人工智能专家。谷歌公司开发的AlphaGo通过学习大量棋谱，并从大量自我对弈中获得很多经验，从而有了战胜人类对手的基础。很多媒体报道过的AI相关应用都使用了深度学习模型，它们通过自我学习从大量数据资料中获得了经验模型。

本定义同时也符合人类认知的特点：人类的智慧离不开从出生后开始的不间断的学习。今天最典型的AI系统通过大量数据训练得到经验模型的方法也可以看作是模拟人类学习和成长的过程。如果将来人工智能可以达到，甚至超越人类水平，从逻辑上来说机器学习应该是最核心的推动力（见图1-2）。

图1-2 人工智能、机器学习和深度学习的关系

当然，目前最主流的机器学习方法与人类的学习方法仍然存在很大的差别。例如目前的计算机视觉系统需要看过数百万张甚至更多的自行车照片后才能辨认出什么是自行车，但对于人类，即使是一个四五岁的小孩，当他见过一辆自行车后，如果再看到另外一辆哪怕外观完全不同的自行车，他也很可能会辨认出来。人类在学习过程中往往不需要大规模的训练数据。面对纷繁复杂的世界，人类可以用自己卓越的抽象能力，不需要学习很大量的案例，就能举一反三，从而归纳出其中的规则、原理甚至思维模式和哲学内涵等。

如果人工智能是一种会学习的机器，那未来它最需要提高的就是像人类一样的抽象和归纳能力。

5. 人工智能就是根据对环境的感知做出合理行动并获得最大收益的计算机程序

斯图尔特·罗素（Stuart Russell）与彼得·诺维格（Peter Norvig）在《人工智能：一种现代的方法》一书中对人工智能做出了定义：人工智能是有关“智能主体的研究与设计”的学问，而智能主体是指一个可以观察周遭环境并做出行动以达到目标的系统，如图1-3所示。

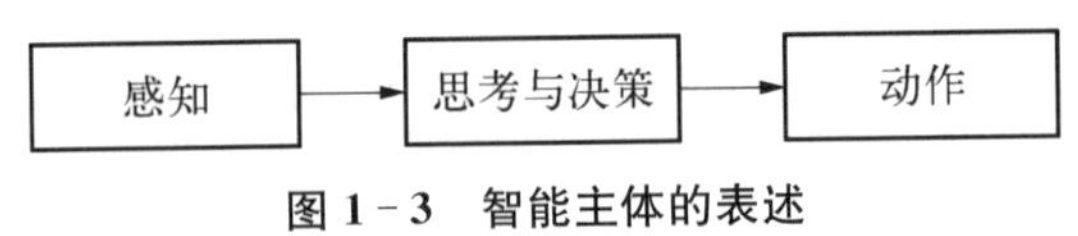

图1-3 智能主体的表述

这个定义基本将前4个实用主义的定义都囊括其中，既强调了人工智能根据环境做出主动反应，又强调了人工智能所做出的反应必须达到目标，同时它不再强调人工智能对人类思维方式的模仿。

人工智能不同的定义将人们导向不同的认知和研究方向，不同的理解分别适用于不同的人群和语境。如果将这些定义都综合在一起，得到的定义虽然很全面但会过于笼统而模糊。

以上我们列举了5种常见的人工智能定义。第1种定义揭示了大众看待人工智能的视角，直观易懂，但主观性太强，不利于科学讨论；第2种定义不合理，因为人类对大脑工作的机理认识尚浅，而计算机的运行方法与人脑的工作方法是完全不同的；第3种定义是计算机科学界的主流观点，也是一种从实用主义出发形成的简洁明了的定义，但仍缺乏周密的逻辑；第4种定义主要体现的是机器学习，特别是深度学习流行后AI界的发展趋势，虽不是十分全面但最具时代精神；第5种定义是学术界教科书式的定义，全面均衡且偏重实证。近年来，偏重实证成了人工智能研究者的主流倾向。

1.2 人工智能简史

2016年3月，AlphaGo与李世石的围棋对决似乎一夜之间将整个社会带进了人工智能的发展热潮中。随处都能听到普通大众谈论人工智能，例如“人类是不是要被机器毁灭了?”，其中还不乏出现一些诸如“深度学习”的专业词汇。与此同时，各类AI论坛和研讨会如雨后春笋般地在各大城市涌现出来；学术界的AI大师们在各种会议、商业活动和科普活动中奔波忙碌，马不停蹄；专业的科研机构、高科技公司积极投入人工智能研究；金融、农业、能源、家电、汽车、教育等传统行业厂商也都争相为自己贴上“AI”的标签；创投领域的竞争更是热火朝天，每家高科技投资机构都紧盯着各个人工智能领域的初创公司，至今仍热度不减(见图1-4)。

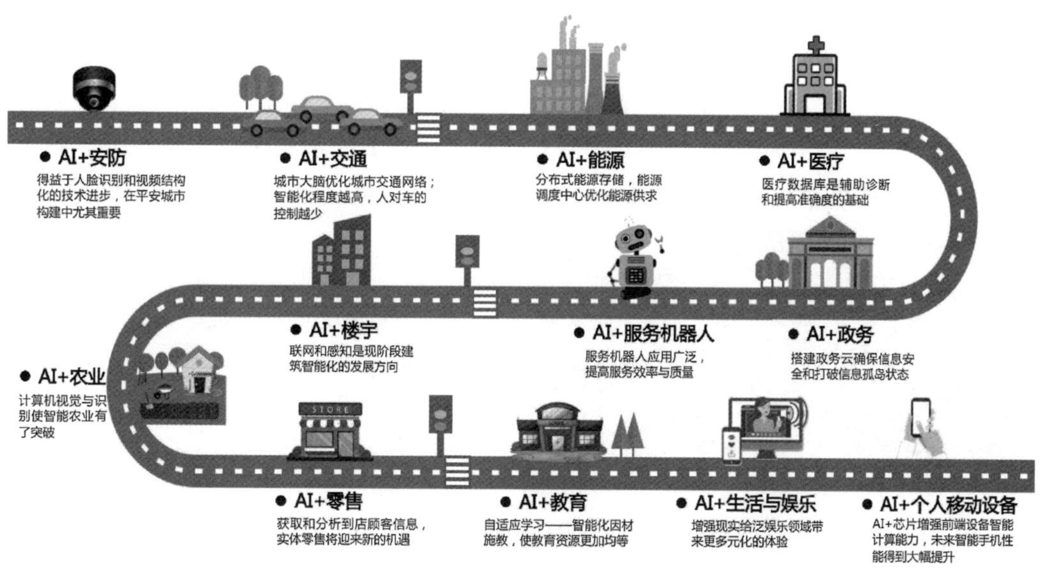

图1-4 AI应用场景

(资料来源:《中国人工智能城市展望研究报告2017年》)

事实上，这并不是人机对弈第一次激起公众如此高涨的热情。1997 年，在“IBM 深蓝”计算机战胜卡斯帕罗夫的那一天，全世界科技爱好者奔走相告的场景丝毫不比今天人们对 AlphaGo 的追捧逊色。再往前看，1962 年 IBM 的阿瑟·萨缪尔开发的西洋跳棋程序就战胜过一位盲人跳棋高手，那时的报纸也在追捧人工智能，公众也一样对智能机器的未来充满了好奇。

纵观人工智能发展史，人机对弈只是人工智能在公众心目中的地位起起落落的一个缩影。接下来让我们一起简要地回顾一下人工智能的发展历史（见图 1－5）。

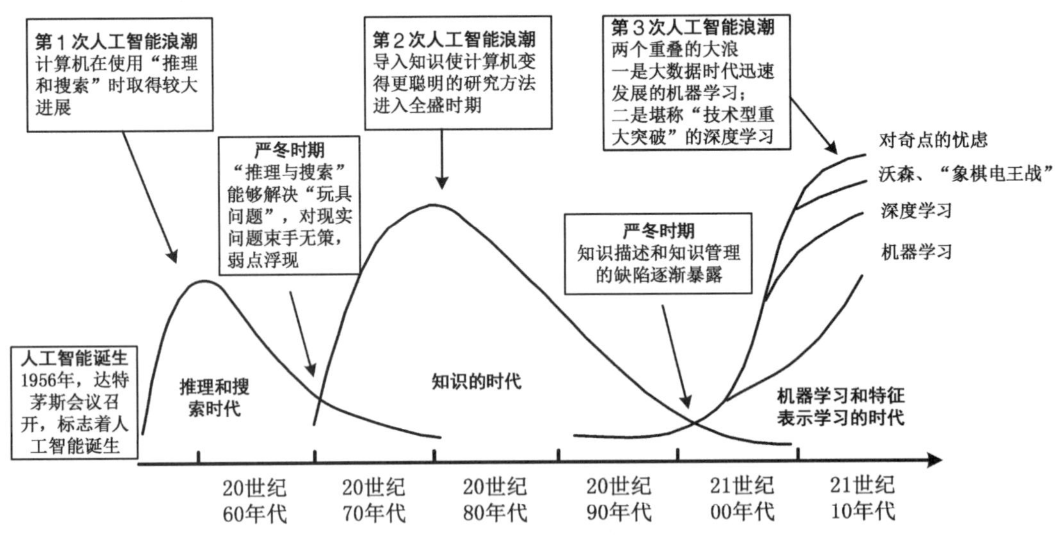

图 1－5　人工智能的诞生与三次人工智能浪潮

1. 人工智能的诞生（1943—1956 年）

20 世纪 40－50 年代，一批来自不同领域（数学、心理学、工程学、经济学和政治学）的科学家开始探讨制造人工大脑的可能性。1956 年，人工智能被确立为一门学科。

1956 年的夏天，香农和一群年轻的学者（见图 1－6）在达特茅斯学院召开了一次研讨会。会议的组织者是马文·闵斯基、约翰·麦卡锡和另外两位资深科学家克劳德·香农（Claude Shannon）以及内森·罗切斯特（Nathan Rochester，来自 IBM 公司）。与会者包括雷·索洛莫洛夫（Ray Solomonoff）、奥利弗·塞尔弗里奇（Oliver Selfridge），特伦查德·莫尔（Trenchard More），亚瑟·塞缪尔（Arthur Samuel）、纽厄尔（A. Newell）和西蒙（H. A. Simon），他们中的每一位都是在人工智能研究的第一个 10 年中做出重要贡献的科学家。

图 1－6　达特茅斯会议参会者

会议持续了整个暑假，期间虽没有对很多科研成果进行汇报，但这是一次珍贵的头脑风暴式的讨论会。10位年轻的学者讨论的是当时计算机尚未解决，甚至人类尚未开展研究的问题，包括人工智能、自然语言处理和神经网络等。

会上，纽厄尔和西蒙讨论了“逻辑理论家[①]”，而麦卡锡则说服与会者接受“人工智能”一词作为本研究领域的名称，至此人工智能的名称和任务在那次会议中得以确定，同时出现了最初的成就和最早的一批研究者，因此称这次会议为“人工智能诞生的标志”得到了广泛的认可。

2. 黄金年代(1956—1974年)

达特茅斯会议之后的数年是人工智能领域大发现的时代。对许多人而言，这一阶段开发出的程序堪称神奇：计算机可以解出代数应用题，可以证明几何定理，可以学习和使用英语。当时的大多数人几乎无法相信机器能够如此“智能”。研究者们在私下的交流和公开发表的论文中表达出相当乐观的情绪，他们认为具有完全智能的机器将在20年内出现。美国国防高等研究计划署(ARPA)等政府机构向这一新兴领域投入了大笔资金。

第1代人工智能研究者们非常乐观，他们曾做出如下预言。

1958年，H. A.西蒙和艾伦·纽厄尔预言：“10年之内，数字计算机将成为国际象棋界的世界冠军。”“10年之内，数字计算机将发现并证明一个重要的数学定理。”

1965年，H. A. Simon预言：“20年之内，机器将能完成人类能够做到的一切工作。”

1967年，Marvin Minsky预言：“一代之内……创造‘AI’的问题将获得实质上的解决。”

1970年，Marvin Minsky预言：“3～8年内，我们将得到一台具有人类平均智能的机器。”

然而，早期的AI研究使用传统的方法进行研究。所谓传统的方法，简单地讲就是首先了解人类是如何产生智能的，然后让计算机按照人的思路去做。因此人工智能研究在语音识别、机器翻译等各个领域迟迟不能获得突破，研究陷入低谷。

3. 第1次人工智能低谷(1974—1980年)

由于人工智能研究者们对项目难度的评估不足，这不仅导致预言无法实现外，还让人们当初的乐观期望遭到严重打击。到了20世纪70年代，人工智能研究开始遭遇批评，研究经费也被转移到那些目标明确的特定项目上。

1972年，康奈尔大学的教授弗雷德·贾里尼克(Fred Jelinek)开始在IBM公司做语音识别方面的研究。在此之前各个大学和研究机构在这个问题上的研究已经花费了20多年的时间，当时主流的研究方法有两个方面：① 让计算机尽可能地模拟人的发音特点和听觉特征；② 让计算机尽可能地理解人所讲的完整语句。前一方面的研究，称为特征提取；后一方面的研究大多使用传统人工智能的方法，即基于规则和语义。

---

① 逻辑理论家是问题解决计算机模拟程序，由美国认知心理学家纽厄尔、J. C. 肖和H. A. 西蒙于1956年编制。该程序模拟人证明符号逻辑定理的思维活动，并成功地证明了一些数学定理。

贾里尼克认为人的大脑是一个信息源，从思考到找到合适的语句，再通过发音说出来，这是一个编码的过程；然后经过媒介传播到耳朵，这是一个解码的过程。既然整个过程是一个典型的通信问题，那就可以用解决通信问题的方法来解决问题。为此贾里尼克用两个马尔科夫模型分别描述信源和信道，然后使用大量的语音数据来训练模型，最后，贾里尼克团队花了 4 年时间将语音识别率从过去的 70%提高到 90%。后来人们尝试使用此方法来解决其他智能问题，但因为缺少数据，结果并不理想。

在那时，由于计算机自身性能发展的制约、计算复杂性的指数级增长及数据量缺失等问题，一些难题看上去好像完全找不到答案。比如在今天已经比较常见的“机器视觉功能”，当时的科研人员很难找到一个足够大的数据库来支撑程序去学习，机器无法吸收足够的数据量，自然也就谈不上视觉方面的智能化。

项目的停滞不仅让批评者有机可乘——1973 年 Lighthill 在“英国人工智能研究状况报告”中批评了人工智能在实现其“宏伟目标”的道路上完全失败，还影响了项目资金的流向。人工智能遭遇了持续 6 年左右的低谷。

4. 繁荣时代(1980—1987 年)

20 世纪 80 年代，一类名为“专家系统”的 AI 程序开始为全世界的公司所采纳，而“知识处理”成为主流人工智能研究的焦点。1981 年，日本经济产业省拨款八亿五千万美元支持第五代计算机项目，其目标是造出能够与人对话、翻译语言、解析图像，并且能像人一样进行推理的机器。

面临日本的挑战，其他国家纷纷做出响应。英国开始了耗资三亿五千万英镑的“阿尔维计划”①；美国的一个企业协会组织了“微电子与计算机技术集团”(Microelectronics and Computer Technology Corporation, MCC)，向 AI 技术和信息技术的大规模项目提供资助。DARPA 也行动起来，组织了战略计算促进会(Strategic Computing Initiative)，其在 1988 年向人工智能的投资达到 1984 年的 3 倍。人工智能研究又迎来了大发展。

“专家系统”是一种程序，它能够依据一组从专门知识中推演出的逻辑规则在某一特定领域回答或解决问题。最早由 Edward Feigenbaum 和他的学生们开发得到。1965 年设计的 Dendral 能够根据分光计读数分辨混合物，1972 年设计的 MYCIN 能够诊断血液传染病，它们展示了这一方法的威力。当时的专家系统仅限于一个很小的知识领域，从而避免了常识问题，其简单的设计又使它能够较为容易地实现编程或修改。总之，实践证明了这类程序的实用性，直到那时人工智能才开始变得实用起来。

专家系统的能力来自它们存储的专业知识。这是 20 世纪 70 年代以来人工智能研究的一个新方向。Pamela McCorduck 在书中写道：“不情愿的人工智能研究者们开始怀疑，因为它违背了科学研究中对最简化的追求。智能可能需要建立在对各种不同类别的大量知识的多种处理方法之上。”“20 世纪 70 年代的教训是智能行为与知识处理关系非常密

① 阿尔维计划是英国发展高级信息技术的计划。面对美国和日本在信息技术方面的挑战，英国政府于 1982 年成立了以阿尔维任主席并以其姓氏命名的阿尔维委员会，负责制订和实施发展高级信息技术计划。

切。有时还需要在特定任务领域非常细致的知识。”知识库系统和知识工程成为 20 世纪 80 年代 AI 研究的主要方向。

1982 年，物理学家 John Hopfield 证明一种新型的神经网络(称为“Hopfield 网络”)能够用一种全新的方式学习和处理信息。几乎同时(早于 Paul Werbos)，David Rumelhart 推广了反向传播算法，这是一种神经网络训练方法。这些发现使 1970 年以来一直遭人遗弃的联结主义重获新生。

5. 第 2 次人工智能低谷(1987—1993 年)

“人工智能之冬”一词由经历过 1974 年经费削减的研究者们创造出来。他们注意到了对专家系统的狂热追捧，预计不久后人们将转向失望。事实被他们不幸言中：从 20 世纪 80 年代末到 90 年代初，人工智能研究遭遇了一系列财政资助问题。

最早的征兆是 1987 年人工智能硬件市场需求的突然下跌。Apple 公司和 IBM 公司生产的台式计算机性能不断提升，到 1987 年时其性能已经超过了 Symbolics 公司和其他厂家生产的昂贵的 Lisp 机。老产品失去了存在的理由：一夜之间这个价值五亿美元的产业土崩瓦解。

XCON① 等最初大获成功的专家系统维护费用居高不下。它们难以升级和使用，又十分脆弱(当输入异常时会出现莫名其妙的错误)，最终成为之前已经暴露的各种问题的牺牲品。专家系统的实用性仅仅局限于某些特定情景。到了 20 世纪 80 年代晚期，战略计算促进会大幅削减对 AI 研究的资助。DARPA 的新任领导认为 AI 研究并非到达“下一个浪潮”，拨款将倾向于那些看起来更容易出成果的项目。

1991 年人们发现 10 年前日本人提出的宏伟的“第 5 代工程”并没有实现。事实上其中一些目标，比如“与人展开交谈”，直到 2010 年也没有实现。与其他 AI 项目一样，期望比真正可能实现的要高得多。

6. 走在正确的路上(1993—2005 年)

现已“年过半百”的人工智能研究终于实现了它最初的一些目标。它已成功地用在技术产业中，不过有时是在幕后。这些成就有的归功于计算机性能的提升，有的则是科学家们在高尚的科学责任感的驱使下对特定的课题不断追求而获得的。不过，至少在商业领域里人工智能的声誉已经不如往昔了。

“实现人类水平的智能”这一最初的梦想曾在 20 世纪 60 年代令全世界为之着迷，其失败的原因至今众说纷纭。各种因素的合力将人工智能研究拆分为各自为战的几个子领域，有时候它们甚至会用新名词来掩饰人工智能这块“金字招牌”。人工智能研究比以往的任何时候都更加谨慎，却也更加成功。

第一次让全世界感到计算机智能水平有了质的飞跃发生在 1997 年，IBM 的超级计算机“深蓝”大战人类国际象棋冠军卡斯伯罗夫，卡斯伯罗夫是世界上最富传奇色彩的国际

① 一种进行计算机系统配置的专家系统。它运用计算机系统配置的知识，依据用户的订货，选出最合适的系统部件，如中央处理器的型号、操作系统的种类及与系统相应的型号、存储器和外部设备以及电缆的型号。

象棋世界冠军，他在这次比赛中最终以 4∶2 比分战胜了“深蓝”。对于这次比赛，媒体认为“深蓝”虽然输了比赛，但这毕竟是国际象棋竞赛历史上计算机第一次胜出人类世界冠军两局。时隔一年后，改进后的“深蓝”卷土重来，以 3.5∶2.5 的比分战胜了斯伯罗夫。自从 1997 年以后，计算机下棋的本领越来越高，其进步超过了人的想象。到了现在，棋类游戏中的计算机已经可以完败人类。

“深蓝”实际上收集了世界上百位国际大师的对弈棋谱，供计算机学习。这样一来，“深蓝”其实看到了大师们在各种棋局下的走法。当然“深蓝”也会考虑卡斯伯罗夫可能采用的走法，对不同的状态给出可能性评估，然后根据对方下一步的走法对盘面的影响，核实这些可能性的估计，找到一个最有利自己的状态，并走出这步棋。因此“深蓝”团队其实把一个机器智能问题变成了一个大数据和大量计算的问题。

越来越多的人工智能研究者们开始开发和使用复杂的数学工具。人们广泛地认识到，许多人工智能需要解决的问题已经成为数学、经济学和运筹学领域的研究课题。数学语言的共享不仅使人工智能可以与其他学科展开更高层次的合作，而且使研究结果更易于评估和证明。人工智能已成为一门更严格的科学分支。

Judea Pearl 于 1988 年发表的著作将概率论和决策理论引入人工智能研究领域。现已投入应用的新工具包括贝叶斯网络、隐马尔科夫模型、信息论、随机模型和经典优化理论。针对神经网络和进化算法等“计算智能”范式的精确数学描述也已开发出来。

7. 大数据(2005 年至今)

从某种意义上讲，2005 年是“大数据元年”，虽然当时大部分人还感受不到数据带来的变化，但是一项科研成果却让全世界从事机器翻译的人感到震惊，那就是之前在机器翻译领域从来没有技术积累、不为人所知的 Google 公司，它以巨大的优势打败了全世界所有的机器翻译研究团队，一跃成为这个领域的领头羊。

Google 公司花重金请到了当时世界上水平最高的机器翻译专家弗朗兹·奥奇(Franz Och)博士。奥科用了上万倍的数据来训练系统，量变的积累带来了质变。奥科能训练出一个六元模型，而当时大部分研究团队的数据量只够训练三元模型。简单地讲，一个好的三元模型可以准确地构造英语句子中的短语和简单的句子成分之间的搭配，而六元模型则可以构造整个从句和复杂的句子成分之间的搭配，相当于将这些片段从一种语言直接译为另一种语言。不难想象，如果一个系统对大部分句子在很长的片段上进行直译，那么其准确性相比那些在词组单元做翻译的系统就要高得多。

如今在很多与“智能”有关的研究领域，比如图像识别和自然语言理解，如果所采用的方法无法利用数据量的优势，会被认为是落伍的。

数据驱动方法从 20 世纪 70 年代开始起步，到 80－90 年代得到缓慢但稳步的发展。进入 21 世纪后，由于互联网的出现，使得可用的数据量剧增，数据驱动方法的优势越来越明显，最终完成了从量变到质变的飞跃。如今很多需要类似人工智能才能做的事情，计算机已经可以胜任了，这得益于数据量的增加。

全世界各个领域数据不断向外扩展，渐渐形成了另外一个特点，那就是很多数据开始出现交叉，各个维度的数据从点和线渐渐连成了网，或者说数据之间的关联性极大地增强了，在这样的背景下，大数据出现了。

大数据是一种思维方式的改变。既然现在的数据量相比过去大了很多，量变带来了质变，那么我们的思维方式、做事情的方法就应该和以往有所不同。这其实是帮助我们理解大数据概念的一把钥匙。在大数据出现之前，计算机并不擅长解决需要人工智能来解决的问题，但是今天这些问题换个思路就可以解决了，其核心就是将智能问题变为数据问题。由此，全世界开始了新一轮技术革命——智能革命。

1.3 人工智能对人类的影响

近年来由于深度学习的发展使得人工智能研究再度兴起，并引起了人们的广泛关注。那么目前的人工智能到底已经发展到什么程度了？会不会超出人类所能控制的范围，甚至给人类带来威胁呢？

1.3.1 人工智能的层级

要回答这样的问题，我们也许需要先理清不同层级的人工智能的基本定义。

1. 弱人工智能(weak AI)

弱人工智能(见图 1-7)也称应用型人工智能或限制领域人工智能，它指的是只能解决特定领域问题的人工智能。我们今天所有的 AI 算法都属于弱人工智能。

AlphaGo 就是弱人工智能最好的实例，它在围棋领域的能力超越了所有人类，但它的能力也仅限于围棋，并且只能使用电子棋盘。如果没有人类的帮助，AlphaGo 甚至没有从棋盒中拿出棋子放置在棋盘上的能力，更别提下棋前向对手行礼，下棋后一起复盘等围棋礼仪了。

一般来说，由于弱人工智能在功能上的局限性，人们更愿意将它视作人类的工具而非威胁。但也有少数评论者依然认为，即使是弱人工智能，如果管理或应对不善也会给人类带来很大的风险。例如，2010 年 5 月美股市场“闪跌”事件就是由人类交易员的操作失误和自动交易算法的内在风险综合导致的。当时已经大量存在的由计算机程序控制的自动高频交易被一些研究者认为是放大市场错误并造成股市瞬时暴跌的“帮凶”。除了金融市场外，在能源领域，特别是核能领域里使用的弱人工智能算法的设计或监管不当也可能为人类带来灾难。同样在自动驾驶中使用的人工智能算法也显然存在着对人类生命安全的威胁。

但弱人工智能终究属于相对容易控制和管理的计算机程序，它并不比其他新技术更为危险。人类在使用电器设备、乘坐飞机或使用核能发电时不也存在着各种风险因素吗？

总的来说，弱人工智能只是一种技术工具，只要严格控制，严密监管，人类也可以像使用其他工具一样放心地使用目前所有的 AI 技术。

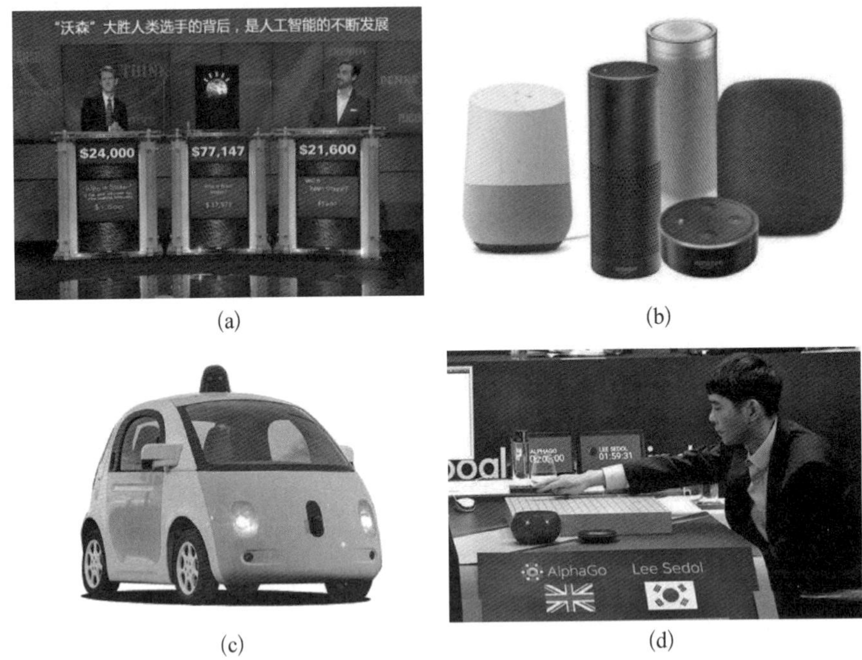

(a) (b) (c) (d)

图 1－7 弱人工智能

(a) IBM 沃森在答题比赛中战胜了人类 (b) 智能音箱 (c) 谷歌自动驾驶车 (d) AlphaGo 大战李世石

2. 强人工智能(strong AI)

强人工智能又称为通用人工智能或完全人工智能，它是可以胜任所有人类工作的人工智能。这个定义有点过于宽泛，缺乏一个可以量化的标准来评估一个计算机程序是否是强人工智能。为此学者们提出许多不同的建议，其中最为流行的标准是图灵测试。但图灵测试也只是关注从观察者的角度来看计算机的行为与人类行为之间的不可区分性，并没有提及计算机到底需要具备哪些具体的物质或能力才能实现这种不可区分性。一般说来，一个可以称得上强人工智能的程序需要具备以下几个方面的能力：

(1) 存在不确定因素时进行推理、使用策略、制订决策、解决问题的能力。

(2) 知识表示能力，其中包括常识性知识的表示能力。

(3) 规划能力。

(4) 学习能力。

(5) 使用自然语言进行沟通交流的能力。

(6) 将上述能力整合起来实现既定目标的能力。

基于上述几种能力的描述，我们可以想象一个具备强人工智能的计算机程序会表现出什么么样的行为特征。几乎可以肯定地说，它可以完成所有人类的工作。从乐观主义的角度来说，机器也许就可以完全替代人类的具体工作，到时人类就可以坐享其成，我们将拥有完全意义上的自由，不再需要劳动，只负责享乐。

在强人工智能的定义中还存在着一个关键的争议性问题：强人工智能是否需要具备

人类的“意识”？有些学者认为只有拥有意识的人工智能才可称为强人工智能，而另一些学者则认为，强人工智能只需要胜任人类所有的工作，未必需要拥有意识。有关意识的争议性话题极其复杂。以人类今天对感情、自我认知、记忆、态度等概念的理解，短期内还看不出有完美解决这一问题的可能。也就是说一旦涉及“意识”，强人工智能的定义和评估标准将会变得异常复杂，而人们对于强人工智能的担忧也主要来源于此。不难想象，强人工智能程序一旦具备了人类的意识，那我们就必须像对待一个有健全人格的人那样去对待一台机器。那时，人类与机器之间的关系并非像工具使用者与工具那样简单。拥有意识的机器会不会甘愿为人类服务？机器会不会因某种共同的诉求而联合起来共同反抗人类？拥有意识的强人工智能一旦实现，这些问题也将成为人类直接需要面临的现实挑战。

3. 超人工智能(superintelligence)

假设计算机程序通过不断发展，它的智能可以比世界上最聪明的人类还要聪明，我们将达到这样水平的人工智能系统称为超人工智能。

未来学家尼克·波斯特洛姆在《超级智能》中将超人工智能定义为“在科学创造力、智慧和社交能力等每一方面都比最强的人类大脑聪明很多的智能”。显然，对当今的人类来说，这是一种只存在于科幻电影中的想象场景。

与弱人工智能、强人工智能相比，超人工智能的定义最为模糊。因为没人知道超越人类最高水平的智慧到底会表现为何种能力。如果对于强人工智能，我们还存在从技术角度进行探讨的可能性的话，那么对于超人工智能，今天的人类大多就只能从哲学或科幻的角度加以解析了，原因有以下几点：

首先，我们没有办法知道强于人类智慧的超人工智能将是一种什么样的存在，因此现在去谈论超人工智能和人类的关系，不但为时过早而且根本不存在可以清晰界定的对象。

其次，我们没有方法也没有经验去预测超人工智能到底是人类的一个幻想还是一种在未来必然会降临的结局。事实上，我们也无法推断计算机程序是否能达到这一目标。

公众心目中所担心的人工智能显然是属于上述的“强人工智能”和“超人工智能”。那我们到底该如何看待它们，它们会不会以远超我们预料的那样降临世间？

1.3.2　奇点

未来学家和科幻作者都喜欢用“奇点”(见图 1－8)来表示超人工智能到来的那个时刻。2015 年初，一篇名为《一个故意不通过图灵测试的人工智能》的翻译长文在微信朋友圈、微博和其他互联网媒体中悄然流传开来，绝大多数读过这篇文章的人都会经历一个从惊讶到惶恐再到忐忑不安的心路历程。作者蒂姆·厄班在这篇著名的文章中讨论人类科技的发展规律时，所有的推论都基于一个显而易见的事实——科技发展越来越快，并且呈现出不断加速的势头。

如果拿今天人类的生活与 1750 年前后进行比较，我们会发现，其间所发生的变化可以用“天翻地覆”来形容。假设我们利用时光机器将生活在那个时代的人带到现代，他会看到什么？“一个个金属铁壳在宽敞的公路上飞驰；人们用一个神秘的方块与身处遥远地

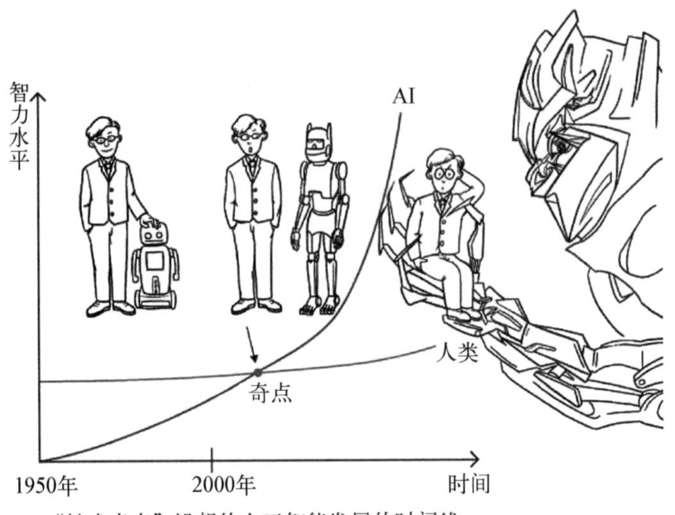

"技术奇点"设想的人工智能发展的时间线

图 1-8 超人工智能来临的时刻：奇点

方的朋友聊天；人们通过一个金属壳观看数千公里外的体育比赛，甚至观看一场发生在几十年前的纪录片……"这一切足以使一个来自 1750 年的人目瞪口呆！

但如果我们从 1750 年再往前回溯 250 年，也就是回到 1500 年前后，这两个时代的人类生活虽然也存在着较大的差别，但那种差别很难用"翻天覆地"来形容，我们得再往前追溯也就是回溯到数千年甚至上万年以前我们才能找到足以让人目瞪口呆的差别。

如果把整个人类大约 6 000 年的文明浓缩成 24 小时，那将是这样的：

凌晨时分，苏美尔人、古埃及人、古代中国人先后发明了文字；

20:00 分前后，中国北宋时期的毕昇发明了活字印刷术；

22:30 分，欧洲人发明了蒸汽机；

23:15 分，人类学会了使用电力；

23:43 分，人类发明了通用电子计算机；

23:54 分，人类开始使用互联网；

23:57 分，人类进入移动互联网时代；

在一天 24 小时的最后 10 秒钟内，谷歌的 AlphaGo 战胜了韩国围棋选手李世石，掀起了人工智能的热潮。

这就是技术发展在时间维度上加速的趋势！如果人工智能的每一个领域的发展都基本符合这一规律，那么 10 年后、30 年后、50 年后，这个世界将会发展成什么样子？

蒂姆·厄班首先分析了从弱人工智能发展到强人工智能所存在的巨大挑战，然后又指出，科技发展的加速度规律可以让强人工智能更早实现：硬件的快速发展和软件的创新是同时发生的，强人工智能可能比我们预期的更早降临，因为① 指数级增长的开端可能像蜗牛漫步，但在后期会发展得非常快；② 软件发展速度看起来可能很缓慢，但是一次顿悟就能永远改变进步的速度。

一旦强人工智能到来，人类就必须认真考虑自己的命运了。因为对于机器而言，从强人工智能发展到超人工智能也许就是几个小时的事情。因为一个可以像人一样学习的计算机，它的学习速度一定是人类的无数倍，无论是它的记忆效率还是思考速度都是人类的无数倍。那么这样的机器所拥有的学习和创新能力将达到一种什么样的高度？

蒂姆·厄班的推理让每个读者都惊出了一身冷汗："一个人工智能系统花了几十年的时间达到人类低智力的水平，而当这个节点到来时，电脑对于世界的感知大概和一个4岁小孩一般(弱人工智能)；但在这个节点后的一小时，电脑立马推导出了广义相对论和量子力学的物理理论(强人工智能)；而又在这之后一个半小时，强人工智能变成了超人工智能，其智能将达到普通人类的17万倍。"

但蒂姆·厄班的理论有一个非常关键的前提条件，就是有关强人工智能和超人工智能的快速发展的推断是建立在人类科技总是以加速发展这一断言之上的。那么，这个前提在所有情形下都一定成立吗？

著名的摩尔定律就是一个技术发展遭遇瓶颈的很好的例子。这一定律预测了集成电路发展的趋势：价格不变时，集成电路可容纳的元器件数目每隔18～24个月会增加一倍，性能也将提升一倍。计算机芯片(集成电路)的处理速度，曾在1975—2012年的数十年间保持稳定的增长，但在2013年后显著放缓。2015年，提出摩尔定律的高登·摩尔本人也说："我猜我可以看见摩尔定律会在大约10年内失效，但这并不是一件令人吃惊的事。"

就如集成电路的发展那样，人工智能在从弱到强的发展道路上也未必是一帆风顺的。从技术角度上来说，弱人工智能到强人工智能之间的鸿沟远比我们目前想象的要大得多。而且，由于我们缺乏对人类智慧和意识的精确描述，从弱人工智能到强人工智能的路途中有很大概率存在短期内难以解决的技术难题。

今天，学者们对超人工智能何时到来的问题也是众说纷纭。悲观者认为技术加速发展的趋势无法改变，超人工智能将在不久的将来得以实现，那时人类将面临生死存亡的巨大考验。而乐观主义则更愿意相信人工智能在未来很长的时间内只是辅助人类工作的一个有效工具，很难突破强人工智能的瓶颈。

因担忧超人工智能而对人类未来持悲观态度的人还不少，其中著名物理学家霍金是最有影响力的一个。早在AlphaGo出现之前，霍金就通过媒体告诉大家："完全人工智能的研发可能意味着人类的末日。"事实上霍金并不否认，当代蓬勃发展的AI技术在各个领域都发挥着重要的作用，但真正让他担心的是机器与人发展的不对等性。霍金曾说："人工智能可以在自身基础上进化，可以一直保持加速发展的态势，不断重新设计自己，而人类的生物进化速度相当有限，无法与之竞争，终将被淘汰。"此外，霍金还担心人工智能将取代人类的很多工作而导致人类失业问题。他说："工厂自动化已经让众多传统制造业工人失业，人工智能的兴起很可能会让失业潮波及中产阶级，最后只给人类留下护理、创造和监督工作。"

基本上，霍金的担忧还是建立在AI技术将以加速发展的趋势不断发展的基础上。如果我们假设这一基础是正确的，那么霍金的推论与“奇点”理论没有本质区别。反之，如果人工智能在未来的发展不一定永远遵循加速趋势，那么霍金关于人类终将被淘汰的结论也未必成立。并且我们没有一种简单的方式来衡量智能。它与测量体重身高很不一样，智能是一个非常定性的概念，它反映的是某个人成功解决某种特定问题的能力。

心理学家使用一种称为发展能力的概念来评估人类。他们首先测试一个人解决算术和逻辑问题的水平，然后通过将这个测试得分除以这个人的年龄衡量一个人的智商。如果某人解决此类问题的能力超出了同龄人，我们就说他智商高。先不说这一方法对人类的有效性，用它来衡量机器的智商显然是不合适的，机器可以用比人类快一百万倍的速度解决算术问题。

所以，问题首先在于关于智能的定义是非常主观的，这依赖于每个人的视角。在这一点上与我们对美的定义非常相似。我们可以说一个人比另一个更美或更聪明，但使用一个可量化的标准通常是错误的。今天人类对于什么是“智能”的认识还是缺乏深度的，我们也没有一个合适的、可操作的标准来定义什么是强人工智能以及什么是超 AI。

人工智能可以在围棋达到什么段位这很容易衡量，但人工智能在跨领域任务上可以达到何种水平，目前还缺乏衡量的方法和标准。如果仅根据人工智能在围棋上可以达到什么段位来推断超人工智能何时会到来，那当然可以得到人类即将面临威胁的结论。但如果综合考虑人工智能跨领域的推理能力、常识和感性、理解抽象概念的能力，我们很难对过去几十年里的人工智能发展水平打出一个客观的分数，并据此预测超人工智能到来的时间。

华盛顿大学计算机科学家奥伦·伊兹奥尼说：“当前的人工智能发展，距离人们可能或应该担忧机器统治世界的程度还非常遥远……如果我们讨论的是一千年后或更遥远的未来，人工智能是否有可能给人类带来厄运？绝对是可能的，但我不认为这种长期的讨论应该分散我们关注真实问题的注意力。”我们现在还没有必要分配精力去担心未来，或为可能的机器威胁做准备的地步。即便以今天的标准来看，弱人工智能的发展还有很长的一段路要走，科研人员、技术人员、各行业的从业者、政府教育机构、社会组织等还有大量的工作需要做。至少在目前，人类距离超人工智能的威胁还非常遥远。

1.4 当前人工智能的局限

弱人工智能在很多领域都表现得很出色，但这并不意味着人工智能已无所不能。如果按照人类对“智能”定义的普遍理解，今天的人工智能至少在以下几个领域还非常“稚嫩”。

1. 跨领域推理

人类与今天的人工智能相比有一个明显的能力优势：举一反三、触类旁通。通常人类在儿童时期就已经拥有了一种强大的思维能力——跨领域联想和类比能力。三四岁的小孩在描述一样东西时会用诸如“像羽毛一样轻”“像蚂蚁一样小”这样的语句。以今天的技术发展水平，如果不是程序员特意将不同领域的属性关联起来，计算机很难自发地总结出事物间的相似性。

2. 抽象能力

抽象能力对人类的发展至关重要，在漫长的人类发展历史中，数学理论的发展将人类超强的抽象能力表现得淋漓尽致。最早的人类从计数中归纳出自然数序列：1，2，3，4，5，…，这可以看作是非常自然的抽象过程。人类抽象能力的第一个进步大概是从理解“0”的概念开始的。人们使用 0 和非 0 来抽象现实世界中“无和有”“空和满”“静和动”等属性，这个进步让人类的抽象能力远远超出了黑猩猩、海豚等动物界的“最强大脑”。接下来，负数的发明让人类对世界的归纳、表述和认知能力提高到了一个新的层次，人类第一次可以定量地描述相反或对称等事物属性，比如地面或地下、温度的正负等。引入小数和分数的意义自不必说，其中最有标志性的事件莫过于人类可以正确理解和使用无限小数。例如对于 1=0.999 999…这个等式的认识，这标志着人类真正开始用极限的概念来抽象现实世界的相关特性。

计算机所使用的二进制数字、机器指令、程序代码等，这些其实都是人类对“计算”本身所做的抽象。基于这些抽象，人类成功地研制出如此众多且实用的AI 技术。那么，人工智能能不能自己学会类似的抽象能力呢？

目前的深度学习技术几乎都需要大量训练样本来完成计算机的学习过程。可人类，哪怕是小孩在学习一个新知识时，通常只要两三个样本就可以了。这其中最重要的差别也许就是抽象能力的不同。例如，当一个小孩看到第一辆汽车时，他的大脑就可能将汽车抽象为一个盒子装在 4 个轮子上的组合，并将这个抽象后的模型记在脑子里。即使下次看到外观差别很大的汽车时，小孩仍可以轻松地认出那是一辆汽车，计算机就很难做到这一点。目前在人工智能界，少样本学习和无监督学习方向的研究工作还非常有限。但不突破少样本学习和无监督学习，我们也许就永远无法实现能够达到人类水平的人工智能。

3. 知其然，也知其所以然

目前基于深度学习的技术更多地依赖于经验，在输入大量数据后，机器通过自动调整参数来完成模型的学习，这种方法在许多领域确实达到了非常不错的效果，但模型中的参数为什么如此设置，里面蕴含了什么道理等在很多情况还难以解释。以谷歌公司的 AlphaGo 为例，它在下围棋时所追求的是每走一步棋后自己的胜率超过 50%，这样就可以确保最终赢棋。但具体到每一步，为什么走这一步胜率更大，而走那一步胜率就较小，即使是开发 AlphaGo 程序的人也只能给大家拿出一大堆数据，然后告诉大家这些数据是计算机训练得到的结果，在当前局面下，这样走比那样走的胜率高百分之多少。

围棋专家自然可以用自己的经验来解释计算机所下的大多数棋。但围棋专家的习惯思路，比如实地和外势的关系，一个棋形是“厚”还是“薄”，是不是“愚”形等真的就是计算机在下棋时考虑的要点和次序吗？显然不是，人类专家的理论是成体系的、有内在逻辑的，但这个体系和逻辑却并不一定是计算机能简单理解的。人通常追求“知其然，也知其所以然”，但目前的弱人工智能程序，大多都只要结果足够好就行了。

4. 常识

常识在中文中有两个层面的意思：首先它指的是一个心智健全的人应当具备的基本知识，其次是指人类与生俱来的，无须特别学习就能具备的认知、理解和判断能力。我们在生活里经常会用“符合常识”或“违背常识”来判断一件事的对错与否，但在这一类判断中我们通常无法说出为什么会这样判断。也就是说，在我们每个人的头脑中都有一些几乎被所有人认可的、无须仔细思考就能直接使用的知识、经验或方法。

常识可以给人类带来很多便利。比如，人人都知道两点之间直线距离最近，因而在走路的时候能走直路时绝不走弯路。人们不用去学欧氏几何中的那条著名公理也能在走路时达到省时省力的效果。但常识有时也会给人们带来困扰，比如我们在乘飞机从北京到美国西海岸时，很多人不理解为什么飞机要先飞往北冰洋附近，感觉似乎这样飞是绕了一个大弯。而原因是将“两点之间直线最短”这个常识放在地球表面来看会变成“通过两点间的大圆弧最短”，而这一变化并不在不熟悉航空和航海的人的常识范围内。

人工智能是否也像人类一样不需要特别学习就可以具备一些有关世界的基本知识或者掌握一些不需要复杂思考的特别有效的逻辑规则呢？比如当无人车在遇到特别棘手且从来没见过的危险时，计算机能不能正确处理呢？也许这时就需要一些类似常识的东西。下围棋时遇到的一些情况也可称为常识，例如一步棋搭不出两个眼时就是死棋，这个常识永远都是需要优先考虑的事情。当然无论是无人车还是会下围棋的 AlphaGo，存在于它们之中的常识更多的还只是一些预设规则，远不及人类所理解的常识那么丰富。

5. 自我意识

目前我们很难说清什么是自我意识，但总感觉机器只有具备了自我意识后才能称为真的智能。人类常常从哲学角度提出问题，如“我是谁?”“我从哪里来?”“我要到哪里去?”。这些问题同样会成为拥有自我意识的机器人所关心的焦点。而一旦陷入对这些问题的思辨，机器人也可能会像人类那样发出“对酒当歌，人生几何？譬如朝露，去日苦多”之类的感慨。显然今天的弱人工智能还远未达到自我意识的地步。

拥有自我意识的人类能否在未来制造出同样拥有自我意识的智能机器？这更多的可能是一个哲学问题。

6. 审美

虽然机器已经可以仿照人类的诗歌、音乐、绘画等艺术风格，创作出电脑艺术作品，但机器并不真正懂得什么是美。

审美能力同样是人类独有的特征，但很难用技术语言来解释，也很难将此能力赋予机器。人的审美能力并非与生俱来，但可以在大量阅读和欣赏过程中自然而然地形成。审美缺少量化的指标，比如我们很难说这首诗比另一首诗高明百分之几，但只要具备一般的审美水平，就很容易将美的艺术和丑的艺术区分开来。

审美是一件带有很强烈主观色彩的活动，每个人都有自己的一套审美标准，但审美又可以用语言文字进行描述和解释，人与人之间可以很容易地交换和分享审美体验。这种神奇的能力，计算机目前几乎完全不具备。

7. 情感

2016 年 3 月，当李世石在“人机大战”的第 4 局中下出惊世骇俗的第 78 手后，AlphaGo 自乱阵脚，连连下出毫无章法的棋子，就像一个本来自以为是武林高手的人，在打斗中被对方抓住了要害，急火攻心，恼羞成怒乱了阵脚。难道 AlphaGo 那时真的是被某种“情绪化”的东西所控制了吗？其实这只是巧合，AlphaGo 当时只不过陷入了一种程序缺陷，机器只是冷冰冰的机器，它们不懂赢棋的快乐，也不懂输棋的烦恼，它们不会观察对手的脸色，猜测对方是不是已经准备投降。今天的机器还完全不能理解人的七情六欲、信任与尊重。

1.5 人工智能的未来

随着技术水平的突飞猛进，人工智能终于迎来它的黄金时代。回顾人工智能发展 60 年来的风风雨雨，历史告诉了我们这些经验：首先，基础设施带来的推动作用是巨大的，人工智能发展屡次因数据、运算力、算法的局限而遇冷，突破的方式则是由基础设施逐层向上推动到行业应用；其次，游戏 AI 在发展过程中扮演了重要的角色，因为游戏中涉及人机对抗，能帮助人们更直观地理解人工智能、感受到触动，从而起到推动作用；最后，我们也必须清醒地意识到，虽然在许多任务上，人工智能都取得了匹敌甚至超越人类的结果，但其发展的瓶颈还是非常明显的。比如计算机视觉方面，存在自然条件的影响（光线、遮挡等）、主体的识别判断问题（从一幅结构复杂的图片中找到关注重点）；语音技术方面，存在特定场合的噪声问题（车载、家居等）、远场识别问题、长尾内容识别问题（口语化、方言等）；自然语言处理方面，存在理解能力缺失、与物理世界缺少对应（“常识”的缺乏）、长尾内容识别等问题。总的来说，我们看到的现有的 AI 技术的特征是：一是依赖于大量高质量的训练数据；二是对长尾问题①的处理效果不好；三是依赖于独立的、具体的应用场景，通用性很低。

未来，人们对人工智能的定位绝不仅仅用来解决狭窄的、特定领域的某个简单具体的小任务，而是真正像人类一样能同时解决不同领域、不同类型的问题，进行判断和决策，也就是所谓的通用型人工智能。具体来说，这需要机器一方面能够通过感知学习、认知学习去理解世界；另一方面可以通过强化学习去模拟世界。前者让机器感知信息，并通过注意、记忆、理解等方式将感知到的信息转化为抽象知识，快速学习人类积累的知识；后者通过创造一个模拟环境，让机器通过与环境交互试错来获得知识、持续优化知识。人们希望通过算法与学科上的交叉、融合和优化，来整体解决人工智能在创造力、通用性、对物理世界理解能力上的问题。

① 长尾问题指的是较冷门问题，但这类问题在数量上相对庞大，在概率分布上形成一条长尾。例如中国汉字总数已经超过 8 万，但是常用的汉字只有 3 500 多个，绝大多数汉字难得一用，它们却构成了这条长长的“尾巴”。

未来人工智能的发展如图1－9所示，底层的基础设施将会是由互联网、物联网提供的现代AI场景和数据，这些是生产的原料；算法层将会是由深度学习、强化学习提供的现代AI核心模型，并以云计算提供的核心算力为辅助，这些是生产的引擎。在这些基础之上，不管是计算机视觉、自然语言处理、语音技术，还是游戏AI、机器人等，都是基于同样的数据、模型和算法之上的不同的应用场景。这其中还存在着一些亟待攻克的问题，如何解决这些问题正是人们一步一个脚印走向通用人工智能的必经之路。

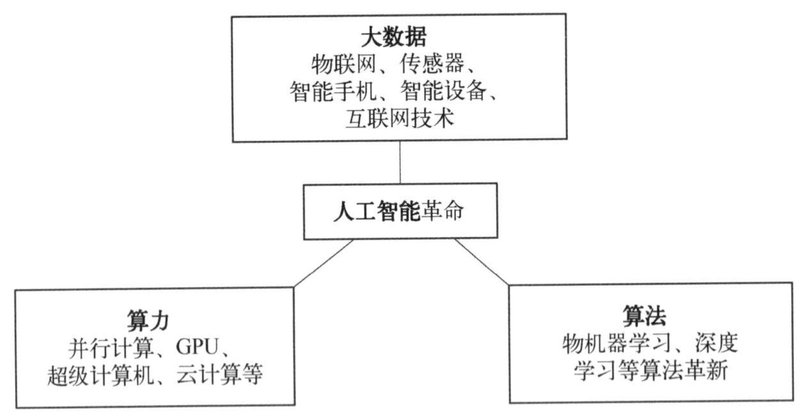

图1－9　未来AI的发展

首先是从大数据到小数据。深度学习的训练过程需要大量经过人工标注的数据，例如无人车研究需要大量标注了车、人和建筑物的街景照片，语音识别研究需要从文本到语音的播报以及从语音到文本的听写，机器翻译需要双语的语句对话，围棋需要人类高手棋子走法的记录等。但针对大规模数据的标注工作是一件费时费力的工作，尤其对于一些长尾的场景来说，连对基础数据的收集都较困难。因此，未来的一个研究方向是如何在数据缺失的条件下进行训练，从无标注的数据里进行学习，或者自动模拟(生成)数据进行训练，目前特别火热的GANs就是一种数据生成模型。

其次是从大模型到小模型。目前深度学习的模型都非常大，动辄几百兆字节(MB)，大的可以到几千兆字节甚至几十千兆字节(GB)。虽然模型在PC端运算不成问题，但如果要在移动设备上使用就会非常麻烦。这就造成语音输入法、语音翻译、图像滤镜等基于移动端的APP无法取得较好的效果。未来的研究方向在于如何精简模型的大小，通过直接压缩或是更精巧的模型设计，通过移动终端的低功耗计算与云计算之间的结合，使得在小模型上也能得到与在大模型上运行相同的效果。

最后是从感知认知到理解决策。在感知和认知的部分，比如视觉、听觉，机器在一定限定条件下已经做得足够好了。当然这些任务本来也不难，机器的价值在于可以比人做得更快、更准、成本更低。但这些任务基本都是静态的，即在给定输入的情况下，输出结果是一定的。而在一些动态的任务中，比如如何赢一盘围棋、如何开车从一个路口到另一个路口、如何在一只股票上投资并赚到钱，对于这类不完全信息的决策型的问题，需要持续地与环境进行交互、收集反馈、优化策略，这些也正是强化学习的强项。而模拟环境(模拟器)作为强化学习生根发芽的土壤,也是未来一个重要的研究方向。

本章小结

2016 年 3 月,当 AlphaGo 战胜围棋世界冠军李世石时,我们都是历史的见证者。AlphaGo 的胜利标志着一个新时代的开启:在人工智能概念被提出的 60 年后,我们真正进入了一个人工智能时代。在这次人工智能浪潮中,AI 技术持续不断地高速发展着,最终将深刻改变各行各业和我们的日常生活。我们发展 AI 的最终目标并不是要替代人类智能,而是通过人工智能增强人类智能。人工智能可以与人类智能互补,帮助人类处理许多人类不擅长的工作,使得人类从繁重的重复性工作中解放出来,转而专注于具有创造性、拓展性的工作。有了人工智能的辅助,人类将会进入一个知识积累加速增长的阶段,最终带来方方面面的进步。人工智能在这一路的发展历程中,已经给人们带来了很多的惊喜与期待。只要我们能够善用人工智能,相信在不远的未来,AI 技术一定能实现更多的不可能,带领人类进入一个充满无限可能的新纪元。本章主要内容梳理如下:

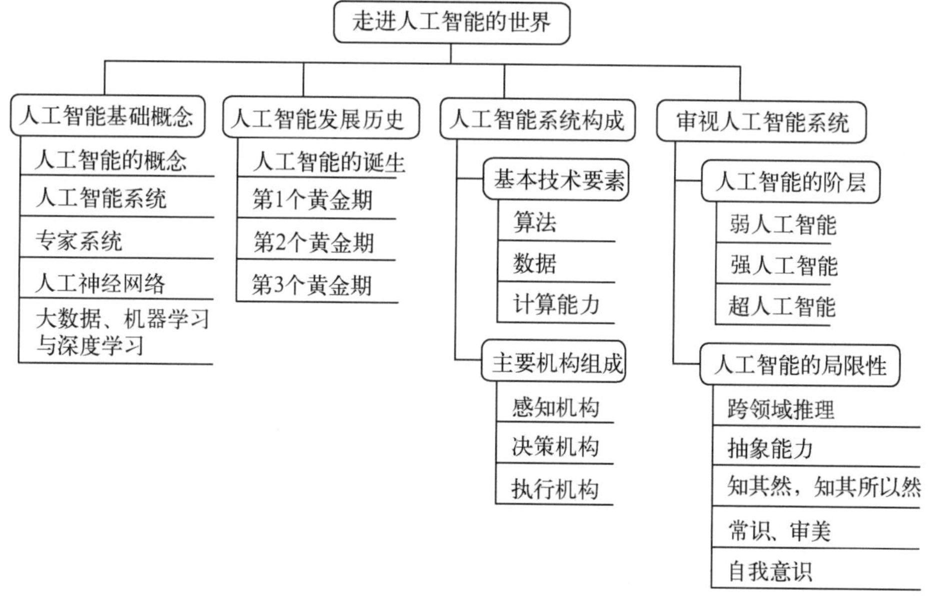

2 计算机与人工智能

1956 年的达特茅斯会议首次提出了“人工智能”这一术语，它标志着“人工智能”这门新兴学科的正式诞生。而在此之前，人类已经开始了机器计算与机器智能的相关研究，人工智能何以走到今天，这需要探寻它的发展历程。

2.1 数理逻辑的基础——布尔代数

往前追溯，我们会想到是哪些人将人类的思维规律转化为计算机逻辑的呢？事实上，早在 17 世纪就有人提出利用计算的方法来代替人们思维中的逻辑推理过程。

莱布尼茨(Leibniz)是德国哲学家、数学家，他曾经设想创造一种“通用的科学语言”，可以把推理过程像数学一样利用公式来进行计算，从而得出正确的结论。由于当时的社会条件，他的想法并没有实现。但是他的思想却是现代数理逻辑部分内容的萌芽，他提出了建立理性演算和一套普遍科学语言的设想，构造了关于两个概念相结合的演算，并成功地将命题形式表达为符号公式。

乔治・布尔是 19 世纪最具影响力的数学家之一，他于 1847 年出版了《逻辑的数学分析》，开始探讨符号逻辑。他发表于 1854 年的著名论文《思维规律的研究》不仅为逻辑学和数学，还为即将问世的电子计算科学开拓了新的可能性。在这本书中，布尔介绍了现在以他的名字命名的布尔代数。由于其在符号逻辑运算中的特殊贡献，很多计算机语言中将逻辑运算称为布尔运算，将其结果称为布尔值。

布尔用数学方法研究逻辑问题，成功地建立了逻辑演算。他用等式表示判断，把推理看作等式的变换。这种变换的有效性不依赖于人们对符号的解释，只依赖于符号的组合规律。这一逻辑理论称为布尔代数。

从 19 世纪末至 20 世纪初，数理逻辑有了较大发展。1884 年，德国数学家弗雷格出版了《算术的基础——对数概念的逻辑数学研究》一书，他在书中引入量词的符号，使得数理逻辑的符号系统更加完备。对建立这门学科做出贡献的还有美国人皮尔斯，他也在其著作中引入了逻辑符号，从而使现代数理逻辑最基本的理论基础逐步形成，成为一门独立的学科。

20 世纪 30 年代，逻辑代数在电路系统上获得应用。随后，由于电子技术与计算机的发展，各种复杂的大系统出现了，它们的变换规律也遵守布尔所揭示的规律。逻辑运算（logical operators）通常用来测试真假值。最常见到的逻辑运算就是循环的处理，用来判断是否该离开循环或继续执行循环内的指令，表示方法如下："∨"表示"或"；"∧"表示"与"；"¬"表示"非"；"="表示"等价"；1 和 0 表示"真"和"假"。

2.2 "用机器计算"的基础——可计算理论

计算，可以说是人类最先遇到的数学课题，并且在漫长的历史中，计算成为人们社会生活中不可或缺的工具。那么什么是计算呢？直观地看，计算一般是指运用事先规定的规则，将一组数值变换为另一(所需的)数值的过程。

对某一类问题，如果能找到一组确定的规则，按照这组规则，当给出这类问题中的任意一个具体问题后，就可以完全、机械地在有限步内求出结果，则称这类问题是可计算的。这种规则就是算法(algorithm)，这类可计算问题也可称为存在算法的问题。这就是直观上的可计算或算法可计算的概念。

在 20 世纪以前，人们普遍认为所有的问题都是有算法的，人们对计算的研究就是找出算法来。似乎正是为了证明一切科学命题，至少是一切数学命题存在算法，莱布尼茨开创了数理逻辑的研究工作。但是到 20 世纪初，人们发现许多已经过长期研究的问题仍然找不到算法，例如希尔伯特第十问题①等。于是人们开始怀疑对这些问题来说它们是否根本就不存在算法，即它们是不可计算的。虽然人们很早就有了算法的朴素概念，但对于到底什么是可行的计算仍没有精确的概念。一个问题的可解与不可解究竟是什么含义，当时的人们还不得而知。这种算法不存在性当然需要证明，即证明"对于该问题不存在有限步内求解的算法"。

然而按前述对直观的可计算性的陈述，根本无法做出不存在算法的证明，因为人们对"完全、机械地""确定的规则"这样的概念到底指什么仍然是不明确的。既然没有明确的定义就不能抽象地证明某类问题存在算法。这个问题看起来非常直白，但又十分深奥，它既是数学的又是哲学的问题。

有很多可以把算法概念精确化的途径，其中之一是通过计算模型定义抽象的计算机，

① 希尔伯特第十问题是不定方程(又称为丢番图方程)的可解答性。对于任意多个未知数的整系数不定方程，要求给出一个可行的方法，通过有限次运算，可以判定该方程有无整数解。

把算法看作抽象计算机的程序。通常把那些存在算法计算其值的函数称为可计算函数。因此，可计算函数的精确定义如下：能够在抽象计算机上编出程序计算其值的函数。这样就可以讨论哪些函数是可计算的，哪些函数是不可计算的。

可计算理论的计算模型主要包括如下几种：① 图灵机；② 一般递归函数；③ λ 可定义函数；④ POST系统；⑤ 正则算法。其中，图灵机一般递归函数和 λ 可定义函数和都是等价的，这 3 种方法定义了同一类函数。

2.2.1 一般递归函数与 λ 可定义函数[①]

1934 年，哥德尔(Godel)在埃尔布朗(Herbrand)的启示下提出了一般递归函数的概念，并指出：凡算法可计算函数都是一般递归函数，反之亦然。1936 年，克里尼(Kleene)又加以具体化。因此，算法可计算函数的一般递归函数定义后来称为埃尔布朗-哥德尔-克里尼定义。

同年，丘奇证明了他提出的 λ 可定义函数与一般递归函数是等价的，并提出算法可计算函数等同于一般递归函数或 λ 可定义函数，这就是著名的“丘奇论题”。

2.2.2 图灵机

用一般递归函数虽给出了可计算函数的严格数学定义，但在具体的计算过程中，就某一步运算而言，选用哪个初始函数和基本运算仍有不确定性。为消除所有的不确定性，图灵在他的《论可计算数及其在判定问题中的应用》一文中从一个全新的角度定义了可计算函数。他全面分析了人的计算过程，把计算归结为最简单、最基本、最确定的操作动作，从而用一种简单的方法来描述那种直观上具有机械性的基本计算程序，使任何程序都可以归约为这些动作。

这种简单的方法是以一个抽象自动机概念为基础的，其结果是：算法可计算函数就是这种自动机器能计算的函数。这不但赋予计算一个完全确定的定义，而且第一次将计算与自动机联系起来，对后世产生了巨大的影响，后来人们称这种自动机为“图灵机”。

2.3 人工智能之父——图灵

在计算机和人工智能领域，艾伦 · 马西森 · 图灵(Alan Mathison Turing，1912.6.23.—1954.6.7.)是最重要的人。他是英国数学家、逻辑学家，计算机科学之父，人工智能之父。1931 年，图灵进入剑桥大学国王学院，毕业后到美国普林斯顿大学攻读博士学位，第二次世界大战爆发后回到剑桥，后曾协助军方破解德国的著名密码系统 Enigma，帮助盟军获得了二战的胜利。图灵在科学，特别在数理逻辑和计算机科学方面取得了举世瞩目

① 通过 λ 转换演算能够得到函数值的那些函数称为 λ 可定义函数。

的成就，他的一些科学成果构成了现代计算机技术的基础。

图灵对于人工智能的发展有诸多贡献，他提出的著名的“图灵机模型”为现代计算机的逻辑工作方式奠定了基础。此外，图灵提出了一种用于判定机器是否具有智能的试验方法，即图灵测试。

2.3.1 现代计算机的前身——图灵机

图灵机(见图 2-1)是一种自动机的数学模型，它是一条两端(或一端)无限延长的纸带，在纸带上面画上方格，每个方格中可以印有字母表中的某一个字母(亦可为空格，记为S_0)；另外有一个读写头，它具有有限个内部状态。任何时刻读写头都注视着纸带上的某一个方格，并根据注视格的内容以及读写头当时的内部状态而执行变换规则所规定的动作。每个图灵机都有一组变换规则，它们具有下列 3 种形状之一：

qiaRqi，qiaLqi，qiabqj

意思是：当读写头处于状态 qi 时，如果注视格的内容为字母 a，则读写头右移一格，或左移一格，或印下字母 b(即把注视格的内容由 a 改成 b。a 和 b 也可为 S_0)。

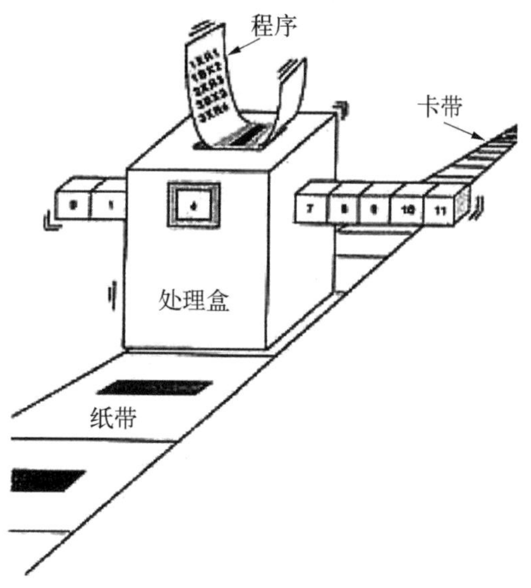

图 2-1　图灵机

注：图灵机是一种抽象计算机，图片展示的只是便于叙述了解而非实物。

图灵将可计算函数定义为图灵机可计算函数。1937 年，图灵在他发表的“可计算性与λ可定义性”一文中证明了图灵机可计算函数与λ可定义函数是等价的，从而拓展了丘奇论题，并得出：算法可计算函数等同于一般递归函数或λ可定义函数或图灵机可计算函数。这就是“丘奇-图灵论题”，相当完善地解决了可计算函数的精确定义问题，对数理逻辑的发展起了巨大的推动作用。

图灵机的概念有十分独特的意义：如果把图灵机的内部状态解释为指令，用字母表中的字母来表示，与输出字和输入字同样存储在机器里，那就成为电子计算机了。由此开创了“自动机”这一学科分支，这促进了电子计算机的研制工作。

与此同时，图灵还提出了“通用图灵机”的概念，这是一款能够模拟其他所有图灵机的图灵机。“通用图灵机”实际上就是现代通用计算机的最原始的模型，直接促进了后来通用计算机的设计和研制工作，而图灵自己也参加了这一工作。

在给出通用图灵机模型的同时，图灵指出通用图灵机在计算时，其“机械性的复杂性”是有临界限度的，超过这一限度，就要靠增加程序的长度和存储量来解决，这种思想开启了后来计算机科学中计算复杂性理论的先河。

图灵在第二次世界大战中从事的密码破译工作涉足电子计算机的设计和研制，但此项工作严格保密。直到 20 世纪 70 年代，内情才有所披露。从一些文件来看，很可能世界上第一台“电子计算机”不是 ENIAC，而是与图灵有关的另一台机器，即图灵在战时服务的机构于 1943 年研制成功的 CO - LOSSUS(巨人)机，这台机器的设计采用了图灵提出的某些概念。它使用了 1 500 个电子管，采用光电管阅读器，利用穿孔纸带输入，并采用电子管双稳态线路来执行计数、二进制算术及布尔代数逻辑运算，巨人机共生产了 10 台，并出色地完成了密码破译工作。

战后，图灵任职于泰丁顿国家物理研究所(Teddington National Physical Laboratory)，开始从事“自动计算机”(automatic computing engine)的逻辑设计和具体研制工作。1946 年，图灵发表论文阐述存储程序计算机的设计。他的成就与研究离散变量自动电子计算机(electronic discrete variable automatic computer)的约翰·冯·诺依曼(John von Neumann)处于同期。其相同之处在于，图灵的自动计算机与冯·诺依曼的离散变量自动电子计算机都采用了二进制，都使用内存来储存程序以运行计算机，使得计算机具有长期记忆程序、数据、中间结果及最终运算结果的能力，而此前的计算机是不具备内存的概念，打破了那个时代的十进制的旧有概念。

2.3.2 检验人工智能的方法——图灵测试

1. 如何判断机器是否具有思维

1949 年，图灵担任曼彻斯特大学(University of Manchester)计算实验室的副主任，致力于研发运行 Manchester Mark 1 型号储存程序式计算机所需的软件。1950 年他发表论文《计算机器与智能》(*Computing machinery and intelligence*)，为后来的人工智能科学提供了开创性的构思，提出著名的“图灵测试”，同时指出如果第三者无法辨别人类与人工智能机器反应的差别，则可以论断该机器具备人工智能。1956 年，图灵的这篇文章以《机器能够思维吗?》为题重新发表。此时，人工智能也进入了实践研制阶段。

图灵采用“问”与“答”的模式，即观察者通过控制打字机向两个测试对象通话，其中一个是人，另一个是机器。要求观察者不断提出各种问题，从而辨别回答者是人还是机器。图灵还为这项测试亲自拟定了如下几个示范性问题。

问：请为我写出有关“第四号桥”主题的十四行诗。

答：不要问我这道题，我从来不会写诗。

问：34 957 加 70 764 等于多少?

答：(停顿 30 s 后)105 721

问：你会下国际象棋吗?

答：会。

问：我在 $K1$ 处有棋子 K；你仅在 $K6$ 处有棋子 K，在 $R1$ 处有棋子 R。轮到你走，你应该下哪步棋?

答：(停顿 15 s 后)棋子 R 走到 $R8$ 处，将军!

图灵指出:“如果机器在某些现实的条件下能够非常好地模仿人回答问题,以至提问者在相当长时间里误以为它不是机器,那么就可以认为机器是能够思维的。”

从表面上看,要使机器回答按一定范围提出的问题似乎没有什么困难,可以通过编制特殊的程序来实现。然而,如果提问者并不遵循常规标准,编制回答的程序是极其困难的事情。例如,如果提问与回答呈现下列状况:

问:你会下国际象棋吗?

答:会。

问:你会下国际象棋吗?

答:会。

问:请再次回答,你会下国际象棋吗?

答:会。

那么,你多半会认为这是一台笨机器。但如果提问与回答呈现另一种状态:

问:你会下国际象棋吗?

答:会。

问:你会下国际象棋吗?

答:会,我不是已经说过了吗?

问:请再次回答,你会下国际象棋吗?

答:你烦不烦,干嘛老问同样的问题。

那么,你会认为回答问题的应该是人而不是机器。上述两种对话的区别在于,我们可以从第 1 种回答中明显地感到回答者是从知识库里提取简单的答案;而第 2 种的回答者则具有分析综合的能力,回答者知道观察者在反复提出同样的问题。“图灵测试”没有规定问题的范围和提问的标准,如果想要制造出能通过试验的机器,以我们的技术水平必须在计算机中储存人类所有可能想到的问题,然后储存对这些问题的所有合乎常理的回答,并且还需要理智地做出选择。

2. 图灵测试的发展

美国科学家兼慈善家休·罗布纳于 20 世纪 90 年代初设立“人工智能年度竞赛”,将图灵的设想付诸实践,比赛最终颁发金、银、铜三个奖项。

2014 年 6 月 8 日,一台名为尤金·古斯特曼的计算机(它并不是超级计算机,也不是电脑,而是一个聊天机器人,是一个计算机程序)成功地让人类相信它是一个 13 岁的男孩,而成为有史以来首台通过图灵测试的计算机,这可认为是人工智能发展中的一个里程碑事件。

2015 年 11 月,*Science* 杂志封面刊登了一篇重磅研究:人工智能终于能像人类一样学习并通过了图灵测试。测试的对象是一种 AI 系统,研究者分别进行了向它展示未见过的书写系统(如藏文)中的一个字符,并让它写出同样的字符和创造相似字符等多个任务。结果表明这个系统能够迅速学会写出陌生的文字,同时还能识别出非本质特征(也就是那些因书写造成的轻微变异),并且通过了图灵测试,这也是人工智能领域的一大进步。

2018 年“Google I/O 开发者”大会上,谷歌公司展示了令人印象深刻的“Duplex 人工智能语音技术”，这款人工智能可以模仿真人语气、语速，以流畅的人机交互方式帮助用户完成美发沙龙和餐馆的预定操作。而在大会的最后一天，Alphabet董事长、前斯坦福校长约翰轩尼诗表示Duplex已“部分通过图灵测试”，超过30％的被试者不能分辨它是机器还是人。

3. 图灵测试的意义

图灵提出的机器智能思想无疑是人工智能的直接起源之一。随着AI领域的深入研究，人们越来越认识到图灵思想的深刻性，它们如今仍然是人工智能的主要思想之一。《计算机器与智能》是一篇划时代的论文，文中预言了创造出具有真正智能的机器的可能性。由于注意到“智能”这一概念难以确切定义，图灵提出了著名的图灵测试：如果一台机器能够与人类展开对话（通过电传设备）而不能被辨别出其机器身份，那么称这台机器具有智能。这一简化使得图灵能够令人信服地说明“思考的机器”是有可能的。

但图灵测试虽然形象地描绘了计算机智能和人类智能的模拟关系，该类型测试仍是片面性的试验。通过试验的机器当然可以认为具有智能，但是没有通过试验的机器因为对人类了解得不充分而不能模拟人类仍然可以认为具有智能。图灵测试还有几个值得推敲的地方，比如试验者提出问题的标准在试验中没有明确给出；图灵测试也疏忽了被测者本身所具有的智力水平；另外图灵测试仅强调试验结果，而没有反映智能所具有的思维过程。

2.3.3 人工智能的展望

由前述内容可知，从数理逻辑到计算逻辑，从可计算理论到图灵机，从十进制到二进制这一路走来，计算机自诞生起就以达到模仿人类智能为目标，那么发展到今天的人工智能是理所应当的，这是由无数科研工作者的探索与研究所推动的，也是历史的必然。

计算机人工智能化是发展的趋势，现代计算机具有强大的功能和运行速度，但与人脑相比，其智能化和逻辑能力仍有待提高。根据历史经验来看，发展的希望如下：第一是计算机算力的提升，依赖于集成电路上可容纳的元件数目的提升；第二是算法的进步，这与脑科学、神经科学、行为学、心理学等学科有紧密关系；第三是新型计算工具的出现，如研制中的量子计算机。

人类在不断探索的道路上还需解决如何让计算机能够更好地反映人类思维，如何使计算机能够具有人类的逻辑思维判断能力，如何使计算机学会自我学习能力等各种问题。我们的目标是可以通过思考与人类沟通交流，抛弃以往的依靠通过编码程序来运行计算机的方法，直接对计算机发出指令。

2.4 计算机

今天的计算机已经变得相当复杂，成为有史以来人类创造的最复杂最精密的仪器。那么计算机作为计算工具，究竟是如何理解人类思维，如何进行类人计算，以至于开始具有智能的呢？

人类用于计算的工具经历了由简单到复杂、从低级到高级的发展规律，例如“结绳记事”中的绳结到算筹、算盘、计算尺、机械计算机等。它们在不同的历史时期发挥了各自的历史作用,同时也启发了现代电子计算机的研制思想。

2.4.1 电子计算机的诞生

世界上公认的第 1 台电子计算机是阿塔纳索夫-贝瑞计算机(Atanasoff-Berry Computer, ABC),由爱荷华州立大学的约翰·文森特·阿塔纳索夫(John Vincent Atanasoff)和他的研究生克利福德·贝里(Clifford Berry)在 1937 年设计制成,它不可编程,仅仅设计用于求解线性方程组,并在 1942 年成功地进行了测试。

一般认为电子数字积分计算机(electronic numerical integrator and computer, ENIAC)是世界上的第 2 台电子计算机、第 1 台通用电子计算机,由冯·诺依曼主持设计、美国军方定制,于 1946 年 2 月 14 日在宾夕法尼亚大学问世。

在同一时期,冯·诺依曼还设计了离散变量自动电子计算机(electronic discrete variable automatic computer, EDVAC)。EDVAC 于 1949 年 8 月交付弹道研究实验室。在发现和解决许多问题之后,直到 1951 年 EDVAC 才开始运行并且局限于其基本功能。EDVAC 是第 1 台现代意义上的通用计算机。与 ENIAC 不同,EDVAC 首次使用二进制而不是十进制,它的体系结构一直延续至今,所以现在一般计算机被称为冯·诺依曼结构计算机。鉴于冯·诺依曼在发明电子计算机中所起到关键性作用,他被西方人誉为“计算机之父”。

2.4.2 计算机程序

现代计算机的普林斯顿结构又称为冯·诺依曼结构,在一台基于最常见的普林斯顿结构的计算机上,程序通常是通过外存来加载到计算机之内。

如果基于这种结构的计算机若没有程序作为支撑,则通常无法工作。现代通用计算机模型如图 2-2 所示。

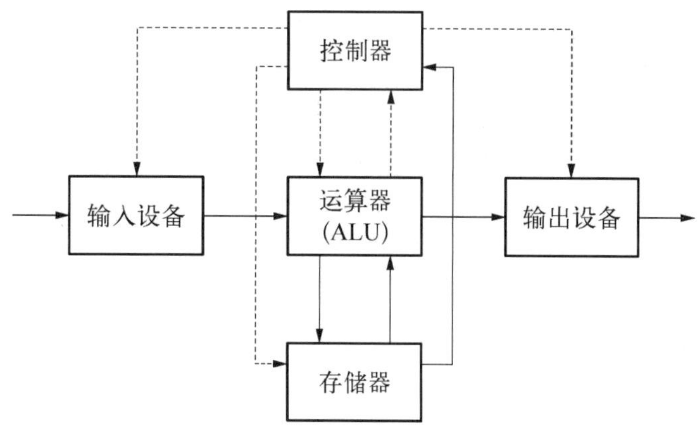

图 2-2 现代通用计算机模型

所有程序都基于机器语言来运行,机器语言是一串二进制数字(0 和 1)构成的语言,是计算机的元件能直接阅读的语言。

一般地,程序是由高级语言编写,然后在编译的过程中,被一个编译器/解释器(编译器本身也是一个程序)转译为机器语言,从而得以执行。有时也可用汇编语言进行编程,汇编语言在机器语言上进行了改进,以单词代替了 0 和 1,例如以 Add 代表相加,Mov 代表传递数据等。汇编语言实际上是机器语言的一个记号,在这种情况下,用以翻译的程序称为汇编程序。

2.5 早期人工智能

2.5.1 专家系统

专家系统因其模拟人类专家解决某个领域的问题而得名。它可以看作是一类具有专门知识和经验的程序系统,其内部含有大量的某个领域专家水平的知识与经验,能够利用人类专家的知识和解决问题的方法来处理该领域的问题。也就是说,专家系统是一个具有大量的专门知识与经验的程序系统,它应用人工智能技术和计算机技术,根据某领域一个或多个专家提供的知识和经验,进行推理和判断,模拟人类专家的决策过程,以便解决那些需要人类专家处理的复杂问题。

1. 基于规则的专家系统

该专家系统的特点是采用"IF...THEN..."模型,即满足某项条件,就做什么事情。基于规则的专家系统(见图 2-3)是个计算机程序,该程序使用一套包含在知识库内的规则对工作存储器内的具体问题信息(事实)进行处理,通过推理机推断出新的信息。第 2.6 节将介绍基于规则的专家系统的具体案例。

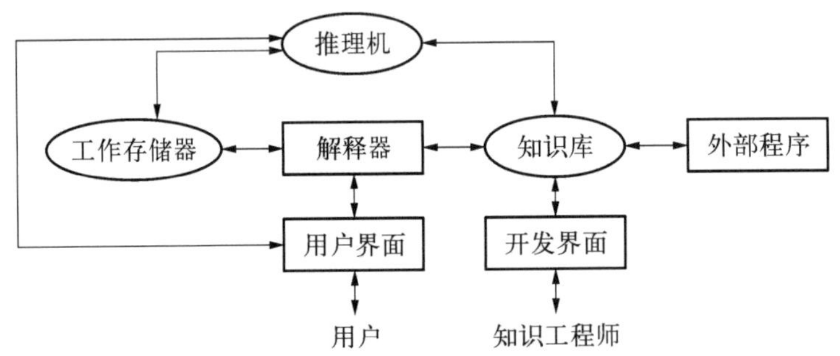

图 2-3 基于规则的专家系统

2. 基于框架的专家系统

该专家系统的特点是采用"面向对象(Object-Orienteal, OO)"模型来描述数据结构。基于框架的专家系统(见图 2-4)建立在框架的基础之上,采用面向对象编程技术,框架的设计和面向对象的编程共享许多特征。在设计基于框架系统时,专家系统的设计者们把对象称为框架。

基于框架的专家系统的主要设计步骤与基于规则的专家系统相似,主要差别在于如何看待和使用知识。在设计基于框架的专家系统时，把整个问题和每件事想象为编织起来的事物。在辨识事物之后，寻找把这些事物组织起来的方法，对于任何类型的专家系统，其设计是高度交互的过程。

框架的一般结构：

框架名(frame)：<名称>

槽名 1：

侧面名 1：值 1，……，值 p_1

侧面名 2：值 1，……，值 p_2

……

侧面名 m_1：值 1，……，值 p_{m_1}

槽名 2：

侧面名 1：值 1，……，值 q_1

侧面名 2：值 1，……，值 q_2

……

侧面名 m_2：值 1，……，值 q_{m_2}

⋮

槽名 n：

侧面名 1：值 1，……，值 r_1

侧面名 2：值 1，……，值 r_2

……

侧面名 m_n：值 1，……，值 r_{m_n}

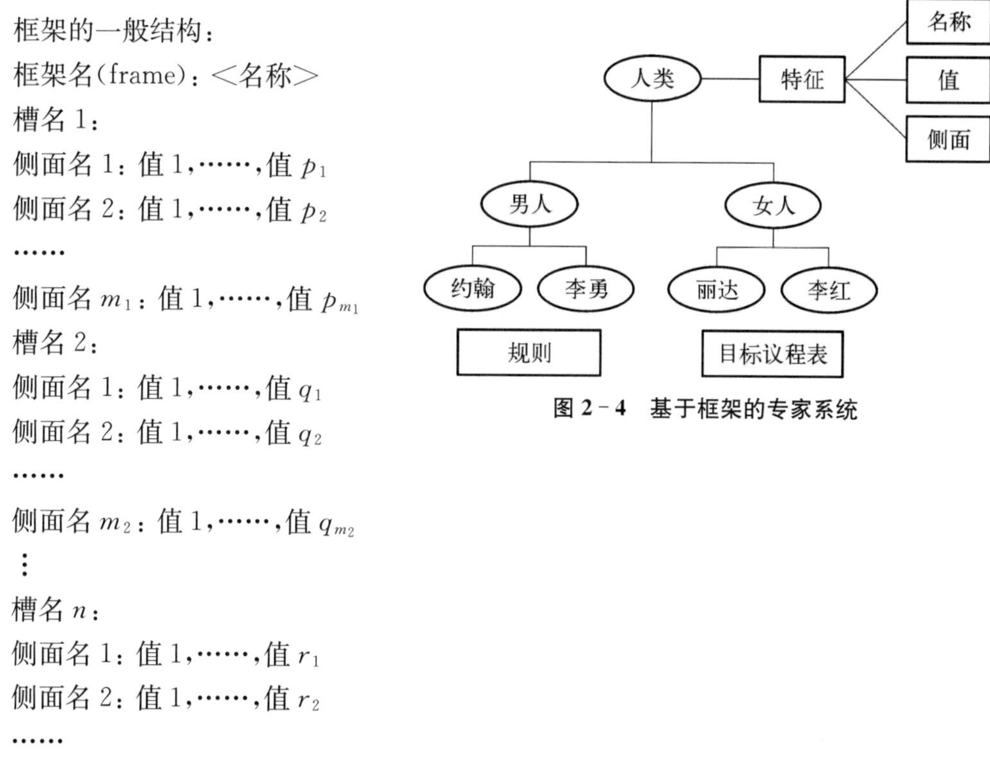

图 2-4　基于框架的专家系统

框架(类)由槽组成，槽也称为属性。槽可以有侧面描述(有侧面值)，也可以没有侧面、只有槽值。一个侧面可以有多个侧面值。槽值和侧面值可以是固定值，也可以是过程值。

3. 基于模型的专家系统

该专家系统的特征是利用神经网络、遗传算法等智能计算方法，改进计算模型。对人工智能的研究内容有着各种不同的看法。有一种观点认为，人工智能是对各种定性模型的获得、表达及使用的计算方法进行研究的学问。基于该观点人们提出了基于模型的专家系统。在诸多模型中，人工神经网络模型的应用最为广泛。神经网络模型从知识表示、推理机制到控制方式，与目前专家系统中的基于逻辑的心理模型有本质的区别。

基于神经网络模型的专家系统(见图 2-5)的基本结构是自动获取模块输入、组织并存储专家提供的学习实例、选定神经网络的结构、调用神经网络的学习算法，为知识库实现知识获取。当新的学习实例输入后，知识获取模块通过对新实例的学习，自动获得新的网络权值分布，从而更新了知识库。

传统的专家系统只能在有限的定制式的规则中寻求答案，对于一个庞大的知识库，或者复杂难解的数据结构，再或者一个几乎无规则可循的知识集合，传统专家系统就显得无能为力了。

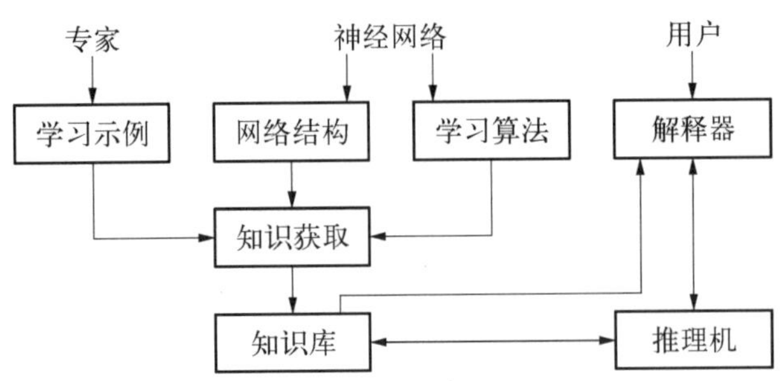

图 2-5 基于神经网络模型的专家系统

围棋是一类完全信息的博弈游戏。然而其庞大的搜索空间以及局面棋势的复杂度，使得传统的搜索算法在围棋面前都“望而却步”，直到 AlphaGo 的出现。在 AlphaGo 的训练网络中，Rollout Policy 和 SL policy network 都是针对专家知识（棋谱）进行拟合的网络。SL policy network 网络将围棋棋盘的落子情况视作一个 19×19 的图像输入，通过卷积神经网络（CNN）结合专家知识进行训练，得到在各种情况下应该选择的落子方案。通过专家知识的预训练之后，AlphaGo 进入自我博弈阶段，它会通过最新的网络和以前版本网络的自我博弈来自我进化。

4. 新型专家系统

该专家系统可以由多个专家系统组成，系统内部采用不同的推理判断方法。

（1）分布式专家系统：将一个专家系统的功能经分解以后分布到多个处理器上并行地工作，从而在总体上提高系统的处理效率。

（2）协同式多专家系统：协同式多专家系统又称为“群专家系统”，表示能综合若干个相近领域的或一个领域的多个方面的子专家系统互相协作，共同解决一个更广领域问题的专家系统。系统更强调子系统之间的协同合作，而不强调处理的分布和知识的分布。

2.5.2 树与森林

1. 二叉树

二叉树（见图 2-6）是计算机科学中的一种抽象数据结构，每个节点最多有两个子树，通常子树称为“左子树”（left subtree）和“右子树”（right subtree）。二叉树常用于实现二叉查找树和二叉堆。

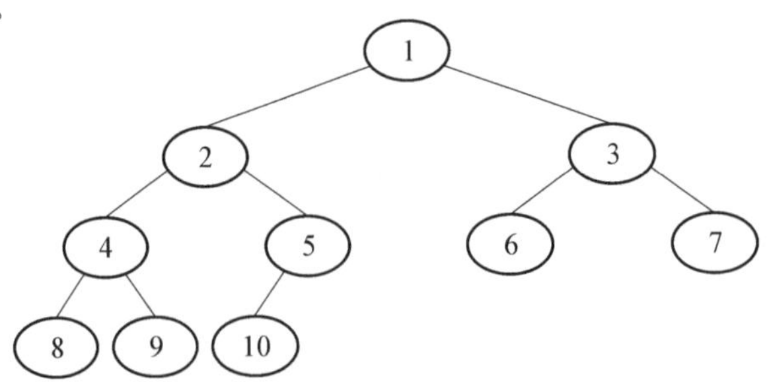

图 2-6 二叉树

二叉查找树(binary search tree),又称为有序二叉树或排序二叉树,其满足以下性质:

(1) 没有键值相等的节点。

(2) 若左子树不为空,则左子树上节点值均小于根节点的值。

(3) 若右子树不为空,则右子树上节点值均大于根节点的值。

二叉查找树是为了实现动态查找而设计的数据结构,二叉查找树中对于目标节点的查找过程类似于有序数组的二分查找,并且查找次数不会超过树的深度。

2. 二叉堆

二叉堆(见图 2-7)由一棵完全二叉树组成,堆的实现一般为数组形式。对于下标为 i 的节点,其父节点下标为 floor[$(i-1)/2$](向下取整),左节点是 $2\times i+1$,右节点是 $2\times i+2$。一个最小二叉堆及其数组实现如表 2-1 所示。

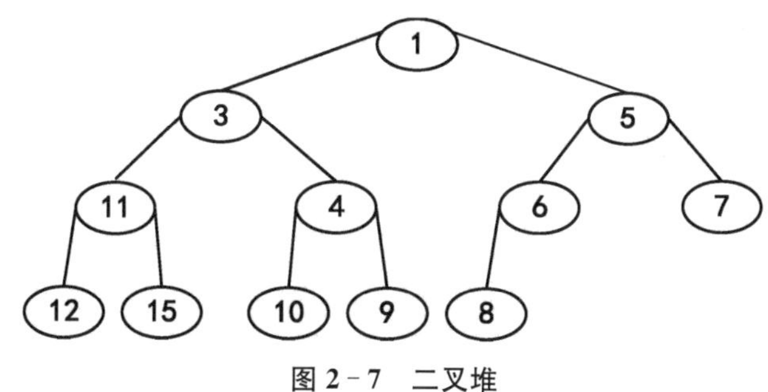

图 2-7 二叉堆

表 2-1 一个最小二叉堆及其数组实现

数组实现	0	1	2	3	4	5	6	7	8	9	10	11
数组值	1	3	5	11	4	6	7	12	15	10	9	8
父节点下标	0	0	0	1	1	2	2	3	3	4	4	5
左节点下标	1	3	5	7	9	11	—	—	—	—	—	—
右节点下标	2	4	6	8	10	—	—	—	—	—	—	—

将堆顶节点存储到数组的第一个位置,然后根据公式计算其左右节点的存储位置,依此类推,则数组最后一个元素必是叶子节点。

3. 决策树

二叉树加入判定条件之后就是简单的决策树。决策树(decision tree)是机器学习中的一个预测模型,代表的是对象属性与对象值之间的一种映射关系。树中每个节点表示某个对象,而每个分叉路径则代表某个可能的属性值,而每个叶节点则对应从根节点到该叶节点所经历的路径所表示的对象的值。决策树仅有单一输出,若欲有多个输出,可以建立独立的决策树以处理不同输出。熵代表了系统的凌乱程度,使用算法 ID3,C4.5 和 C5.0① 生成

① ID3,C4.5 和 C5.0 是经典的决策树生成算法。

树算法使用熵，这一度量基于信息学理论中熵的概念。

决策树学习采用的是自顶向下的递归方法，其基本思想是以信息熵为度量，构造一棵熵值下降最快的树。到叶节点处的熵值为零，此时每个叶节点中的实例都属于同一类。建立决策树的关键在于当前状态下选择哪个属性作为分类依据。

执行过程主要由两种任务组成：归纳和修剪。归纳是用一组预先分类的数据作为输入，判断最好用哪些特性来分类，基于分类的数据库再次递归，直到所有的数据都分类完成；分类的同时进行修剪，把不需要的类别从结构树中去除，让程序更加高效或准确。图 2－8 给出了举例。

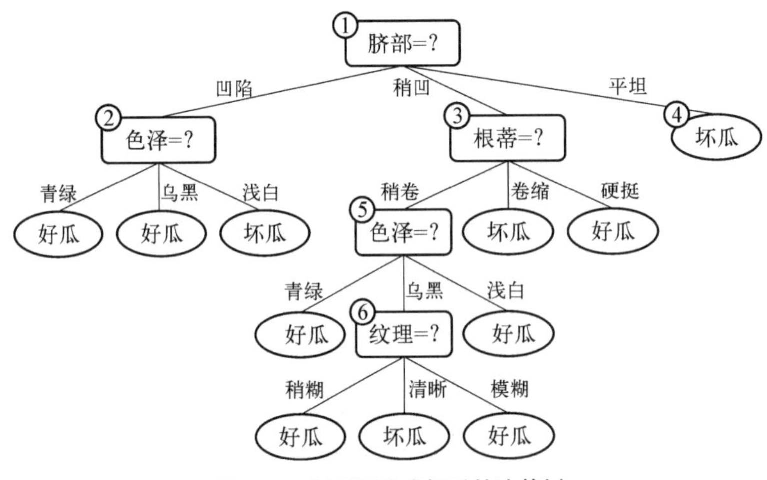

图 2－8　判断好瓜或坏瓜的决策树

决策树构成了其他算法的基础，比如提升算法（bosting）和随机森林。

4. 随机森林

随机森林就是一种通过集成学习①的思想将多棵树集成的算法，它的基本单元是决策树，而它的本质属于机器学习的一大分支——集成学习（ensemble learning）方法。随机森林的名称中有两个关键词，一个是“随机”，另一个是“森林”。

从直观角度来解释，每棵决策树都是一个分类器（假设现在针对的是分类问题），那么对于一个输入样本，N 棵树会有 N 个分类结果。而随机森林集成了所有的分类投票结果，将投票次数最多的类别指定为最终的输出，这就是一种最简单的 Bagging 思想②。集成学习通过建立几个模型组合来解决单一预测问题。它的工作原理是生成多个分类器/模型，各自独立地学习和做出预测。这些预测最后结合成单预测，因此优于任何一个单分类做出的预测。

随机森林是集成学习的一个子类，它依靠于决策树的投票选择来决定最后的分类结果。

① 集成学习是一种使用一系列学习器进行学习，并使用某种规则把各个学习结果进行整合，从而获得比单个学习器更好的学习效果的机器学习方法。

② Bagging 思想是一种用来提高学习算法准确度的方法，这种方法通过构造一个预测函数系列，然后以一定的方式将它们组合成一个预测函数。

2.6 动物识别的专家系统

下面将介绍一个使用“IF - THEN”结构搭建的识别动物的简易专家系统。

2.6.1 制订规则库

规则库由15条规则组成，规则名分别是：rule1，rule2，…，rule15，规则库的符号名为ruleS。编写一段程序，把15条规则组成一个表直接赋值给规则库ruleS。其中，“IF句”称为“前件”，“THEN句”称为“后件”。

```
(  rules
  ((rule1
    (if (animal has hair))                      若动物有毛发(F1)
    (then (animal is mammal)))                  则动物是哺乳动物(M1)
  ((rule2
    (if (animal gives milk))                    若动物有奶(F2)
    (then (animal is mammal)))                  则动物是哺乳动物(M1)
  ((rule3
    (if (animal has feathers))                  若动物有羽毛(F9)
    (then (animal is bird)))                    则动物是鸟(M4)
  ((rule4
    (if (animal flies))                         若动物会飞(F10)
      (animal lays eggs))                       且生蛋(F11)
    (then (animal is bird)))                    则动物是鸟(M4)
  ((rule5
    (if (animal eats meat))                     若动物吃肉类(F3)
    (then (animal is carnivore)))               则动物是食肉动物(M2)
  ((rule6
    (if (animal has pointed teeth))             若动物有犀利牙齿(F4)
      (animal has claws)                        且有爪(F5)
      (animal has forword eyes))                且眼向前方(F6)
    (then (animal is carnivore)))               则动物是食肉动物(M2)
  ((rule7
    (if (animal is mammal))                     若动物是哺乳动物(M1)
      (animal has hoofs))                       且有蹄(F7)
    (then (animal is ungulate)))                则动物是有蹄类动物(M3)
```

```
((rule8
  (if (animal is mammal))                  若动物是哺乳动物(M1)
    (animal chews cud))                    且反刍(F8)
  (then (animal is ungulate)))             则动物是有蹄类动物(M3)
((rule9
  (if (animal is mammal))                  若动物是哺乳动物(M1)
    (animal is carnivore)                  且是食肉动物(M2)
    (animal has tawny color)               且有黄褐色(F12)
    (animal has dark sports))              且有暗斑点(F13)
  (then (animal is cheetah)))              则动物是豹(H1)
((rule10
  (if (animal is mammal))                  若动物是哺乳动物(M1)
    (animal is carnivore)                  且是食肉动物(M2)
    (animal has tawny color)               且有黄褐色(F12)
    (animal has black stripes)             且有黑色条纹(F15)
  (then (animal is tiger)))                则动物是虎(H2)
((rule11
  (if (animal is ungulate))                若动物是有蹄类动物(M3)
  (animal has long neck)                   且有长脖子(F16)
    (animal has long legs)                 且有长腿(F14)
    (animal has dark sports))              且有暗斑点(F13)
  (then (animal is giraffe)))              则动物是长颈鹿(H3)
((rule12
  (if (animal is ungulate))                若动物是有蹄类动物(M3)
    (animal has black stripes)             且有黑色条纹(F15)
  (then (animal is zebra)))                则动物是斑马(H4)
((rule13
  (if (animal is bird))                    若动物是鸟(M4)
  (animal does not fly)                    且不会飞(F17)
    (animal has long neck)                 且有长脖子(F16)
    (animal has long legs))                且有长腿(F14)
    (animal is black and white))           且有黑白二色(F18)
  (then (animal is ostrich)))              则动物是鸵鸟(H5)
((rule14
  (if (animal is bird))                    若动物是鸟(M4)
  (animal does not fly)                    且不会飞(F17)
```

```
    (animal swims)                        且会游泳(F19)
    (animal is black and white))          且有黑白二色(F18)
  (then (animal is penguin)))             则动物是企鹅(H6)
((rule15
  (if (animal is bird))                   若动物是鸟(M4)
    (animal flies well))                  且善于飞行(F20)
  (then (animal is albatross)))           则动物是信天翁(H6)
```

在上述规则的说明中,用 F1 - F20 标记的是初始事实或证据,用 M1 - M4 标记的是中间结论,用 H1 - H7 标记的是最终结论。用标记表示 15 条规则如下:

R1:　　F1→M1

R2:　　F2→M1

R3:　　F9→M4

R4:　　F10∧F11→M4

R5:　　F3→M2

R6:　　F4∧F5∧F6→M2

R7:　　F7∧M1→M3

R8:　　F8∧M1→M3

R9:　　F12∧F13∧M1∧M2→H1

R10:　　F12∧F15∧M1∧M2→H2

R11:　　F13∧F14∧F16∧M3→H3

R12:　　F15∧M3→H4

R13:　　F14∧F16∧F17∧F18∧M4→H5

R14:　　F17∧F18∧F19∧M4→H6

R15:　　F20∧M4→H7

在综合数据库中给出的已知事实,把规则的前件(即 IF 句)同当前数据库的内容进行匹配来选取可用规则。若有多条规则可用,则采用某种冲突消解的策略,将执行规则的结论添加到综合数据库中,并将用过的规则置上激活标志,有激活标志的策略不再被匹配,直到问题求解或没有可用规则为止。

2.6.2 正向推理过程程序实现

将规则库中规则的前件同当前数据库的内容进行匹配。若匹配成功,则将这条规则送入可用规则集 S;否则,取下一条规则进行匹配。

respond:

while　S 非空且问题未求解除 do

　begin

　调用 select - rule(S),从 S 中选择一条规则,将该规则的结论添加到综合数据库中。

调用 respond

end

由上可见正向推理过程 respond 是递归的。

若已知的初始事实是 F13(有暗斑点)、F12(黄褐色)、F3(若动物吃肉类)及 F1(动物有毛发):

构建一个事实表 facts 即可以添加删减事实(F1、F2、…)。构建函数 steq,功能就是对 facts 进行编辑。

使用 steq 函数把已知的初始事实赋值给事实表 facts:

```
(steq   facts
        ((animal has dark spots)
         (animal has tawny color)
          (animal eats meat)
          (animal has hair))
```

即 facts=(F13 F12 F3 F1)

使用在前面建立的 rules 规则库,叙述正向推理过程如下:

(1) 在 rules 中查找规则前件的全部条件在当前 facts=(F13 F12 F3 F1)中的可用规则,首先找到规则 R1,则把 R1 后件中不在 facts 中的结论 M1 添加到 facts 中,扩充 facts 为 facts=(F13 F12 F3 F1 M1)。

实际上,对 facts=(F13 F12 F3 F1)还有一条可用规则 R5,因为 R5 的前件 F3 也在当前 facts 中。但是,由前面提到的冲突消解策略——先选优先的规则,即若有多条可用规则,则按可用规则在规则库表 rules 中的顺序选择第一条可用规则。

(2) 对当前 facts 在 rules 中查找可用规则,仍然找到规则 R1,但 R1 的后件结论 M1 已在 facts 中,因此不会执行规则 R1。继续查找可用规则,找到规则 R5,因为 R5 的后件结论 M2 不在当前的 facts 中,故执行 R5,把 R5 不在 facts 中的结论 M2 添加到 facts 中,扩充 facts 为 facts=(F13 F12 F3 F1 M1 M2)。

(3) 对当前 facts 在 rules 中继续查找可用规则,规则 R9 的前件在 facts 中,因此 R9 是可用规则。而 R9 的后件结论 H1 不在当前的 facts 中,执行 R9,把 R9 的结论 H1 扩充到 facts 中,使得 facts=(F13 F12 F3 F1 M1 M2 H1)。

(4) 当前 facts,在 rules 中找不到规则的前件所包含的全部条件在 facts 中且后件有不在 facts 中的结论的任何规则,至此,正向推理结束。

按照模块化的构想,程序的流程图设计如图 2-9 所示。为了实现上述推理过程,需编写以下 7 个函数,分别是:

A. 正向推理机函数 deduce

函数表达式:deduce facts

功能:主程序入口。

B. 调用函数 step-forward 实现

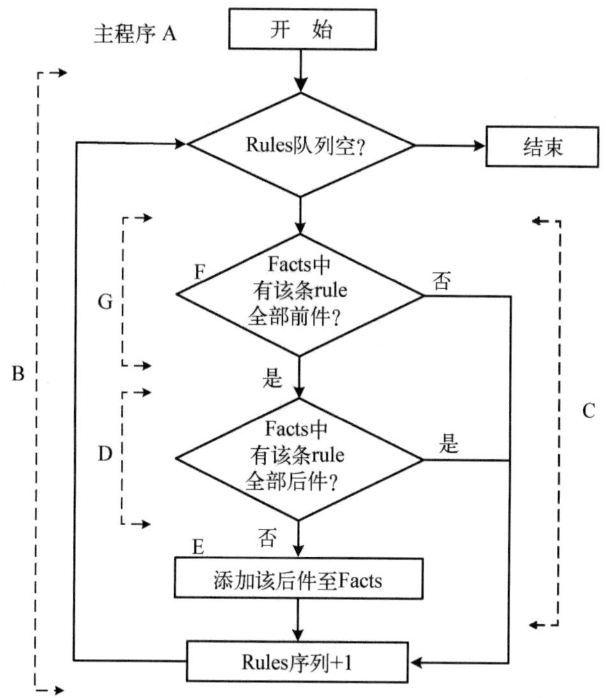

图 2-9 模块化程序流程图

函数表达式：step-forward rules

函数功能：逐次扫描规则库 rules 中的规则。若发现 rules 中有一条可用规则，即该规则的前件所包含的全部事实都在表 facts 中，则将该规则的后件中不在 facts 中的所有结论添加到 facts 中，且 step-forward 返回 t；若 rules 中没有一条可用规则，返回 nil。

C. 调用函数 try-rule 实现

函数表达式：try-rule rule

函数功能：判断规则变量 rule 中的一条规则的前件包含的全部事实是否在表 facts 中，若全部事实都在表 facts 中，且规则后件有不在 facts 中的结论，则把不在 facts 中的结论逐一添加到表 facts 中，此时 try-rule 返回 t；否则，返回 nil。

D. 函数 use-then

函数表达式：use-then rule

函数功能：判断变量 rule 中的一条规则的后件所包含的全部结论是否在表 facts 中，若全部结论都在 facts 中，则 use-then 返回 nil；否则，将不在 facts 中的结论逐一添加到表 facts 中，且 use-then 返回 t。

E. 函数 remember

函数表达式：remember new

函数功能：判断变量 new 中的一个事实是否在表 facts 中。若存在，则返回 nil；否则，将 new 中的事实添加到表 facts 的表头，且返回 new 中的事实。

F. 函数 recall

函数表达式：recall fact

函数功能：判断变量 fact 中的一个事实是否在表 facts 中。若存在，则 recall 返回值是 fact 中的事实；否则，返回 nil。

G. 函数 test-if

函数表达式：test-if rule

函数功能：判断变量 rule 中的一条规则的前件所包含的全部事实是否在表 facts 中。若存在，则 test-if 返回 t；否则，返回 nil。

2.7 二进制与位运算

自然界中存在只有二状态的物理元件，例如晶体管的导通或截止，机械开关的开启或闭合，磁性材料的两种不同剩磁状态。这两种不同状态可用两种不同的电平，即高电平(H)或低电平(L)来表示。这种二状态系统称为二进制系统，通常用高电平 H 代表 1，低电平 L 代表 0。计算机中为方便表示，采用了与硬件相匹配的二进制系统。

二进制系统的两个数字 1 和 0 是一个开关量，常称为比特。在数字系统中，这两种状态的组合称为码，可用来表示数、字母、符号以及其他类型的信息。

2.7.1 二进制、十进制和十六进制

1. 不同进制的介绍

人们日常生活中最熟悉的进制是十进制，十进制数由 0～9 十个数字表示，进位的原则是逢十进一。

图 2 - 10　六十进制的电子钟

从时间的角度理解进制，如图 2 - 10 所示，时间上每 60 秒进位成 1 分钟，每 60 分钟进位成 1 小时，那么就可以把时间看成 60 进制数。

所谓二进制数，只由 0 和 1 表示，逢二进一；所谓十六进制数，由 0～9，A～F(或 a～f)表示，其中 A～F 分别表示 10～15，逢十六进一。

以此类推，不同数制的进位都遵循一个原则——逢 N 进 1。这里的 N 称为基数。基数为 N，则该数字就是 N 进制数。

若一个数字表示为

$$a_n a_{n-1} \cdots a_0 . b_1 b_2 \cdots b_m$$

则基数为 r 的 r 进制数可以表示为

$$a_n \cdot r^n + a_{n-1} \cdot r^{n-1} + \cdots + a_0 \cdot r^0 + b_1 \cdot r^{-1} + b_2 \cdot r^{-2} + \cdots + b_n \cdot r^{-n}$$

十进制下的数字基数是 10，则 1 235.7 可表示为

$$1\,235.7 = 1 \times 10^3 + 2 \times 10^2 + 3 \times 10^1 + 5 \times 10^0 + 7 \times 10^{-1}$$

二进制数下数字基数是 2，则 101101 可表示为

$$101101_2 = 1 \times 2^5 + 0 \times 2^4 + 1 \times 2^3 + 1 \times 2^2 + 0 \times 2^1 + 1 \times 2^0 = 45_{10}$$

十六进制下数字基数是 16，则 $23A_{16}$ 可表示为

$$23A_{16} = 2 \times 16^2 + 3 \times 16^1 + A \times 16^0 = 570_{10}\text{（这里 } A \text{ 代表 10）}$$

上面数的下标表示该数的基数 r，即二进制下的 101101 与十进制下的 45 等值。

在计算机编程语言中，通常用数字后面跟一个英文字母来表示该数的数制。十进制用 D(Decimal)表示，二进制用 B(Binary)表示，十六进制用 H(Hexadecimal)表示。

2. 不同进制数之间的相互转换

1）二进制数转十进制数

二进制数转换成十进制数的方法是"按权相加法"，即把一个二进制数按权展开，然后按照十进制加法求和，具体用法如图 2－11 所示。

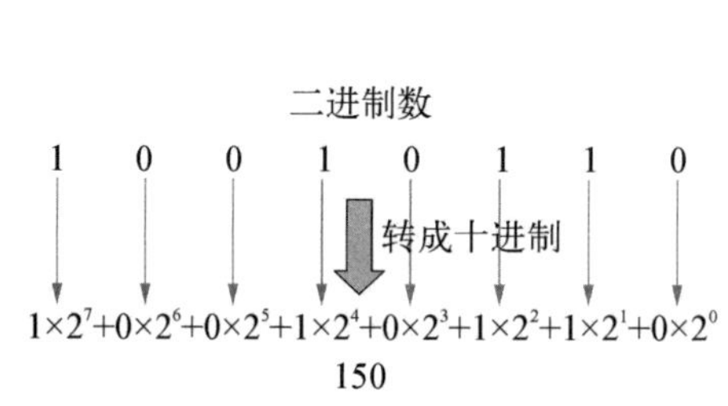

图 2－11　二进制数转换成十进制数

十进制数转二进制数

除数	被除数/商	余数	说明
2	150		
2	75	0	150/2商为75，余0
2	37	1	75/2商为37，余1
2	18	1	37/2商为18，余1
2	9	0	18/2商为9，余0
2	4	1	9/2商为4，余1
2	2	0	4/2商为2，余0
2	1	0	2/2商为1，余1
	0	1	1/2商为0，余1

从最后一个余数读到第一个

150的二进制数就是：10010110

图 2－12　十进制数转二进制数

2）十进制数转换成二进制数

十进制数转换成二进制数的方法是"除而取余法"，具体方法如图 2－12 所示，即将一个十进制数除以 2，得到的余数是二进制权位上的数，所得到的商值继续除以 2，依此步骤继续向下运算直到商为 0 为止。

3）二进制数转换成十六进制数

二进制数转换成十六进制数的方法是"取四合一"，即每 4 位二进制数转换成 1 位十六进制数，从右到左开始转换，不足 4 位时用 0 补位。具体方法如图 2－13 所示。

4）十六进制数转换成二进制数

十六进制数通过除以 2 取余数法得到二进制数，将每位 16 进制数转换成 4 位二进制数，不足时在最左边位补 0。具体方法如图 2－14 所示。

5）十进制数转换成十六进制数

把十进制数转换成十六进制数，可以使用间接法，先将十进制数转换成二进制数，再

将二进制数转换成十六进制数。另一种方法是直接法，直接将十进制数按照除以 16 取余数法，直到商为 0 为止。具体方法如图 2-15 所示。

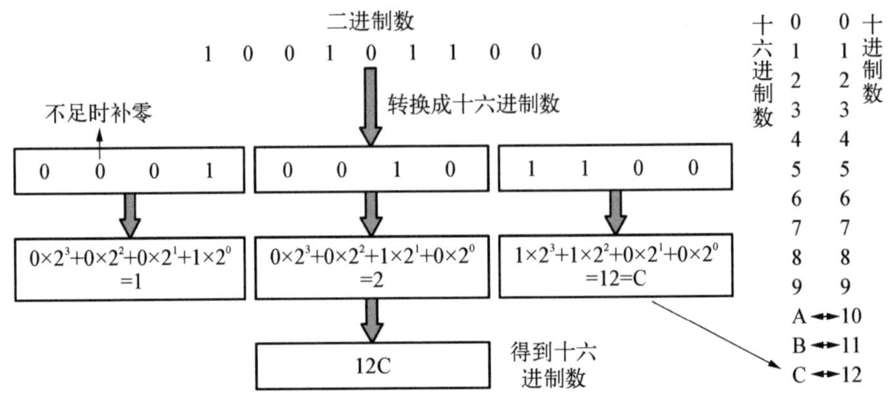

图 2-13　二进制数转换成十六进制数

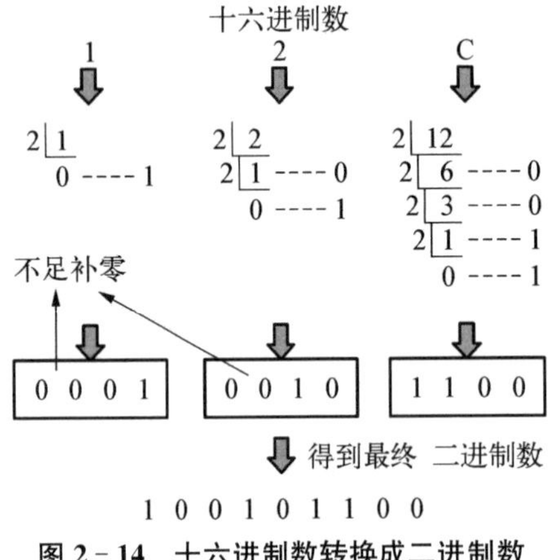

图 2-14　十六进制数转换成二进制数

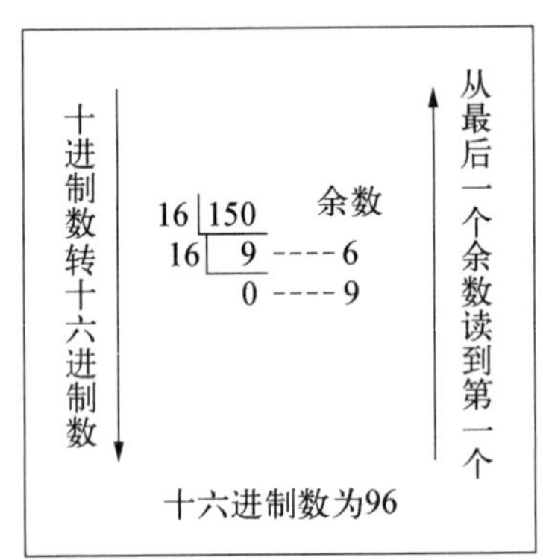

图 2-15　十进制数转换成十六进制数

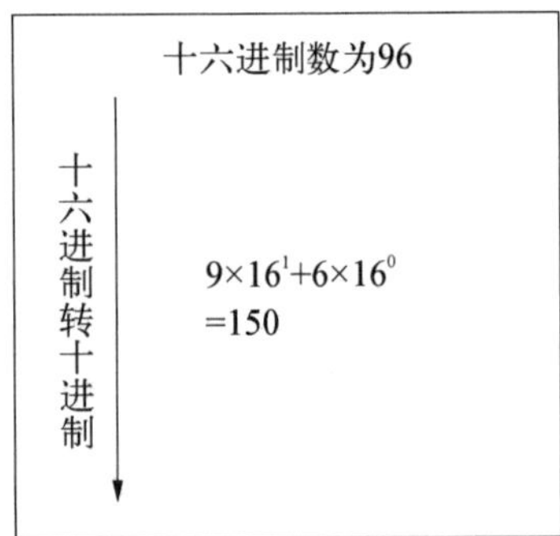

图 2-16　十六进制转换成十进制

6）十六进制数转换成十进制数

十六进制数转换成十进制数直接采用按权展开，再求和即可，如图 2-16 所示。

3. 补码

计算机中，对于有符号数用最高位作为符号位，“0”代表“正”，“1”代表“负”；其余数位用作数值位，代表数值。比如，Byte 类型的取值范围为－128～127。其中，表示数值的只有 7 位，首位表示正负。

计算机中的符号数有 3 种表示方法，即原码、反码和补码。这 3 种表示方法均有符号位和数值位两部分，符号位都是用 0 表示“正”，用 1 表示“负”，而对于数值位，3 种表示方法各不相同，这里先只讨论整数原码与补码。

正整数的补码是其二进制表示，与原码相同。求负整数的补码，将其原码除符号位外的所有位取反(0 变 1,1 变 0,符号位为 1 不变)后加 1。

举例：求－10 的补码。

十进制 10 的原码(按 8 位举例)为 0000 1010,其反码为 1111 0101,取反后再加 1 即为其补码：1111 0110。因此,－10 的补码为 1111 0110。

同一个数字在不同的补码表示形式中是不同的。比如－15 的补码,在 8 位二进制中是 11110001,然而在 16 位二进制补码表示中,就是 1111111111110001。以下都使用 8 位二进制来表示。

2.7.2 计算机位运算

程序中的所有数在计算机内存中都是以二进制的形式存储的。位运算就是直接对整数在内存中的二进制位进行操作。位运算符比一般的算术运算符速度要快,而且可以实现一些算术运算符不能实现的功能。如果要开发高效率程序,位运算符是必不可少的。位运算符用来对二进制位进行操作,包括按位与(&)、按位或(|)、按位异或(^)、按位取反(~)、按位左移(≪)、按位右移(≫)。

1. 按位与(&)

按位与运算符对两个数进行操作,然后返回一个新的数,这个数的每一位都需要两个输入数的同一位都为 1 时才为 1。A 为 Input 1,B 为 Input 2。

(A&B)结果为 60,二进制为 0011 1100。

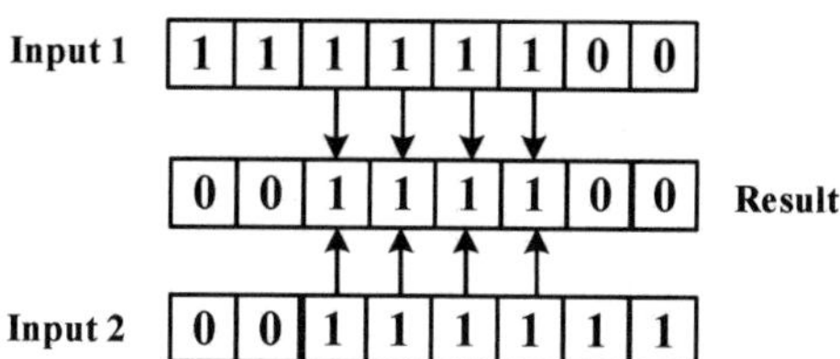

2. 按位或(|)

比较两个数,然后返回一个新的数,这个数的每一位设置 1 的条件是两个输入数的同一位都不为 0(即任意一个为 1,或都为 1)。A 为 Input 1,B 为 Input 2。

(A|B)结果为 254,二进制为 1111 1110。

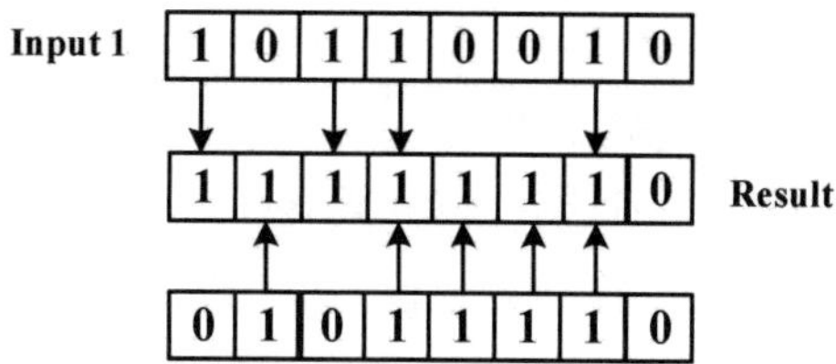

3. 按位异或运算符(^)

比较两个数,然后返回一个数,这个数的每个位设为 1 的条件是两个输入数的同一位不同;如果相同就设为 0。A 为 Input 1,B 为 Input 2。

(A^B)结果为 17,二进制为 0001 0001。

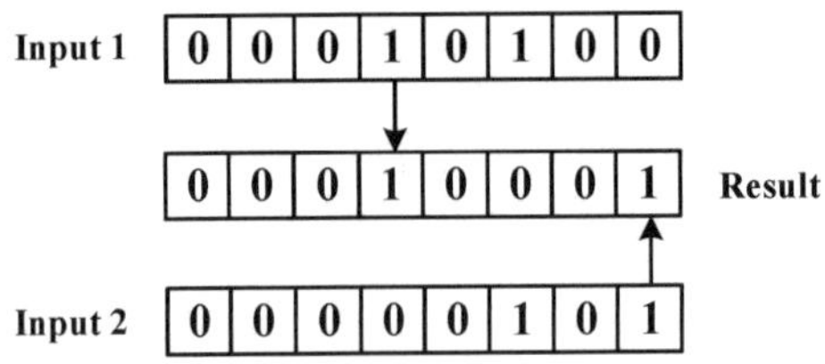

4. 按位取反(~)

对一个操作数的每一位都取反。A 为 Input 1。

(~A)结果为 240,二进制为 1111 0000。

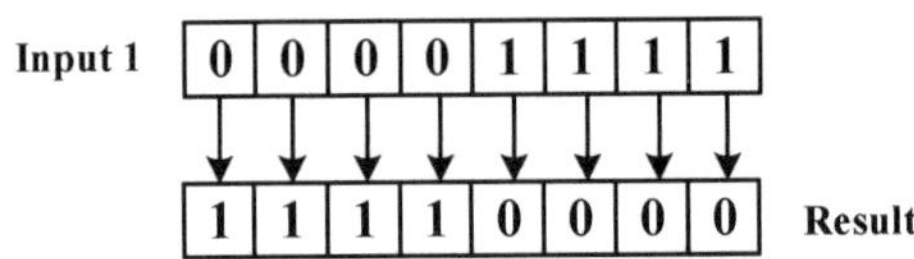

5. 按位左移/右移运算符

左移运算符≪和右移运算符≫会把一个数的所有比特位按以下定义的规则向左或向右移动指定位数。

按位左移和按位右移的效果相当于将一个整数乘以或除以一个因子为 2 的整数。向左移动一个整型的比特位相当于把这个数乘以 2,向右移一位就是除以 2。

1) 无符整型的移位操作

对无符整型的移位的效果如下:

已经存在的比特位向左或向右移动指定的位数。被移出整型存储边界的位数直接抛弃,移动留下的空白位用 0 来填充,这种方法称为逻辑移位。以下展示了 11111111≪1(11111111 向左移 1 位),和 11111111≫1(11111111 向右移 1 位)。无涂色的是被移位的,浅色涂色是被抛弃的,深色涂色的 0 是填充进来的。

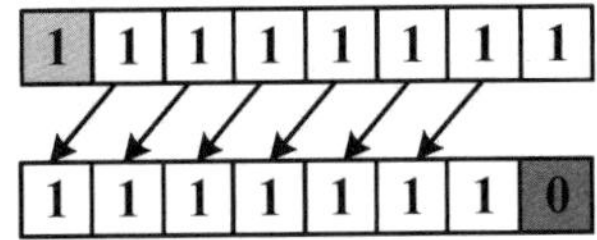

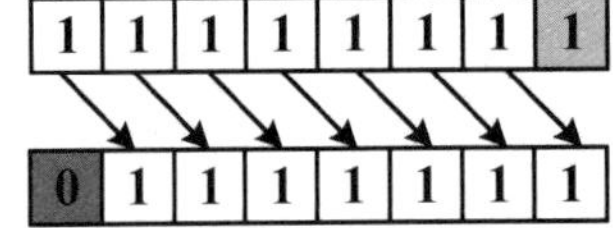

2) 有符整型的移位操作

有符整型的移位操作相对复杂得多,因为正负号也是用二进制位表示的(这里的举例虽然都是 8 位的,但其中的原理是通用的)。

有符整型通过第 1 个比特位(称为符号位)来表达这个整数是正数还是负数。0 代表正数,1 代表负数。其余的比特位(称为数值位)存储其实值。有符正整数和无符正整数在计算机里的存储结果是一样的,下来我们来看 4 内部的二进制结构。

符号位为 0，代表正数，另外 7 比特位二进制表示的实际值刚好是 4。

负数与正数不同。负数存储的是 2 的 n 次方减去它的绝对值，n 为数值位的位数。一个 8 比特的数有 7 个数值位，所以是 2 的 7 次方，即 128。

我们来看－4 存储的二进制结构。

Int8
1 | 1 1 1 1 1 0 0 = -4
符号位 数值位

现在符号位为 1，代表负数，7 个数值位要表达的二进制值是 124，即 128－4。

1 1 1 1 1 0 0 = 124
数值位

负数的编码方式称为二进制补码表示，之后介绍的减法部分还会提到。这种表示方式看起来很奇怪，但它有两个优点：

(1) 只需要对全部 8 个比特位(包括符号)做标准的二进制加法就可以完成(－1)＋(－4)的操作，忽略加法过程产生的超过 8 个比特位表达的任何信息。

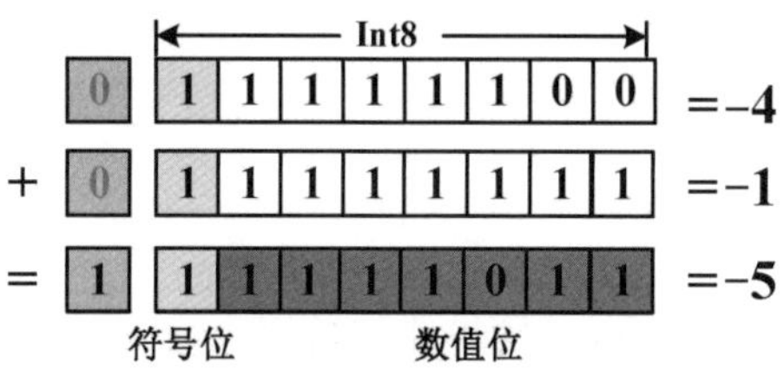

(2) 由于使用二进制补码表示，我们可以与正数一样对负数进行按位左移或右移，同样也是左移 1 位时乘以 2，右移 1 位时除以 2。要达到此目的，对有符整型的右移有一个特别的要求，即对有符整型按位右移时，使用符号位(正数为 0，负数为 1)填充空白位。

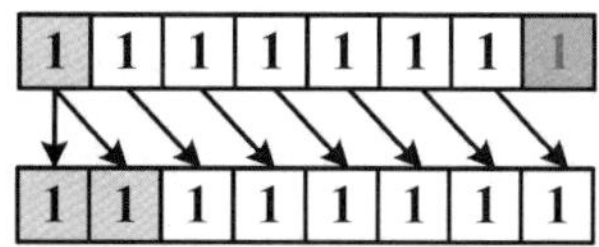

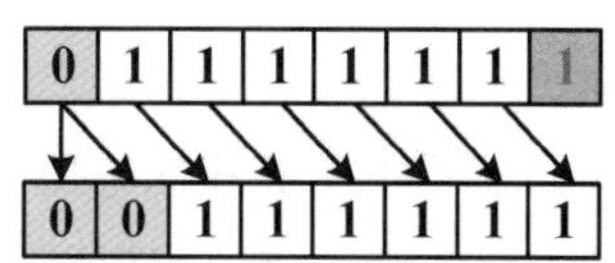

这就确保了在右移的过程中，有符整型的符号不会发生变化，称为算术移位。正因为正数和负数特殊的存储方式，向右移位使它接近于 0。移位过程中保持符号位不变，负数在接近 0 的过程中一直是负数。

2.7.3 计算机实现简单的四则运算

在学习编程的过程中，计算两个数的和时肯定经常会用到“int a＝b＋c”这样的代码，但是计算机到底是怎么计算出来的呢？下面来介绍计算机实现的四则运算。

1. *加法*

说到加法，首先提到的概念就是全加器，图 2－17 所示是单个全加器的电路结构。

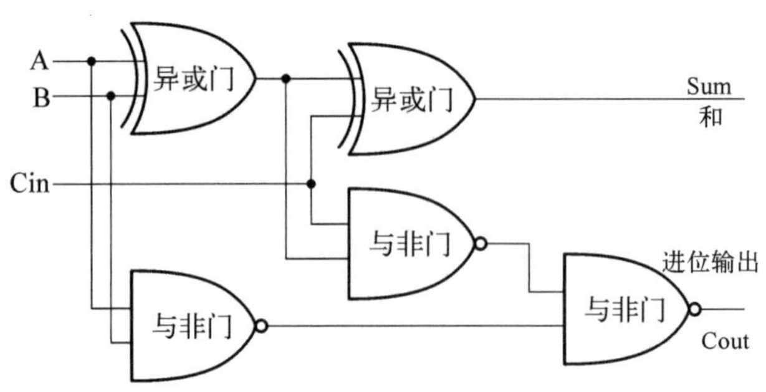

图 2-17　单个全加器电路结构

其中，异或门的输出“Y＝A^B”，与非门的输出就是先与再非，即“Y＝！(A&B)”。这里不再列真值表了，再来看一下上面全加器的逻辑，通过推导可以得到以下关系式

Sum＝A^B^Cin

Cout＝(A^B&Cin)|(A&B)

我们先不考虑进位，在 1 位数的加法上，如下：

1＋1＝0

1＋0＝1

0＋1＝1

0＋0＝0

很明显上面几个表达式我们可以用异或进行统一为

1^1＝0

1^0＝1

0^1＝1

0^0＝0

这样我们就完成了最基础的一位数的加法，但是怎么计算两位以上的加法呢？我们发现上述方法的问题在于不能够获取进位，于是我们通过观察一位数的加法式，发现只有两个数位都是 1 的时候才会有进位，其他都不进位，这不是和 &(与)运算很像吗？我们通过把＋换成 & 得到：

1&1＝1 进位

1&0＝0 不进位

0&1＝0 不进位

0&0＝0 不进位

那么我们把所有位进行 & 操作，然后≪左移一位，这样不就可以当作加数当前的进位吗？

到这里，我们就完整地解决了二进制相加问题中，对应位的相加和进位的问题。

(1) xx^yy 加法。

(2) (x&y)≪1(x&y)≪1 进位操作。

这是一位(1 bit)的加法运算,当我们将 8 个全加器级连起来的话(低位的 Cout 是高位的 Cin)就实现了一个 8 位的加法器。

用代码模拟如下,设 a,b 为某一位上的输入:

```
public int Getsum(int a, int b){
  if (b = = 0){
    return a;
  }
  int sum, carry;
  sum = a ^ b;
  carry = (a & b) ≪1;
  return Getsum(sum,carry);
}
```

2. 减法

加法是进位,而减法需要考虑的是借位。按我们小时候学习加减法的经验应该是这样的,但是计算机不是这么运算的,计算机只有加法而没有减法。那“int a=b−c”是怎么得出来结果的呢?“a=b−c”实际上等同于“a=b+(−c)”,我们来计算下面的式子:

12−5

=0000 1100+1111 1011

=(1)0000 0111

=7 括号里为进位,因为只有 8 位,所以高于 8 位的进位要去掉。

7−9

=0000 1111+1111 0111

=1111 1110

=−2

3. 乘法

虽然计算机有乘法器,但是实际的最终操作流程还是加法和位移操作计算的乘法运算。通过学习减法的过程,乘法也可以得到启发。乘法其实就是循环的加法,比如 5×3 实际上就是 5+5+5。实现的电子器件称为乘法器,其可以实现二进制的乘法和除法等运算。下面同样以 5×3 为例来讲解一下乘法器计算乘法的流程:

5 * 3=0000 0101 * 0000 0011;

3 的第 0 位为 1,那么 5 左移 0 位,结果为 0000 0101;

3 的第 1 位为 1,那么 5 左移 1 位,结果为 0000 1010;

3 的其他高位都为 0,因此不再左移;

两次左移的结果累加,即 0000 0101+0000 1010=0000 1111,即十进制的 15。

对程序员来说,乘法可以选择是用乘法器计算还是转化成加法运算,有些编译器编译的时候会对代码进行优化，会选取最优的一种算法来计算结果。

4. 除法

除法可以通过减法来实现，比如 10/3 等价于 10 一直减 3 直到被减数小于 3，减了 3 次后，那么 10/3 的结果就为 3 了，余数为减完剩下的值 1。

上面已经提到乘法器，除法的原理同样也类似（这里不涉及浮点数的除法，只涉及整数的除法），但会稍微复杂一点。同样举例来说明：

209/5＝1101 0001/0000 0101；

首先取 209 的最高位第 7 位，1(101 0001)小于 101，商 0；

左移一位 11(01 0001)小于 101，商 0；

左移一位 110(1 0001)大于 101，商 1，余 1(1 0001)；

左移一位 11(0001)小于 101，商 0；

左移一位 110(001)大于 101，商 1，余 1(001)；

左移一位 10(01)小于 101，商 0；

左移一位 100(1)小于 101，商 0；

左移一位 1001 大于 101，商 1，余 100；

于是结果为 00101001(41)，余数为 100(4)。

通过上面举例我们发现，计算机进行加减乘除这四种运算都是通过转换为加法和位移运算来完成的，而事实上计算机正是如此操作的。

在了解了二进制的运算之后，我们不难发现二进制系统具有以下优势：

(1) 技术实现简单，计算机由逻辑电路组成，逻辑电路通常只有两个状态，即开关的接通与断开，这两种状态正好可以用“1”和“0”表示。

(2) 简化运算规则：两个二进制数和、积运算组合各有 3 种（与、非、异或），运算规则简单，有利于简化计算机内部结构，提高运算速度。

(3) 适合逻辑运算：逻辑代数是逻辑运算的理论依据，二进制只有两个数码，正好与逻辑代数中的“真”和“假”相吻合。

(4) 易于进行转换，二进制与十进制数易于互相转换。

(5) 用二进制表示数据具有抗干扰能力强、可靠性高等优点。因为每一位数据只有高低两种状态。当受到一定程度的干扰时，仍能可靠地分辨出它是高还是低。这使得计算机在处理外部数据的时候，包括键盘、鼠标、图像甚至声音，实际上都是转换成二进制的格式来处理。

本章小结

计算机理论建立在数学和逻辑学的基础上，并吸收了电子学、心理学等学科的理论和方法。从布尔的数理逻辑理论到图灵的可计算理论，最终结合电子逻辑器件产生了现代计算机，而人工智能的概念也在同时期诞生。在计算机架构和算法领域仍有许多经典问题和不断产生的新问题，有关计算机的基础理论研究仍然是当今科学的最前沿。

人工智能的发展至今经历了 3 次浪潮，从早期的感知机和专家系统，到 20 世纪 80 年代各种智能算法以及今天的深度神经网络的出现，科学家们攻克了许多难题，提出了许多创造性的方法，这些成果已经广泛应用于当今社会生活的方方面面。但人工智能的发展仍是方兴未艾，未来的道路还很漫长，为了实现“让机器模拟人类思维”这一目标，还需要一代代的科研工作者们不懈探索。

本章主要内容梳理如下：

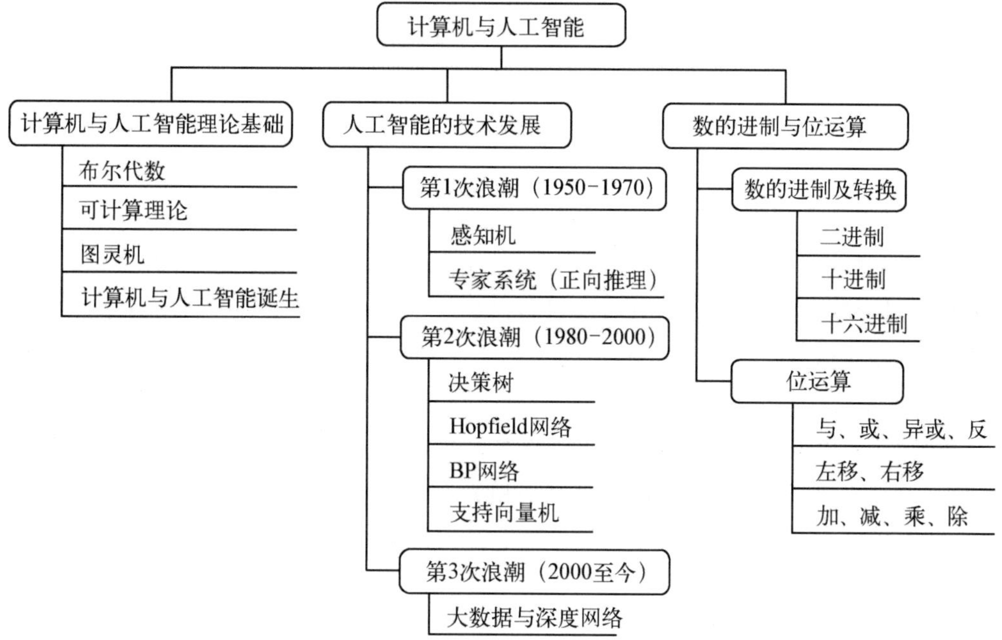

3 计算机与环境感知

刚出生的婴儿不会说话，也无法判断自己眼中看到的东西是什么。随着婴儿渐渐地长大，他逐渐学会了说话，可以认出爸爸和妈妈了，可以分得清红花和绿叶……这一切实际上都是因为婴儿在长大的过程中，通过自己的听觉、视觉、触觉等感官不停地从外界获取信息，不停地利用这些信息帮助自己成长。而一个人如果从他的婴儿时期开始，所有的感官都因为某些疾病而失灵，他从小就听不见、看不到、闻不到，那么即使他的大脑在生理上是正常的，他也不能长成一个健康的、拥有和普通人一样智能的人。人之所以拥有智能，与其自身不间断地接受外界的信息紧密相关。因此，如果想让计算机获得同人一样的智能，计算机首先要做到的就是能像健康的婴儿一样从外界获取信息。

3.1 声音是一种一维信号

声音(sound)是由物体振动产生的声波通过介质(气体或固体、液体)传播并能被人或动物听觉器官所感知的波动现象。最初发出振动的物体称为声源。

声源在一秒钟之内振动的次数称为频率，单位是赫兹(Hz)，常记作 f；周期是声源振动一次所经历的时间，记作 T，单位为秒(s)，周期和频率的关系为 $T=1/f$；波长是沿声波传播的方向，振动一个周期所传播的距离；振幅是声源振动时，声源离开原平衡位置最大的位移距离，单位为米(m)；声音以波的形式传播。

3.1.1 声音的性质

物体的振动在介质中的传播称为声波，能被人的听觉器官所感觉到的声波称为声音。声音的主要性质包括音高、响度(音强)和音色。

1. 响度

人耳感受到的声音的大小称为响度。响度是人耳主观上的听觉效果，响度是声音的客观强度。响度(音强)反映的是物体振动时幅度的大小。振幅大，声音响；振幅小，声音轻。

2. 音高

音高又称为音调。物体因为自身材质和形状等参数的不同在振动时表现出不同的振动频率，振动频率决定了音高，频率越高，音高越高；频率越低，音高越低。不同音高的搭配方式决定了声音的听觉效果，当高音和低音搭配适当时；声音听起来清晰而柔和很自然的感觉。

3. 音色

人耳在主观感觉上能区别相同响度和音高的两类不同声音的主观听觉特性称为音色。每个人讲话的声音及钢琴、小提琴、笛子等各种乐器所发出的不同的声音，都是由于音色不同而引起的。

使用各种不同的乐器演奏同样一个乐音，虽然响度、音高可以调节至相同或者相近，但是人在听起来的时候还是会感觉到显著的区别，这就是音色不同所导致的。

现实世界中的各种声音并不是单一频率的，绝大多数声音都是复合音。复合声波的组成包括基波和基波上的多次谐波。谐波的频率一般为基波频率的若干倍。

各种物体所发出每个声音都有其固定的谐波，所以声音的合成波形也各不相同。即使两个声音的基波和谐波的频率完全一致，然而由于两者的基波和谐波之间的振幅比值不同，也会使合成后的声波波形有所不同，让声音听起来也不相同。以上原因造成了各种声音的独特音色。

3.1.2 人如何发出声音和听到声音

人类说话产生的声音是气息运动和声带振动所形成的物理现象。发音的过程首先是大脑下达指令，然后命令通过神经系统传达到各个部分。呼吸系统呼出的气流带动声带振动发出声音，声音再通过咽、腭、舌、齿、唇、下颌等发音器官进行调节，最终发出声音。

我们所呼出的气息是人体发声的动力，人声音的强弱、高低、长短以及共鸣状况都与呼出气流的速度、流量、压力的大小有直接关系。

声带位于喉头的中间，是两片呈水平状左右并列的、对称的又富有弹性的白色韧带，性质非常坚实。

声带的中间称为声门，声带是靠喉头内的软骨和肌肉得到调节的。吸气时两声带分离，声门开启，吸入气息；发声时，两声带靠拢闭合发生声音。声带在不发出声音的时候是放松且张开的，以便使气息顺利通过。声带发声，一部分是自身机能，一部分是依靠声带周边的肌肉群协助进行发声运动。人的发声机制如图 3-1(a)所示。

声音作为一种波，频率在 20 Hz～20 kHz 之间的声音是可以被人耳识别的，其中人类对 1 000～4 000 Hz 之间的声音最为敏感。

那么人是怎么听到声音的呢？人的听觉系统由外耳、中耳、内耳以及神经构成。外耳起集音作用，并将声音从外耳道通过鼓膜振动传入中耳；中耳起传音作用，中耳是含气的空腔，里面含有3块听骨，可将传入的声音振动放大后传声至耳蜗；内耳具有感音功能，内耳的形状似蜗牛，又称为耳蜗，充满了水一样的淋巴液，可分析传进来的声音。内耳的毛细胞受到刺激，引起了细胞的生物电变化，释放化学递质，由此将波动转化为电生理信号，刺激传至各级听觉中枢，经过多层次的信息处理，最后在大脑皮层引起听觉。人耳的结构如图3-1(b)所示。

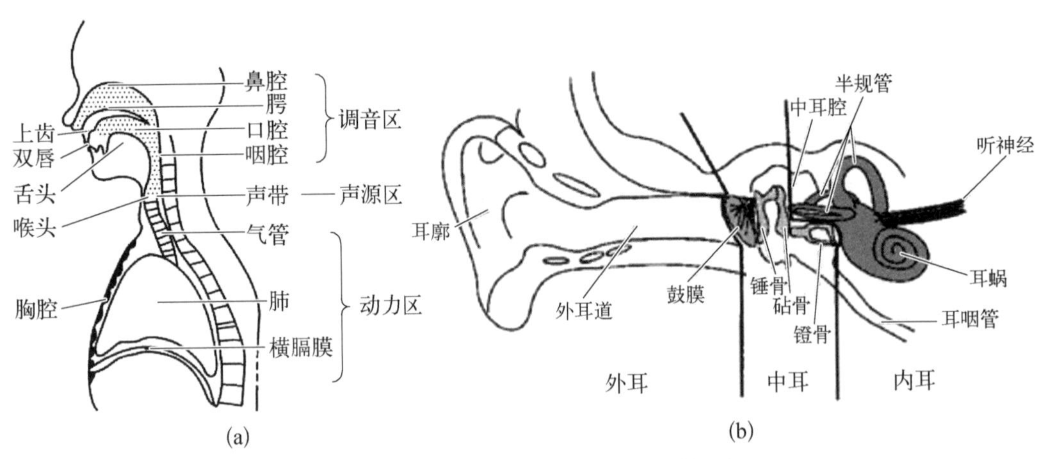

图3-1　人的发声机制(a)与人耳结构(b)

3.1.3　计算机如何听到声音

我们人类之所以可以听到声音，是由于耳朵中的鼓膜被空气振动所带动，听觉系统把振动变成电信号，通过神经传递给了大脑，因此我们听见了声音。

人类可以通过身体自带的听觉系统听到声音，而计算机是一个机器，它既没有耳朵又没有听觉系统，那它是如何听到声音的呢？计算机以及其他设备想要做到像人一样听见声音，离不开声音传感器的作用。

1. 声音传感器

传感器是一种能够把物理量或化学量转变成便于利用的电信号的器件。声音传感器就是一种可以将声音信号转换成电信号的转换器，使用的是与人类耳朵具有相似频率响应的电麦克风，因此声音传感器就是“计算机的耳朵”。声音传感器的形式多种多样，应用场景和范围也多种多样，声音传感器被人们俗称为麦克风。

2. 声音传感器的应用

每个孩子小时候总幻想着自己能够像童话故事里那个厉害的阿里巴巴一样，只要喊一声“芝麻开门”就能够打开通往宝藏的大门。人们对于“芝麻开门”这一神奇的咒语感到好奇与憧憬，其实这可以看作用“语音开门”的情景，人们常常想将童话变为现实，有朝一日也能够像童话故事中一样，说一句话，便能打开自己家的门，或者校门，或者住宅小区的大门。随着科技的发展和技术水平的提升，那个遥远的梦想已经随着声音传感器的应用慢慢地走进我们的生活。

除了声控灯、声呐雷达等传统的声音传感器应用的场景，随着人工智能的发展，声音传感器在一些新兴领域也扮演起了不可或缺的角色。

随着智能手机的普及，各种手机语音助手技术慢慢成熟，人们可以通过语音唤醒智能手机中的语音助手，通过简单的指令让语音助手实现拨打电话、发送短信、预约行程安排等简单的任务。智能手机在与人类交互的过程中，就是通过麦克风听见人类声音的。

随着科技的不断发展，从传统的机械手臂到智能家居机器人，再到交互机器人，机器人行业正在迅速、蓬勃的发展中。智能家居能够根据简单的指令去完成诸如扫地、拖地等家务活；而交互机器人最大的特点就在于能够对人类的指令进行识别并且做出相应的反应，甚至可以与人类进行简单的对话。无论是执行人类简单指令的家居机器人，还是能够与人类进行简单对话的交互机器人，或是其他计算机，都是依靠声音传感器作为耳朵“听”见人类声音的。

3. 声音的数字化

麦克风作为声音传感器用于接收声波信号。话筒接收到声音的传播从而产生相应的声音模拟电压信号，但是模拟信号不能直接由计算机进行处理，我们需要将模拟信号转换成数字信号，计算机才能进一步对声音信号进行处理或识别。因此，计算机想要“听见”声音，在使用麦克风采集到声音信息之后，还要将电信号识别出来，并且把这些电信号转换成计算机可以识别的二进制数据，这就是声音信号的数字化。声音信号的数字化主要包括以下 3 大步骤：采样、量化、编码。

1） 采样

所谓采样，就是从时间轴上等间隔地取 N 个时间点，然后再取对应于该点的 N 个信号的幅值，这是对模拟信号从时间上的离散化。采样频率指单位时间内采样的个数。

因为对声音进行处理后的最终目的还是成功获取声音中的信息，那么采样的频率就至关重要。采样频率越低，丢失的连续信号中包含的信息就越多；采样频率越高，对计算机的内存和计算量等性能要求就越高，也容易造成资源浪费。为了解决在不丢失信息的同时，尽量减少计算机的计算量这一问题，本节引入了奈奎斯特(Nyquist)定理。

奈奎斯特定理证明了，如果一个信号只在一定的频率区间存在，而超出这个频率区间之后该信号的值就为零。对于这样的信号，当采样的样本足够密集的时候(即采样频率大于信号最高频率的两倍时)，就可以无失真地还原信号，这就是奈奎斯特采样定理。

通过实验可知任意一个声音信号都是只在一定的频率区间存在，都满足奈奎斯特定理要求，人发出的声音频率一般为 85～1 100 Hz，而 1～4 kHz 也是人耳非常敏感的频率范围，因此依据奈奎斯特定理，当语音信号采样频率为 8 kHz 时就基本可以满足要求。

2） 量化

依据奈奎斯特采样定理所得到的信号只能称为“离散时间信号”，而并不是真正意义上的“数字信号”。这是因为采样获得的采样值实际上还是随信号幅值连续变化的，即采样值还是可能取无穷多个可能的值。此时需要将采样值进行量化。

假设现在用一个 n 位二进制数来表示某一次采样的电平值大小，以便对该信号进行后续处理，但是 n 位二进制只能表征 $M=\alpha^n$ 个电平值，不能与无穷多个电平值相对应。采样值必须被划分为 M 个离散电平值，这样的电平才称为量化电平。

量化分为均匀量化和非均匀量化，下面简单介绍均匀量化。

把输入信号的取值等距离分割的量化称为均匀量化。类似于将百分制的考试成绩换算成等级制，将 81～100 分规定为 A，61～80 分规定为 D。

将 A/D 转换器允许的输入电压范围称为量程，记作 Range，量化单位为 q，q 值由式

$$q=\frac{Range}{\alpha^n-1}(\mathrm{V})$$

量化单位 q 实际上是由量程和位数 n 共同决定的。量化实际上是一个以 q 为单位去度量 u 值的归整过程，即判断某一采样值 u 值中有多少个量化单位 q。因此量化也称为整量化过程。

量化的好处是方便进行数字处理，代价是产生了失真，这种失真也通常称为量化噪声。

综合以上可得模拟信号的离散化过程如图 3-2 所示，其中 T_s(单位 s)表示采样间隔，由计算机控制，每隔 T_s 时间对连续信号进行一次采样；采样后“保持”的意思是，每次采样之后的，在进行下一次采样之前的这一段时间内，默认为这段时间内的信号一直保持上一次采样时所获得的大小不变；最后将经过“保持”所获得到的值进行量化后最终获得量化电平。

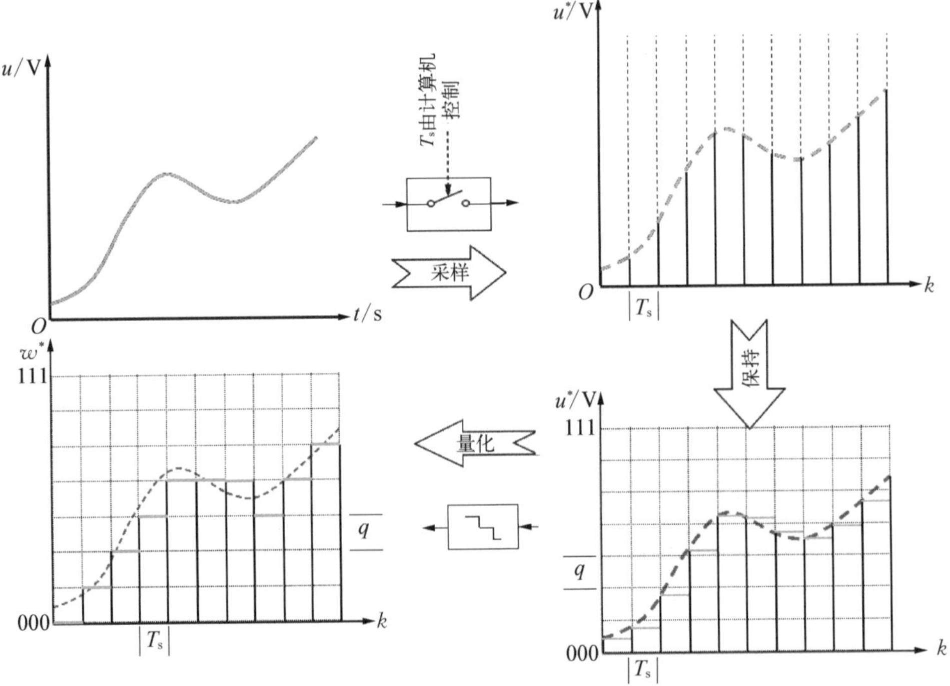

图 3-2　信号离散化的过程

3）编码

从广义的角度来举例，语言就是对人类事物和情感进行的编码。对于同一件事情，可以有多种编码（语言）与之对应，即在语言的角度来说，每一种语言，都可以认为对应为一种编码的方式。因此，在计算机的世界中，计算机的语言对于同一个量化电平，也可能有多种编码方式，例如二进制编码、十六进制编码等。以二进制编码为例，假设一个 12 位 A/D 转换器的量程设置为－10～＋10 V，量化单位 q 为

$$q=\frac{10-(-10)}{2^{12}-1}=\frac{20}{4\ 095}\approx 0.004\ 884\ \mathrm{V}$$

这个 12 位 A/D 转换器采集的模拟信号大小与二进制的对应关系如表 3－1 和图 3－3所示。

表 3－1　某 12 位 A/D 转换器采集的模拟信号与二进制编码的对应关系

二进制数	十进制数	双极性 －10～＋10 V 量程	单极性 0～＋20 V 量程
1111 1111 1111	4 095	＋10 V	20 V
1111 1111 1110	4 094		
…	…	…	…
1000 0000 0000	2 048	＋0.002 442 V	10.002 442 V
0111 1111 1111	2 047	－0.002 442 V	9.997 558 V
…	…	…	…
0000 0000 0001	1		
0000 0000 0000	0	－10 V	0 V

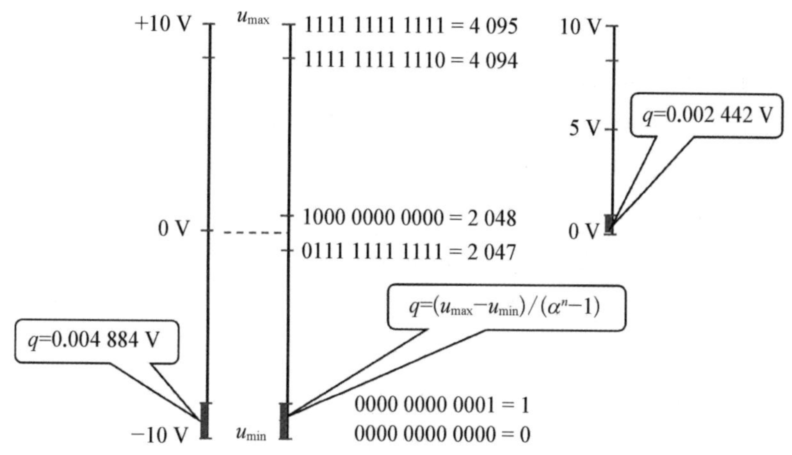

图 3－3　某 12 位 A/D 转换器采集的模拟信号对应的二进制编码

综上可知，收集到的声音信息经过采集和转换以后最终都用“0”和“1”表示，供计算机存储和处理，这样计算机也可以“听”到声音了。

3.1.4 计算机如何发出声音

就像儿时的人类牙牙学语一样，当计算机学会了如何“听到”声音后，下一步就是要学会说话，计算机又是如何实现说话功能的呢?

当我们乘坐地铁时，每到一站，地铁上的广播都会进行相应的站台信息播报：“欢迎您乘坐上海地铁 5 号线，列车运行前方到站是东川路站，下车的乘客请提前做好准备。”而这个声音实际上就是用计算机进行合成的。操作人员只需要输入一段文字，计算机就可以将这段文字变成人的声音，计算机可以根据需求合成男声、女声、儿童声音和各种其他语言的声音。这种将文字变成语言让计算机“说出来”的技术，我们称为语音合成。

语音合成技术在最初时很简单，就是把预先录制的字一字一顿地读出来，这样的方式听起来非常机械和生硬，没有任何情感，更重要的是这样一来计算机能说的字数限制在预先记录的内容范围内，灵活度极低，没有预先录下来的字，计算机就说不出来了。为了解决这些问题，人们就让计算机“学习”拼音，让计算机学会如何使用“声母”和“韵母”不同组合的发音，还让计算机学会了不同字和词组在一起时的升降调。这时，人们发现再利用计算机进行语音合成时，合成的声音就变得富有感情了。

3.2 图像是一种二维信号

除了从声音中听到有用的信息，人们还能通过眼睛看到很多东西，俗语说：“百闻不如一见。”这句话除了有“眼见为实”的含义之外，还表示出通过视觉感知环境信息的效率要远高于听觉，简单地说就是人类通过“看”能够获取更多的信息。

图像是人类获取信息的一个重要来源，有研究表明，人类获取的信息中大约有 70% 的信息是通过人眼获得的图像信息。随着科技的进步与发展，人们开始越来越多地利用图像信息来认识和判断事物，解决实际问题。例如，在侦察破案中，警察采用指纹图像提取和比对来甄别罪犯；在高铁站和航站楼的安检处，工作人员利用摄像头采集到的照片与旅客身份证上的电子照片进行比较，人脸识别技术可以帮助我们快速“验明正身”，顺利进站安检；在公司和住宅小区，考勤系统和人脸识别门禁系统也已经开始悄悄走入我们的生活；在未来，无人驾驶的车辆想要安全且稳定地行驶在公路上，需要时刻通过传感器观察车辆周围的实时环境，进行分析处理从而做出正确的决策，自动完成安全驾驶的任务。这些日常生活的实例清楚地让我们感受到图像处理技术广阔的应用前景。

3.2.1 图像技术的发展历史

早在公元前四百多年，我国的《墨经》一书就详细记载了光的直线传播、光的反射，以及平面镜、凹面镜、凸面镜的成像现象。

如果将1826年世界上第一张照片处理作为图像处理技术的开始,那么图像技术至今已经历了从光学图像到印刷图像,再到电子图像的发展历程。最早的数字图像可以追溯到20世纪20年代,人们借助于打印机设备进行数字图像处理。

1957年,第一张数码照片出现了,图像处理系统可以将照片直接传输至计算机,产生数码照片。

1964年,美国航天探测器“徘徊者7号”发回了几千张月球照片,美国国家航空航天局喷气推进实验室(Jet Propulsion Laboratory, JPL)使用计算机以及其他设备,通过几何校正、灰度变换、去噪声、傅里叶变换及二维线性滤波等图像处理方法对这些照片进行处理,成功绘制了月球表面地图。后来,JPL成立了专用图像处理实验室(IPL)。从此,数字图像处理开始逐步形成比较完整的理论体系和专门的工程技术领域。

1966年,人工智能专家Minsky在给学生布置的作业时,要求学生通过编写一个程序让计算机描述它通过摄像头看到了什么,这也被认为是计算机视觉最早的任务描述。

1969年,美国宇航员乘坐“阿波罗11号”飞船登上月球,并用“哈苏500EL”相机进行了摄影,此后单反相机技术的发展日趋成熟。

20世纪60年代末,数字图像处理形成一个比较完整的理论与技术体系,从而构成了一门独立的技术。

20世纪70—80年代,随着现代电子计算机的出现,计算机视觉技术也开始发展。人们开始尝试让计算机回答它看到了什么东西,人们首先从“人类看东西”的原理中获得借鉴。借鉴之一是:当时人们普遍认为人类能看到并理解事物,是因为人类通过两只眼睛可以立体地观察事物,因此要想让计算机理解它所看到的图像到底是什么,应该先将事物的三维结构从二维的图像中恢复出来,这就是所谓的“三维重构”的方法;借鉴之二是:人们认为人之所以能识别出一个苹果,是因为人们已经知道了苹果的先验知识(prior knowledge,先于经验的知识),比如苹果是红色的、圆的、表面光滑的。如果给机器也建立这样的一个知识库,让机器将看到的图像与库里的储备知识进行匹配,那么就可以让机器识别乃至理解它所看到的东西,这是所谓的“先验知识库”的方法。

20世纪90年代,计算机视觉技术取得了更大的发展,也开始广泛应用于工业领域。一方面是因为中央处理器(CPU)、数字信号处理(DSP)等图像处理相关的硬件技术有了飞速进步;另一方面是因为人们也开始尝试研究不同的算法,包括将统计方法和局部特征描述符引入数字图像的表达,这些都加速了计算机视觉技术的进一步发展。

进入21世纪,互联网的兴起和数码相机的普及带来了海量数据,加之机器学习方法的广泛应用,计算机视觉发展迅速。以往许多基于规则的处理方式都由机器学习所替代,通过机器学习计算机可以自动从海量数据中总结归纳物体的特征,然后对物体进行判断。借助于机器学习的强大能力,在这一阶段涌现出了非常多的相关应用,例如相机人脸检测、安防人脸识别、车牌识别等。

2010年以后,借助于深度学习的量子计算机视觉技术得到了爆发式增长并得以产业化。通过深度神经网络，各类视觉相关任务的识别精度，即准确率都得到了大幅提升。在全球最权威的计算机视觉竞赛(imagenet large scale visual recognition competition, ILSVR)上，千类物体识别"Top－5 错误率"在 2010 年和 2011 年时分别为 28.2%和 25.8%，自从 2012 年引入深度学习之后，2012－2015 年的"Top－5 错误率"分别为 16.4%、11.7%、6.7%、3.7%，识别精度有了显著的突破。

3.2.2 人眼如何看见图像

人类从婴儿时期就开始学习认识和理解世界，其中最主要的信息来源就是通过眼睛观察世界。人类通过眼睛获取外界的视觉信息，看见五彩斑斓的图像，经过大脑的加工与处理学习这些图像信息中包含的知识，随着婴儿渐渐长大，人类对获取到的图像信息进行加工、理解、处理的能力也越来越强，学习到的知识也越来越多。

人眼的晶状体相当于一个凸透镜，外界物体在视网膜上所呈的像是实像。

1. 人眼结构

图 3－4 显示了人眼剖面的简化图，其形状近似一个圆球，在外层有三层膜包围着眼睛：眼角膜和巩膜外壳、脉络膜和视网膜。

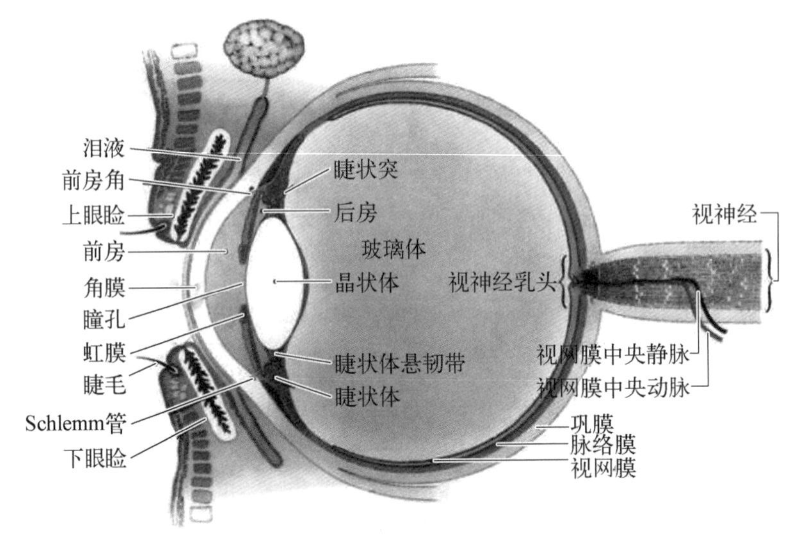

图 3－4　人眼的结构(剖面简化图)

眼角膜是一种硬而透明的组织，与之相连的是不透明的巩膜，包裹着眼球的其余部分。位于巩膜下面的是脉络膜，它包含着给眼睛提供重要滋养的血管网，脉络膜的颜色很深，这可以减少外来光的进入和内部光线的反向散射。在脉络膜最前方的是睫状体和虹膜。通过虹膜的收缩和扩张可以控制进入眼睛的光线量，虹膜的中心开口处称为瞳孔，它的直径是可变的。晶状体由悬韧带与睫状体相连，呈双凸透镜状，富有弹性。

位于眼睛最里面的是视网膜，它布满了眼睛后部的整个内壁。当眼睛适度聚焦时，来自眼睛外部的光线会在视网膜上形成图像。视网膜表面分布着大量的用于形成视觉的光接收器，这种光接收器有两类：锥状体和杆状体。

锥状体主要位于视网膜的中心部分，称为中央凹，锥状体对颜色信息特别敏感，并且每个锥状体都是连接到单独的神经末端，因此人们利用这些锥状体可以很好地分辨物体的细节。杆状体数量大，分布面积广，用于感知视野内的总体图像，但图像没有彩色的感觉，而在低照明度下比较敏感。例如在白天阳光充足的情况下色彩比较鲜艳的物体，在月光下就没有了颜色，因为此时只有杆状体受到了刺激。这个现象就是众所周知的夜视觉，也称暗视觉。

2. 视觉成像

人眼中的晶状体相当于一个凸透镜，但是人眼晶状体要比普通光学透镜更加适应外部多变的环境。而人眼结构中的视网膜则相当于可以用来接收凸透镜实像的光屏。如图 3-5 所示，视觉成像就是物体的反射光通过晶状体折射成像于视网膜上，再由视觉神经感知传给大脑，这样人就看到了物体。

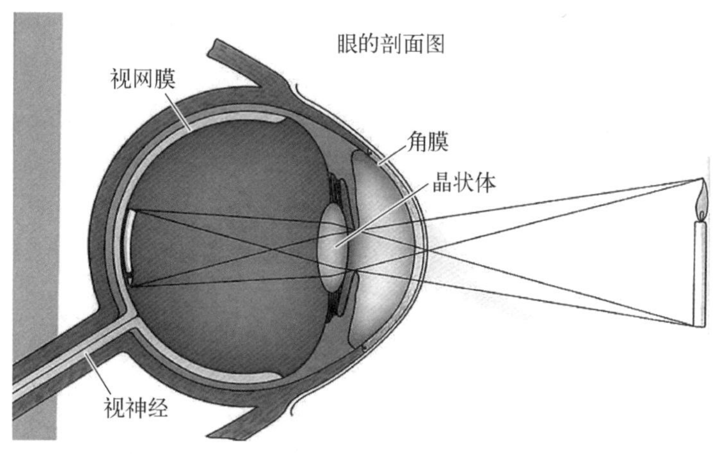

图 3-5 视觉成像

实际上人在视网膜上成的像是倒立缩小的实像，而我们看到的东西永远是正立的，这是人的视觉特点，涉及大脑的调节作用以及生活经验的影响。

在观察远近不同、大小不同的物体时，人眼通过调节晶状体来控制成像的大小和清晰程度，为了看清远方物体，对远方物体进行聚焦，晶状体会通过肌肉的控制变得相对比较扁平，同样为了看清近处的物体，晶体状会变得相对比较弯曲。

3.2.3 单反相机是如何产生数字图像的

单反相机的全名是单镜头反光式取景照相机。它只有单镜头，并且光线通过此镜头照射到反光镜上，通过反光取景，其基本结构如图 3-6 所示。

在相机镜头与图像传感器之间放置了一个反光镜，它用于将光往上反射进入取景装置。在快门按钮按下之前，通过镜头的光线由反光镜反射至取景器内部；当按下快门按钮时，反射镜迅速抬起，光线通过透镜后直接射向快门帘幕。与此同时，快门帘幕打开让光

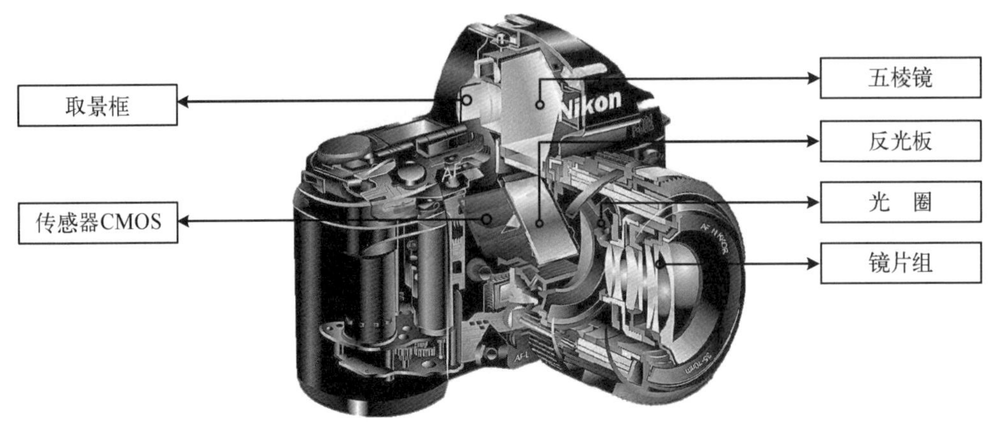

图 3－6 单反相机的基本结构

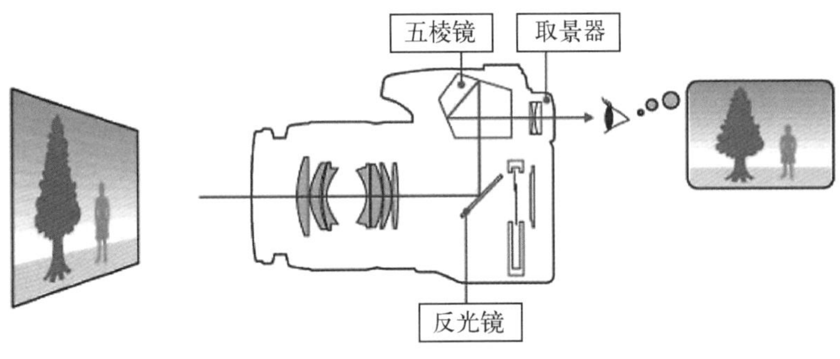

按下快门按钮后的状态

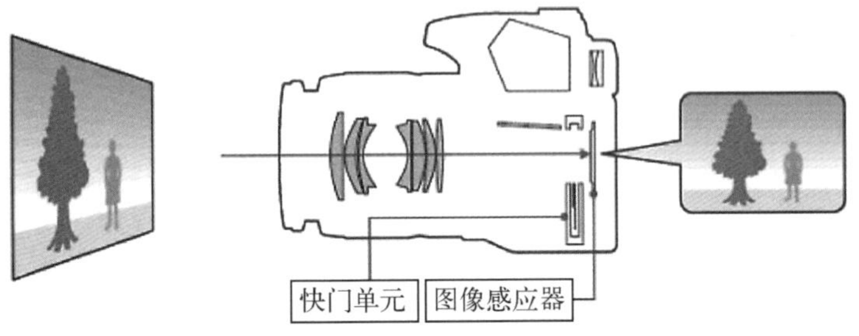

图 3－7 单反相机的成像原理

线通过进入图像传感器形成图像，之后快门关闭，反射镜落下到初始位置，完成拍摄过程。单反相机的成像原理如图 3－7 所示。

这样通过将快门与反射镜的运动相关联，就可以控制从透镜出来的光线是经过反射进入取景装置或直接进入图像传感器形成图像。图 3－8 为取景和拍摄时光线传播的路径示意图，图中 $L_1 \sim L_3$ 分别表示 3 路不同光路。

下面简单介绍与单反相机成像密切相关的重要部件和图像相关因素。

1. 镜头

镜头是一种光学玻璃，它的作用是把光线聚集在成像平面上。较复杂的镜头由两片或更多的光学玻璃组成，称为透镜单元。透镜单元组成一个整体，这就是摄像镜头。镜头

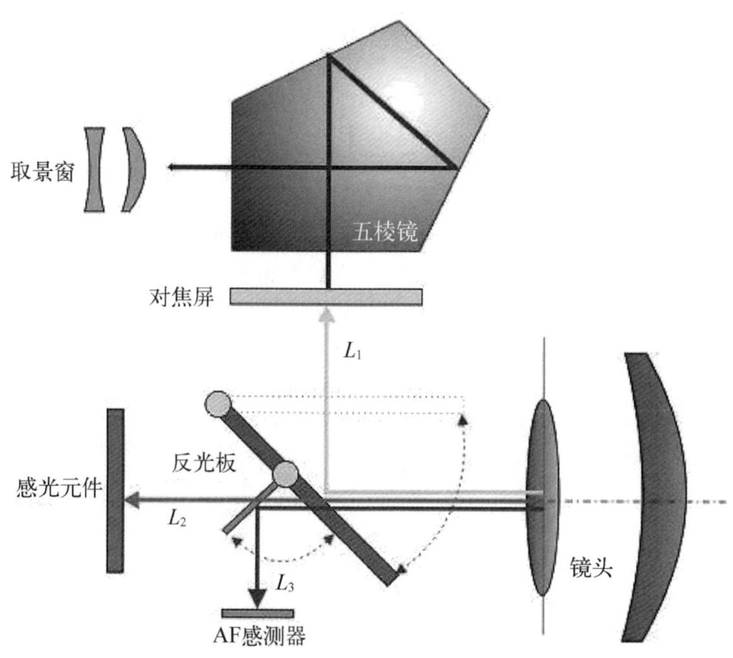

图 3-8 光线传播的路径示意图

在相机中的作用类似于晶状体在眼球中的作用。镜头可以汇聚光线以形成非常清晰的图像,并且镜头允许更大数量的光线进入,只需要若干分之一秒就可以让感光芯片获取足够的曝光。所有镜头的基本功能都是一样的,即让进入镜头的光线聚焦以形成一张清晰的图像。

镜头的另一个参数是焦距。镜头的焦距就是从镜头的中心到形成清晰影像的传感器平面之间的距离。焦距决定物体在图像中的尺寸。假设在同一距离用不同焦距的相机拍摄同一物体,焦距越大的相机拍摄出的物体尺寸越大,长焦距的镜头产生更大的影像,而影像越大,对应的场景就越小。

2. 光圈

照相机通过调节光圈的大小来改变通过镜头的光量,光圈在相机中的作用就类似于瞳孔在眼球中的作用。照相机中的光圈由一系列的叶片组成,在中间形成一个圆孔。光线通过这个圆孔进入照相机,通过调节这些叶片就可以调整这个圆孔的大小,这个大小用 f 值来表示。如果某个镜头的最大孔径标明为 $f/2$,那么这个镜头就称为 $f/2$ 镜头。同样地,如果最大孔径为 $f/1.4$,则这镜头称为 $f/1.4$ 镜头。f 后面的数值越小,对应的光圈越大,因而允许更多的光线进入,画面就越明亮。因此 $f/1.4$ 镜头比 $f/2$ 镜头形成的画面更亮,$f/2$ 镜头比 $f/2.8$ 镜头形成的画面更亮,以此类推。

3. 快门

这是一种控制外部光线进入成像芯片时长(曝光时长)的机械装置。快门除了影响曝光以外,也会影响在运动中的拍摄效果,如果快门速度不够,会因为运动导致物体上的同一点在多个像素上曝光而引起运动模糊,所以对一般运动拍摄,要求快门速度至少为 1/250 以上。

如果没有物体运动且在光线不充足的情况下，把快门速度调慢可以让图像传感器获得更充足的曝光，从而得到更明亮的图像。

4. 感光度

感光度是一个用来衡量数码相机中感光元件对光线的灵敏度的值，灵敏程度的大小通常用 ISO 值来表示，一般相机的感光度从 ISO100、ISO200、…、ISO1 600、ISO25 600等。ISO 值越大，感光度越强，表示对光线的敏感程度越强。对光线越敏感，则拍摄时照片的噪点也会相应地增多。一般来说，在低感光度下拍摄出的照片画质更细腻，色彩也更饱满；而高感光度下的照片更容易出现噪点的问题，降低照片画质。

在相同的快门和光圈下，改变 ISO 值会提高画面亮度，如图 3-9 所示。

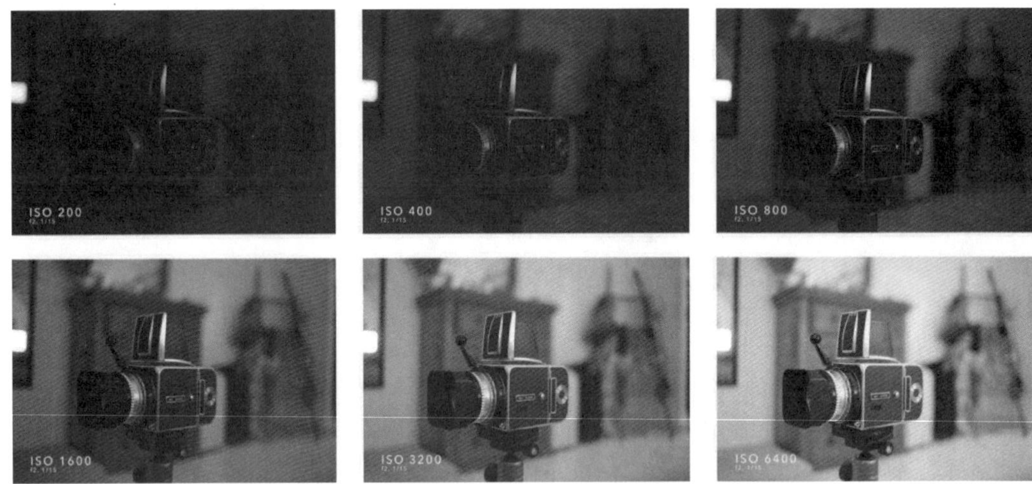

图 3-9　ISO 值影响图像亮度

5. 曝光

图 3-10 表示了影响相机曝光的 3 个因素，这 3 个因素分别是图像传感器的感光度、光圈和快门速度，它们之间可以在曝光度上互相补偿。若为了达到更好的成像效果需要调整其中的某个因素，就会同时增加或减少曝光度，这时可通过其他因素进行补偿。每一个因素除了影响曝光之外，还会影响成像效果的其他方面，如快门速度的快慢可以定格运动物体或产生运动模糊，光圈的大小可产生不同的景深效果，更高的感光度会带来更多的噪点。

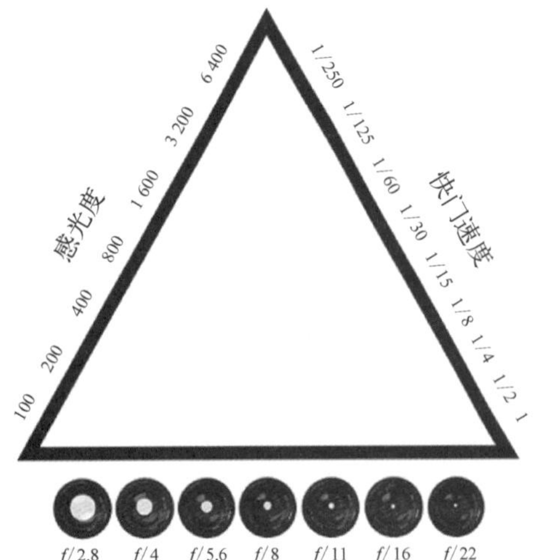

图 3-10　影响相机曝光的 3 个因素

6. 图像传感器 CCD

单反相机的感光元器件大多采用电荷耦合器件(charge-coupled device, CCD)，其工作原理是：

在芯片上面整齐地排列着很多很小的感光单元，当有光线照射进入相机后，光线中的每个光子撞击每个单元，在这些单元中会因为光电效应而产生电子，而每个单元产生的电子数目与撞击它的光子数目互成比例。这些光束在记忆单元中产生的负电荷经过曝光后，这些电荷被读出，进而被相机处理单元进行预处理，预处理后输出的结果就是一幅数字图像了（见图 3-11）。

这时输出的图像仅仅是单色数字图像，这是因为真实的光束中除了包含光子数量有多少的信息，还根据光的不同的波长包含有不同的颜色信息，但是 CCD 将光束信息转换成电子信息时仅仅考虑了光子数目与电子数目之间的关系，忽略了光束颜色信息，因此经过图 3-11 中所示过程转换得到的数字图像只是一张单色图。

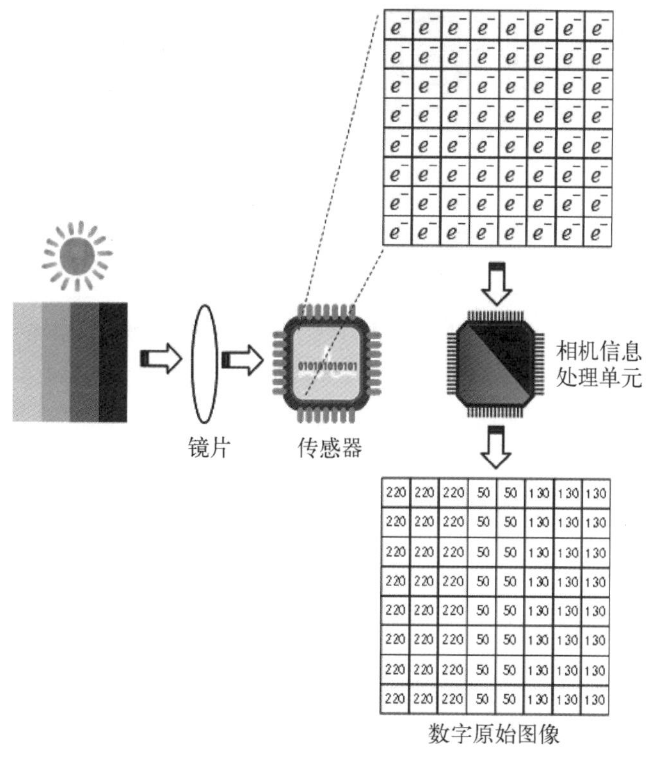

图 3-11　一个 CCD 产生的单色数字图

理论上讲，可以用一个分光棱镜将光线中的红、绿、蓝这 3 个基本色分开以后，对每个颜色都单独投射到一个 CCD 元件上，最后将 3 个 CCD 元件收集到的 3 种单色的信息合成，就可以产生效果非常好的彩色图像，如图 3-12 所示。但是在实际应用中 3 个 CCD 的使用会导致价格非常昂贵，并没有得到广泛应用。

如果出于价格因素考虑，只能使用一个 CCD 芯片，为了能够用一个 CCD 芯片输出彩色数字图像，可以将彩色滤光片像马赛克一样分布在 CCD 所有的像素上，这种滤光片称为马赛克滤光片或拜尔滤光片。这样一来，每个像素只能产生红、绿或蓝色 3 种颜色中的 1 种颜色的值，经过相机处理单元处理以后依然可以输出一幅彩色的数字图像。如图 3-13 所示。

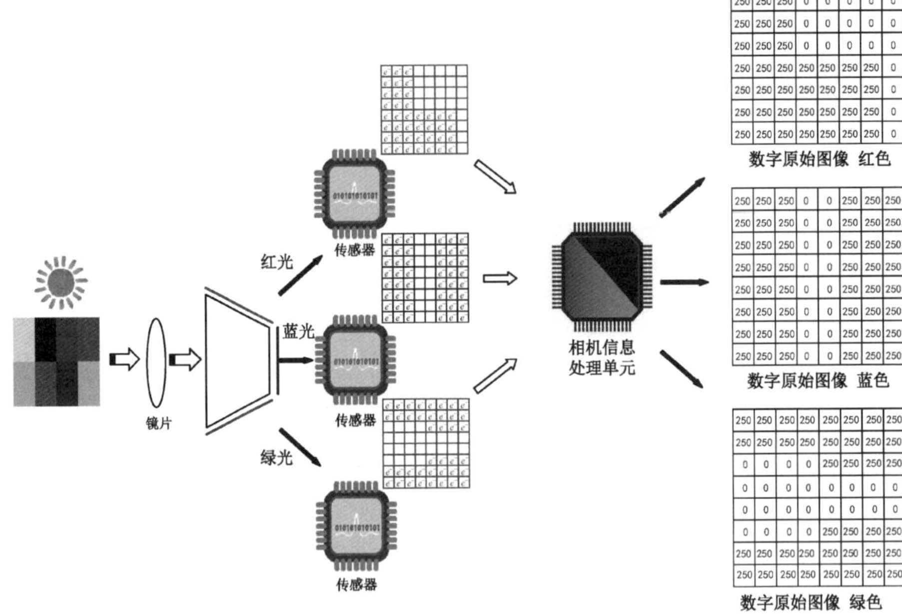

图 3-12　3 个 CCD 产生的彩色数字图像

（彩图请扫二维码）

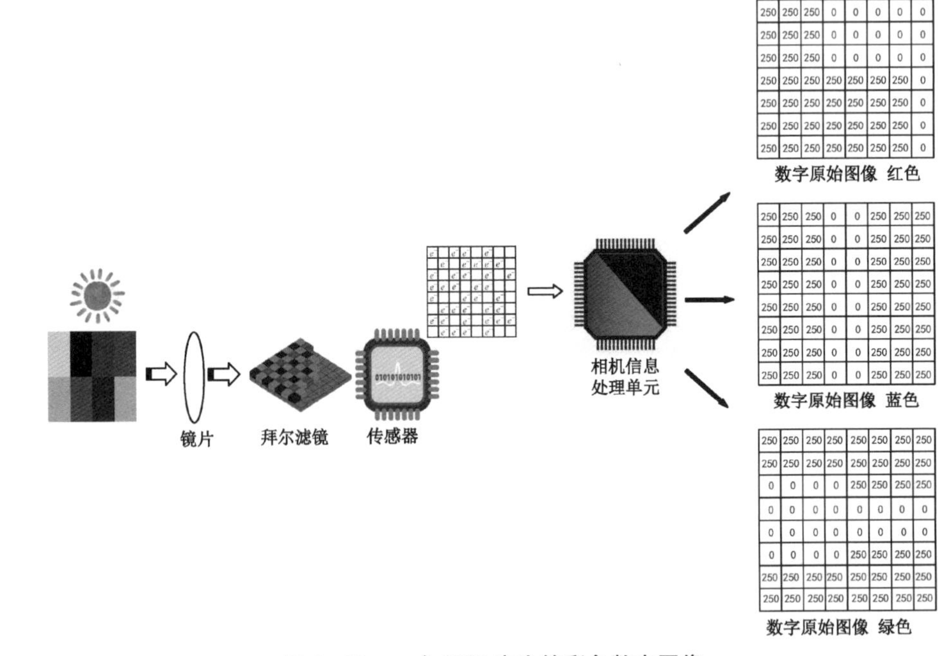

图 3-13　一个 CCD 产生的彩色数字图像

（彩图请扫二维码）

3.2.4 图像获取系统

在任何图像处理工作开始之前，首先都要通过设备获取一个可处理的图像，这个过程称为图像获取。经过前面对图像成像原理的学习，可以总结出图像获取系统的组成通常包括 3 个部分：能量源、光学系统和图像传感器。

常见的能量源是电磁波。人眼能感知到的是电磁波中的可见光部分。具有单一频率(或波长)的光称为单色光。单色光唯一的属性是亮度，而单色光的亮度等级从最暗等级变化到中等亮度等级，最后变化到最亮等级，通常用灰度级来表示单色光亮度。由单色光形成的图像也称为灰度图像。频谱各分量不均衡的光线就是彩色光，由彩色光形成的图像称为彩色图像。

第 3.2.2 和第 3.2.3 节介绍的成像原理中，人眼成像系统和单反相机成像系统中都有一个光学系统。光学系统是指由透镜、反射镜等多种光学元件按一定次序组合成的系统，通常用来成像或者做一些简单的光学信息处理。

从物体上反射出来的光线经过光学系统聚焦在图像传感器上，图像传感器将这些光线所产生的图像转换成电信号存储下来。前述所提到的 CCD 感光元件本质上就是一个图像传感器。如图 3-14 所示，图像传感器由一个二维阵列组成，里面的每个元素称为像素，每个像素都能测量投射到它上面的光线数量并把它转换成电压信号，然后再通过后面的 A/D 转换器转换成相应的数字信号。

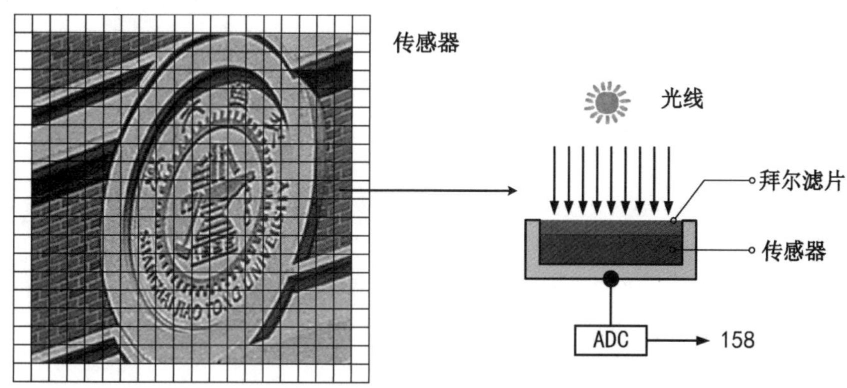

图 3-14 图像传感器

在设备准备获取一幅图像之前，所有的像素都处于初始状态，也就是电压为零。当设备开始捕获图像时，允许光线进入，每个像素上的电压开始上升，在经过一段时间(曝光时间)后，光线被禁止进入，如果曝光时间过长或过短会导致欠曝光或过曝光，分别如图 3-15(a)、(b)与(c) 所示。

累积的电压将会通过 A/D 转换器转换成数字信号。这个过程将得到的连续信号转换成二维数字形式以方便存储在计算机中，这些数据其实也就是原始的图像数据。

从图 3-16(a)可以看到，入射光线进入不同的像素单元之中，不同数量的光线对应不

(a)

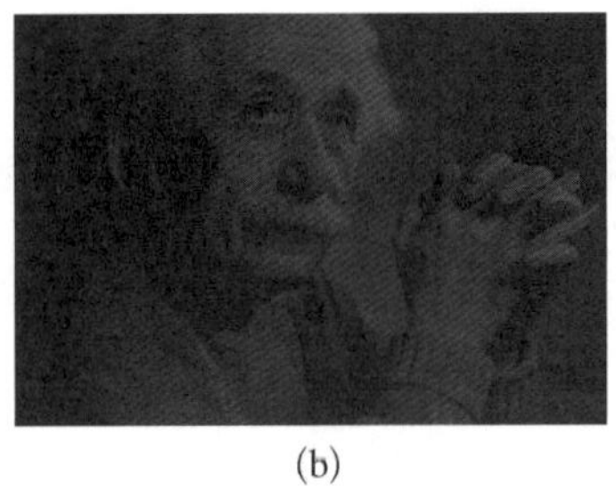
(b)

(c)

图 3-15 不同曝光情况下的图像

(a) 正常图像 (b) 欠曝光 (c) 过曝光

同的亮度,也就形成了物体的形状和亮度值。从物体的形状角度考虑,一个像素可以反映进入该像素的光线数量,但并不知道光线进入该像素的具体位置。因此如果想要物体形状完全地反映出来,需要将像素无限地缩小,这不光在物理上做不到,整个图像也会因此变得无限大而无法存储,因此在实际过程中必然要损失一定的数据或精度,这个过程称为空间量化。量化的结果使得图像块状化,如图 3-16(b)所示。

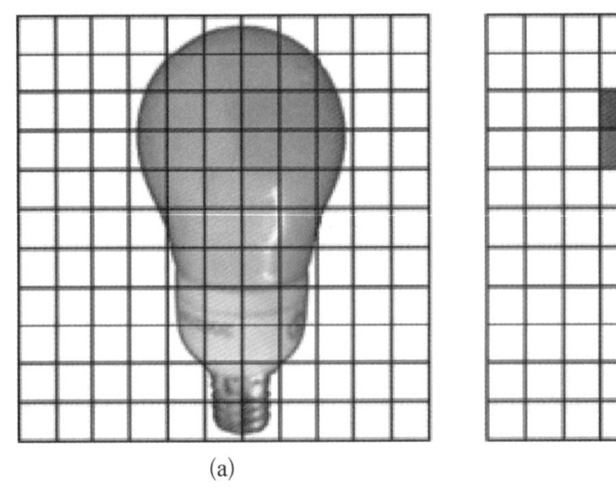
(a)

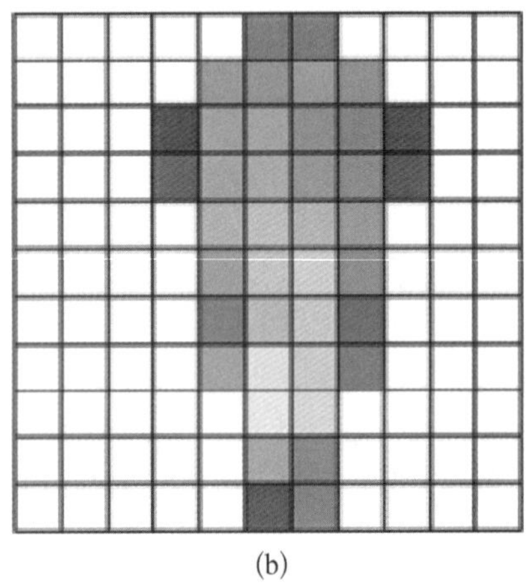
(b)

图 3-16 空间量化

(a) 入射光线进入不同像素单元 (b) 空间量化导致图像块状化

如果要用与光子数目相同的数字去描述亮度信息,这将是一个巨大的数字,人眼对图像亮度的量化过程类似,也不能分辨出因为少量光子所造成的亮度变化,因此我们也可以对亮度信息进行适当的量化。

像素的总数称为空间分辨率。高分辨率意味着大数量的像素,因而图像具有丰富的细节,但会占据相对大的存储空间;低分辨率的图像意味着少量的像素,因而丢失了部分细节,但占据相对小的存储空间。因此需要根据实际情况在存储空间与图像清晰度上做出权衡。改变量化的精度,即灰度级分辨率,对图像的影响如图 3-17 所示。当把图像降到 16 级灰度时,仍能比较真实地反映出实际物体,但也能很清楚地看到灰度级降低所带来的影响。当把图像降到 4 级灰度时,影响非常明显。通常灰度分辨率有 8 位、10 位和 12 位，分别对应 256、1 024 和 4 096 级灰度，其中最常用的是 8 位、256 级灰度的分辨率。

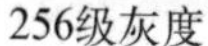
256级灰度

16级灰度

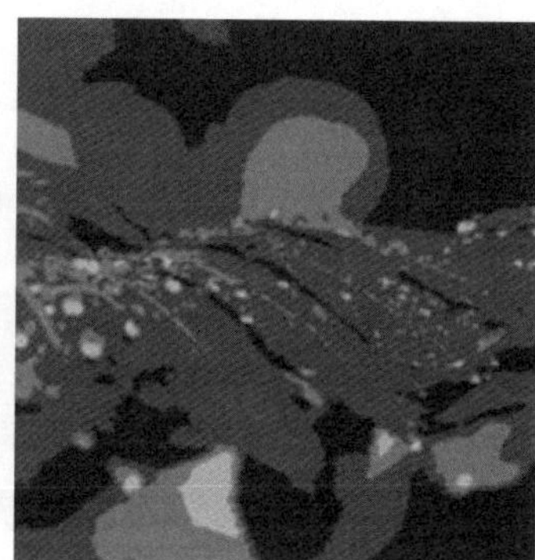
4级灰度

图 3－17　不同灰度级表示的图像

3.2.5　计算机看到的图像

人眼看到的模拟图像在空间上是连续不分割，在信号值上是不分等级的图像，而计算机所看到的数字图像，在空间上被分割成离散像素点，这一过程是前述介绍的空间量化过程；在信号值上，信号值分为有限个等级，这一过程是前述介绍的灰度量化过程。

图像获取系统获取到数字图像后传输给计算机，每个图像的像素通常对应于二维空间中的一个特定的位置，并且由一个或者多个与那一点相关的采样值组成数值。根据采样数目及特性的不同，数字图像可分为以下几类。

1. 黑白图像

图像的每个像素只能是黑或者白，没有中间的过渡，故又称为二值图像。二值图像的像素值只能为 0 或者 1，如图 3－18 所示。

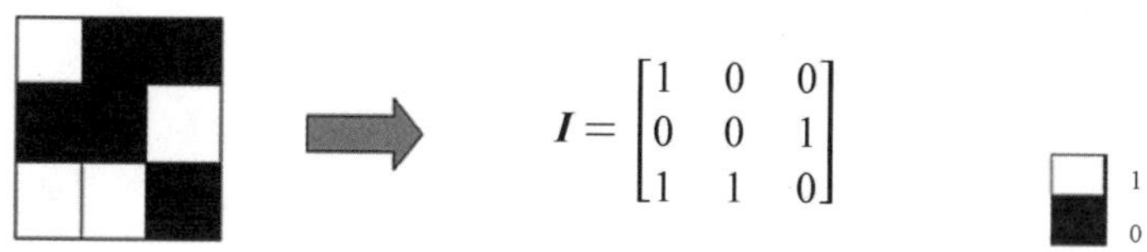

图 3－18　黑白(二值)图像

2. 灰度图像

灰度图像指每个像素的信号值是由一个量化后的灰度级来描述的图像，没有彩色信息。以 256 级灰度图像为例，所谓灰度量化，就是从黑到白将亮度分成 256 个等级的亮度变化，0 级表示黑色，256 级表示白色，将所有的信号值都划分在这 256 级的灰度中，如图 3－19 所示，左上角的黑色像素在计算机的眼里就是一个位于矩阵左上角、数值为 0 的矩阵元素，将亮度不同的像素值用 0 到 256 之间的一个整数表示，所得的就是灰度图。

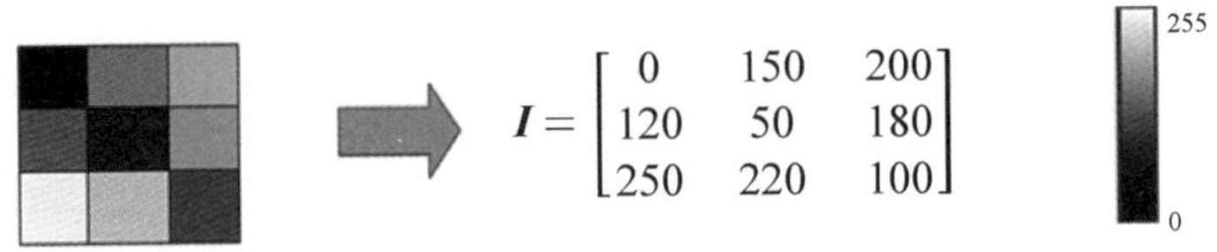

图 3-19 灰度图像

3. 彩色图像

在 RGB 空间中，每幅彩色图像可以看成是由红(R)、绿(G)、蓝(B)3 个不同颜色通道的灰度图像组合而成的。也就是说，一幅彩色图像中的每个像素的信息都是由 RGB 三原色构成的，其中三原色是由 3 个不同的灰度级 R、G、B 来描述，如图 3-20 所示。

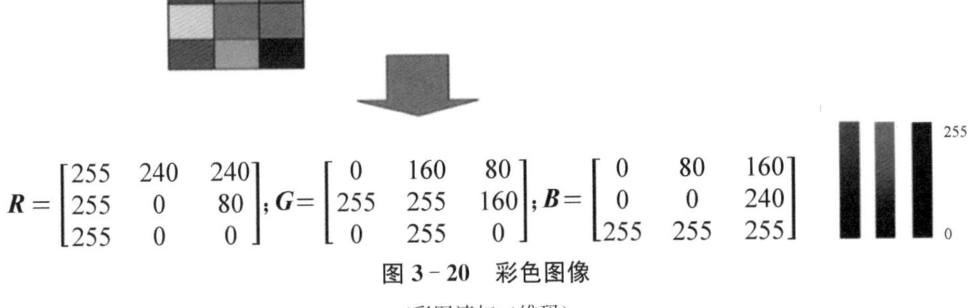

图 3-20 彩色图像

（彩图请扫二维码）

在计算机的“眼”里，所有的图像实际上都是由二维数组的形式存在与表示的。彩色图像可以用不同的彩色空间表示。彩色模型是一种描述如何使用一组数据表达颜色的数学模型。以最常见的 RGB 彩色空间为例，一张 RGB 彩色空间的图像，实际上是由红(R)、绿(G)、蓝(B)3 个通道的分量相互叠加产生的。将一张 RGB 图像的 3 个通道单独分离，其显示结果如图 3-21 所示。

这是我们通过编程的方法分离出了 R,G,B 三通道中的图像，人眼观察到的 3 个单独的通道图像如图 3-21 所示。红(R)、绿(G)、蓝(B)3 个通道实际上可以表达为 3 个二维矩阵，矩阵的每个元素都是这个通道的像素值。计算机看到的红(R)、绿(G)、蓝(B)三通道如图 3-22 所示，计算机真正看到的东西只是一系列的数字，并不是像我们人眼一样看到一个人物的样子，而计算机对图像进行的所有的处理，实际上都是对这 3 个通道的二维矩阵进行处理。

3.3 一线激光雷达简介

计算机除了通过“耳朵”和“眼睛”来听见声音和看见图像，它还可以通过别的方式获

图 3－21　三通道彩色图片与单通道图片

(a) 彩色图像原图　(b) R 通道分量　(c) G 通道分量　(d) B 通道分量
(彩图请扫二维码)

0	1	2	2	0
0	1	1	0	0
2	2	0	2	1
0	1	1	0	2
1	2	2	1	1

红色分量

1	0	2	1	1
1	2	2	1	0
1	1	0	2	1
0	0	0	1	1
2	1	1	2	0

绿色分量

0	2	2	0	2
1	1	1	1	1
0	0	1	2	2
0	0	1	2	2
0	2	2	2	0

蓝色分量

图 3－22　二维矩阵表示的 3 个通道

取外界的信息，从而对外界信息进一步地认识与了解。本书基础篇第 6 章中介绍的智能微缩车除了通过一个摄像头进行拍摄获取信息，还用一个一线激光雷达(LiDAR)进行扫描获取环境信息。

3.3.1　一线激光雷达的系统组成

一线激光雷达系统一般分为 3 个部分：① 激光发射器，可发射出波长为 600～1 000 nm 的激光射线；② 扫描与光学部件，主要用于收集反射点距离与该点发生反射的时间和水平角度；③ 感光部件，主要检测返回光的强度。

因此,我们用激光雷达检测到的每一点都包括了空间坐标信息(x, y, z)以及光强度的信息(i)。而光强度与物体的光反射度直接相关,不同物体的光反射一般都不一样,所以根据检测到的光强度就可以对检测到的物体有初步判断。

3.3.2 一线激光雷达的测距原理

光学雷达是一种光学遥感技术,最常见、最简单的应用是用于激光测距。一线激光雷达的测距原理如图 3-23 所示。假设光以速度 c 在空气中传播,一线激光雷达发出一个脉冲波式的激光,这个激光从发射时开始计时,激光到达物体后反射回来被激光雷达接收,往返一次所需的时间为 t,那么该物体距离一线激光雷达的距离 D 可以用下列公式表示为

$$D=\frac{ct}{2}$$

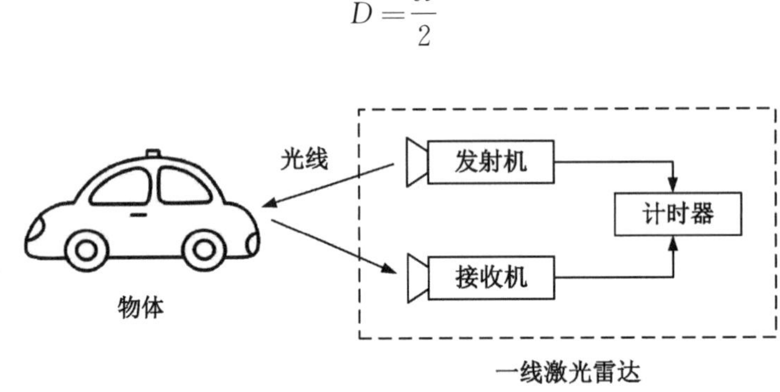

图 3-23 一线激光雷达的测距原理

光在传播过程中不易受到外界干扰,因此激光雷达能够准确检测到的距离一般可达 100 m 以上。与使用无线电波进行测距的传统雷达相比较,商用激光雷达所用激光的波长一般为 600~1 000 nm,远远低于传统雷达所使用的无线电波的波长。波长越短,在测量时精度越高,因此激光雷达精度远高于传统雷达的精度。

除了一线激光雷达,多线激光雷达的作用范围更广,相比一线激光雷达在维度提升和场景还原上有了质的改变。

本章小结

本章主要介绍了最初“看不见,听不见”、对外界环境一无所知的计算机如何通过麦克风获取包含声音信息的数字信号,如何通过图像传感器获取数字图像信息以及如何通过一线激光雷达获取外界环境中的其他信息,从而一步步让自己成长为“看得见,听得见”、能够感知周围环境的计算机。

实际上除了以上几种从外界获取信息的方法以外,计算机也可以利用其他先进的技

术方法获取信息，扩大计算机对外界的认识。我们需要牢记的是，无论外界的信息多么丰富，无论计算机获取信息的设备和技术手段多么先进，计算机能够接受的信息都是用“0”和“1”表示的，计算机的世界里只有“0”和“1”。

当计算机可以从外界获取有用的信息时，计算机离智能化又近了一步。接下来的任务就是让计算机如何有效地利用这些从外界获取的信息去完成某些特定的、原来只有人类才能完成的任务，最终达到实现计算机智能化的目的。本章的主要内容梳理如下：

学习了信息采集的基础知识，我们就能更好地理解智能系统是如何感知环境的。之后我们将在信息采集与环境感知的基础上介绍智能系统是如何根据自身设定的目标(如“到哪里去”“完成什么任务”)，通过这些信息进一步理解环境(“看”到了什么，“听”到了什么，“触”到了什么)，从而确定自己在哪里、可以去哪里、做什么以及如何做等问题。

为了便于理解和接受人工智能的相关理论，本书设定的场景是无人智能小车，以此为例分别介绍相关知识：

(1) 介绍简单形状的识别，如简单几何形状、直线与圆的识别与检测，以便为识别交通标志打下基础。

(2) 介绍 3 种人工智能搜索算法，解决小车从某一处到达另一处如何选择最佳路径的问题。

(3) 介绍人工智能中的几种经典分类方法，为后续章节介绍复杂的交通标志识别问题打好基础。

(4) 介绍如何处理相对复杂的信号与图像处理方法，更好地理解环境，如交通标志、信号灯、行人等。

(5) 利用所学的知识，控制智能小车在车道上按照交通规则实现无人驾驶。

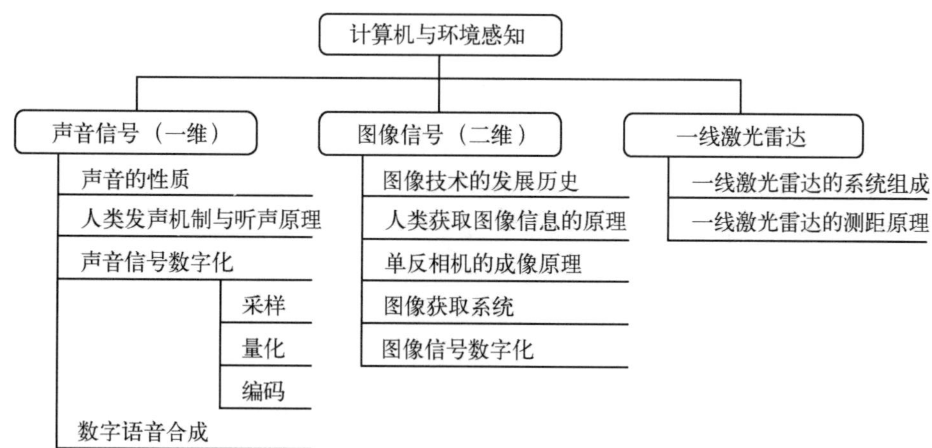

4 简单几何形状的识别

第3章介绍了一个智能系统获取环境信息的方法,包括一维的声音和激光雷达信号以及二维的图像信息。下面介绍系统将如何处理信息,从而辨识和理解这些外部信息的含义,以便后面学习智能系统与环境的交互打下基础。本章将从智能微缩车入手,了解其如何获取图像信息,辨识出最简单的形状信息,如车道线、方向箭头、矩形以及圆等几何标志。这些集合形状可以组合成为基本的交通标志,为智能小车的行驶提供依据。为此,本章首先介绍图像处理中直线和圆的检测方法以及利用角点检测和模板匹配对基本标志识别的算法。最后,拓展到现实交通场景中车道线检测与圆检测的应用。

4.1 角点检测

角点是图像很重要的特征,对图像图形的理解和分析起到重要作用。角点在几何上通常可以定义为两条边的交点,比如,三角形有3个角点,矩形有4个角点,如图4-1所示,圆圈圈出的即为三角形和矩形的角点。

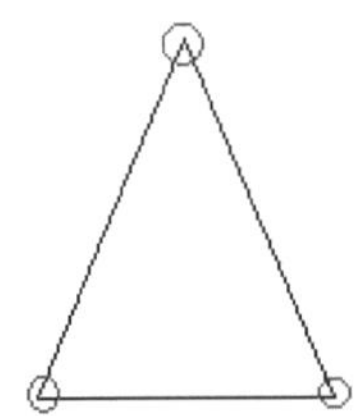
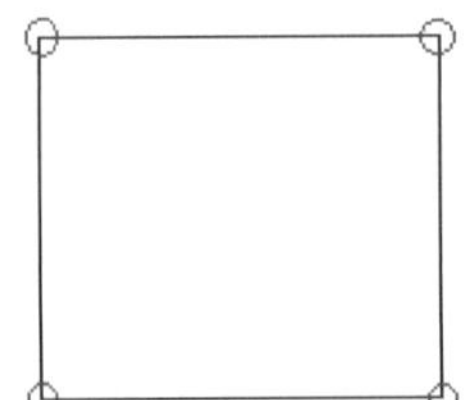

图4-1 三角形和矩形的角点

在计算机视觉中,角点是两个边缘的交点,或者说是在局部区域内具有两个主方向的特征点。它是图像很重要的特征,对图像图形的理解和分析有很重要的作用。角点在保留图像图形重要特征的同时，可以有效地减少存储信息的数据量和提高计算的速度，有利于图像的可靠匹配，这让实时处理成为可能。角点在三维场景重建、运动估计、目标跟踪、目标识别、图像配准与匹配等计算机视觉领域起着非常重要的作用。在现实世界中，角点对应于物体的拐角、道路的十字路口、丁字路口等。而在本章的任务中，角点对应于几何图形的顶点。

角点检测算法可归纳为 3 类：① 基于灰度图像的角点检测；② 基于二值图像的角点检测；③ 基于轮廓曲线的角点检测。在基于灰度图像的角点检测算法中，Harris 角点检测算法能够快速、具备鲁棒性地找出图像中几何图形的角点，在实际场景中有广泛的应用。如图 4－2 所示为 Harris 角点检测的原理，假设在图中有一个滑动的小窗口，每次滑动都计算窗口内区域的平均灰度值。在图 4－2(a)中，如果在局部范围内各个方向上移动这个小窗口，窗口内区域的平均灰度值均没有发生变化，那么就认为在窗口内遇到了背景区域；在图4－2(b)中，如果在局部范围内各个方向上移动这个小窗口，窗口内区域的平均灰度值在某一特定方向(边缘方向)上没有发生改变，那么就认为在窗口内遇到了边缘；在图 4－2(c)中，如果在局部范围内各个方向上移动这个小窗口，窗口内区域的平均灰度值在各个移动的方向发生明显的改变，那么就认为在窗口内遇到了角点。

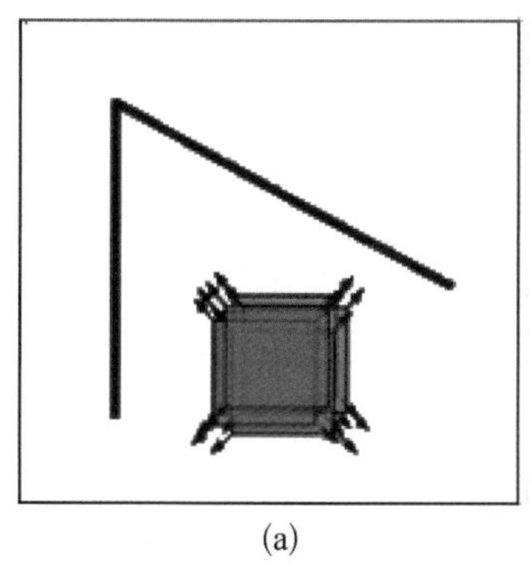
(a)

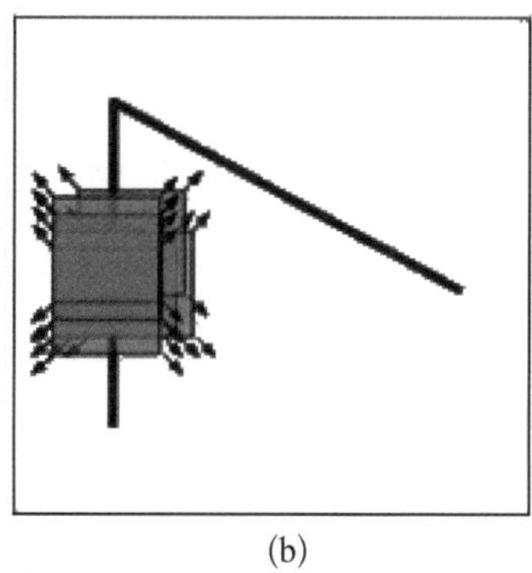
(b)

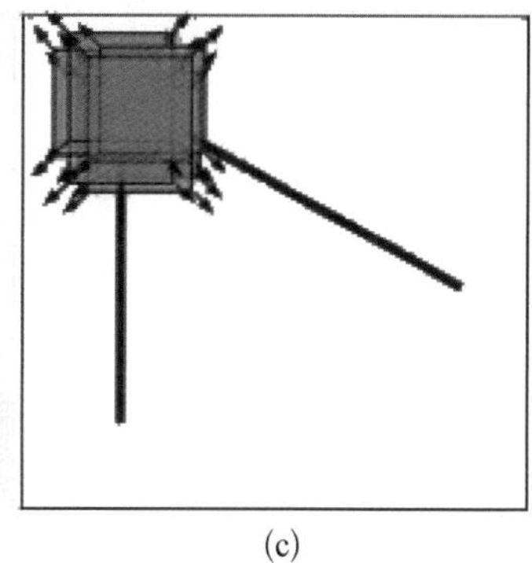
(c)

图 4－2　Harris 角点检测原理

(a) 背景　(b) 边缘　(c) 角点

如图 4－3 所示，利用 Harris 角点检测算法，图中三角形、菱形、矩形、正五边形的顶点都可被准确地标记出来。

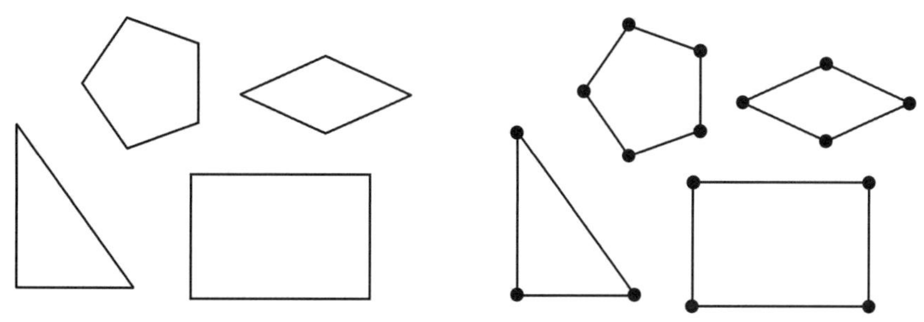

图 4－3　Harris 角点检测结果

4.2 模板匹配

模板匹配(template matching)是一种从一张较大图片中查找并定位一个模板图片的经典方法。在目标模板已知且目标与模板之间差异较小时,该算法十分实用。而在遮挡、形变、缩放等情况下,模板匹配算法的性能会受较大影响。

模板匹配算法把模板图像在较大图像上进行滑动,并在每个位置比较模板和较大图像上相应区域的相似性,相似性最高的地方为所得的匹配结果。相似性通过逐个像素计算平方差或者相关系数等参数得到。在模板匹配中,常用的相似性度量有以下几种。

(1) 误差绝对值:逐个像素计算模板与原图灰度差的绝对值,并求和。

(2) 平方差:逐个像素计算模板与原图灰度差的平方,并求和。

(3) 归一化平方差:在平方差的结果基础上,除以原图和模板的灰度均值,以进行归一化。

(4) 相关系数:逐个像素计算模板与原图灰度的乘积,并求和。

(5) 归一化相关系数:在相关系数的结果基础上,除以原图和模板的灰度均值,以进行归一化。

值得注意的是,误差绝对值、平方差或归一化平方差等方法的本质是计算模板和原图的差异性。因此,在对这些方法得到的结果图上寻找最佳匹配时,应寻找结果最小的点。而相关系数、归一化相关系数等方法的本质是计算模板和原图的相似性。因此,在对这些方法得到的结果图上寻找最佳匹配时,应寻找结果最大的点。

下面举一个简单的例子。如图 4-4 所示,左侧矩阵为模板图片,中间的矩阵为原图,我们需要使用模板匹配算法从原图中找到与模板图片最相近的部分。本例使用误差绝对值的和作为相似性度量。

从原图的左上角开始,把模板图片从左往右滑动,从上往下滑动,并在每个位置计算模板图片和原图的误差绝对值的和。在图 4-4 中,计算结果为$|5-6|+|6-7|+|6-7|+|5-5|=3$。

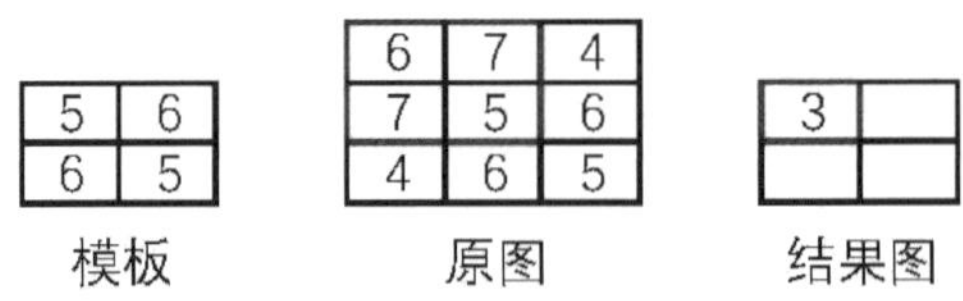

图 4-4 模板匹配计算过程 1

模板继续滑动,如图 4-5 所示。计算结果为$|5-7|+|6-4|+|6-5|+|5-6|=6$。

模板继续滑动,如图 4-6 所示。计算结果为$|5-7|+|6-5|+|6-4|+|5-6|=6$。

图 4－5 模板匹配计算过程 2

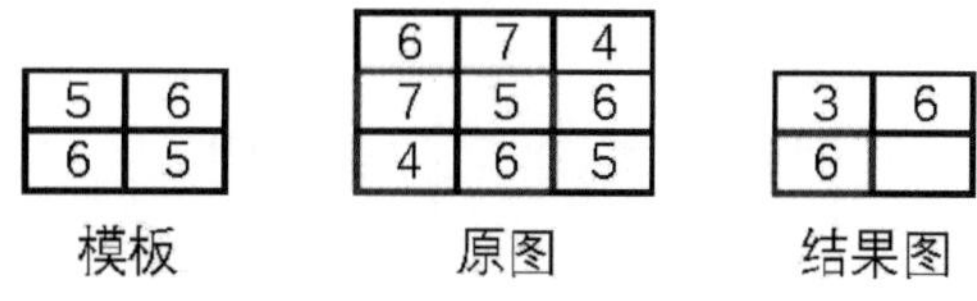

图 4－6 模板匹配计算过程 3

模板继续滑动，如图 4－7 所示。计算结果为|5－5|＋|6－6|＋|6－6|＋|5－5|＝0。

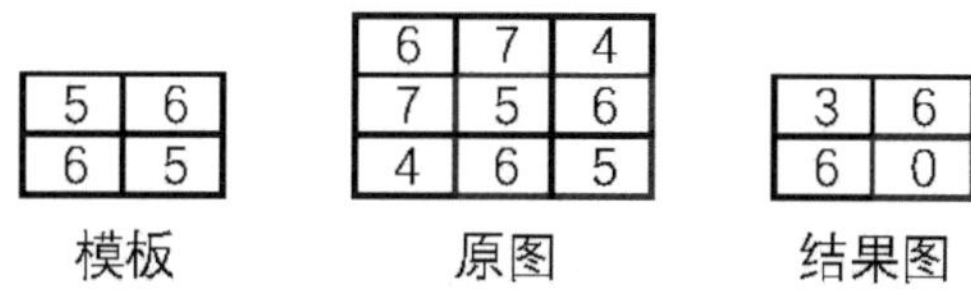

图 4－7 模板匹配计算过程 4

至此，结果图中的每个像素值都计算完成。结果图中最小值为第二行第二列的 0，即模板图片在原图的第二行第二列处最为相似，原图该处即为需要检测的目标。

4.3 基础形状的识别

本节主要介绍基于 Harris 角点检测的基础形状，如矩形的识别。首先，矩形属于特殊的四边形，由 Harris 角点检测即可得到 4 个角点。如图 4－8 为一般的四边形的角点检测结果和矩形的角点检测结果。

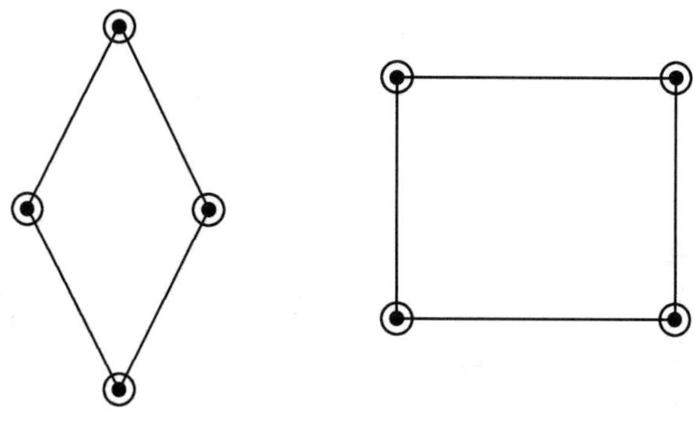

图 4－8 四边形和矩形的角点检测结果（圆点标记处为检测出的角点）

从图 4－8 中的检测结果可以看出，四边形和矩形都可以检测出 4 个角点。在实际编程中，如果在图像中检测到了 4 个角点，即可认为检测到了四边形。但由于矩形和一般四边形都有 4 个角点，更加具体的判断需要在一般四边形当中区分出矩形。

由一般的几何知识可以得知，具有 3 个 90°内角的四边形是矩形。如图 4－9 所示，为矩形的 3 个 90°内角。

那么如何在实际编程中确定检测到的四边形是否为矩形？下面将详细介绍。

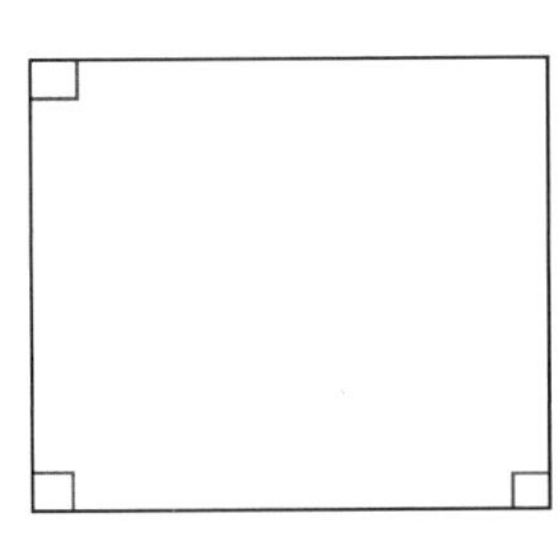

图 4－9　具有 3 个 90°内角的四边形为矩形

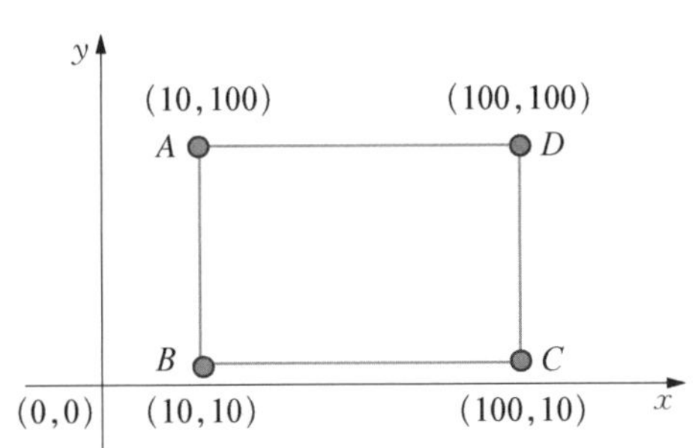

图 4－10　检测到的角点在平面坐标系下的坐标

假设图 4－10 所示为检测到的矩形的角点在平面坐标系下的坐标。判别矩形的步骤如下：

首先任选一个角点，如 $B(10, 10)$。确定它与其他角点之间的长度，选取与之距离较近的两个角点，在该实例中为点 $A(10, 100)$和点 $C(100, 10)$。利用向量夹角的公式去确定向量 $\overrightarrow{BA}$ 和 $\overrightarrow{BC}$ 的夹角。已知向量 $\overrightarrow{BA}=(0, 90)$，向量 $\overrightarrow{BC}=(90, 0)$，两者之间的夹角为 $\theta=\arccos\left(\frac{0\times 90+90\times 0}{90\times 90}\right)=90°$，所以角点 B 所对应的角为直角。其他角点对应的角的角度可用类似方法去求，如果在四边形中，计算得到 3 个内角均为直角，即可判断该四边形为矩形。

4.4　箭头识别

在本章讨论内容中，由于智能微缩车在行进过程中需要根据标志进行加速、减速和转弯，所以需要微缩车在行进途中识别上、下、左、右 4 种箭头图案，如图 4－11 所示。

图 4－11　微缩车需要识别的箭头图案

首先，在微缩车实际行进过程中摄像头捕获到的图案不会像图 4－11 中这么“完美”的，而是由于视角的不同所获取的图像都会有一定的角度的倾斜，如图 4－12 所示。

图 4－12　有一定倾斜角度的箭头

(a)

(b)

图 4－13　仿射变换前后图像中 3 个对应点

(a) 校正前的图像　(b) 校正后的图像

视角的变化引起的图像不规则对于识别是有一定影响的。因此，在进行识别之前需要对图像进行校正，在实际中通常使用仿射变换进行图像的校正，具体过程如图 4－13 所示。图(a)为校正前的图像，图(b)为校正后的图像。找到变换前和变换后的 3 个对应点，即可解出变换矩阵，从而实现图像的校正。由于涉及的数学知识较深，仿射变换的细节在此不详细介绍。

完成了图像校正后，得到了如图 4－11 中视角非常正的图像。但是，Harris 角点检测是针对灰度图像进行处理的算法，所以在进行角点检测之前需要将彩色图像转换为灰度图像，所得到的灰度图像如图 4－14 所示。

获得了灰度图像之后，Harris 角点检测算法将灰度图像作为输入，用来检查输出每一个像素点是角点的可能性。如图 4－15 所示为输出的角点置信度图，其中越接近白色的像素代表该像素是角点的可能性越大，由图 4－15 中可以看出，是角点可能性大的像素对应着图 4－14 中箭头的角点。

图 4－14　箭头图案的灰度图像

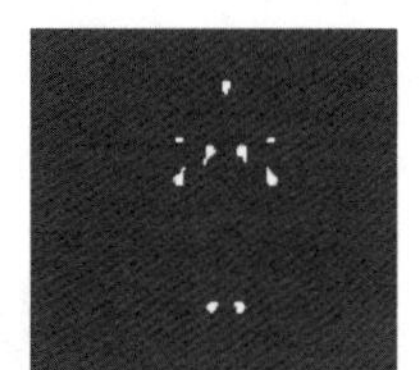

图 4－15　角点置信度图

图 4－16　在原图中标记出为角点可能性大的像素

将角点可能性大于一定阈值的像素在原图中用点标记出来，如图 4－16 所示。标记出的像素点的位置正是箭头的 9 个角点位置，由此得知，Harris 角点检测算法可以有效地检测到箭头图案的角点。

上面的过程粗略地定位了箭头角点的位置，但是还不能得出箭头的角点到底是精确落在哪个像素上。为此，需要进一步对检测出的粗略的结果进行提炼。由图 4－16 观察可知，标记出的可能为角点的像素均匀地分布在角点周围。将这些检测到的为角点可能

性大的像素(图 4-16 中的像素点)按照距离的远近聚成 9 个簇,用平均的方法求出每个簇的中心为

$$(\bar{x},\ \bar{y})=\frac{1}{N}\sum_{i=1}^{N}(x_i,\ y_i)$$

式中,N 表示每个簇中像素点的个数;i 为每个像素点的索引。

用每个簇的中心表示所检测到的角点,形成角点检测的最终结果,如图 4-17 所示。由图 4-17 可知,经过平均,检测到的角点能够较为准确地落在目标角点处。

图 4-17　角点检测的最终结果

图 4-18　重心和顶点构成的向量

得到了箭头图案的角点位置后,接下来需要做的是如何将得到的角点位置作为信息去识别箭头的朝向。一个直观想法是求出箭头图案的重心和箭头的顶端,两点相连构成一个向量,用该向量即可辨别不同的箭头方向。如图 4-18 所示,图中箭头表示的是由重心指向顶点的向量。

求箭头的重心可采用公式

$$(x_g,\ y_g)=\frac{1}{9}\sum_{i=1}^{9}(x_i,\ y_i)$$

式中,$(x_i,\ y_i)$ 为角点的坐标;i 表示角点的下标;$(x_g,\ y_g)$ 为箭头的重心的坐标。

而为了得到箭头顶点的坐标,分两种情况讨论,对于箭头朝向为上下的情况(见图 4-19),顶点与重心的横坐标几乎相同,而纵坐标相差较远。利用这个特征,计算出每个角点与重心的横纵坐标差值,分别在横坐标和纵坐标用阈值进行排除即可筛选出顶点。筛选出顶点后再进一步判断,顶点是位于重心之上还是重心之下,从而可以得到箭头的方向为向上或向下。

图 4-19　箭头朝向为上下的情况

图 4-20　箭头朝向为左右的情况

对于箭头朝向为左右的情况(见图 4-20),与箭头朝向为上下的情况类似。重心的纵坐标与顶点的纵坐标几乎相同,而横坐标相距较远,计算出重心与各个角点的横纵坐标的差值,用阈值分别在横坐标和纵坐标进行排除,筛选出顶点。对于顶点在重心左边的情况是箭头朝向为左;反之,箭头朝向为右。

以上只是一种用 Harris 角点检测识别箭头朝向的方法，还有许多方法可以解决箭头的朝向识别的问题，请大家自己加以思考。

总结以上思路，利用 Harris 角点检测识别箭头朝向的流程图如图 4-21 所示。

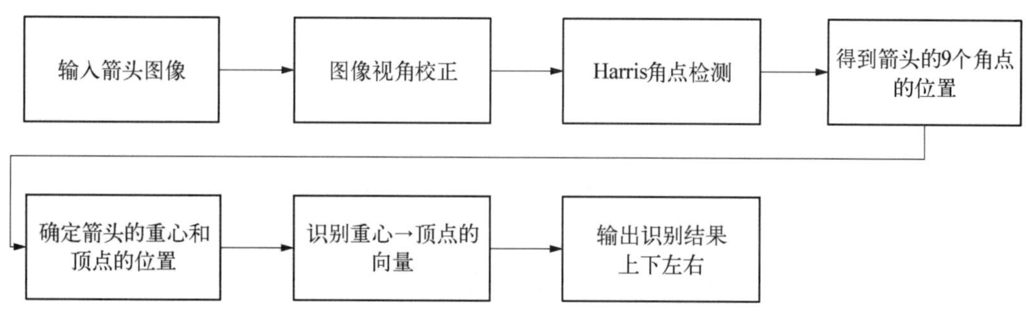

图 4-21 Harris 角点检测识别箭头朝向的流程图

下面介绍一种更加直接和简单的方法来识别箭头朝向，利用第 4.2 节介绍的模板匹配进行识别。要想进行模板匹配，首先要准备好模板图像。由于识别目标是 4 种不同朝向的箭头，要准备的模板即为 4 种不同朝向的箭头图案(图 4-11 展示的 4 种图案)。

在野外场景中，从微缩车里观察箭头的视角比较多变，而视角的变化容易使得模板匹配的结果不准确，所以在进行模板匹配之前，需要对图像进行仿射变换进行校正，具体的细节在此不再赘述。

校正图像过后，还需要对图像进行尺寸上的统一，从而使得待识别图像和模板有相同的尺寸。然后，对待识别图像和各个模板分别进行模板匹配计算出与模板的相似度分数，相似度分数最高的那个模板所代表的方向即为待识别模板的方向。如图 4-22 所示，图

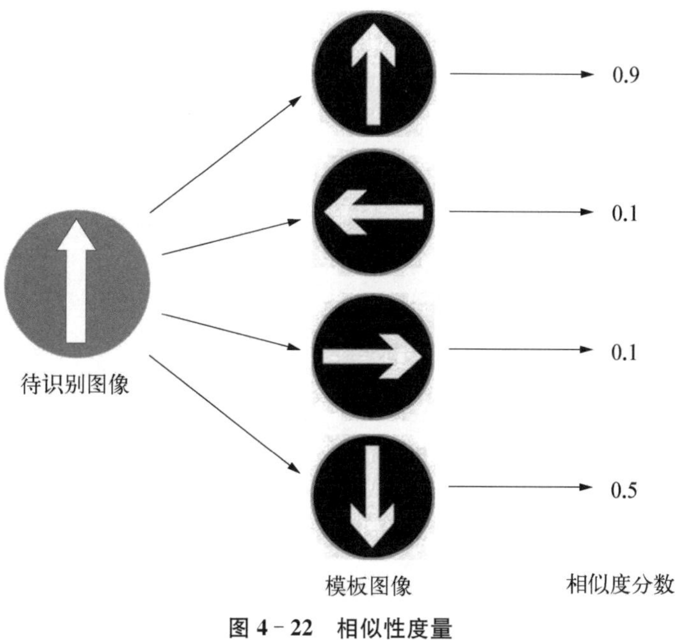

图 4-22 相似性度量

中待识别图像与指向为上的模板相似度分数最高，待识别图像的识别结果为指向向上。

总结上述思路，用模板匹配识别箭头指向方向的流程如图 4-23 所示。

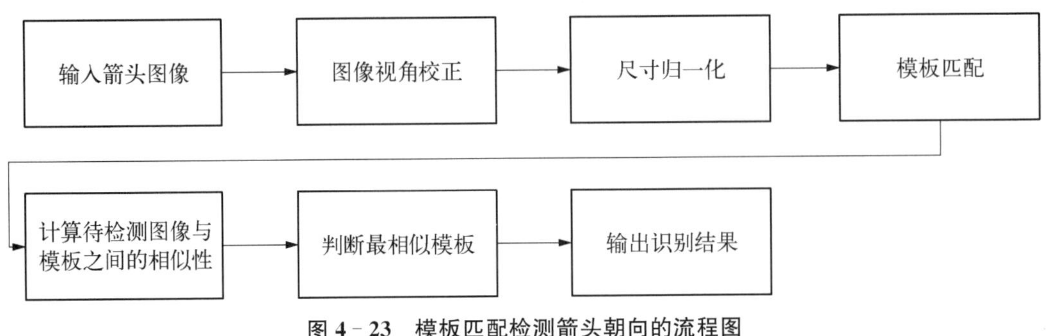

图 4-23　模板匹配检测箭头朝向的流程图

4.5　直线检测

在直角坐标系中，通过两点 $A(x_1, y_1)$，$B(x_2, y_2)$ 的一条直线可表达为

$$y = kx + q \tag{4-1}$$

式中，k 为斜率；q 为截距。

确定两个参数 k 和 q，即确定了直角坐标系的一条直线，如图 4-24 所示。

将 $A(x_1, y_1)$，$B(x_2, y_2)$ 两点坐标代入直线方程 $y = kx + q$ 可得到方程组

$$\begin{cases} q = -kx_1 + y_1 \\ q = -kx_2 + y_2 \end{cases} \tag{4-2}$$

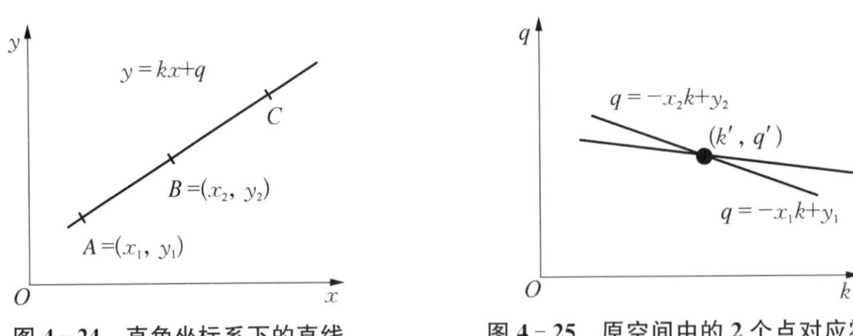

图 4-24　直角坐标系下的直线

图 4-25　原空间中的 2 个点对应霍夫空间中的 2 条线

如果把式(4-2)中的 k 看作自变量，q 则为关于 k 的一次函数，上述两式在以 k 为横坐标，q 为纵坐标的直角坐标系下则为两个直线方程，即 (k, q) 平面上的两条直线，如图 4-25 所示。两条直线的交点表示式(4-2)的解，由此可得通过两点 $A(x_1, y_1)$，$B(x_2, y_2)$ 的直线方程的斜率 k' 和截距 q'。获得了 k' 和 q' 即可在 (x, y) 直角坐标系

下画出通过 A、B 两点的直线。

霍夫提出了直线在另一空间坐标系下的表示，于是这个新的 (k, q) 直角坐标系也称为霍夫空间，这种变换方式称为霍夫变换，即在 (x, y) 空间坐标系下的一条确定的直线转变为在 (k, q) 坐标系下的一个点，在 (x, y) 空间坐标系下的一个确定的点转变为在 (k, q) 坐标系下的一条直线。

如图 4－26 为在 (x, y) 坐标系下多个点对应着 (k, q) 坐标系下多条直线的情况。

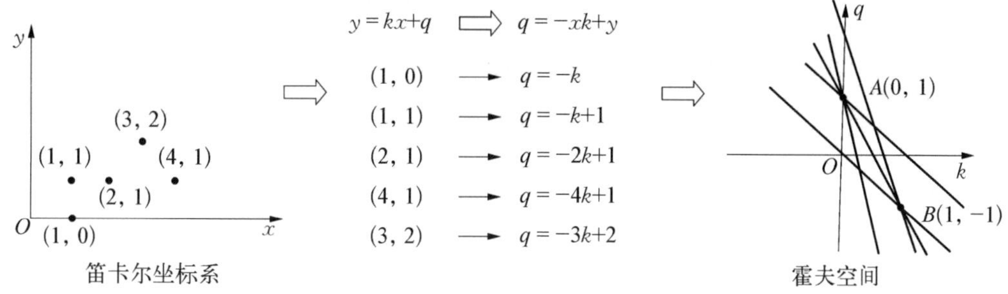

图 4－26　笛卡尔坐标系霍夫空间

由图 4－26 可得，霍夫空间中存在多条直线的交点，交点的坐标代表 (x, y) 坐标系中同时经过多个点的一条直线的斜率和截距，这样也就确定了在 (x, y) 坐标系中通过多个点的一条直线。

如图 4－27 所示，霍夫空间中 3 条直线相交的两点 $A(0, 1)$ 和 $B(1, -1)$ 在 (x, y) 空间坐标系中对应着 2 条经过 3 个点的直线。

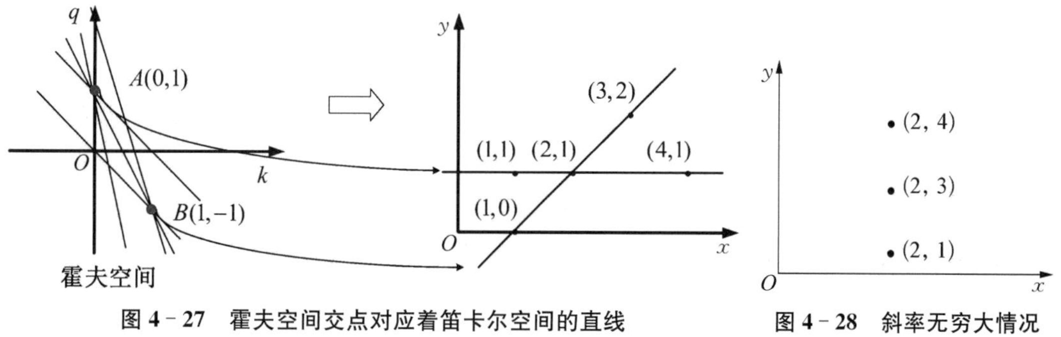

图 4－27　霍夫空间交点对应着笛卡尔空间的直线

图 4－28　斜率无穷大情况

计算机在实际处理中，将直角坐标系中的点转换成霍夫空间中的直线，选取一个足够大的阈值 m，如果检测到在霍夫空间中有不少于 m 条直线的交点，则认为在 (x, y) 空间中检测到了 1 条直线。

但是如图 4－28 所示，经过这 3 点的直线的斜率 k 为无穷大，那么在霍夫空间中相应的交点也在无穷远处，实际上计算机不能处理无穷大的数。

因此，需要考虑将直角坐标系转换为极坐标系，然后再进行霍夫变换。如图 4－29 所示，极坐标系下直线的表示，其中 ρ 和 θ 分别为极径和极角。

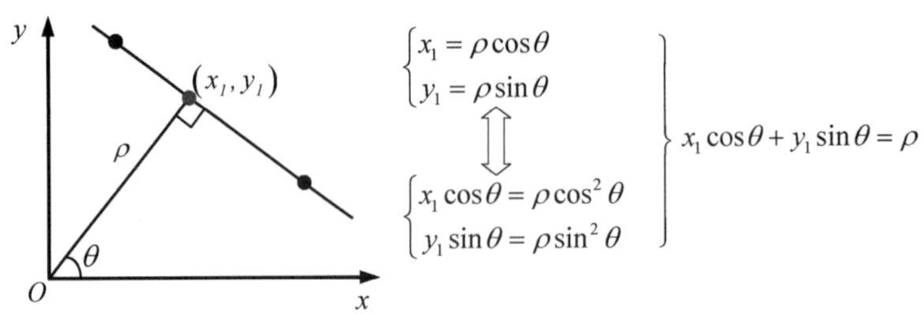

图 4-29　极坐标系下直线的表达

一条直线在极坐标系下可以表示为 $\rho=x\cos\theta+y\sin\theta$。在以 θ 和 ρ 为坐标轴的霍夫空间中的交点，则为原坐标中的直线，如图 4-30 所示。

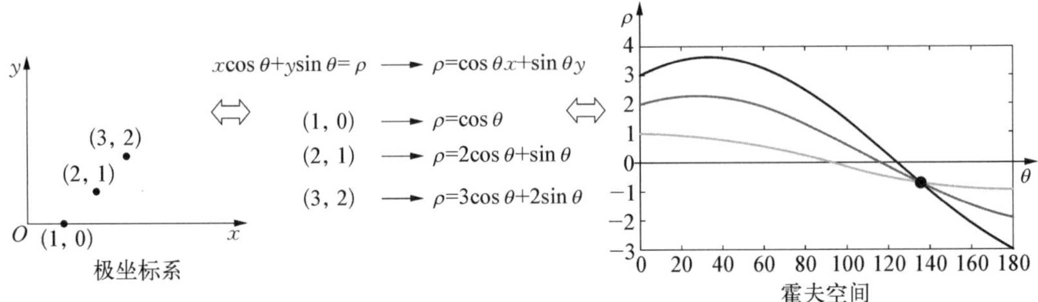

图 4-30　极坐标系下的霍夫变换

下面总结霍夫变换检测直线的流程：

(1) 将直角坐标系下的点转换为极坐标；

(2) 将其对应到 ρ 和 θ 为坐标系的霍夫空间中的曲线；

(3) 求取交点，得到原坐标系下的直线。

如图 4-31 所示，先将图像中的像素点转化为 ρ 和 θ 表示的曲线。然后在计算机中初始化一个累加 H，每隔一定的间隔取一次 θ，$-90°<\theta<180°$，那么 $\rho=x\cos\theta+y\sin\theta$，每取一次 θ 便在 H 中对应的点 (θ, ρ) 加 1，最后 H 中 (θ, ρ) 较多(取决于自己选取的阈值)的点就是检测出的图中的直线，直线方程为 $\rho=x\cos\theta+y\sin\theta$。

4.6　圆的检测

霍夫变换不仅可用来检测直线和连接处在同一条直线上的点，也可以用来检测满足解析式 $f(\boldsymbol{x}, \boldsymbol{c})=0$ 形式的各类曲线，并把曲线上的点连接起来。这里 $\boldsymbol{x}$ 是一个坐标矢量，在 2D 图像中是一个 2D 矢量；$\boldsymbol{c}$ 是一个系数矢量，它可以根据曲线的不同从 2D 到 3D，4D，…换句话说，如果能写成曲线方程，就可利用霍夫变换检测。这里仅简单介绍

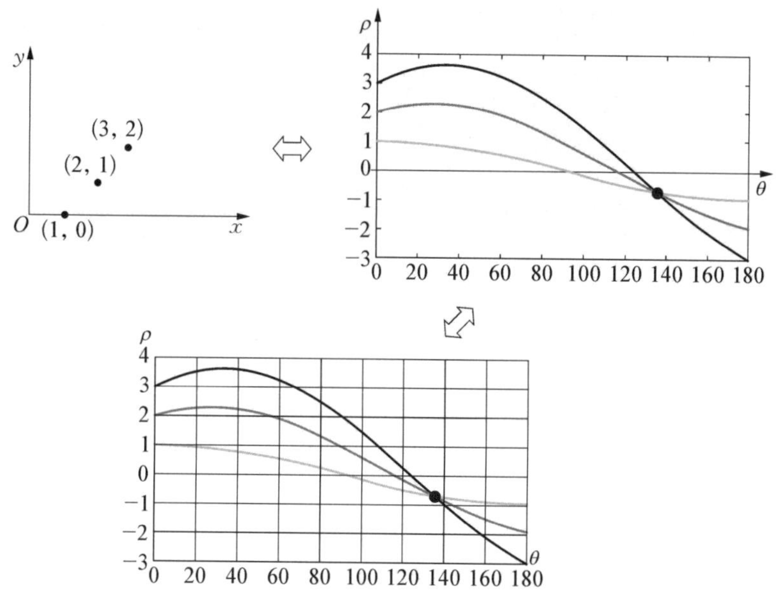

图 4-31 计算机中霍夫变换检测直线的流程

一下如何检测圆周，圆的一般方程为

$$(x-a)^2+(y-b)^2=r^2 \tag{4-3}$$

因为上式有 3 个参数 a，b，r，所以需要在参数空间里建立一个 3D 的累加数组 A，其元素可写为 $A(a, b, r)$。这样可以让 a 和 b 依次变化而根据式(4-3)算出 r，并对 A 累加：$A(a, b, r)=A(a, b, r)+1$。可见这里的原理与检测直线上的点相同，只是复杂性增加了，系数矢量 $\boldsymbol{c}$ 现在是 3D 的。从理论上来说，计算量和累加尺寸随参数个数的增加是指数增加的，所以实际中霍夫变换最适合于检测较简单(即其解析表达式只含有较少参数)曲线上的点。

如图 4-32 给出了用霍夫变换检测圆的一组示意图。其中图(a)是一幅合成图，其中有一个灰度值为 160，半径为 80 像素的圆目标，它处在灰度值为 96 的背景正中。对整幅图又叠加了在[-48, 48]之间均匀分布的随机噪声。现考虑利用霍夫变换来检测这个圆的圆心(设半径已知)。首先计算原始图的梯度图，然后对梯度图取阈值就可得到目标的一些边缘点。由于噪声干扰的原因，若这里阈值取得较低，则边缘点组成的轮廓线将较宽；但若阈值取得较高，则边缘点组成的轮廓线将有间断，且仍有不少噪声点，如图 4-32(b)所示。这也说明有噪声时完整边界的检测是一个困难的问题。此时可对取阈值后的梯度图求霍夫变换，得到的累加器图像见图 4-32(c)。根据累加器图中的最大值(即最亮点)可确定圆心坐标，因为已知半径，所以可马上得到目标圆的圆周轮廓(边界)，见图 4-32(d)中白色圆周叠加在原图上以显示效果。

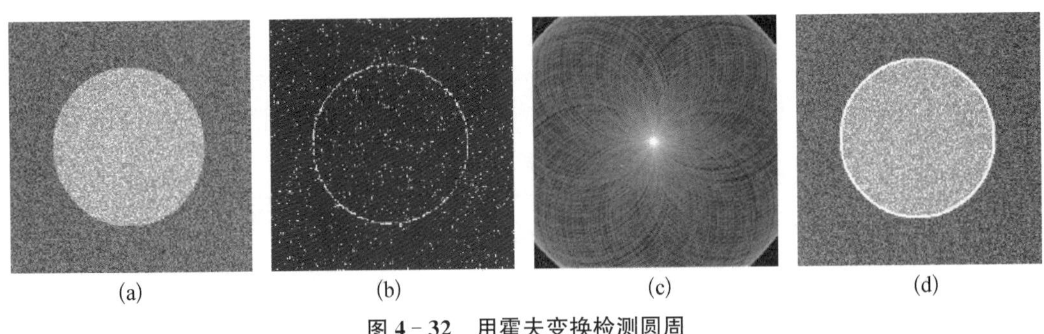

图 4-32 用霍夫变换检测圆周

(a) 合成图 (b) 噪声点 (c) 累加器图像 (d) 目标图

4.7 拓展应用

前面介绍了一些基础形状的检测与识别算法,包括了直线检测与圆检测。下面将介绍在实际应用中如何利用图像处理中基础形状的识别来完成实际的任务。

4.7.1 车道线检测

1. 智能微缩车巡线方法

首先,针对微缩车行进场景中的车道线做检测是一种实际的应用。图 4-33 中黑粗线所示为微缩车行进过程中摄像头观察到的车道线,将该图像转换为灰度图,并采取适当的阈值分割后,得到如下图 4-34 的二值图像。进一步利用边缘检测(见本章末尾的拓展阅读)算子,提取出车道线的边缘,如图 4-35 所示。

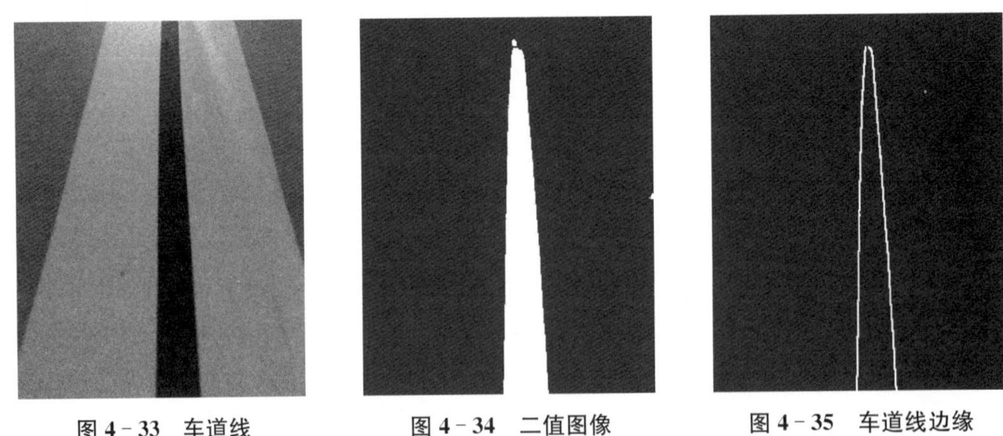
图 4-33 车道线 **图 4-34 二值图像** **图 4-35 车道线边缘**

在图 4-35 中应用霍夫变换进行直线检测,可以得到两条关于车道边缘的直线并标记在原图中(见图 4-36)。由此可得到车道线检测结果,但是这种车道线检测的方式对于微缩车循迹的处理并不方便。

图 4-36 直线检测结果

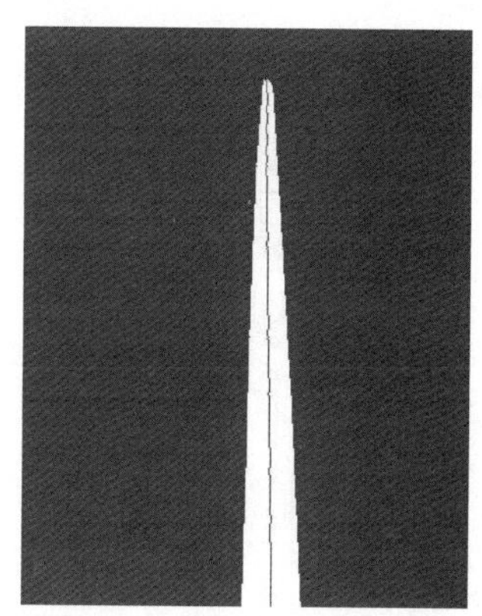

图 4-37 车道中心线

下面将介绍另一种更加简便的车道线检测和微缩车循迹的方法。对图 4-35 所示的车道线边缘图像进行逐行扫描，并计算介于两车道线边缘的中点，由此可得到车道中心线，结果如图 4-37 所示。由此可以获得车道的中心坐标，把它与图像的中心坐标做偏差计算，即可得到对微缩车进行控制的偏移量。

上述介绍的只是微缩车行驶过程中轨迹为直线的情况，而当微缩车遇到车道线是弯曲时（见图 4-38），利用霍夫变换直线检测对车道线检测就不一定有效了。此时可以采取后一种方案，即计算中心线方法。图 4-39 所示为二值化后的图像，图 4-40 所示为车道中线检测结果。

图 4-38 弯曲车道线

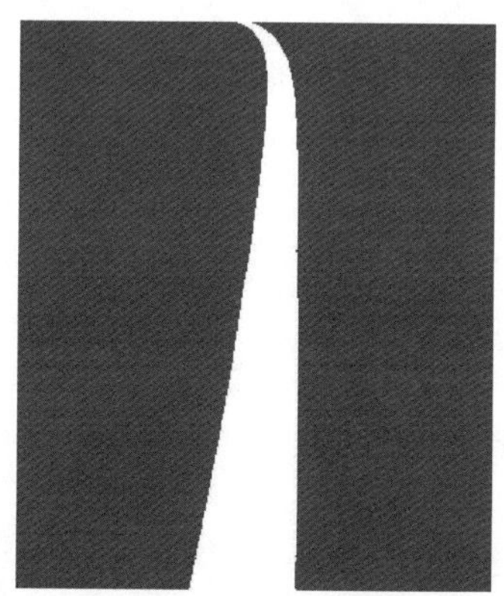

图 4-39 二值化后的图像

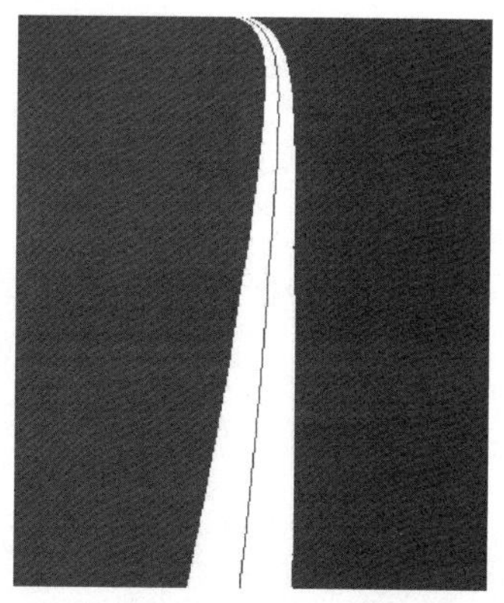

图 4-40 车道中心检测结果

2. 自然场景下的车道线检测

介绍完微缩车的车道线检测，下面介绍在无人驾驶汽车中应用的车道线检测方案。在无人驾驶中，除了要求汽车能够自动避障和道路交通信息感知外，还需要它能遵守交通规则，而沿车道线行驶是交通规则中比较重要的一条。同时，通过感知车道线可以进一步地检测地面指示标志，进行前碰撞预警策略设计等。所以，无人驾驶中的车道线检测是一个非常重要的环节。

首先，我们来介绍基于霍夫直线检测的自动驾驶汽车中的车道线检测方法，图4－41所示为实际驾驶场景。随后，将图片转换为灰度图，进行边缘检测，结果如图4－42所示。对图4－42中运用霍夫变换进行直线检测，并对检测出的直线进行斜率上的筛选，所得结果如图4－43所示，汽车行驶的当前车道线被粗线条标记出。得到了车道线的直线检测结果，可以根据两条车道线直线的斜率来判断当前行驶是否偏航。

图4－41　实际驾驶场景

图4－42　边缘检测结果

图4－43　车道线检测结果

（彩图请扫二维码）

但是，基于霍夫直线检测的车道线检测方法在遇到弯道处会检测不到直线，从而不能检测到车道线。如图4－44所示为车辆遇到弯道的情况，在进行边缘提取后，采用多项式拟合方法进行车道线检测，如图4－45所示。

图4－44　车道线为弯道的情形

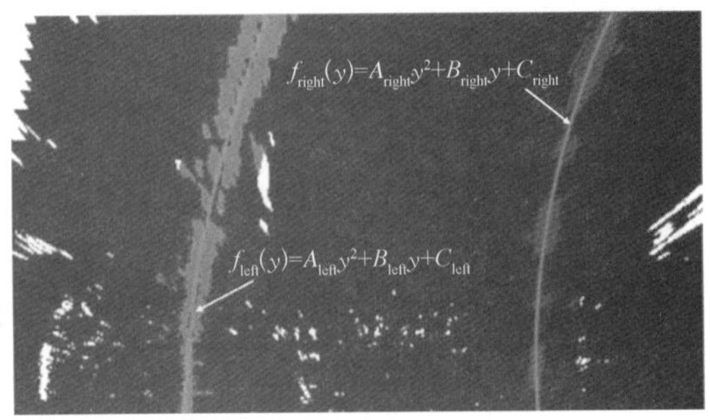

图4－45　多项式拟合方法

（彩图请扫二维码）

另外，基于传统图像处理方法的车道线检测，在遇到如图 4 - 46 所示的复杂场景时，由于光照的变换、阴影的轮廓、障碍物遮挡等因素，多项式拟合方法也可能表现得不好。

图 4 - 46　复杂驾驶场景

（彩图请扫二维码）

为了设计适用场景比较宽泛的车道线检测算法，现在比较流行的做法是基于样本的深度学习方法，具体的做法不在此展开。图 4 - 47 所示为目前效果比较好的算法输出的检测结果图。图中绿色区域为检测到的车道区域。可以看出，基于样本学习的方法，车道检测结果能够较好地处理障碍物遮挡的情况，同时在弯道区域也有较好的表现。

图 4 - 47　基于深度学习的车道线检测结果

（彩图请扫二维码）

4.7.2　其他应用

利用霍夫圆检测方法[见图 4 - 48(a)]，可以检测电路板的孔径，从而判断加工质量是否合格。该方法还可以对圆形物体进行计数，如图 4 - 48(b)和(c)所示。

在学校食堂或其他需要快速结账的场合，检测矩形和圆形的盘子以及它们各自的颜色，综合利用颜色和形状特征，可以用计算机做到自动快速计价并结账。如图 4 - 49 所示为在大学食堂中使用的自动结账机。

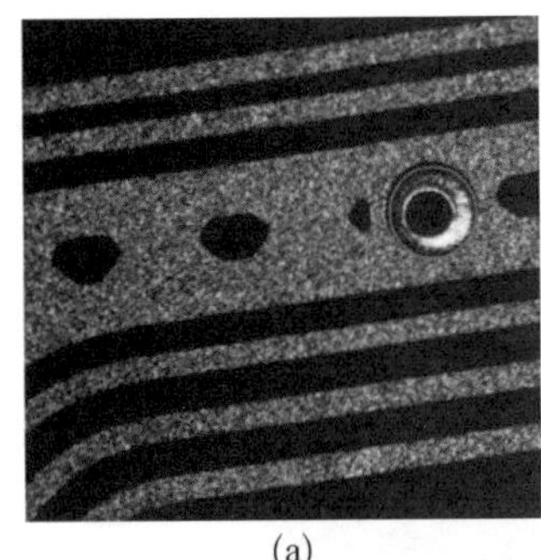
(a)

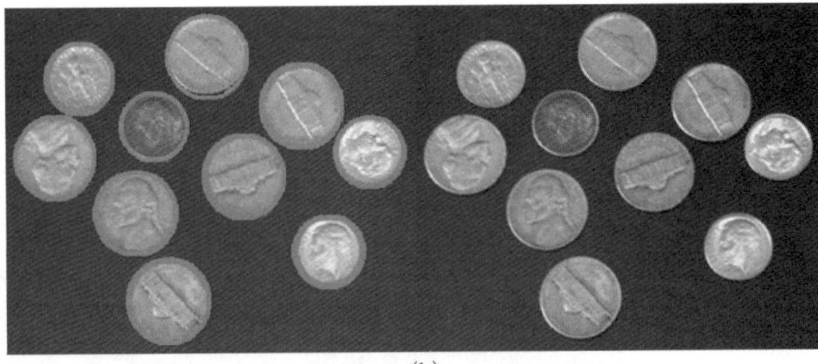
(b)

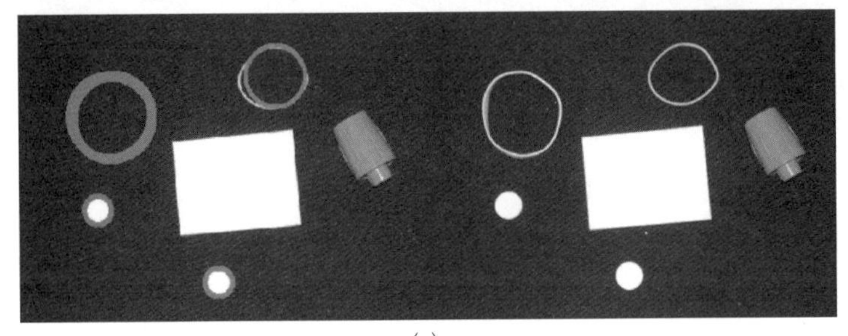
(c)

图 4-48　霍夫圆检测方法

(a) 检测圆孔加工质量　(b)(c) 对圆形物进行计数

(彩图请扫二维码)

图 4-49　自动结账机

本章小结

本章首先介绍了图像处理中比较常用的角点检测和模板匹配的算法，针对一个最简单的几何形状(矩形)利用 Harris 角点检测结合图形的几何知识进行识别。其次介绍了箭头图像的识别，主要是箭头图像指向的识别。该几何图形在智能微缩车的实验中有着比较重要的应用，识别箭头图像的方向可以给小车下达加速、减速、转向的指令。本章提出了两种方案来识别箭头图像方向：① 利用 Harris 角点检测算法检测出箭头的 9 个角点，随后利用几何关系求出箭头的重心和顶点，从而构建方向向量，识别方向向量即可识别箭头图案的方向；② 将待测试箭头图像与 4 种方向的箭头图像样本进行模板匹配，计算出待测试箭头图像与 4 种箭头图像样本的相似度，相似度最高的样本的方向即为测试箭头图像的方向。再次，为了识别无角点的几何形状，如直线、圆等，本章介绍了经典的基于霍夫变换的直线和圆的识别方法。最后，为了拓宽读者的视野，介绍了几个扩展应用，如车道线检测、圆形物体计数等。在车道线检测中，重点讨论了智能小车的车道线检测方法。本章主要内容梳理如下：

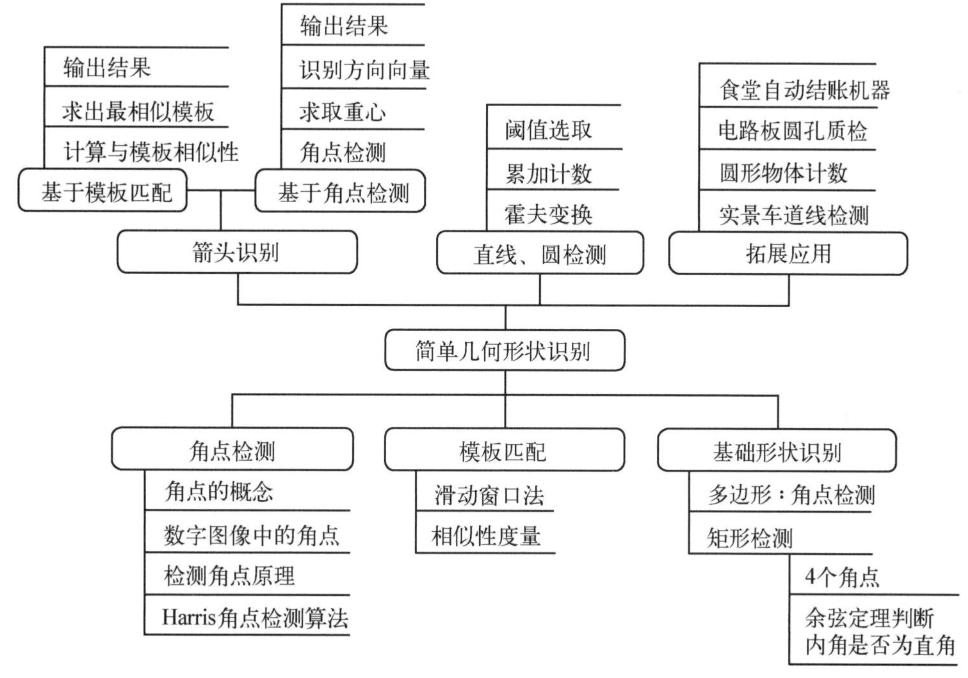

拓展阅读

边缘检测是图像处理和计算机视觉中的基本问题，边缘检测的目的是标识数字图像中亮度变化明显的点。图像灰度的显著变化通常反映了物体或场景属性的重要事件和变化。这些包括① 场景中的深度不连续；② 物体表面方向不连续；③ 物质表面属性变化；④ 场景照明变化。边缘检测是图像处理和计算机视觉中，尤其是特征提取中的一个重要研究领域。

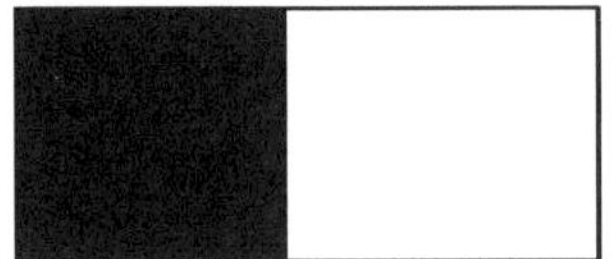
图 4-50　具有阶跃变化的边缘的图像

图 4-50 所示为具有阶跃变化的边缘的图像。固定行坐标不变，从某一行看过去，灰度值随列坐标的变化情况如图 4-51(a) 所示，在 y' 处灰度值发生突变，此处也就是所求的边缘上的点。对此函数求导数，得到如图 4-51(b)，在边缘处的导数为无穷大。在离散信号表示中，求导变化成差分，$\Delta f(i)=f(i)-f(i-1)$，在边缘处差分有极大值存在，平滑区域的差分值为 0。由此，检测边缘即求出灰度值在每个像素点的差分值，差分值大意味着灰度变化剧烈，为边缘的可能性大。固定列坐标不变，观察灰度值随着行坐标的变化情况，同理可以求出垂直方向的差分值，从而检测出水平方向的边缘。

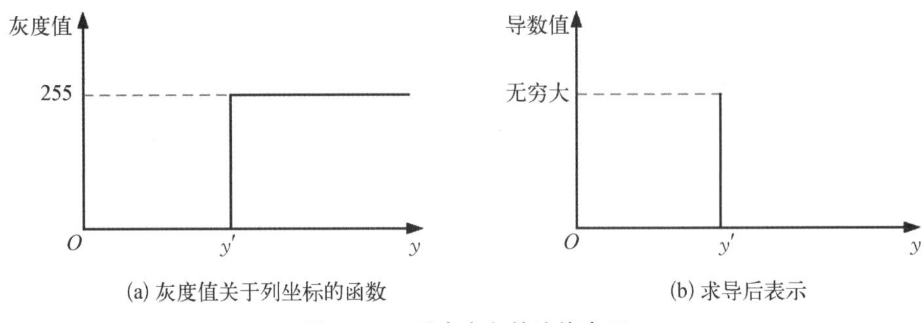

图 4-51　垂直方向的边缘表示

具体来说，图像中梯度幅值越大的地方，说明某一方向的差分值越大，灰度值变化越明显，边缘的可能性越大。把上述思想离散化之后，可以写成一个 3×3 掩模算子，如 sobel 算子

$$\boldsymbol{G}_x=\begin{bmatrix}-1 & 0 & 1\\ -2 & 0 & 2\\ -1 & 0 & 1\end{bmatrix},\ \boldsymbol{G}_y=\begin{bmatrix}-1 & -2 & -1\\ 0 & 0 & 0\\ 1 & 2 & 1\end{bmatrix}$$

利用上述算子对图像进行卷积运算，从而得到边缘的响应图。如图 4-52 所示，在边缘处得到的响应比较强烈，这样也就完成了边缘检测。

图 4-52　利用 sobel 算子进行边缘检测的结果

5 人工智能搜索算法

本章主要介绍驾驶场景如何在感知环境后执行相对应的路径搜索。在智能实现的过程中，搜索步骤是不可避免的，搜索算法是人工智能中问题求解的基本方法，根据问题的实际情况不断寻找可以利用的知识，从而构建一条代价（距离）较少的推理路线，我们将这种使问题得到解决的过程称为搜索。搜索算法的本质是在状态空间中从问题的初始状态搜索通向目标状态的路径，可大致分为两类：盲搜索（无信息搜索）和启发式搜索（有信息搜索）。

盲搜索只能按照预先规定的搜索策略进行搜索，没有任何中间信息来改变这些策略以及没有考虑问题本身的特性，因此具有盲目性，不便于复杂问题的求解。

启发式搜索是在搜索的过程中加入与问题相关的信息，用于指引搜索朝着相对更好的路径前进，加速问题的求解并找到最优解。

搜索是许多解决问题的手段，例如魔方问题、博弈问题、八皇后问题、八数码问题、旅行商问题、调度问题、路径规划等。下面用八数码问题来说明搜索的过程。

在九宫格里放进 1～8 共 8 个数字和 1 个空格，与空格相邻的数字可以移动到空格的位置，问给定初始状态最少需要几步能到达目标状态？

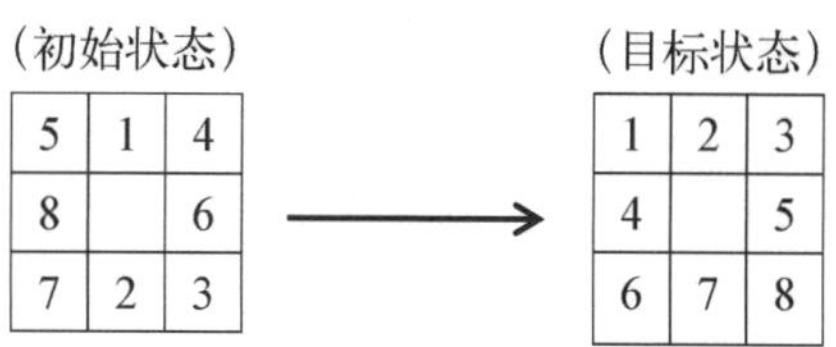

搜索算法的过程会将每一个状态空间通过后继函数表示其状态能走的所有动作，一直执行到状态空间为目标状态时结束，状态空间即为问题的全局表示，初始状态、目标状态以及后继函数后的中间状态都属于状态空间表示范围内，步骤为

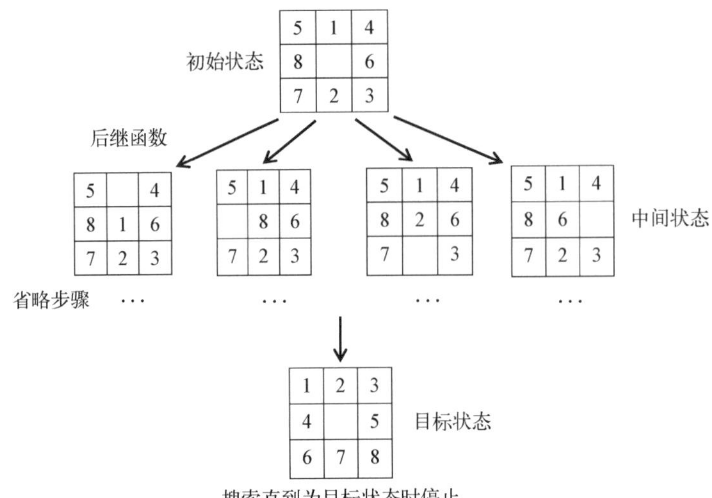

如图 5－1 所示，每一个状态空间被描述为一个不同的节点，每一条节点间的路径为后继函数，问题的一个解就是初始节点与目标节点的任意一个路径。然而搜索算法会根据问题的复杂度产生不同的状态空间，使得问题的解法有简单的，也有困难的，甚至有无解的情况，因此我们无法列出所有的状态空间，只能制定不同的搜索策略来求解，也可能同时存在多个解，如何确定求得的解为最优是搜索算法的挑战之一。

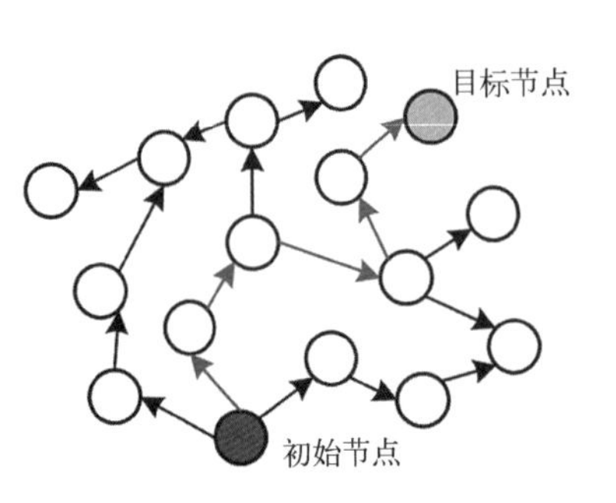

图 5－1　状态空间算法策略的求解路径表示

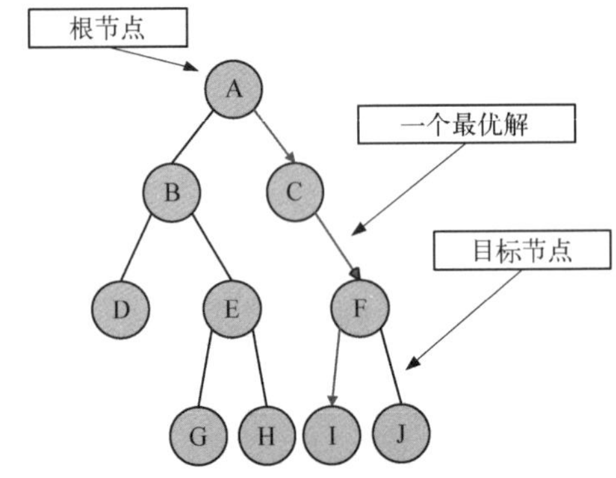

图 5－2　由状态空间转换而成的搜索树形式

如图 5－2 所示，搜索的状态空间可以呈现为一目了然的树结构，称为搜索树。初始状态对应着根节点，目标状态对应着目标结点。排在前面的结点称为父结点，其后的结点称为子结点，同一层中的结点是兄弟结点，由父结点产生子结点称为扩展。搜索的完整过程就是找到一条从根结点到目标结点的路径，第 5.1 节和第 5.2 节将介绍盲搜索如何在搜索树上求解。

5.1　广度优先搜索

广度优先搜索（breadth-first search，BFS）又称为层次遍历，指从上往下对每一层依次访问，在每一层中又从左往右访问结点，访问完一层后继续往下一层搜索，直到没有结点可以访问为止，广度优先搜索通用做法是采用队列进行遍历。图 5-2 中的搜索树进行 BFS 的路径是：A→B→C→D→E→F→G→H→I→J。

广度优先搜索的性质包括：① 当问题有解时，一定能找到最优解；② BFS 方法与问题无关，具有通用性；③ 效率较低，属于穷举；④ 存储量比较大。

5.2 深度优先搜索

深度优先搜索(depth-first search, DFS)的基本思想是：对于每个路径都是往下深入找其子节点，并且每个节点只能访问一次，搜索的规则分为前序遍历、中序遍历和后序遍历。一般的 DFS 方法以前序遍历为主。

(1) 前序遍历：对任意一个子树，首先访问根，然后遍历其左子树，最后遍历其右子树。

(2) 中序遍历：对任意一个子树，首先遍历其左子树，然后访问根，最后遍历其右子树。

(3) 后序遍历：对任意一个子树，首先遍历其左子树，然后遍历其右子树，最后访问根。

图 5-2 中的搜索树进行 DFS 前序遍历的路径是：A→B→D→E→G→H→C→F→I→J；中序遍历的路径是：D→B→G→E→H→A→C→I→F→J；后序遍历的路径是：D→G→H→E→B→I→J→F→C→A。

深度优先搜索的性质包括：① 不一定能找到最优解，但可以找到多个解；② 深度太深时，计算效率比 BFS 低；③ 最坏情况，搜索空间等同于穷举；④ 节省内存，只存储从初始节点到当前节点的路径。

5.3 A^* 搜索

上述提到的 BFS 和 DFS 算法属于盲搜索，而 A^* 搜索算法(A-Star)是一种启发式搜索算法，是在状态空间中对每一个搜索的位置进行评估，得到相对较好的位置，再从这个位置进行搜索直到目标。这样可以省略大量无谓的搜索路径，提高了效率，表示为

$$f(n)=g(n)+h(n)$$

其中，$f(n)$是从初始状态经由状态 n 到目标状态的总代价；$g(n)$是在状态空间中从初始状态到状态 n 的实际代价；$h(n)$是从状态 n 到目标状态的最佳路径的估计代价。注意：对于路径搜索问题，状态就是图中的节点，代价就是距离。

$h(n)$的选取会影响 A^* 算法整体的效率。常见的 $h(n)$有以下几种：① 曼哈顿距离；② 对角线距离；③ 欧几里得距离。

我们以 $d(n)$表达状态 n 到目标状态的距离，那么 $h(n)$的选取大致有如下 3 种情况。

(1) 如果 $h(n) < d(n)$，搜索的点数多，搜索范围大，效率低，但能得到最优解。

(2) 如果 $h(n) = d(n)$，即距离估计 $h(n)$ 等于最短距离，那么搜索将严格沿着最短路径进行，此时的搜索效率最高。

(3) 如果 $h(n) > d(n)$，搜索的点数少，搜索范围小，效率高，但不能保证得到最优解。

5.4 基于搜索算法的迷宫案例分析

上述的搜索算法可以应用于迷宫案例中，出发点就是初始状态，而终点就是目标状态，求解的路径不能穿过地图的墙壁，因此后继函数就是引导在当前状态下哪个方向可以走而哪个不可以走。这样的迷宫案例能够很好地拓展于其他应用中，如电玩游戏里的人物寻路或导航系统中的路径规划等，这些场景都是清楚地知道当前人物或是车辆的位置，以及想要到达的目的地，其中对于地图上的建筑物、小河、泥地、山坡等，在求解路径时被设置为不能穿越的障碍物或是加以代价(距离)来适当规避。本节主要说明相较于盲搜索稍复杂的启发式 A* 算法如何在迷宫地图上求解。

首先我们需要找到迷宫的起始点和终点，从起始点出发到终点的任意一个方格都有一个 F 值，该值代表了在当前路径下选择走该方格的代价。而 A* 算法寻路的思路就是从起始点开始，每一步都选择代价最小的方块前进，直到抵达终点时才停止搜索。A* 算法的核心公式就是每一步都选择代价最小的 F 值：$F = G + H$，其中 F 为方格的总代价；G 为起始点到当前方格的实际代价；H 为当前方格到终点的估计代价。

1. 如何计算 G 值

假设当前车辆在某一方格中，邻近有 8 个方格可走，当其往上、下、左、右这 4 个方向走一格时，实际代价为 10；当其往左上、左下、右上、右下这 4 个方向走一格时，实际代价为 14，即走对角线的实际代价为走直线的 1.4 倍，表示为

$$G = \text{实际代价}$$

根据不同应用的需求，G 值的计算可以进行拓展，如加上地形因素(平地、山坡、草丛、泥地等)对前进的影响，那么选择通过不同地形的路径，实际代价肯定不同。同一段路但地形不同，例如平地地形和山坡地形，虽然车辆都可以前进，但平地地形显然更容易走，因此可以给不同地形赋予不同的代价因子(如平地地形设置代价因子为 1，山坡地形为 2)来体现出 G 值的差异。在实际代价相同情况下，平地地形的 G 值更低，算法就会倾向选择 G 值更小的平地地形，拓展公式为

$$G = \text{实际代价} \times \text{代价因子}$$

2. 如何估计 H 值

很显然，在只知道当前点和终点而不知道这两者路径的情况下，我们无法精确地确定

H 值大小，所以只能进行估计。有多种方式可以估计 H 值，如曼哈顿距离、欧式距离、对角线距离等，最常用的方法是使用曼哈顿距离进行估计，表示为

$$H = \text{当前方格到终点的水平距离} + \text{当前方格到终点的垂直距离}$$

A^* 算法之所以被认为是具有启发策略的算法，是因为它可通过估计 H 值，降低走弯路的可能性，有效地找到一条更短的路径；而不具备启发策略的盲搜索算法，没有做估计处理，只是穷举或是按照固定策略找出所有可通行的路径，然后从中挑选一条最短的路径。这也是 A^* 算法效率更高的原因。

A^* 算法包括以下几个步骤：

(1) 定义两个列表：开放列表内存放考虑代价的方格，作为搜索下一步的选择；封闭列表内存放已经访问过的方格，表示不需要再次检查的方格。

(2) 将起始格设为当前格(当前步骤的方格)。

(3) 把当前格加进封闭列表内。

(4) 寻找当前格可通过的相邻方格(排除在封闭列表内和障碍物的方格)，如果没有在开放列表内则计算 F 值并设当前格为父方格，再加进开放列表内；如果已经在开放列表内则计算通过当前格到此格的新 G 值是否比原来的 G 值较低，如果是，则更改父方格并重新计算 F 值。

(5) 判断开放列表是否为空，如果是则找不到路径，算法结束，否则继续。

(6) 遍历所有在开放列表内的方格，选择 F 值最小的方格为下一步。

(7) 判断下一步是否为终点格，如果是则找到路径，算法结束，否则继续。

(8) 将下一步设为当前格，并从开放列表内删除。

(9) 重复第(3)～(8)步，直到算法结束。

了解 A^* 算法的步骤后，让我们实际操作一次吧！图 5－3 所示是一张迷宫地图，蓝色方格代表墙壁(障碍物)，黄色方格(3，2)点代表出发点(起始格)，而绿色方格(4，7)点代表终点(终点格)，那么，A^* 算法如何从出发点走到终点呢？

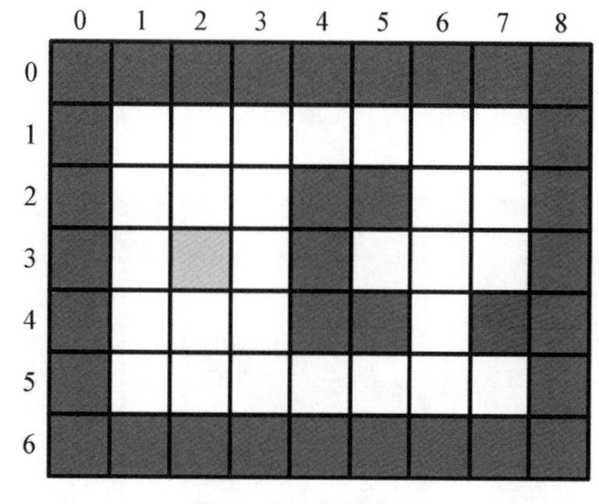

图 5－3 迷宫地图

(彩图请扫二维码)

首先我们要简化搜索的区域。搜索算法策略中会使用两个列表来存放节点(这里指的是迷宫的方格)，分别称为开放列表(Open)和封闭列表(Close)。前者用于存放当前状态可考虑的节点；后者用于存放已经搜索过的节点。通过这两个列表就能了解每一次的搜索步骤是如何进行的。如图 5－4 所示，A^* 算法将起始格设为当前格放入封闭列表内(灰色框线表示)，而相邻方格放入开放列表内(紫色框线表示)，箭头指向是父方格(父方格的

定义是相邻方格因为某方格的关系，被放入开放列表内，因此称某方格为父方格)，箭头指向代表着 G 值实际代价计算时的路径。接着依据上述提到的 A* 算法公式 $F=G+H$，求出每个在开放列表内方格的 F 值，决定 F 值最小(即为总代价最小)的方格为下一步，这里的 G 值使用没有代价因子的基本公式，H 值使用曼哈顿距离，由当前格(3，3)计算 F 值来说明，G 值为起始格(3，2)到当前格(3，3)向右前进一格，一格代价为 10，因此 G 值为 10，而 H 值为当前格(3，3)到终点格(4，7)的曼哈顿距离，计算方式为水平距离(7－3)加上垂直距离(4－3)，也就是 4＋1＝5(格)，一格代价为 10，因此 H 值为 50，最后当前格(3，3)的 F 值就为 10＋50＝60，接着依序计算其他的相邻方格，此时开放列表非空，搜索继续。

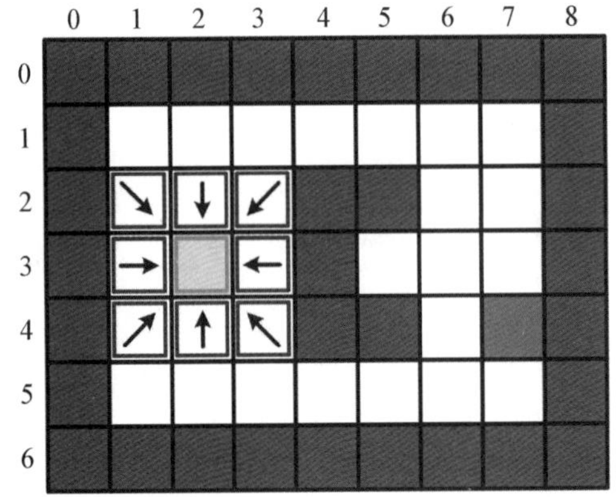

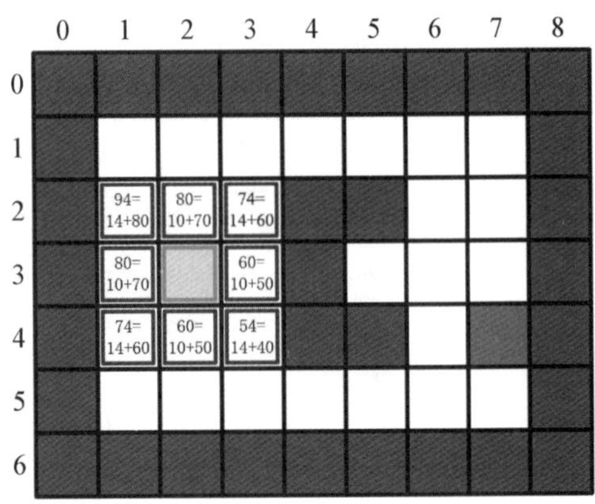

图 5-4　封闭列表(灰色框)、开放列表(紫色框)和父方格(箭头指向)

(彩图请扫二维码)

如图 5-5 所示，最终计算的结果是右下角最小总代价 54 的方格为下一步，而且下一步不是终点格，因此设为当前格，并从开放列表内删除，然后重复执行以上操作，将当前格放入封闭列表内(表示已经搜索过，不需要再搜索此方格)，以及将当前格不在开放列表内的相邻方格加进开放列表内，并设定为这些方格的父方格。

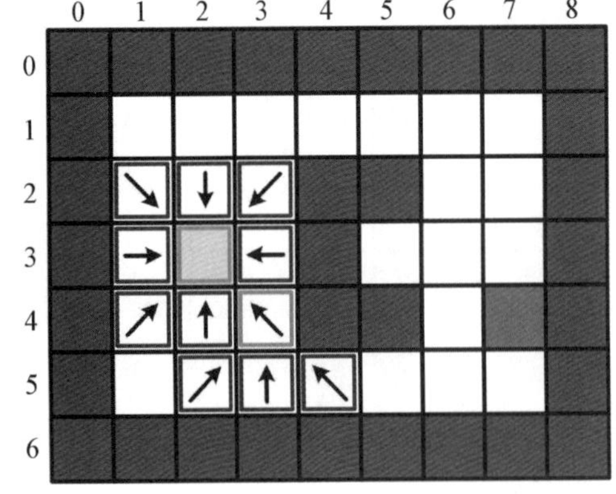

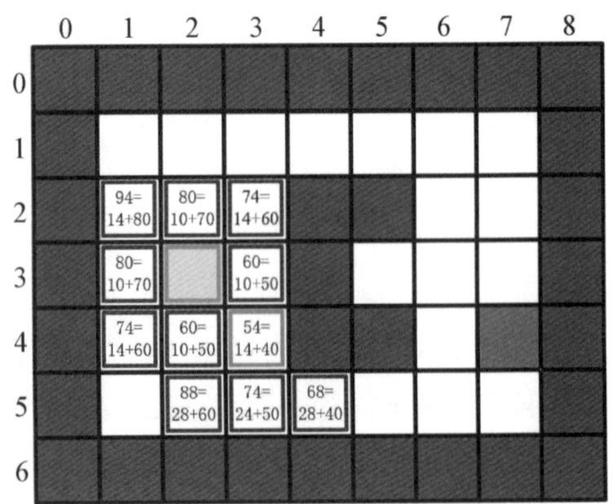

图 5-5　计算代价求出第 1 步

(彩图请扫二维码)

第 2 步的相邻方格如果在封闭列表内或是墙壁等障碍物都不计算其代价，只计算在开放列表内方格的总代价大小 F 值，并且选择最小总代价为下一步，图 5-6～图 5-10 路径的求解都是相同的流程，读者们可以按照上述说明的 A^* 算法步骤，依序理解，尤其是开放列表和封闭列表的使用和概念极为重要。特别说明，图 5-5 和图 5-6 中的(5，2)格的父方格是不同的。在 A^* 算法的第 4 步中提到如果已经在开放列表内，则计算通过当前格到此格的新 G 值是否比原来的 G 值低，如果是，则更改父方格并重新计算 F 值。因为图 5-5 中当前格为(4，3)，此时(5，2)格的 G 值为 14+14=28，从起始格到(5，2)格要看箭头的方向为两次对角线的代价，而图 5-6 时当前格为(4，2)，此时(5，2)格的 G 值要计算起始格通过当前格到(5，2)格的新 G 值为 10+10=20(即为两次直线的代价)，因此 20 比 28 小，重新计算此格的 F 值并更改父方格为当前格，这就是此格在这两步不同的原因。

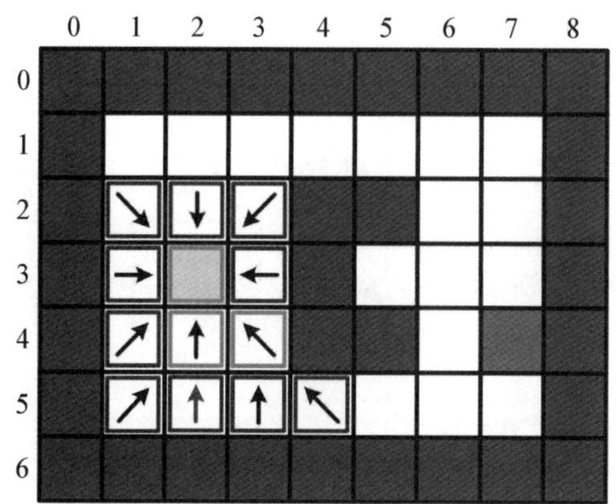

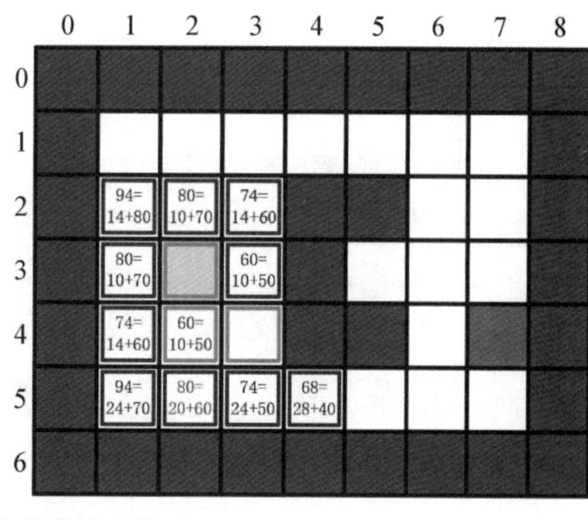

图 5-6　计算代价求出第 2 步

(彩图请扫二维码)

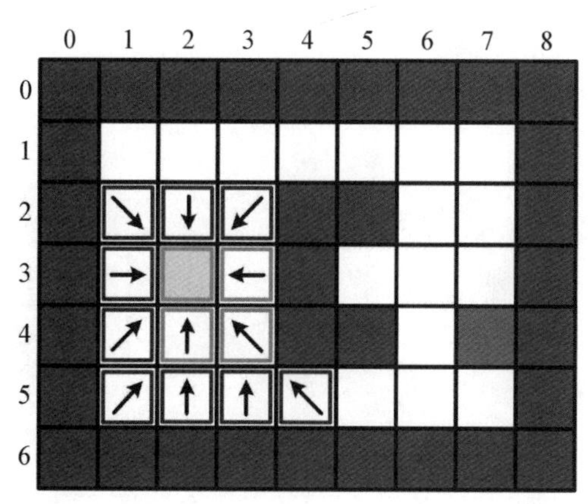

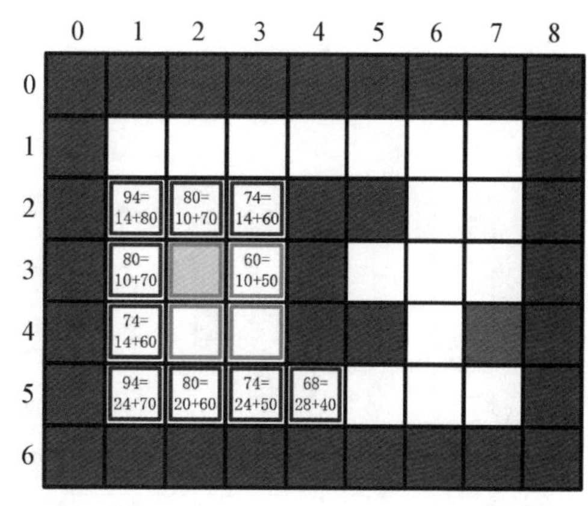

图 5-7　计算代价求出第 3 步

(彩图请扫二维码)

由图 5-10 求出第 6 步时，终点格被放进开放列表内，因此算法结束求出路径(特别注意，如果开放列表为空时，结果为无解找不到路径)。

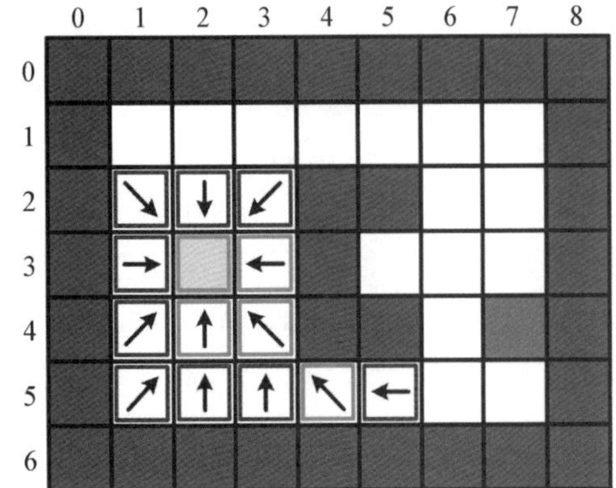

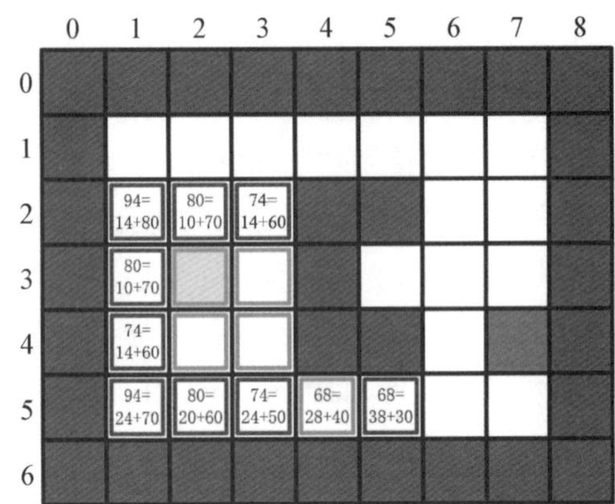

图 5-8　计算代价求出第 4 步

（彩图请扫二维码）

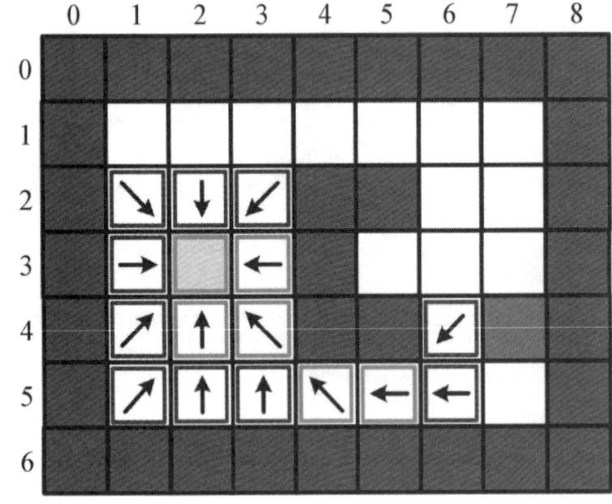

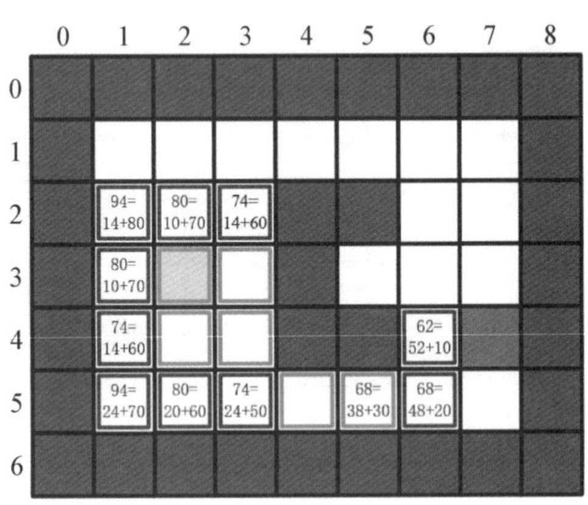

图 5-9　计算代价求出第 5 步

（彩图请扫二维码）

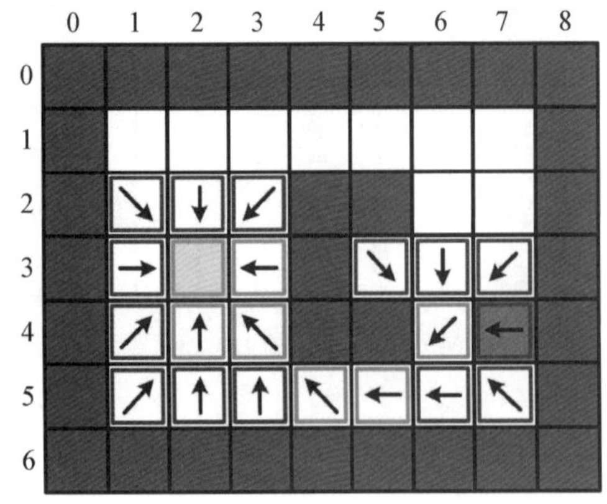

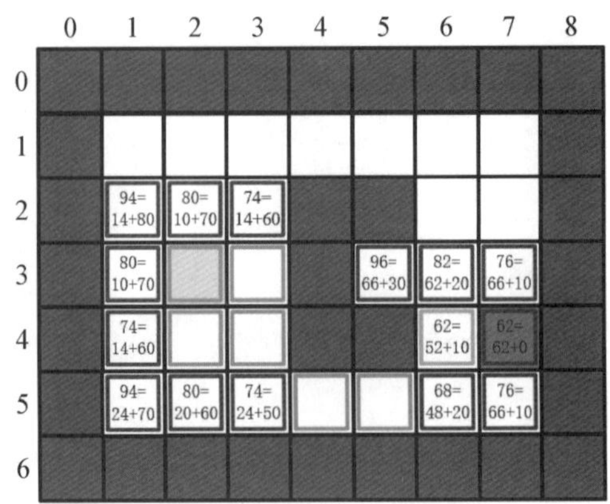

图 5-10　计算代价求出第 6 步

（彩图请扫二维码）

最终，图 5－11 根据指向父方格的箭头(红色表示)从终点格返回走到起始格就是求解的路径。因此父方格是非常重要的，影响着最终路径的方向与准确性，求解时需特别注意。

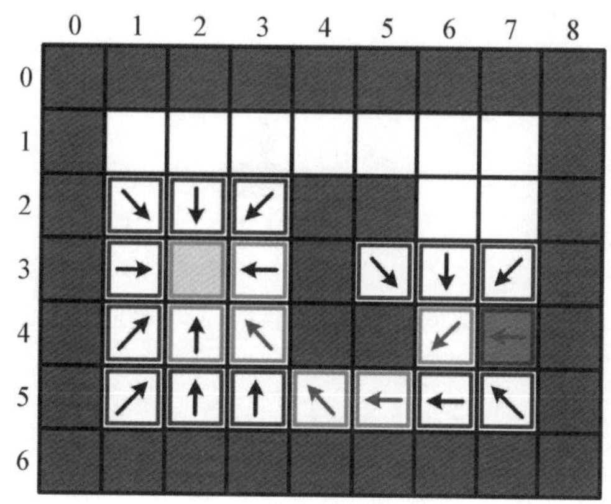

图 5－11　最终搜索路径

(彩图请扫二维码)

那么 BFS 和 DFS 盲搜索算法是如何在这地图上进行搜索呢？如图 5－12(a)所示的 BFS 广度优先搜索是层次遍历，图中的数字代表第几层，数字相同表示在同一层，因此 BFS 就是依序搜索每一层，没有找到终点则继续搜索下一层。而图 5－12(b)所示的 DFS 深度优先搜索会根据定义的方向前进，直到停止才返回到上一个节点，再从不同方向继续前进，搜索按照往右、上、左、下的方向前进(也可以自行定义顺序)。换言之就是一遍遍地尝试，当遇到走不通的时候退回上一步往另一个方向尝试，如果另一个的方向可以前进就继续尝试；如果上一步所有的方向都走不通，则退回到上一步之前的再上一步反复尝试，直到抵达终点。

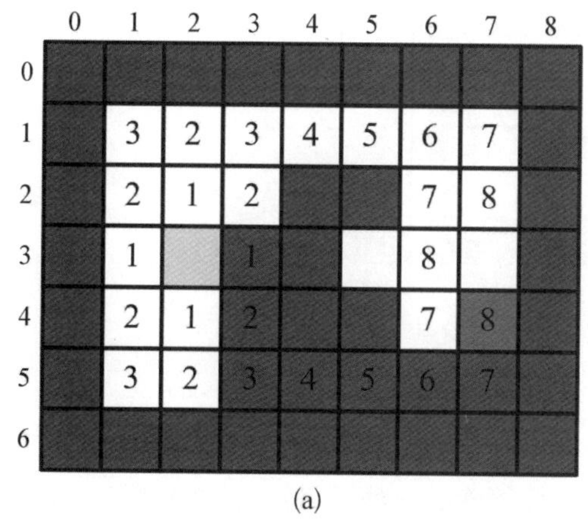

(a)

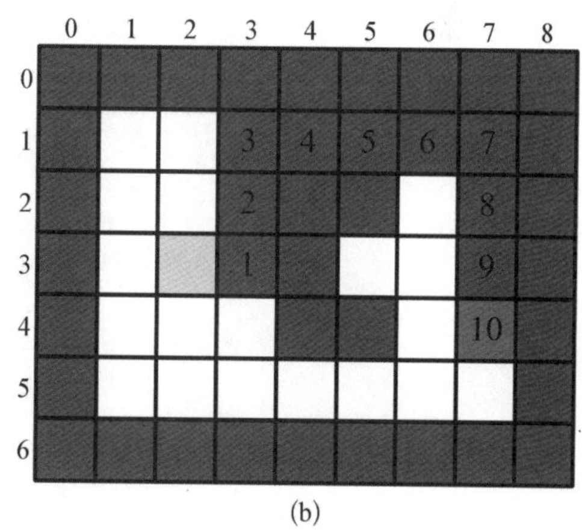

(b)

图 5－12　BFS 搜索算法(a)和 DFS 搜索算法(b)

(彩图请扫二维码)

从图 5－12 中的两个方法结果看出，BFS 算法计算量较大，会依序遍历所有的节点，但能保证找到的路径是最优解；而 DFS 算法虽然计算速度快，但是根据定义的方向顺序找到的解不一定是最优解。因此，当地图复杂时不建议使用 DFS 算法，可能会因为某一条很深的路径导致计算量比 BFS 算法还大。

为了更详细地说明 DFS 和 BFS 算法的步骤，下面用较复杂的地图来搜索路径，如图 5-14(a)所示，起始点在(1, 1)，而终点在(1, 8)，首先根据 DFS 算法的步骤建立搜索树(图 5-13)，可以从搜索树观察出 DFS 算法就是依序往一个方向不断地深入搜索。

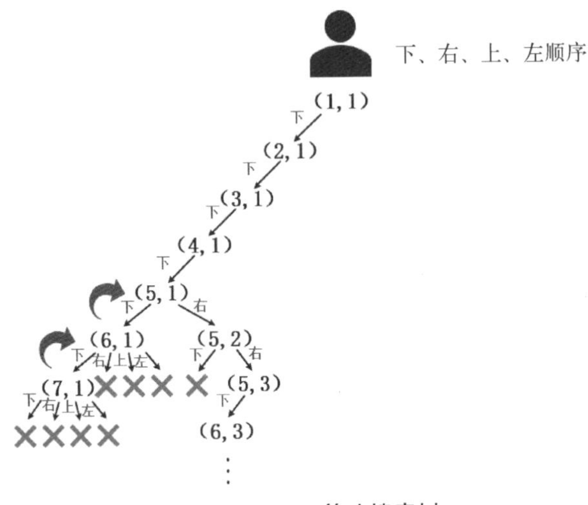

图 5-13 DFS 算法搜索树

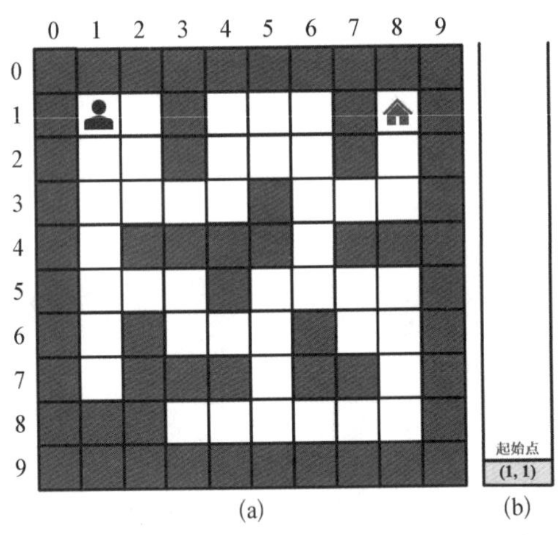

图 5-14 较复杂的迷宫地图(a)和起始点入栈(b)

(彩图请扫二维码)

使用 DFS 算法进行搜索时，会使用图 5-14(b)的“栈”结构存放路径的节点。栈就像一个仓库用来存放数据，放入数据称为入栈，拿出数据称为出栈，先放入的数据后拿出，遵循“先进后出”的规则(first in last out, FILO)。

接着 DFS 算法会一直往一个方向前进，直到无法前进时再换另一个方向前进，也就是每当抵达新的节点时，会先尝试下、右、上、左的顺序，哪一步能走就先走哪一步，根据不同的需求可以自行定义顺序。如图 5-15 所示，一开始先一直往下走，将节点依序入栈，棕色旗子代表已经走过的节点。

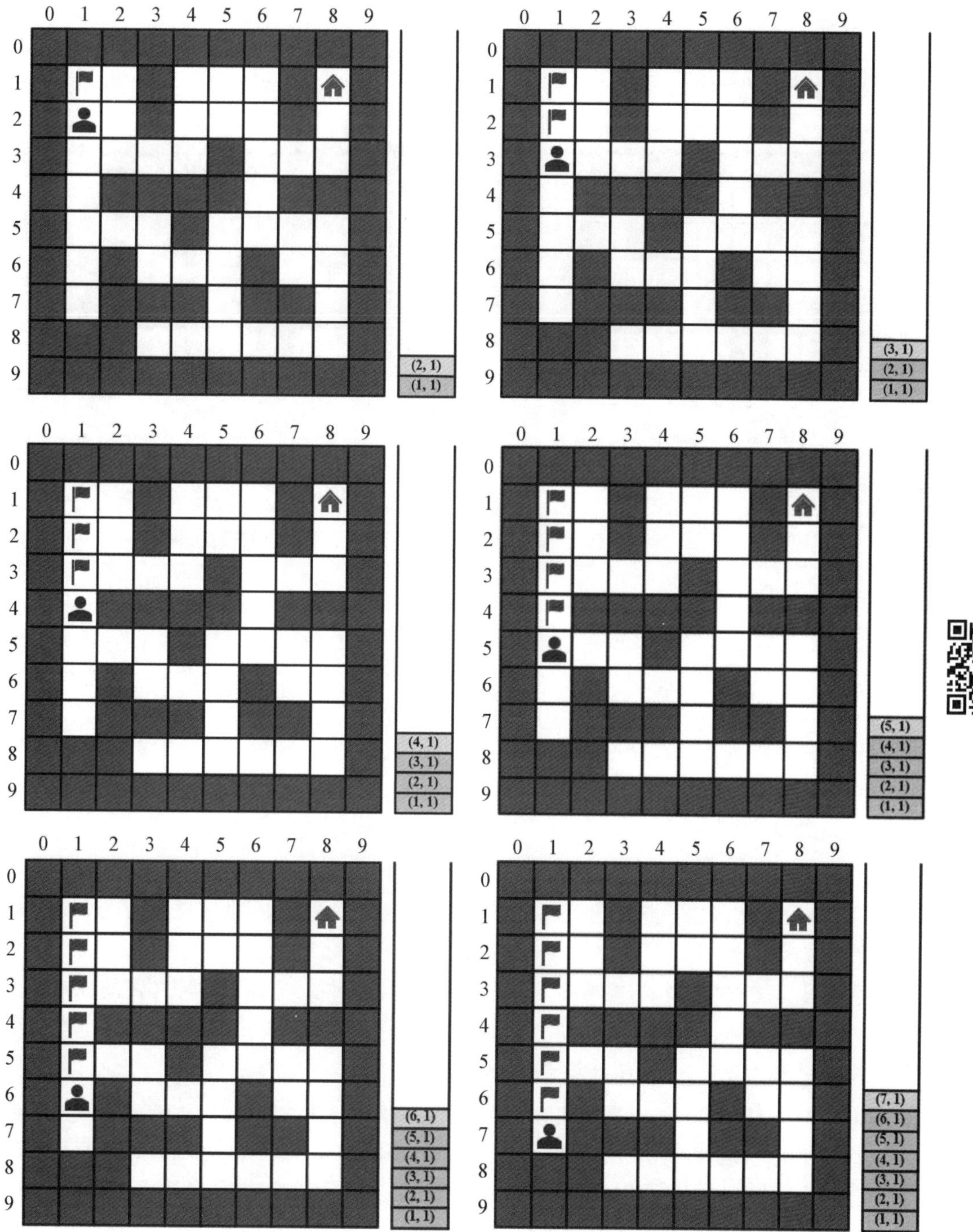

图 5-15　一直往下走,依序将节点入栈

(彩图请扫二维码)

当到达(7, 1)点时,不能继续往下走了,而往右是墙壁,往上是走过的节点,最后往左也是墙壁,因此朝 4 个方向都无法前进,这代表 DFS 这条路径已经失败,只能退回上一个节点往其他方向尝试。如图 5-16 所示,因此将(7, 1)点出栈返回(6, 1)点,而(6, 1)点也是朝 4 个方向都无法前进,所以(6, 1)点也出栈返回到(5, 1)点。

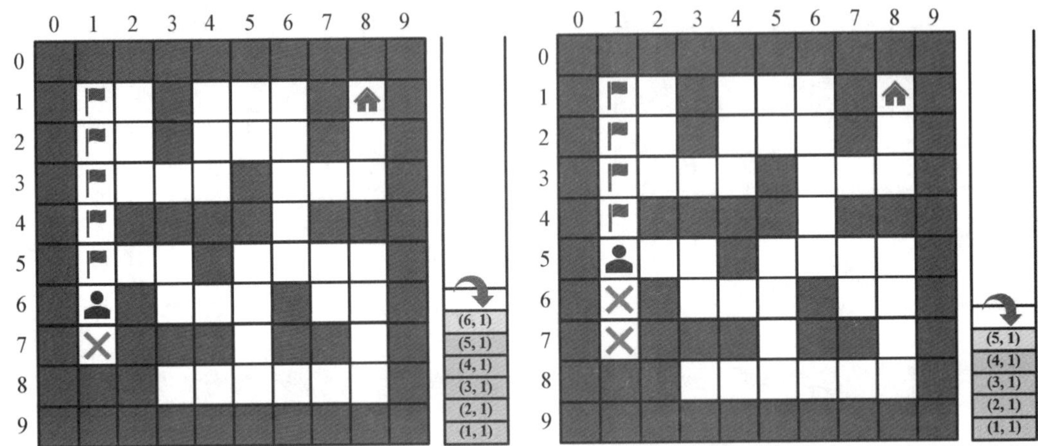

图 5-16 当 4 个方向无法前进时,返回上个节点,将当前节点出栈

(彩图请扫二维码)

如图 5-17 所示,(5, 1)点往下已经走过,改从右边前进到(5, 2)点,每到一个新节点都要重新遍历方向顺序,此时往下是墙壁无法前进则继续往右到(5, 3)点,接着能往下到(6, 3)点,同样的步骤反复进行直到终点入栈为止。

最终如图 5-18 所示,终点入栈则表示算法结束并且找到路径,栈存放的数据就是搜索的路径从起始点开始跟着旗子走到终点,现在读者们是否更加清楚 DFS 深度优先搜索算法的步骤和核心思想了呢?

下面接着讲解 BFS 的步骤,同样地先建立图 5-19 所示的 BFS 搜索树,可以观察出 BFS 算法就是层次遍历,遍历完一层后才往下一层继续搜索,请特别注意其与图 5-13 的 DFS 算法搜索树的差异。

而 BFS 算法采取队列结构来搜索路径,队列和栈不同,遵循“先进先出”的原则。图 5-20 中从队尾加入数据称为“入队”,从队头删除数据称为“出队”,先加入的数据会优先被删除,因此称为先进先出(first in first out, FIFO)。

BFS 算法有两个主要步骤如图 5-21 所示,先将起始点入队,然后队列会依序出队并设为已访问节点,这样就不会重复此节点的搜寻,将出队节点的相邻节点由下、右、上、左的顺序依序入队,也可自行定义顺序,搜索直到终点入队为止,表示已经找到路径。

最终 BFS 算法是依据层次遍历来拓展路径的搜索,算法会在循环里遍历当前层所有节点并加入其相邻节点。如图 5-22 中图(a)所示,会先入队第一层的(2, 1)和(1, 2)节点,再依序拓展到第二层[见图 5-22(b)],出队的(2, 1)节点为父节点并且入队(3, 1)和(2, 2)相邻节点,而下一个出队的(1, 2)节点其相邻节点已被(2, 1)节点访问过,就不需要再访问。

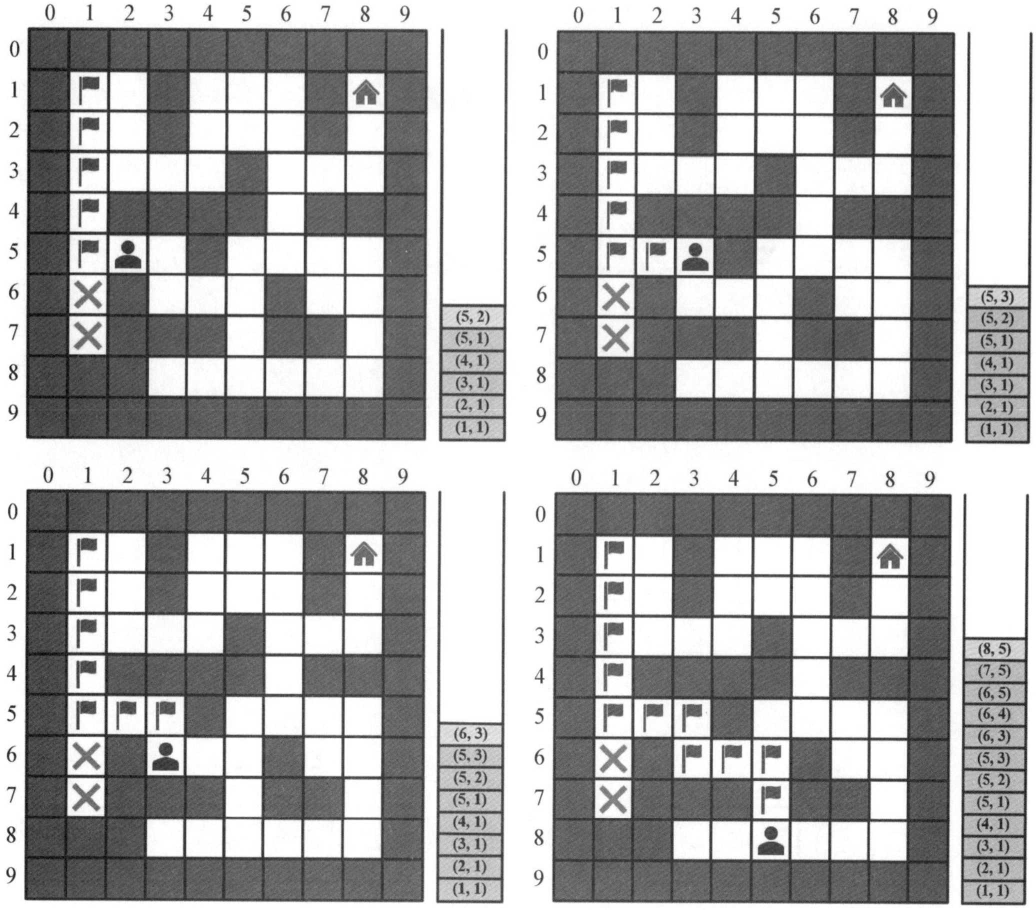

图 5－17　往下走不通改从右边前进

（彩图请扫二维码）

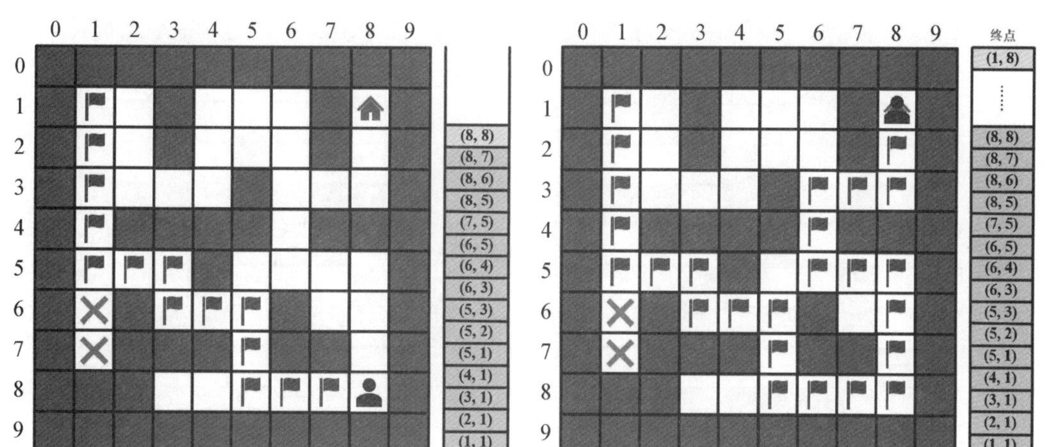

图 5－18　搜索直到终点入栈为止

（彩图请扫二维码）

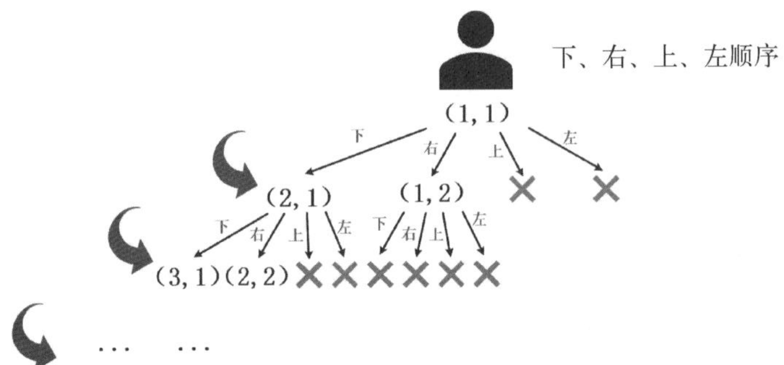

图 5-19　BFS 算法搜索树

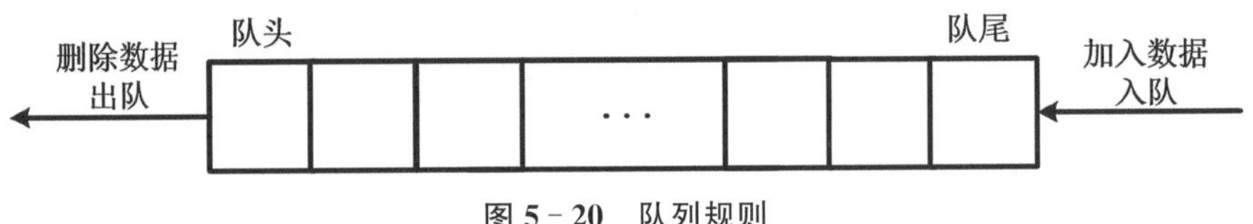

图 5-20　队列规则

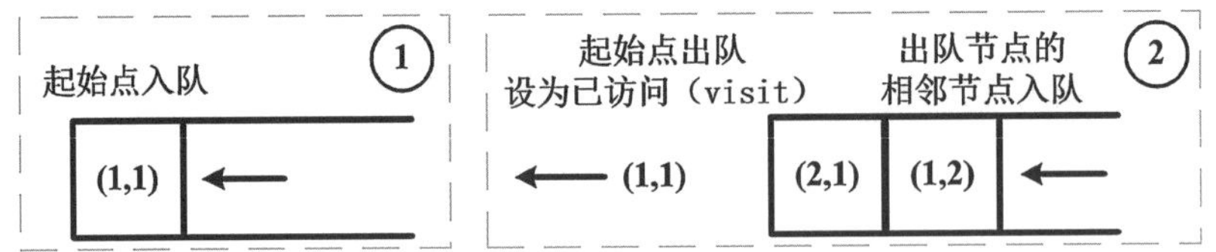

图 5-21　BFS 算法队列步骤说明

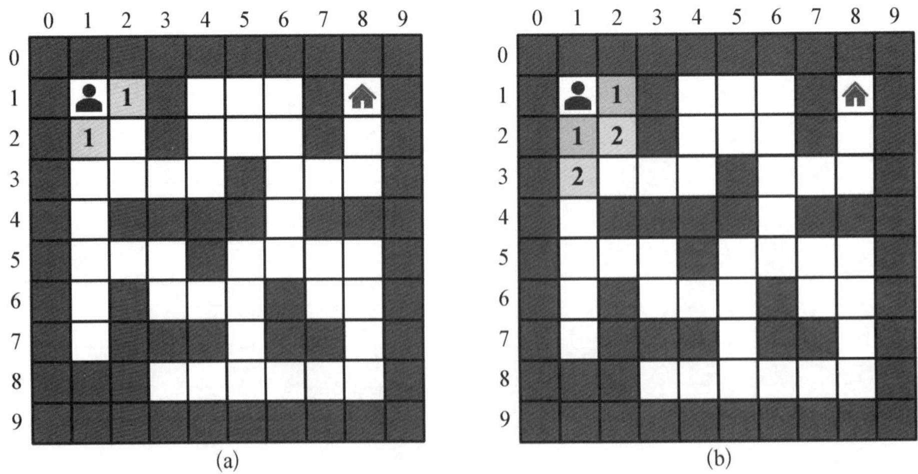

图 5-22　BFS 算法搜索第 1 步(a)和第 2 步(b)

（彩图请扫二维码）

如图 5 - 23(a)和(b)所示为第 3 步和第 4 步，接着反复相同步骤直到终点被访问为止。

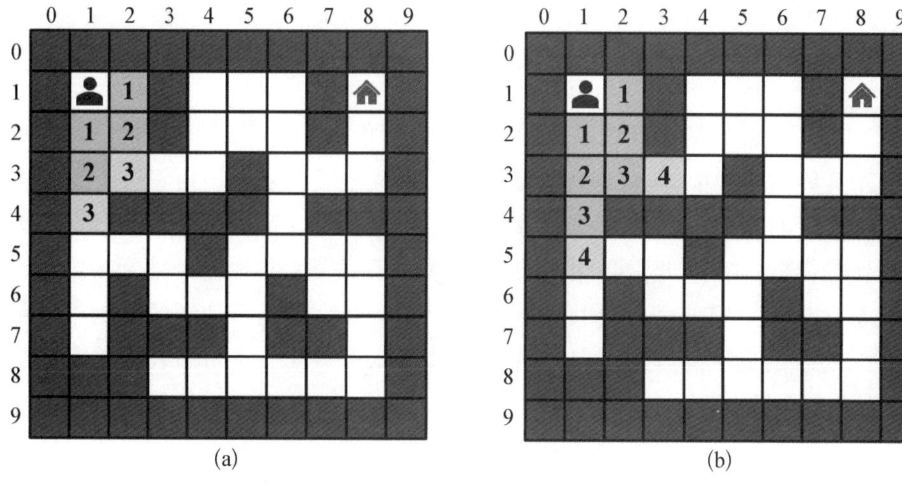

图 5 - 23 BFS 算法搜索第 3 步(a)和第 4 步(b)

(彩图请扫二维码)

如图 5 - 24(a)第 13 步时，终点加入队列则算法停止，从终点依序返回父节点就能找到路径，即为图 5 - 24(b)。很显然与 DFS 算法找到不相同的路径，BFS 算法找到的是最优路径，而 DFS 则是绕了一大圈的路径。

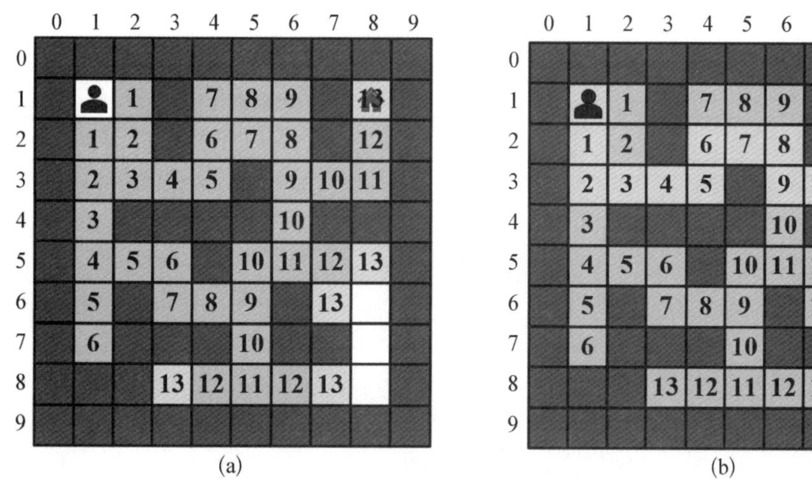

图 5 - 24 BFS 算法搜索最后一步(a)和最终路径(b)

(彩图请扫二维码)

上述的 DFS 和 BFS 算法步骤都能转换成搜索树(见图 5 - 13 和 5 - 19)，两者的后继函数都是下、右、上、左逆时针的顺序，BFS 算法是一层遍历完再换下一层，就好像一个人的眼镜掉在地上时，他(她)趴在地上找总是会先用手摸一摸离自己最近的地方，然后再往远一点的地方摸；而 DFS 算法没有考虑每个地方，只能先往一个方向找再往另一个方向，不撞南墙不回头。

本章小结

本章介绍了搜索的基本概念以及如何在迷宫案例中应用搜索策略寻找最佳路径，尤其是在人工智能的实践中，搜索是解决相关问题的核心思想之一。搜索分为盲搜索和启发式搜索。两者的差异在于，启发式搜索会在当前状态时选择代价最小的节点作为进行下一步操作的依据，如 A* 搜索会计算 F 值代价；而盲搜索只是固定的搜索策略并没有考虑当前状态，如广度优先搜索与深度优先搜索。本章在简单迷宫地图的案例中详细说明了 A* 算法的步骤，利用开放列表存放需要考虑代价的节点和封闭列表存放已访问的节点；在复杂迷宫地图的案例中，主要说明了 DFS 算法和 BFS 算法的步骤。DFS 算法使用栈结构存放节点，先往一个方向深度搜索然后再往其他方向；而 BFS 算法使用队列结构存放节点，采用层次遍历的方法从相邻节点依序向外搜索。本章主要内容梳理如下：

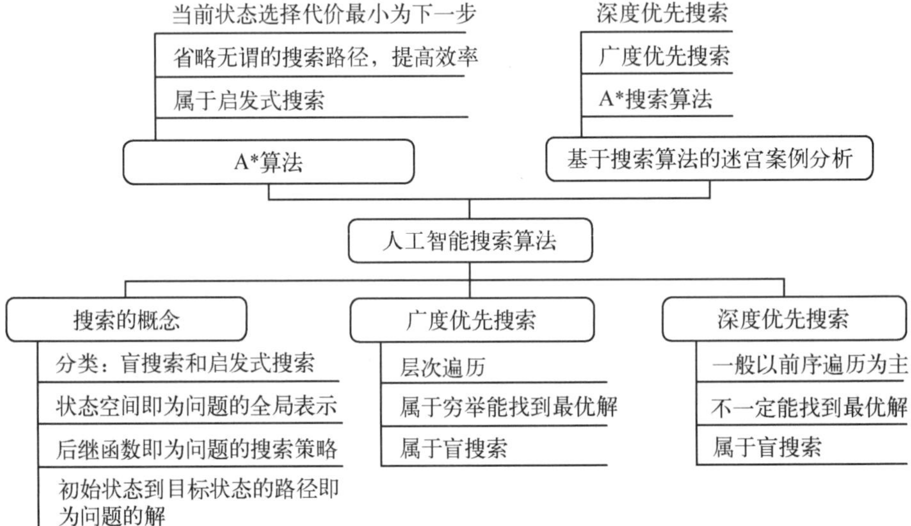

6 智能感知与交互——智能微缩车

通过前面几章的学习，我们知道计算机系统可以快速又准确地进行大量计算，能够准确“思考”出问题的答案。不过，相比于一个“木讷”的计算器系统，人们更期待一个能够与外界环境进行密切交流的智能系统。然而，倘若计算机只能对人们输入的特定问题进行思考，而无法与外界环境主动做交互且有针对性地解决问题或完成特定的任务，是不能认为它具有智能的。

计算机系统如果想要完成特定任务而体现出智能，就需要与周围的环境进行交互。它需要通过一些方式对环境的信息进行感知，然后对获取的感知信息进行整理和思考，再通过执行机构做出相应的行为来表达出它思维的结果，才可以体现出它所具有的智能。

下面以图像和声音为例来说明一套具备智能的计算机系统是如何与周围环境进行交互的。首先，计算机如果想要看到图像和听到声音，就需要有“眼睛”和“耳朵”，而摄像头和麦克风这样的传感器就是它的“眼睛”和“耳朵”。经过之前的学习，我们知道这样的“眼睛”和“耳朵”收集来的环境信息，其实还只是一堆二进制数字。作为一套据有智能的计算机系统，它还需要想办法从这堆“0”和“1”之中“看”到缤纷的世界、“听”到多样的声音。因此，如果希望让计算机从一堆又一堆的复杂数据中“看”到或者“听”到一些对完成某项任务有价值的信息，就需要为它设计一定的“看”或“听”的方法，让它知道应当怎样去“看”、怎样去“听”。在前面的章节中已经介绍了几种方法，能够让计算机通过自己擅长的计算，识别一张图片中包含的圆形、箭头、矩形等简单的几何图案。计算机能够按照这样的方法，指出摄像头观看到的图像数据中包含了什么图形以及图形在哪里，且这个图形代表的含义。这样它就具备了一些理解外界环境的能力(见图 6-1)。

计算机还有其他感知环境的方式。它不仅能感受并且理解图像和声音这类信息，还能通过激光雷达的数据具备像蝙蝠一样感知周围物体或者障碍的能力。计算机还可以通过配合旋转编码器、惯性测量单元这类传感器感知自己相对于周围物体的位置变化。

图 6-1　人工智能的发展使得计算机能准确地“看”出物体，找到物体的主干

具有智能的计算机系统在理解环境后还需要继续思考，规划下一步的动作。当计算机系统感知到环境中有价值的信息后，需要去判断自己要做什么，并且试图通过控制电机运动等方式行动起来，乃至利用各种已知的数据去预测接下来可能会发生的未知的变化，提前判断出下一步应当怎样做。为此人们编写了各种程序在计算机上运行，使其具有强大的能力。

在人类的帮助下，计算机具备了感知环境能力，并且能利用自身强大的算力具备学习、推理和判断能力，能够制订与实施行动方案，从而使其表现出某种特定的能力。在特定的环境条件下，这种智能系统能够做到相当多的事情，乃至一些人类难以胜任的任务。

下面以生活中常见的“驾驶汽车”这个任务为例来展示人工智能在生活中的应用。一辆汽车本身是无法独自行动的，它需要司机驾驶才可以把乘客安全地运送到目的地。也就是说一辆汽车想要正常行驶，就需要司机与汽车的相互配合。在这个过程中司机拥有智能，可以观察周围环境并且迅速做出判断，然后操控汽车进行加速、减速、左右转、停止和倒车。司机观察周围的环境时，需要通过眼睛看到汽车前后和左右的环境变化，然后通过大脑进行思考，做出下一步行动的判断，进而司机的左右手去转动方向盘或者挂挡，左右脚去踩踏离合、刹车和油门。相应地，汽车的发动机会减速或加速，通过传动轴带动车轮旋转。汽车的转向轮也按照方向盘的转动，在转向动力系统的帮助下转动一定的角度，以完成汽车的转向。这样一辆汽车的正常行驶就得到了保证。在人工智能快速发展的今天，无人驾驶汽车是一个非常热门的话题和发展方向。无人驾驶汽车能够在没有司机的情况下自动地按照道路行驶、避开行人和车辆，把乘客安全地送往目的地。为了让一辆搭载人工智能的无人驾驶汽车正常行驶，能够像普通的汽车那样行驶起来，首先它需要配置一台性能足够好的计算机，并配备摄像头、激光雷达等传感器，使它能够有办法感知行驶过程中自身以及四周的环境变化。之后在这台计算机上设计各种算法，包括从传感器收集的信息中感知环境的算法，对感知到的环境变化做出判断和决策的算法以及按照决策控制汽车加速、减速、左右转、停止和倒车的算法。

最后按这些算法编写程序，并在计算机上运行，这样这台计算机就成了无人驾驶汽车的“司机”，传感器是“司机”的“眼睛”和“耳朵”，形成一台具有人工智能的无人驾驶汽车，这便是一套典型的智能系统。

如果我们把无人驾驶汽车简单化且微型化，做成一辆具有人工智能的微缩车（智能微缩车），它应当是什么样子的呢？它与一辆无人驾驶汽车会有一些不同点：① 微缩车的能源可以使用小型的电池来代替无人驾驶汽车的汽油或大电池组；② 微缩车的动力系统可使用小型电动机来代替无人驾驶汽车中的内燃机或电机；③ 用电动舵机代替无人驾驶汽车的转向动力系统；④ 微缩车的计算机和传感器需要选择体积更小的型号。

智能微缩车是一种比较常见的学习、研究与实践的简化系统，具备基本的感知工作环境的能力，可进行任务规划、做出行动决策并对自身以及同伴的行动进行控制。这样的简化系统拥有计算机处理器，也包含了像摄像头、麦克风、激光雷达等传感器，此外还要装备有能够按照计算机的控制发力的执行机构，以及受力后做出各类灵巧动作的运动机构。这样的微缩车体格虽小但“五脏俱全”，也可以准确地完成某些特定的任务。图6－2所示为智能微缩车的结构及流程示意图。

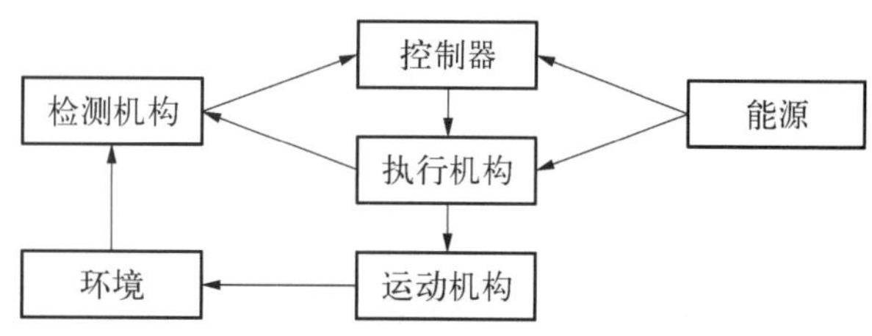

图 6－2　智能微缩车的结构及流程示意图

在本章的学习过程中，我们将有机会接触并使用这种智能微缩车（后简称微缩车），我们将利用之前各章节所学习到的知识，通过编写程序来为它赋予智能，完成特定的目标任务。

虽然不同微缩车的外形各不相同（见图 6－3），但其基本的结构组成和功能大体都是相似的。本章第 6.1 节将介绍如何为微缩车设定若干特定任务；第 6.2 节简要介绍微缩车的整体结构；在第 6.3 节中，我们将通过在程序框架中编写程序一步步完成第 6.1 节中的目标，通过运行我们自己设计的程序让微缩车从基本的任务动起来，然后能够识别标志牌图形，再到能够按照标志牌图形的指示运动，直到最后可以独立完成巡线任务；第 6.4 节将具体介绍微缩车的组成以及基本功能。

图 6－3　基于树莓派的不同微缩车

6.1 微缩车的任务目标

现在有一辆微缩车，我们希望它能够在一个有箭头、圆形、正方形、五边形等各类标记的环境中，通过摄像头来收集前面的图像并在微缩车上的计算机中直播。同时我们需要让小车上的计算机像识别交通标志一样识别出这几个标记，并且分别做出前进、后退、左转、右转和停止等动作，按照这些图案的指示（见图 6-4）行动。之后，再让微缩车能够跟随实验场地中的黑色线条巡线前进。图 6-5 所示为微缩车的实验任务示意图。

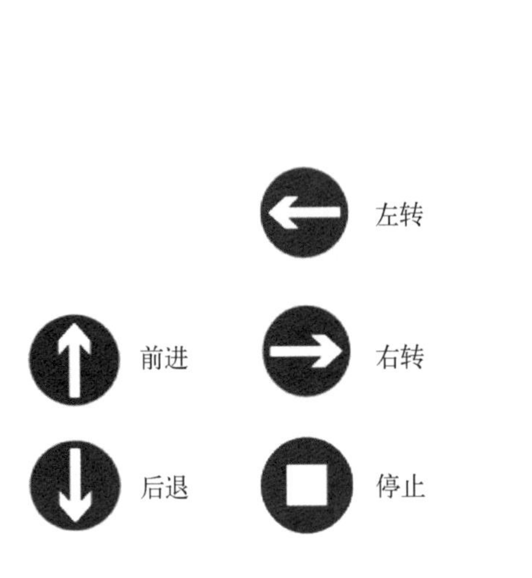

图 6-4　5 种图案对应不同的行动

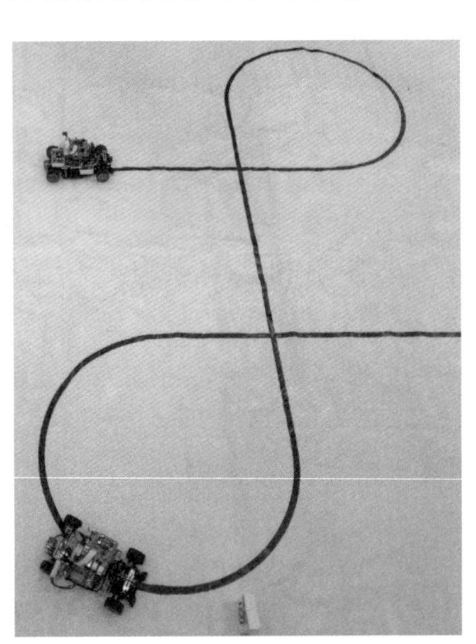

图 6-5　微缩车的实验任务示意图

本节的目标分为 4 个子任务进行，分别如下。

1. 让微缩车动起来

通过在框架指定位置编写 Python 函数，使得在程序指定位置调用该函数让微缩车能够做出不同速度的前进、后退、向左转、向右转、停止等动作。

2. 让微缩车能够识别图形

通过在框架指定位置编写 Python 函数，使得在程序指定位置调用该函数让微缩车在被架起（四轮悬空状态）时能够使用摄像头识别标志牌，对不同的标志牌应做出前进、后退、向左转、向右转和停止等动作。

3. 带微缩车遛个弯儿

通过在框架指定位置编写 Python 函数，使得在程序指定位置调用该函数让微缩车在地面上能够使用摄像头识别标志牌，在地面上对不同的标志牌应做出前进、后退、向左转、向右转和停止等行为，可以按照地面摆放的标志牌行驶符合预期的路线。

4. 微缩车的自动巡线并运动

通过在框架指定位置编写 python 函数，使得在程序指定位置调用该函数让微缩车在地面上能够使用摄像头检测地面上的轨迹，并跟随轨迹行驶。

6.2 微缩车的整体结构

如果要使用微缩车进行实验并顺利完成以上任务，熟悉这辆微缩车的基本结构及其运行原理十分重要。我们需要了解微缩车内部的元件有哪些，它们是怎么组合以及通过什么样的配合来工作的。为此，我们首先要了解微缩车的整体结构，再了解各个模块的具体功能。在本课程的实验中，通过了解微缩车的内部构造并且为它编写程序，从而对人工智能系统一定会有新的认识。

在本课程实验所使用的微缩车，包含着各种各样的电路、电机以及许多机械结构。按照功能不同，把它们分为控制器、执行机构、运动机构、传感器和能源。第 6.3 节将具体介绍微缩车各个部分的结构和原理。微缩车各个机构的位置分布可以用图 6－6 来示意。

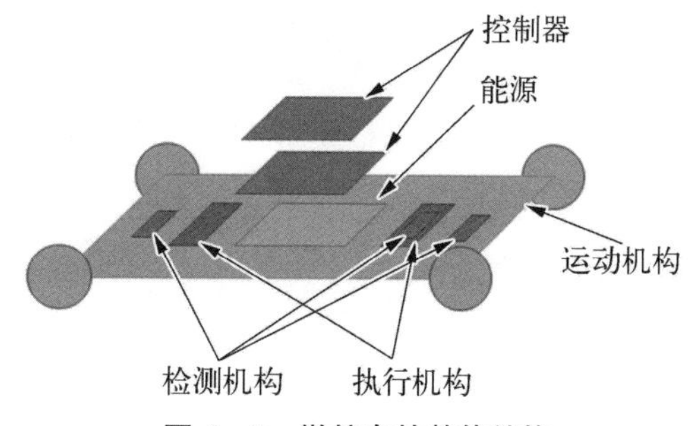

图 6－6 微缩车的整体结构

微缩车中的控制器主要使用了单板式计算机树莓派，树莓派中使用的操作系统是对 Linux 的一种发行版本“Debian”进行了量身定制和优化后的“Raspbian”系统。它的操作方式与日常使用的 Windows 系统有一些不同。我们熟悉的 Windows 操作方式主要是在包含各种标志、按钮、窗口的界面中点击鼠标或按键盘，而 Linux 系统虽然也可以使用这样的操作方式，但往往还要另外依靠在“终端”界面中通过键盘输入一些命令来进行操作，甚至有些时候会完全不使用鼠标。第 6.3 节详细介绍了小车控制器和操作系统，了解它们对于后面的实验十分重要。

6.3 微缩车各部分的结构和原理

微缩车的各个结构按照图 6－6 所示分散在车内部，下面我们将分别介绍图中的各个结构对应的元件。这些元件十分实用，在前沿的科研和工程领域能够相当频繁地看到它们的出现。

6.3.1 微缩车的控制器——树莓派和单片机

微缩车的控制器相当于微缩车的大脑和小脑，我们之前所讨论的人工智能或者算法全都在它上面运行和实现。这里控制器的工作就是接收其他各个部分传来的信息，再根据我们为它设计的算法和程序思考出下一步要做的事情，把这些事浓缩为几条命令，然后再通过一些方式把这些命令发送出去。在微缩车上，使用了一种称为“树莓派”的计算机以及一个单片机。在这里，“树莓派”并不是我们想象中的甜点，而是一种为了练习计算机编程而设计出来的一系列计算机的名字。之前提到的微缩车中的计算机便是这块树莓派。在微缩车中树莓派的型号是树莓派 3 Model B，在后面的内容中我们直接把它称为树莓派 3B(见图 6－7)。

图 6－7　单板式计算机：树莓派 3B

虽然树莓派很小，仅与身份证的大小相仿，但是它的功能却十分全面。我们只需在树莓派上插入一张存储卡，然后在它的 MicroUSB 接口上连接常见的手机充电器或者充电宝，便可以运行相当多种类的操作系统。不仅如此，树莓派还能连接有线或无线网络，连接丰富的外部设备(如键盘、鼠标、扬声器、显示器和各类传感器等)，因此我们既能够通过它编写程序，也可以从网络下载并运行他人编写的各种程序做许多有趣的事。当然，树莓派的能力不仅只有这些，倘若你有兴趣并深入挖掘，你会发现或创造更多使用方法并感受到计算机的无穷魅力。

树莓派作为这辆微缩车的核心，给微缩车赋予强大的思维能力和无限的潜能。对于一台计算机而言，树莓派主要由以下几个部分组成。

1. 树莓派的中央处理器(CPU)

树莓派作为计算机，它的核心便是中央处理器(central processing unit，CPU)。CPU 的任务是按照计算机程序，通过内部的一些各种类型的操作来执行程序中的计算机指令。CPU 的性能或者速度对于一台计算机来说十分重要，而影响 CPU 性能的因素有很多，常见的有 CPU 主频、多级缓存性能、内核数量，以及是否使用超线程等技术手段。

如图 6－8 所示，在笔记本电脑上搭载的英特尔酷睿 i7－7700HQ 处理器具有 2.8 GHz的主频，截图时的频率为 3.54 GHz，此外它还具有三级容量逐级变大的缓存、4 个

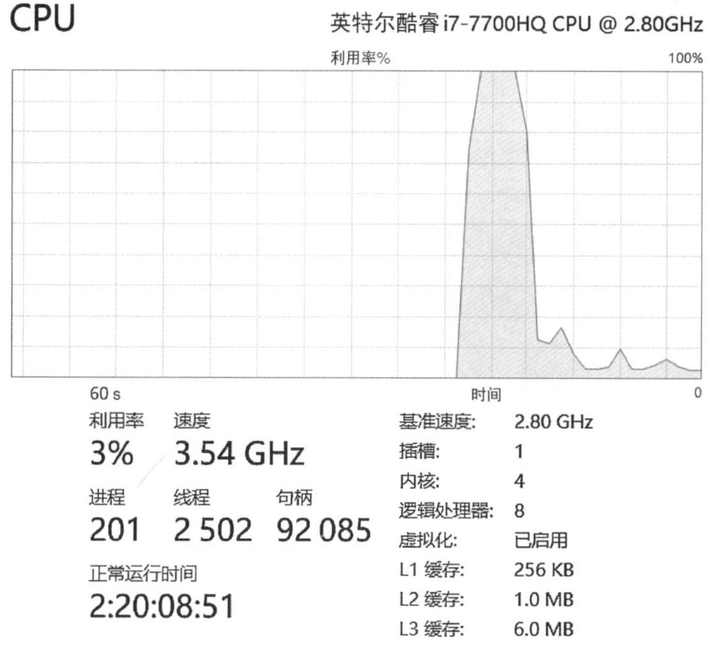

图 6－8　目前常见的一种英特尔 CPU 的各种参数

内核以及 8 个逻辑处理器的超线程技术。

除了性能外，为一台计算机选择 CPU 时也要考虑架构、能耗、散热和价格等方面的因素。现在常见的 CPU 架构主要有 x86（包含 x86_64 或 AMD64、i386 等）与 ARM（常见的是 ARMv8、ARMv7 等）这两种类型。目前常见的台式机和笔记本电脑的 CPU 一般是 x86 这种类型的架构，而手机或者平板电脑等设备则常使用 ARM 架构的 CPU。这两种架构使用的指令机制不同，导致这两种 CPU 的功耗和发热也有明显差别。x86 架构的 CPU 耗电一般比 ARM 架构的 CPU 快一些，对散热的要求也更大。在电池容量较小的轻薄的手机或者平板电脑上难以应用 x86 类型的 CPU。不同架构的 CPU 往往不能完全互相兼容，譬如在 ARMv8 架构的 CPU 上想要运行与 x86_64 架构 CPU 相关的程序，往往是不可以（不兼容）的，如图 6－9 所示（关于这种使用命令运行程序的方式见“6. 树莓派的操作系统”）。

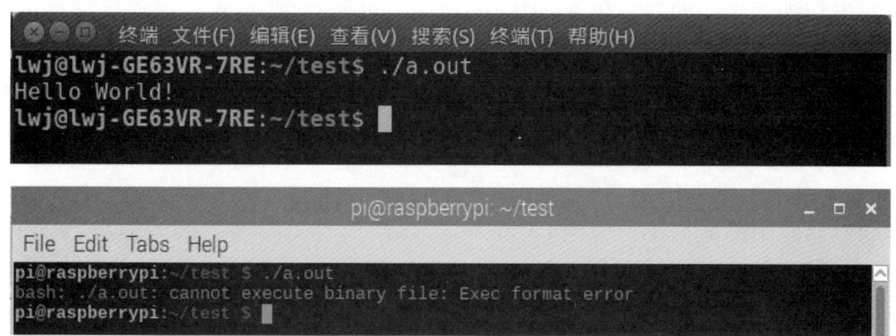

图 6－9　在 x86_64 架构 CPU 上编译出的二进制程序与在 ARM 架构的计算机上程序不兼容

在这台微缩车上，树莓派 3B 的 CPU（见图 6－10）为 BCM2837，是 ARMv8 架构的 CPU，它的主频为 1.2 GHz，有 4 个核心，安装散热片后便可以稳定温度，在使用此 CPU 的情况下树莓派只需 5 V 电压、2.5 A 电流的供电便可以正常工作。

图 6－10　树莓派 3B 的 CPU

图 6－11　树莓派 3B 的 RAM

2. 树莓派的主存储器

计算机中的主存储器可与 CPU 直接相连，是唯一能够由 CPU 直接存取的存储器。主存储器包含随机存储器（RAM）、只读存储器（ROM）以及处理器寄存器（registers）、缓存（cache）等部分。当主存储器容量和性能不满足需求时，计算机可能会降低性能甚至死机。我们选购计算机时常关心的“内存”一般是指主存储器中的 RAM。RAM 是一种易失性存储器，特点是在计算机关机后其中的数据无法保存，并且在每次计算机启动时其中的数据都是不确定的，也就是没有初始化。因此计算机常通过非易失性存储器（只读存储器 ROM 或者辅助存储器等）保存 BIOS 及操作系统，使得在计算机启动时能够通过它们正常工作。在这台微缩车上，树莓派 3B 使用了 1 GB 的 RAM（见图 6－11），满足我们对微缩车实验的需要。

3. 树莓派的辅助存储器

相对于主存储器，辅助存储器通常容量较大，价格较低，速度较慢，为非易失性存储器。目前我们生活中常见的辅助存储器有机械硬盘、固态硬盘、闪存芯片及 SD 卡等。其中机械硬盘和固态硬盘的容量较大，但体积和耗电也相对较大，常在台式机和笔记本电脑中担任存储各种数据的主力；闪存芯片及 SD 卡体积比较小，耗电也较小，经常出现在手机、平板电脑和数码相机中，用来存放操作系统、应用程序、文档、照片等数据。值得一提的是，有些时候人们在讨论智能手机或平板电脑的存储空间时会把“内存”和“闪存”混为一谈，学习了本节后我们可以将它们区分开了。

辅助存储器中的数据不可以由 CPU 直接存取，而是需要通过输入输出（I/O）通道经过主存储器中的中间区域再与 CPU 交换。与前述提到的 RAM 相比，辅助存储器存取速度较慢但是增加存储容量的成本较低。计算机使用多级存储器的目的就是为了在更低的成本价格下平衡整个计算机对速度和容量的需求，既可以提高性能，又能兼顾合理的价格。在这台微缩车上，树莓派3B使用了16 GB的Micro SD卡（见图6－12），树莓派开机后运行的操作系统便是保存在这张Micro SD卡上，将来我们编写并运行的程序也会保存在这张卡上。

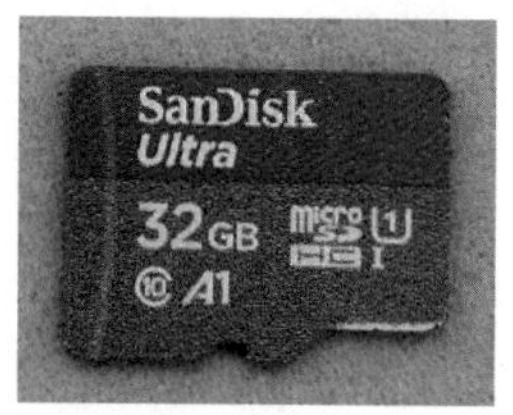

图6－12 Micro SD卡

4. 树莓派的图形处理器（GPU）

在计算机上，包含图形处理器显卡的主要任务是将需要显示的数据处理成能够在显示器显示的数据，并且承担图形处理以及协助CPU进行计算的功能。显卡中最重要的部分是处理器，称为图形处理器（GPU），这种处理器是为了进行复杂的图形计算而设计的。显卡中另一个重要的部分是显存，它是GPU所使用的RAM，用来存放GPU运行时输入输出的数据。此外显卡中还包含了用于转换显示信号的部分和用于与CPU通信的部分。有相当多的显卡产品还包含了与散热相关的功能，以保证显卡能够有效散热。

现在，显卡已经成为计算机中的一个相当重要的部分，专业人员开始更多地使用它来进行一些大规模的计算任务，如训练机器学习的模型、挖矿以及三维图形设计及渲染等工作。设计制造显卡的公司也专门为了这一类需求设计出了相关型号的显卡以及开发程序使用的软件架构。用于机器学习的数据数量足够庞大，并且有足够强大的显卡对这庞大的数据进行计算，在很大程度上促进了现在AI的发展。

通常在选购显卡的时候会考虑GPU性能，如显存性能、显卡的散热环境以及是否有合适的驱动程序及软件开发工具。

树莓派上并没有独立的显卡，而是将GPU与CPU一起集成在芯片BCM2837上，通过分配一部分RAM来用作为显存。它的功能主要是用来做图形处理和显示以及解码视频。

5. 树莓派的无线模块及各类接口

树莓派上具有无线模块BCM43438，提供了连接无线局域网和蓝牙（Bluetooth）。这两种功能在许多电子产品中都非常重要，它们提供了使得不同设备之间不依靠数据线就能够相互连接的能力。像手环这类可穿戴设备以及无线耳机、无线键盘等设备通过使用蓝牙技术便可以与手机、平板电脑以及笔记本电脑无线连接，为生活提供了极大的便利。此外，如图6－13所示，树莓派中还含有用于各种功能的接口。

（1）用于连接显示器：高清多媒体接口HDMI、显示接口DSI。

（2）用于连接扬声器：高清多媒体接口HDMI、3.5 mm音频插口。

（3）用于连接摄像头：摄像头接口CSI。

（4）用于连接有线网络：100 Base以太网口。

（5）用于连接Micro SD卡：Micro SD卡槽。

（6）用于连接其他外设：40针扩展GPIO、4个USB Type－A接口。

（7）用于供电：Micro USB接口。

在微缩车上，树莓派通过两排小金属针连接至其他的电路板上，这两排小针就是40针扩展GPIO口，其中的一些针可以为树莓派提供电力，另外一些可以将各种数据和指令

图 6-13　树莓派的各类接口

发送到与它相连的单片机上，并接收单片机返回的状态数据。

6. 树莓派的操作系统

操作系统(OS)是一种用来管理这些计算机的硬件和软件的程序。目前生活中常见的计算机中有很多不同种类的操作系统，譬如台式机和笔记本电脑中的 Windows、Linux、macOS，手机和平板电脑上的 Android、iOS 以及在一些新兴的智能电子产品中的使用的物联网操作系统。他们中的每一种又可以细分成不同的发行版本。树莓派中的操作系统是对 Linux 的一种发行版本“Debian”进行了量身定制和优化后的“Raspbian”系统。这个系统安装在 Micro SD 卡上面，它的操作方式与 Windows 系统有一定区别。Windows 的操作主要是在包含各种标志、按钮、窗口的界面中点击鼠标或按键盘，而 Linux 系统往往要另外依靠在“终端”界面中通过键盘输入一些命令来进行操作，甚至有些时候会完全使用不到鼠标。如图 6-9 所示，就是在终端中通过键盘输入“./a.out”这个命令运行了“a.out”的程序，以此代替鼠标“双击图标”这种运行程序的方式。该程序运行输出了“Hello World!”，而图 6-14 则是由于程序的不兼容输出了“Exec format error”的报错信息。

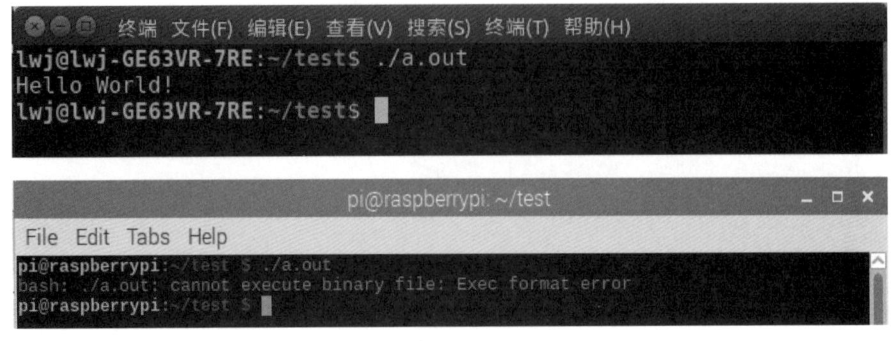

图 6-14　Linux 使用终端来进行操作

在实验中会在终端中输入“python run_picar.py”这样的命令，就是在使用 Python 来运行一个名为“run_picar.py”的 Python 脚本。在很多科幻类影视作品中经常会出现使用终端进行操作的场景。当然，这种操作方式是需要花一些时间来学习的，如果你有兴趣，可以在电脑上安装一种你喜欢的 Linux 系统发行版来练习。好在在这次实验中我们也有机会学习并使用这样的操作方式。

7. 单片机

单片机是微缩车的整个执行机构的控制中心，它可以根据需要来调节执行机构的运转情况。单片机又称为单片微控制器，它不是完成某一个逻辑功能的芯片，而是把一个计算机系统集成到一个芯片上，它相当于一个微型的计算机。如图 6－15 所示，知名的 Arduino 开发平台的核心硬件便是单片机。

图 6－15　一种 Arduino 开发平台

与树莓派相比，单片机的性能非常微弱，但它却可以控制整个微缩车的执行机构。它的具体工作是按照树莓派发送来的指令向电机驱动电路发送控制信号，并且将现在自己所控制的各部分的状态报告给树莓派。

单片机会根据旋转编码器这类传感器传来的转速数据调整将要发送的控制信号，以保证微缩车能够按指定的速度前进或后退；单片机也通过向舵机发送控制信号来保证微缩车能按指定角度转向。这里单片机和树莓派之间的交流过程是通过串口通信(见图 6－16)来完成的。树莓派和单片机在串口通信时，为了既能够听懂对方在说什么，又能讲明白自己想说的内容，这种串口通信具有规范的语言，这种形式称为串口通信协议。

图 6－16　树莓派通过串口通信与单片机交流

在本书的实验中，我们很多的工作就是通过在树莓派上编写程序来完成的，通过编写程序，相信你会体会到为这辆微缩车增加智能的方法和乐趣。

6.3.2 微缩车的执行机构——电机和舵机

微缩车上的执行机构有点类似于我们身上的肌肉。它通过获取电能,按照控制信号的要求产生相应的动力,通过这样的动力来使得微缩车能够运动起来。在这辆微缩车上,与执行机构相关的部分有电机和舵机,下面将分别介绍这几个部分。

1. 直流电机和电机驱动

直流电机(见图 6－17)能够将电能转化为机械能,微缩车上使用的是有刷直流电机。它的工作原理可以简单地理解为通电导体在磁场中受到了安培力引起转动,并且通过内部换向器及电刷等结构保证安培力的方向始终能使得导体保持旋转。有刷直流电机需要较大的电流才能有更大的力量带动整台微缩车前进,然而单片机发送的电信号包含的电压和电流太小,对于驱动一个直流电机而言远远不够。所以,为了驱动直流电机,需要一个电路专门用来按照单片机的指挥为电机提供指定大小的电能,以完成对电机的驱动,这样的电路就是电机的驱动电路。本文中的微缩车使用的驱动电路已经被安装在了印制电路板上,然而有时我们也可能在其他微缩车模型上遇到电子调整器,如图 6－18,它便是一种实现驱动电机功能的模块。

图 6－17 直流电机

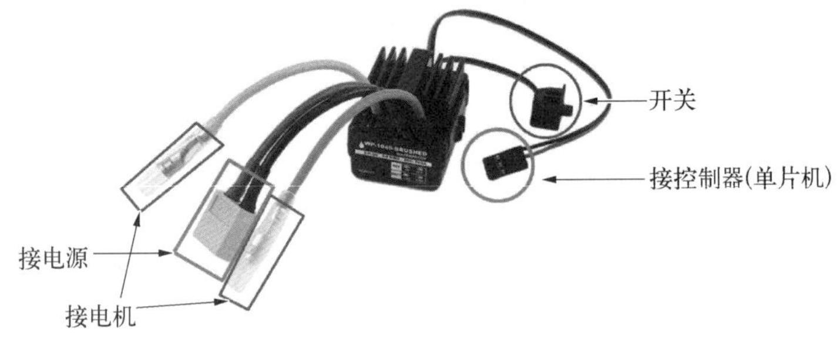

图 6－18 一种驱动电机的电子调速器

2. 差速转向及舵机

微缩车上使用了两个独立的电机来完成转向的功能。当这两个电机转速相同时,微缩车会保持直线前进或后退;当转速略有不同时,微缩车会在前进和后退时转向;当转速差别巨大或旋转方向相反时,微缩车会在原地旋转。

图 6－19 舵机

有些微缩车使用舵机转向,舵机在接受单片机发来的一种特定的电信号后,将电机精确地转到指定的角度。舵机(见图 6－19)的内部需要一套电路来"理解"电信号,同时从电源获取电能,用电能来驱动电机旋转。同时这个电路也能判断电机是否旋转到指定角度,确定是不是该让电机维持在该角度。

6.3.3 微缩车的运动机构——底盘

电机和舵机发出的力需要通过一些结构的组合来使得小车产生进退、转向这样的运动，这时就需要使用运动机构。微缩车上的运动机构与执行机构相连接，当执行机构发力时，运动机构便可以将这样的力传到车轮上，使得车轮也可以旋转或者转向。微缩车的底盘就是这样的一套结构，如图 6－20 所示。

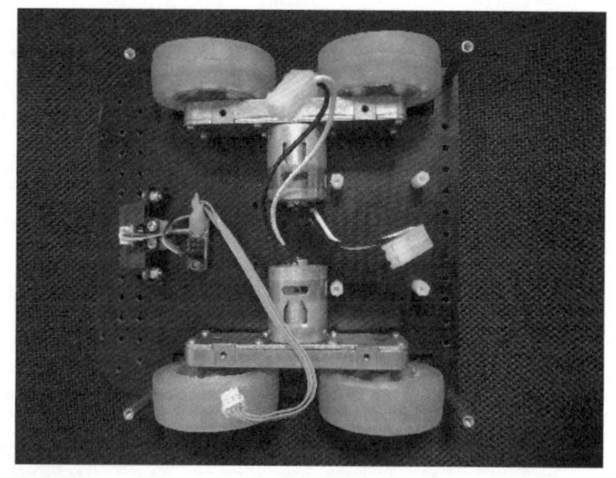

图 6－20　微缩车的底盘

微缩车的底盘包含 2 组驱动轮。每组有 2 个轮子。当微缩车前进或后退的时候，电机旋转，旋转的力就通过齿轮传到轮轴，轮轴再将力传到驱动轮上，驱动轮便旋转起来，通过与地面摩擦为整个车体提供前进或后退的力。

当微缩车转向时，两个电机分别以不同的转速带动两组轮子，使它们以不同的速度旋转，以达到转向的目的。

6.3.4　微缩车的传感器——摄像头、编码器、避障传感器

传感器在自动驾驶等人工智能应用场景非常重要。微缩车通常会使用摄像头、编码器、避障传感器来感知环境

1. 摄像头

摄像头让微缩车能够“看”到前后的环境。摄像头的原理在前面已经讲解过了，每台微缩车上有 2 个摄像头，1 个前置摄像头(见图 6－21)和 1 个后置摄像头(见图6－22)，两个摄像头分别通过 USB type－A 和 CSI 与树莓派相连，它们的功能是用来收集车体前面和后面的图像，交给树莓派完成视觉任务。需要注意的是，这两个摄像头都是广角摄像头，虽然它们的视野更广，可以看到更多的东西，但图像越远离中心的部分扭曲越大。在简单的图形识别中可以无视这种图像的畸变，但是如果需要完成更精确的视觉任务时则需要使用一些算法来消除畸变。

图 6－21　前置摄像头

图 6－22　后置摄像头

2. 旋转编码器

旋转编码器(见图 6－23)可以让微缩车的进退更加精确，使用旋转编码器的目的是

检测微缩车轮子的转速。微缩车的驱动轮通过轮轴和齿轮与电机相连，同时旋转编码器也搭在这个齿轮上。当车轮转动带动旋转编码器转动时，它会在两条信号线上分别输出不同的电信号到单片机，在单片机上通过比较这两条信号线上的电信号电压高低变化顺序便可以得知车轮是在正转还是反转，对电信号的变化周期进行计数便可知道车轮旋转的圈数。有了车轮旋转的方向和圈数这些信息，我们便可以在单片机上使用自动控制技术精确控制微缩车的速度和位移，这在微缩车执行任务的过程中是十分重要的。

图 6-23　旋转编码器

图 6-24　红外避障传感器

3. 红外避障传感器

红外避障传感器（见图 6-24）可以让微缩车能够感知周围的障碍，微缩车上使用了红外避障传感器用来判断周围是否存在障碍物。红外避障传感器的原理可以简单理解成通过主动发射红外线，之后接收反射回来的红外线，通过反射光强度来估计障碍物与红外避障传感器之间的距离。

6.3.5　微缩车的能源——电源

微缩车使用了锂聚合物电池（见图 6-25）及电源模块，用来为不同模块提供它们需要的电压及电流，以保证每个模块获取足够的电能正常工作。

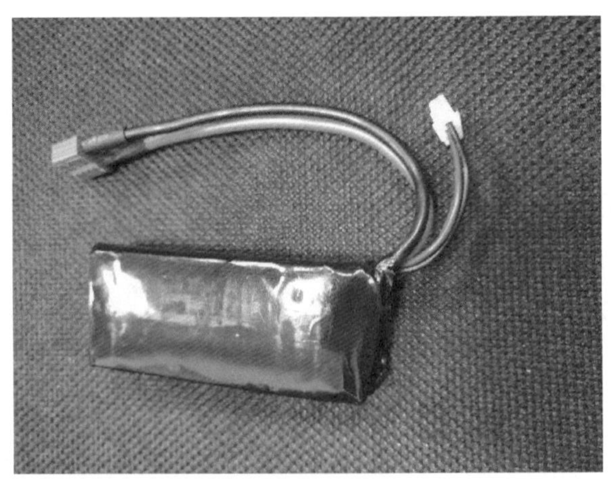

图 6-25　微缩车使用的锂聚合物电池

6.4 实验阶段

下面我们将使用自己的电脑远程连接到微缩车的树莓派上，通过远程操作树莓派的Raspbian系统，编写程序代码并运行这些程序，以完成本章的实验目标。为了完成本节的各类实验，我们需要远程操作树莓派的Raspbian系统，编写程序代码并运行这些程序来让微缩车的行动符合预期。本节需要编写的各类程序代码已经具备了程序框架，不过程序框架中实现任务目标的关键功能部分还需要读者们自己来编写完成。请大家运用之前各章学习的知识，根据各个实验的需要，在程序框架中指定的位置编写出关键的函数并且在适当的位置调用它们。注意：本实验全过程都需要使用具有无线局域网(WLAN)功能的电脑无线地操作微缩车上的电脑。

6.4.1 预备实验：熟悉微缩车计算机的操作

第1步　打开微缩车的电源开关。

第2步　在你的电脑上双击打开VNC Viewer(实验全程通过VNC远程操作小车)，如图6-26所示。

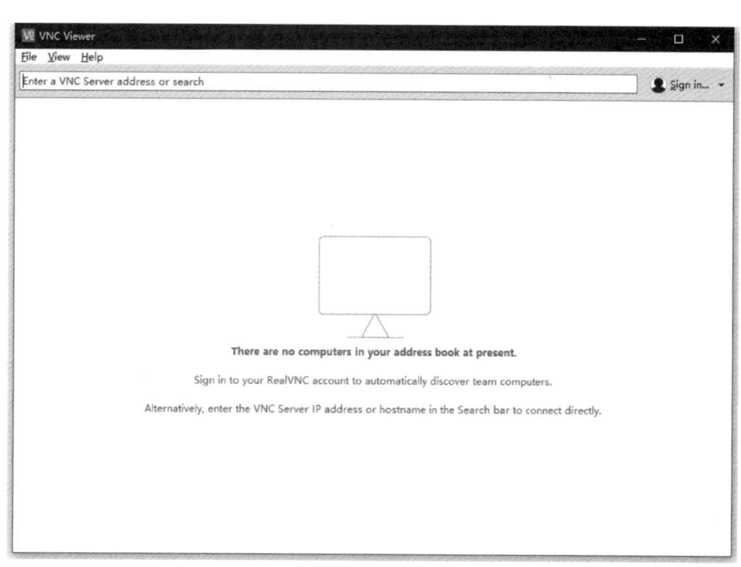

图6-26　双击打开VNC Viewer

第3步　在VNC Viewer中单击“File”，在下拉列表中选择“New Connection”选项。在弹出的窗口“VNC Server”对应的空格中输入被分配到的IP地址(这里以“192.168.1.136”为例，记得不要忘记输入数字中间的点号)，之后单击“OK”按钮，如图6-27所示。

第4步　双击名字是这个IP数字的连接图标，如图6-28所示，在弹出的窗口中单

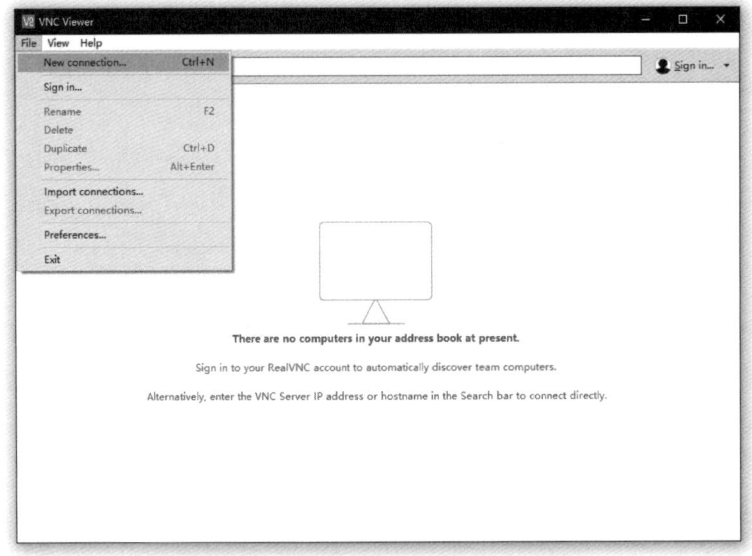

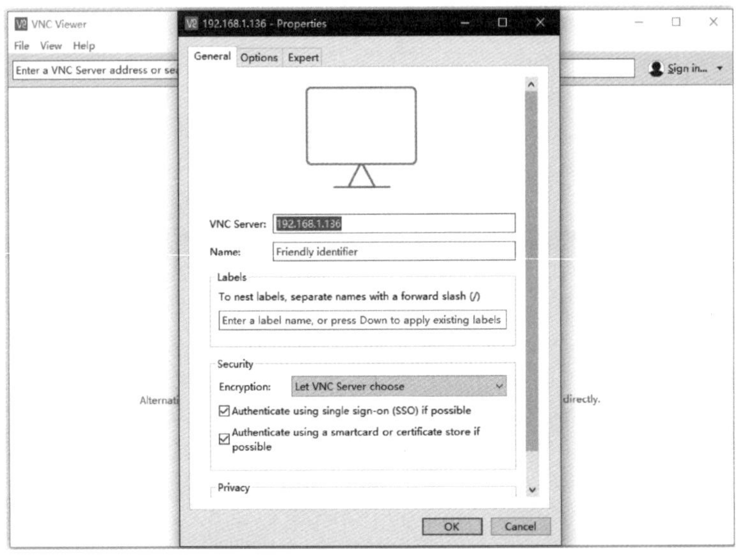

图 6 - 27　创建连接并在连接中输入 IP 地址后点击“OK”

击“Continue”按钮(如果没有弹出这个窗口也是正常情况)，之后输入这辆微缩车的账号和密码，连接到微缩车的计算机中，如图 6 - 29 所示。

第 5 步　在上方快捷栏单击黑色的终端图标“Terminal”，打开一个终端，如图 6 - 30 所示。

6.4.2　实验用 Python 代码框架示例

本小节中各个实验所编写的代码框架与以下的代码框架类似，大部分程序已经包含在这样的代码程序文件中。读者需要阅读这个框架程序，大致理解这些框架中代码的作用，同时在指定位置编写完成每个小实验所需的函数，在代码框架中，这样的位置会有注释“＃——————从这里开始定义 XXX 函数——————”以及“＃——————从这里开始调

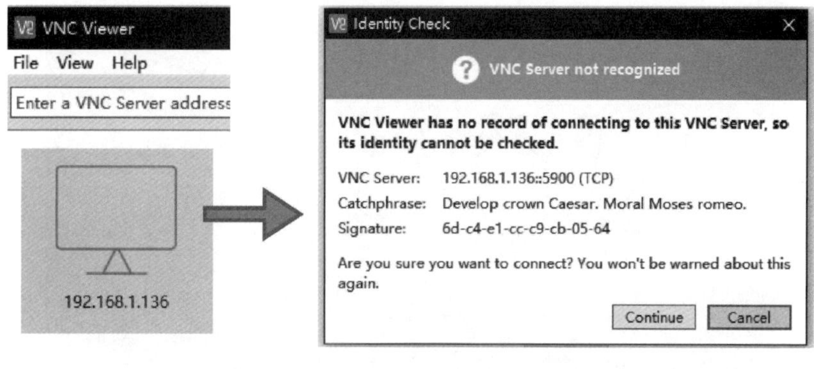

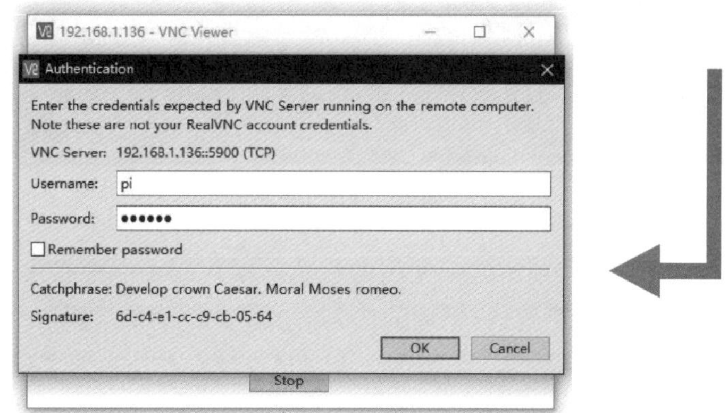

图 6-28　双击连接后，单击 Continue 后输入账号与密码

图 6-29　进入到微缩车的计算机中

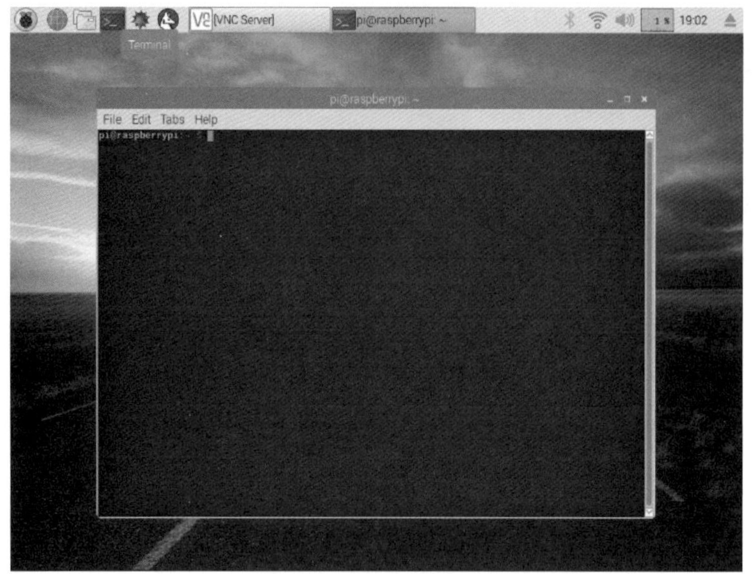

图 6-30　打开终端

用函数——————”。在实际实验中使用的最新版本代码可能会有所不同，需要根据前几章所学的内容理解并灵活修改，下面的代码给出了一个简单示例。

```
from driver import driver  # driver 包含驱使微缩车行动与交互的方法
import cv2 # 包含图像处理相关的工具

#------从这里开始定义识别图形函数------
def function1(input1): #你需要自己定义的一个实验用的函数 1
    return value1
#------从这里开始定义巡线函数------
def function2(input2): #你需要自己定义的一个实验用的函数 2
    return value2
if __name__ == '__main__':
    cap = cv2.VideoCapture(1) # 获得摄像头 1 的数据
    d = driver() # 初始化一个 driver
    while True:
        ret,frame = cap.read() #读取当前摄像头 1 拍摄的一个图像
        cv2.imshow("img", frame) #显示图像
        #------从这里开始调用函数------
        function1(input1)#你需要调用的函数 1
        function2(input2) #你需要调用的函数 2
        left_speed = value1 #微缩车左边轮子速度,如将 value1 改为 150
```

```
        right_speed = value2 #微缩车右轮速度,《人工智能基础与进阶(Python编程)》第19章介绍了差速的设定
        d.set_speed(left_speed,right_speed) #设置微缩车速度
        key = cv2.waitKey(5) #摄像头延时5 ms,并记录按键值
        if key&0xff == ord("q"): #如果按键为"q",退出
            break;
```

6.4.3　实验 1：让微缩车动起来

通过在框架指定位置编写 Python 函数，使得在程序指定位置调用该函数让微缩车能够做出不同速度的前进，向左转，向右转、停止等行为。

第 1 步　在微缩车中编写 Python 脚本（见图 6－31）：

（1）打开终端，输入“gedit run_picar.py”后按下回车，会弹出一个白色的编辑器窗口，注意“gedit”和“run_picar.py”之间需要加一个空格。

（2）找到“#——————从这里开始定义前进函数——————”的注释，在此处编写能够让小车前进的函数。

（3）找到“#——————从这里开始调用函数——————”补全 Python 语句来调用之前定义的函数。

（4）在编辑器中单击“Save”按钮，并按下右上角的“x”，退出文本编辑器。

第 2 步　运行程序，让微缩车动起来：

（1）把微缩车放在架子上，保证 4 个轮子悬空。

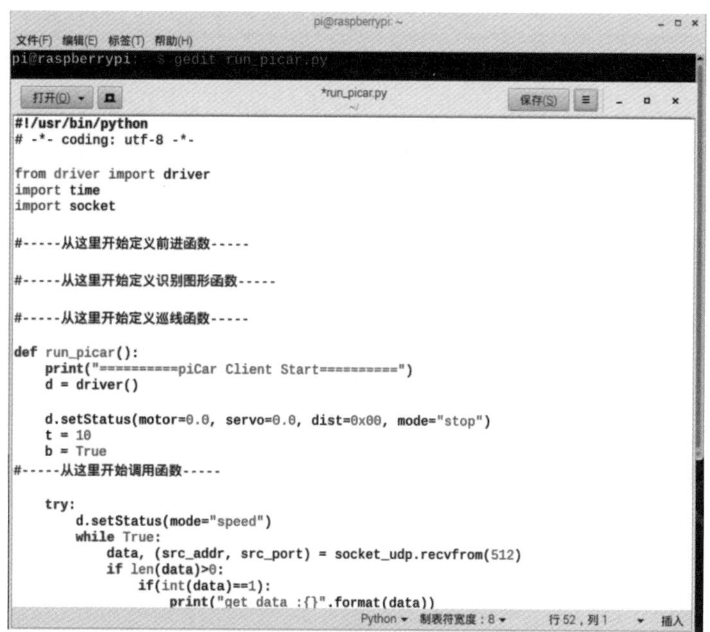

图 6－31　编写 Python 脚本

(2) 打开一个终端窗口,在其中输入"python run_picar.py"后按下回车键("run_picar.py"是刚才编写程序的文件)。

(3) 此时 Python 脚本已经开始运行,运行效果见图 6-32。

(4) 观察微缩车是否开始前进。

(5) 当你需要停止运行 Python 脚本时,按下键盘"q"键。

(6) 如果微缩车没有前进,则返回第一步修改 python 程序。

```
File  Edit  Tabs  Help
pi@raspberrypi:~/picar_client/python $ python run_picar.py
==========piCar Client Start==========
----------Driver No.1990536288 Init----------
----------Driver Init Done----------
imageprocess:Ready
imageprocess:Using camera(1)
Test 1/2: speed mode
0
Motor: 0.40, Servo: 0.00
^\Quit
pi@raspberrypi:~/picar_client/python $
```

图 6-32　运行程序时的界面效果

实验参考源码:

```
from driver import driver #driver 包含驱使微缩车行动的方法,源码见本实验末
import cv2 # 包含图像处理相关的工具

if __name__ = ='__main__':
    cap = cv2.VideoCapture(1) # 获得摄像头 1 的数据
    d = driver()# 初始化一个 driver(可参见《人工智能基础与进阶(Python 编程)》
第 19 章)

    while True:
        ret,frame = cap.read() #读取当前摄像头 1 拍摄的一个图像
        cv2.imshow("img", frame) #显示图像
        left_speed = value1 #微缩车左边轮子速度,如将 value1 改为 150
        right_speed = value2 #微缩车右边轮子速度, 如 150
        d.set_speed(left_speed,right_speed) #设置微缩车速度
        key = cv2.waitKey(5)#摄像头延时 5 ms,并记录按键值
        if key&0xff = = ord("q"): #如果按键为"q",退出
            cv2.destroyAllWindows()
            break;
    driver:
    import serial
    class driver:
```

```
    def __init__(self,portx = "/dev/ttyAMA0",bps = 57600): # 初始化,设置通信数据格式及目的地
        self.portx = portx
        self.bps = bps
        timex = 0.01
        self.ser = serial.Serial(portx,bps,timeout = timex,parity='N',stopbits = 1,bytesize=8)

    def set_speed(self,x, y): # 设置速度,x, y分别是左右轮速度
        self.ser.write(("speed: %d, %d\r\n" %(x, y)).encode())
        return self.ser.read(20).decode()
    def read_battery(self): # 咨询电池电量并返回
        self.ser.write(("battery? \r\n").encode())
        return self.ser.read(20).decode()
    def get_sensor(self): # 获取传感器信息并返回
        self.ser.write(("ob_sensor? \r\n").encode())
        return self.ser.read(20).decode()
```

6.4.4 实验 2：让微缩车能够识别图形

通过在框架指定位置编写 Python 函数，使得在程序指定位置调用该函数让微缩车处于 4 轮悬空状态时能够使用摄像头识别标志牌，对不同的标志牌应做出前进、向左转、向右转、停止等行为。

第 1 步 在微缩车中编写 Python 脚本：

(1) 打开终端，输入“gedit run_picar.py”后按下回车，会弹出一个白色的编辑器窗口。

(2) 找到“# ——————从这里开始定义识别图形函数——————”的注释，编写让微缩车能够识别图形的函数。

(3) 找到“# ——————从这里开始调用函数——————”补全 python 语句来调用之前定义的函数。

(4) 在编辑器中单击“Save”按钮，并按下右上角的“x”，退出文本编辑器。

第 2 步 尝试运行并检查 Python 脚本的功能是否符合预期：

(1) 把微缩车放在架子上，保证 4 个轮子不接触桌面。

(2) 打开一个终端窗口，在其中输入“python run_picar.py”后按下回车键（“run_picar.py”是刚才编写程序的文件）。

(3) 微缩车弹出了一个摄像头视角窗口，说明此时 Python 脚本已经开始运行。

(4) 把事先准备好的标志牌图形放在摄像头的前面，让自己可以从摄像头视角窗口看到它。注意：一次只把一张图案放在摄像头前面。

(5) 观察微缩车是否按照预期的方式运行：箭头向上前进、向左转、向右转，正四边形停止。若是，则证明 Python 脚本的功能符合预期，可以进行实验 3 了。若不是则还需要继续修改 Python 程序。

(6) 当你需要停止运行 Python 脚本时，点击一下摄像头视角窗口，再按下键盘“q”键。

第 3 步　测试：

(1) 把微缩车放在实验场地的迷宫起点。

(2) 打开一个终端窗口，在其中输入“python run_picar.py”后按下回车键。

(3) 微缩车开始运行。下面是时候欣赏你的成果了。

实验参考源码(测试)：

```
from driver import driver
import cv2
from detection import detection      # 检测标志牌(可参见《人工智能基础与进阶(Python 编程)》第 19 章)
from HarrisClass import Harris # harris 特征分类器(可参见《人工智能基础与进阶(Python 编程)》第 19 章)

#------从这里开始定义识别图形函数------
def recognize(frame, detector , harrisclassifier): #需要定义的标志牌识别类
#这个函数传入的参数有当前拍摄的图像 frame,标志检测器 detector
#及标志分类器 harrisclassifier。返回值为图像中的标志类别
    rects = detector.ensemble(frame) #获得标志的位置(源码参见《人工智能基础与进阶(Python 编程)》第 19 章)
    sign = frame(rects[0][0]: rects[0][2], rects[0][1]: rects[0][3])#裁出标志
    classname = harrisclassifier. predict (sign) # 获取该标志牌类别名
    return classname # 返回类别名
if __name__ = ='__main__':
    cap = cv2.VideoCapture(1) # 获得摄像头 1 的数据
    d = driver()# 初始化一个 driver
    detector = detection()#初始化检测器(参见《人工智能基础与进阶(Python 编程)》第 19 章)
    harrisclassifier = Harris ()#初始化一个 harris 分类器(参见《人工智能基础与进阶(Python 编程)》第 19 章)
    while True:
        ret,frame = cap.read()
        cv2.imshow("img", frame)
        #------从这里开始调用函数------
        #调用函数,其参数有当前拍摄图像,标志检测器,标志分类器
```

```
        classname = recognize(frame, detector, harrisclassifier)#获取标志类别名
        print (classname)
        key = cv2.waitKey(5)#摄像头延时 5 ms,并记录按键值
        if key&0xff = = ord("q"): #如果按键为"q",退出
            cv2.destroyAllWindows()
            break;
```

实验参考源码(实验):

```
from driver import driver
import cv2
from detection import detection        # 检测标志牌(可参见《人工智能基础与进阶(Python 编程)》第 19 章)
from HarrisClass import Harris # harris 特征分类器(可参见《人工智能基础与进阶(Python 编程)》第 19 章)

#-----从这里开始定义识别图形函数-----
def recognize(frame, detector , harrisclassifier, modedict):
#这个函数的参数有当前拍摄的图像 frame,标志检测器 detector
#及标志分类器 harrisclassifier,返回左右轮的速度
    rects = detector.ensemble(frame) #获得标志的位置,源码参见《人工智能基础与进阶(Python 编程)》第 19 章
    sign = frame(rects[0][0]: rects[0][2], rects[0][1]: rects[0][3])#裁出标志
    classname = harrisclassifier. predict (sign) # 获取该标志牌类别名
    leftspeed,rightspeed = modedict[classname]#查找如何行动,返回左右轮速度
    return leftspeed,rightspeed
if __name__ = ='__main__':
    cap = cv2.VideoCapture(1)
    d = driver()
    detector = detection()
    harrisclassifier = Harris ()
    # modedict 设置行动方式及对应的左右轮速度,需要修改 value 为数字
     modedict = {"straight": (value1, value2), " left": (value3, value4), "right": (value5, value6) }
    while True:
        ret,frame = cap.read()
        cv2.imshow("img", frame)
        #-----从这里开始调用函数-----
        #调用函数,传入当前拍摄图像,标志检测器,标志分类器,返回速度
```

```
        leftspeed,rightspeed = recognize(frame, detector, harrisclassifier, modedict)
        d.set_speed(left_speed,right_speed)#设置速度
        key = cv2.waitKey(5)#摄像头延时5 ms,并记录按键值
        if key&0xff = = ord("q"): #如果按键为"q",退出
            cv2.destroyAllWindows()
            break;
```

6.4.5 实验3：带微缩车遛个弯儿

通过在框架指定位置编写Python函数，使得在程序指定位置调用该函数让微缩车在地面上能够使用摄像头识别标志牌，在地面上对不同的标志牌应做出前进、向左转、向右转、停止等行为，可以按照地面摆放的标志牌运行出符合预期的行驶路线。

第1步　布置实验场地：在试验场地中摆好各种标志。

第2步　让微缩车在试验场地中运行：

(1) 把微缩车放在实验场地的迷宫起点。

(2) 打开一个终端窗口，在其中输入"python run_picar.py"后按下回车键。

(3) 微缩车开始运行。

第3步　欣赏成果：观察微缩车是否按照自己的计划运动。

实验参考源码：

```
from driver import driver
import cv2
from detection import detection      # 检测标志牌(可参见《人工智能基础与进阶(Python编程)》第19章)
from HarrisClass import Harris # harris 特征分类器(可参见《人工智能基础与进阶(Python编程)》第19章)


# - - - - - 从这里开始定义识别图形函数 - - - - -
def recognize(frame, detector , harrisclassifier, modedict):
#这个函数的参数有当前拍摄的图像frame,标志检测器detector
#及标志分类器harrisclassifier,返回左右轮的速度
    rects = detector.ensemble(frame) #获得标志的位置(源码见《人工智能基础与进阶(Python编程)》第19章)
    sign = frame(rects[0][0]: rects[0][2], rects[0][1]: rects[0][3])#裁出标志
    classname = harrisclassifier. predict (sign) # 获取该标志牌类别名
    leftspeed,rightspeed = modedict[classname]#查找如何行动,返回左右轮速度
    return leftspeed,rightspeed
if __name__ = ='__main__':
```

```
    cap = cv2.VideoCapture(1)
    d = driver()
    detector = detection()
    harrisclassifier = Harris ()
    # modedict 设置行动方式及对应的左右轮速度,需要修改 value 为数字
    modedict = {"straight": (value1, value2), "left": (value3, value4), "right": (value5, value6) }
    while True:
        ret,frame = cap.read()
        cv2.imshow("img", frame)
        # - - - - - - 从这里开始调用函数 - - - - - -
        #调用函数,传入当前拍摄图像,标志检测器,标志分类器,返回速度
        leftspeed,rightspeed = recognize(frame, detector, harrisclassifier, modedict)
        d.set_speed(left_speed,right_speed) #设置速度
        key = cv2.waitKey(5) #摄像头延时 5 ms,并记录按键值
        if key&0xff = = ord("q"): #如果按键为"q",退出
            cv2.destroyAllWindows()
            break;
```

6.4.6 实验 4：微缩车的自动巡线运动

通过在框架指定位置编写 Python 函数，使得在程序指定位置调用该函数让微缩车在地面上能够使用摄像头检测地面上的轨迹，并跟随轨迹行驶。

第 1 步　在微缩车中编写 Python 脚本：

(1) 打开文本编辑器，在“打开”选项中选择事先准备好的脚本框架“run_picar.py”。

(2) 找到“#——————从这里开始定义巡线函数——————”的注释，修改巡线部分有关的参数。

(3) 找到“#——————从这里开始调用函数——————”补全 python 语句来调用之前定义的函数。

(4) 在编辑器中单击“Save”按钮，并按下右上角的“x”，退出文本编辑器。

第 2 步　尝试运行并检查 Python 脚本的功能是否符合预期：

(1) 把微缩车放在巡线场地的架子上，使车体中线与黑线重合。保证 4 个轮子不接触地面。

(2) 打开一个终端窗口，在其中输入“python run_picar.py”后按下回车键。

(3) 微缩车弹出了一个摄像头视角窗口，说明此时 Python 脚本已经开始运行。

(4) 向左或向右摆动微缩车，使得图像中的黑线偏离中心。

(5) 观察微缩车是否能够按照黑线的偏移转向，如果可以则进行下一步实验。

（6）当需要停止运行 Python 脚本时，单击一下摄像头视角窗口，再按下键盘“q”键。

第 3 步　在试验场地中测试：

（1）把微缩车放在实验场地的巡线起点，使车体中线与黑线重合。

（2）打开一个终端窗口，在其中输入“python run_picar.py”后按下回车键。

（3）微缩车开始运行。是时候再一次欣赏你的成果了。

实验参考源码：

```
from driver import driver
import cv2
import numpy as np #用于进行向量和矩阵计算
#-----从这里开始定义巡线函数-----
def line(gray):
#巡线函数传入灰度图，返回左右轮速度
    speed = value1        #设置基准速度
    Kp = value2           #设置调整比例
    SENSE = value3        #设置偏离黑线后的调整幅度
    cpx, cpy = np.where(gray<value4)  #求出图像中黑线存在的区域
    if len(cpy) ! = 0:  #计算偏离黑线的程度
#此处 320 为微缩车拍摄图像像素值(640×480)一半，即横向中心位置
        error = (np.array(cpy).mean() - 320)/320
    else:
        error = 0
    leftspeed = speed - Kp * error * SENSE #计算左右轮速度
    rightspeed = speed + Kp * error * SENSE
    return leftspeed,rightspeed

if __name__ = ='__main__':
    cap = cv2.VideoCapture(1)

    d = driver()

    while True:
        ret,frame = cap.read()
        frame = frame[400:,:] #裁剪图像
        gray = cv2.cvtColor(frame, cv2.COLOR_BGR2GRAY) #将转为灰度图
        cv2.imshow("grayimg",gray)
        #-----从这里开始调用巡线函数-----
```

```
left_speed,right_speed = line(gray)
d.set_speed(left_speed,right_speed)
key = cv2.waitKey(5)#摄像头延时 5 ms,并记录按键值
if key&0xff = = ord("q"): #如果按键为"q",退出
    cv2.destroyAllWindows()
    break;
```

以上代码给出了一种巡线的框架,通过寻找视野中较黑暗的部分集中位置来确定左右轮的速度。在实验过程中需要根据实际情况对代码做修改。

本章小结

在本章的学习过程中,我们首次接触到了智能微缩车。为了感知环境并有目的的运动,微缩车需要具有控制器、执行机构、运动机构、传感器和电源等组件。然后我们运用前面几章所学的知识为微缩车编写程序,使微缩车能够自主地完成了巡线与标志识别两项任务。在实验中,所编写的程序能够让一台微缩车自主地感知环境,根据自身的需要以及环境的变化,有目的地做出相应的行动,在一定程度上体现出了智能系统的雏形。相信在进行实验的过程中,读者对人工智能有了更进一步的认识,同时对它的能力有了实际的体验,并且有了自己的思考和理解。希望读者在将来的学习中,能继续保持好奇心,持续且深入地探索,一定能做出更加有趣的成果。本章主要内容梳理如下:

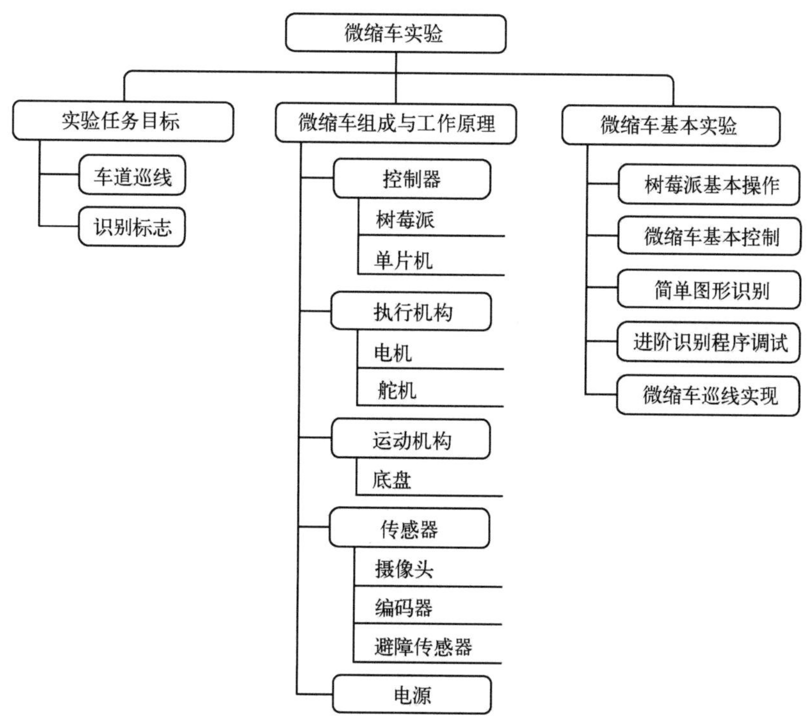

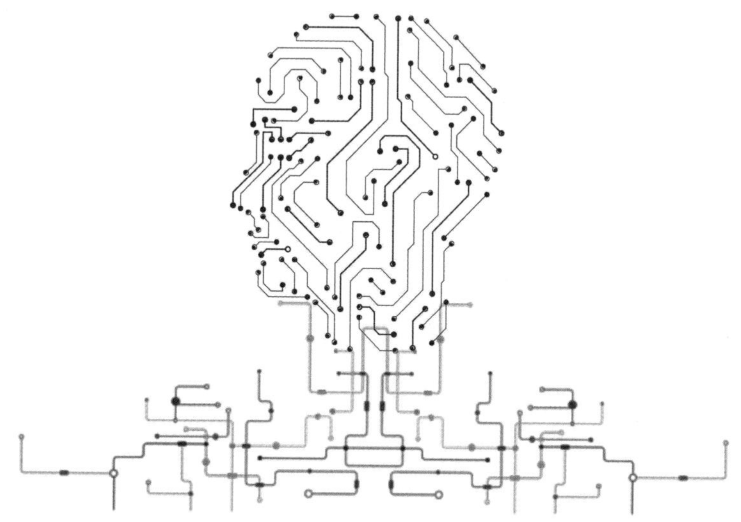

进 阶 篇

7 大数据开启了人工智能新时代

近几年,人工智能再一次成为社会各界关注的焦点,如今距离人工智能这一概念首次提出已经过去了 60 年。在此期间,人工智能的发展几经起落。自 2016 年 AlphaGo 让人类围棋高手失守这一被视为“人类最后的智力堡垒”的棋类游戏之后,人工智能开始逐步升温,成为各国政府、产业界、科研机构以及消费市场竞相追逐的对象。在各国人工智能战略和资本市场的推波助澜下,人工智能企业、产品和服务层出不穷。第 3 次人工智能浪潮已经到来,这是更强大的计算能力、更先进的算法、更大规模的数据等诸多因素共同作用的结果。本章主要介绍以下内容:首先相较于第 1 章的介绍更加深刻地讨论人工智能在发展过程中的“坎坷”经历;之后引出当今大数据时代下人工智能的现状,并探讨深度学习成功的原因;最后讨论关于人工智能的一些开放性问题以及对未来发展的趋势进行展望。

7.1 人工智能的发展历史回顾

在人类的发展历程中,人们一直在努力提高认知自然的能力,探索如何制造和利用机器来代替人的部分劳动,从而提高生产效率。在体力劳动方面,从古代车轮的发明到近代蒸汽机的出现,再到工业生产的信息化和自动化,人类利用机器在很多方面实现了对体力劳动的替代和超越。在脑力劳动方面,人类也一直在发明各类工具试图对思维活动提供帮助甚至替代,例如中国古代的算筹与算盘就是重要的计算辅助工具;近代的计算尺和机械计算器在部分计算方面超过了人类;现代电子技术发展以后,简单的手持计算器就可以完全替代人脑的计算功能。计算功能仅仅是人脑活动中很简单的部分,但这显示了利用信息技术部分实现人类脑力劳动的前景。因此,20 世纪 50 年代,一批具有远见卓识的科学家开始思考是否能够赋予电脑以智能。这些先驱者包括著名的数学家和计算机学家阿兰·图灵(Alan Turing),他提出的“图灵实验”是对人工智能的第一个明确定义。

在图灵实验中，人和电脑分处两个不同的房间并互相对话，如果作为人的一方不能判断对方是人还是电脑，则这台电脑就具备了人工智能。此外，1951 年，曼彻斯特大学的计算机科学家克里斯托弗·斯特雷奇(Christopher Strachey)编写了第一个可以进行博弈的计算机程序用以与人类进行西洋跳棋(checkers)的比赛，开创了“博弈人工智能”(Game AI)的研究。1952，IBM科学家亚瑟·塞缪尔(Arthur Samuel)开发了一个跳棋程序，该程序能够通过观察当前位置，学习一个隐含的模型，从而为后续动作提供更好的指导。塞缪尔发现，伴随着该游戏程序运行时间的增加，可以实现越来越好的后续指导。通过这个程序，塞缪尔驳倒了普罗维登斯提出的机器无法超越人类，无法像人类一样写代码和学习的说法。他创造了“机器学习”，并将它定义为“可以提供计算机的计算能力而无须显式编程的研究领域”。

1955 年，卡内基梅隆理工学院的艾伦·纽威尔(Allen Newell，计算机和认知学家)和 Herbert A. Simon(经济与心理学家)一起创立了符号推理和逻辑理论(symbolic reasoning and the logic theorist)，其目的是使得计算机能够在数值计算之外实现符号和知识的推理。这一工作使得他们共同获得了图灵奖(Herbert A. Simon 同时也是诺贝尔经济学奖获得者)。

在这些理论和实际准备的基础上，在两位著名科学家(信息论的创立者 Claude Shannon 和第 1 台通用计算机及第 1 种符号汇编语言的创立者 Nathan Rochester)的帮助下，两位年轻的学者 Marvin Minsky 和 John McCarthy(当时他们刚刚获得博士学位不久)成功地得到了洛克菲勒基金会的资助，在达特茅斯学院(Dartmouth College)召开了著名的“达特茅斯会议”。会议从 1956 年 5 月 26 日开始，持续了一个多月的时间，包括前述提及的科学家在内的四十余人参加了会议，宣告了人工智能研究的开端。

在达特茅斯会议所描述的美好前景中，人工智能迎来了第一个黄金时代，在很多领域开展了研究。这些今天看来非常基础但具有开创性的工作为人工智能的发展打开了一扇又一扇大门，很多想法至今仍闪烁着智慧的光芒。在第一个黄金时代取得的主要进展包括：神经元和感知器(neutron and perception)，基于搜索的因果分析(reasoning as search)，自然语言(natural language)，小世界网络(micro-worlds)，机器人(robotics)等。

在发展过程中，人工智能研究逐步形成了“符号主义”“连接主义”“行为主义”三大流派(这里只做简要介绍，更详细的内容可见本章最后的拓展阅读)。

(1) 符号主义认为人工智能的本质是数理逻辑，希望利用符号及其关系描述智能行为，进而利用计算机实现逻辑演绎。符号主义的代表性成果有证明特定数学定理的启发式程序、专家系统、知识工程理论与技术等。符号主义曾长期处于“一枝独秀”的地位，特别是 20 世纪 80 年代专家系统(见图 7－1)的成功开发与应用，对当时人工智能走向工程

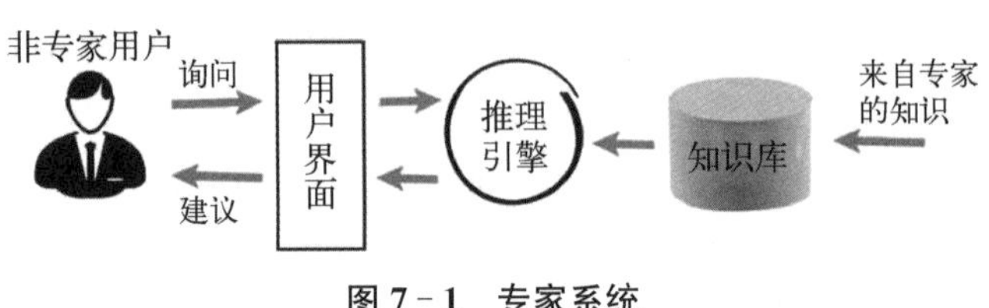

图 7－1　专家系统

应用起了重要的推动作用。

(2) 连接主义源于仿生学，通过对人脑模型及其结构的研究，试图利用数学和电子计算模仿人脑结构，利用神经元之间的连接和协同工作(即形成神经网络)实现智能。连接主义的发展几经起落，其中人工智能黄金时代产生的神经元和感知机，20 世纪 80 年代出现的 Hopfield 网络和反向传播算法都是人工智能发展历史上的重要里程碑。2005 年以来，深度神经网络的兴起和广泛应用使得连接主义成为目前人工智能研究的主流方向。

(3) 行为主义认为人工智能的表现是人对自身的控制，其目的是通过把神经系统的工作原理与信息论、控制论联系起来模拟人的智能行为，如自寻优、自适应、自镇定、自组织和自学习等。图灵实验实际上就是以行为主义的方式对人工智能进行定义的。现在的对话机器人、行走机器人等也可以视为行为主义的延伸。

在经历了第 1 个黄金时代之后，人们逐渐发现人工智能的能力远远未达到人们的预期，其能够处理的问题仍然十分简单。这种情况的出现一方面受制于当时很弱的计算能力，另一方面也由于当时的模型本身过于简单。例如，M. Minsky 和 S. Papert 证明了感知机无法表示“异或逻辑”，这使得连接主义进入了“黑暗时期”，几乎在 10 年内没有任何显著的研究进展。类似的事情也发生在符号主义和行为主义时期，这使得 1974 至 1980 年间被后世称为“人工智能的冬天”(AI Winter)。

随着信息技术的发展，人工智能在严冬中也在酝酿着新的发展，终于在 1980 至 1987 年间迎来了“人工智能的繁荣期”(AI boom)，其标志性的成果包括“专家系统”(expert system)的发明和连接主义的复兴。后者的主要突破在于从单层的感知器扩展到了多层神经网络，代表性的网络包括 Hopfield 网络、自组织映射网络、Neocognitron 等。

此外，反向传播(back propagation)的重发现(反向传播方法在 1970 年已经提出，但在当时并未受到重视)，使得神经网络能够得到很好的训练。直到今天，反向传播仍是训练神经网络的最主要方法(见图 7-2)。

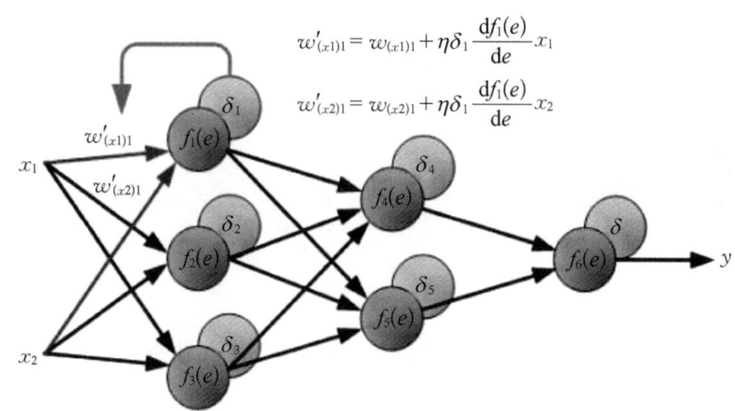

图 7-2　反向传播算法

20 世纪 80 年代的繁荣使得人们对人工智能再次产生了极大的热情，各国政府纷纷出台庞大的研究计划以资助人工智能的发展。其中最著名的是日本 1981 年推出的

“第五代计划”(Fifth Generation Project),但到计划结束时大部分的目标都未能完成,这表明人工智能仍未达到人们的预期。与此类似的众多计划,如美国政府的“战略计算计划”,英国政府提出的“Alvey”,欧盟提出的“ESPRIT”等,在人工智能领域的目标也未能达成。这些失败使得在20世纪80年代末到90年代初,人工智能的研究再次陷入“冰冻期”。

第2次“人工智能的冬天”由于统计学习的发展和计算能力的提升而告终结,其主要标志是Judea Pearl, Michael I. Jordan等科学家将统计方法引入机器学习,也由于优化技术的发展,使得人们能够真正地对一类模型进行快速求解,并给出严格的理论分析。由此,一系列的统计学习方法进入了实用领域,其代表性成果是Vladmir Vapnik等提出的支持向量机(support vector machine)。在这一阶段,电脑计算能力的提升使得很多已有方法实现了从量变到质变的飞跃,例如基于搜索方法的对弈智能Deeper Blue在国际象棋上战胜了人类。

随着计算能力的持续提升和数据量的急速增长,人们突破了之前的限制,能够优化和训练更加复杂的模型。科学家们首先在神经网络方面取得了突破,获得了深度的神经网络,取得了令人惊叹的效果(见图7-3)。有趣的是,很多现在获得成功的神经网络的雏形在20世纪80至90年代已经出现。但现在的数据和计算能力能够支撑网络的深化,由此开启了深度学习的时代,并且在许多领域取得了成功。需要注意的是,深度学习不等同于深度神经网络。深度学习的本质是增强模型的复杂度并在大数据和强计算能力的支持下实现有效的优化和训练。

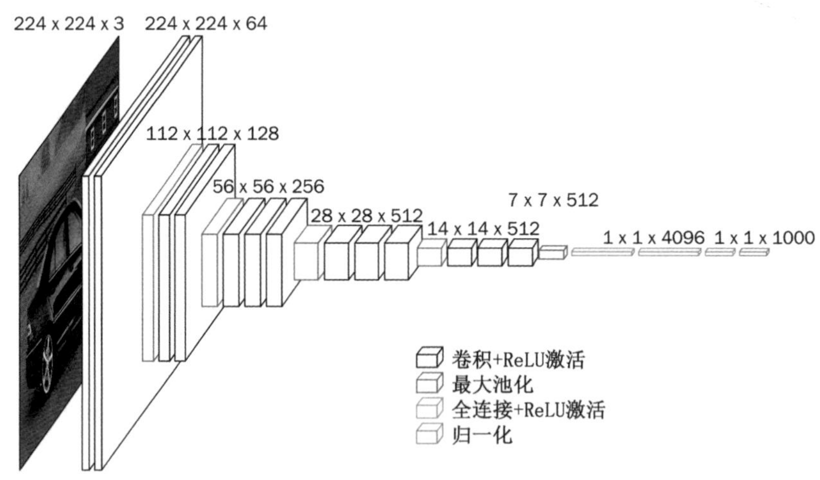

图7-3 深度神经网络VGG-16网络结构图

深度学习获得成功的标志是其在ImageNet数据库上取得的突破。ImageNet是一个千万级别的图像数据库,并且图像带有分类标签。在2011年以前,利用支持向量机等手段可以达到25%左右的错误率。在2012年,具有8层结构的AlexNet以16.4%的错误率取得了惊人的进步。经过结构的改进和算法的优化,到2015年,ResNet以152层结构获得了3.57%的错误度，甚至超过了人类本身(5%)。图7-4所示为ImageNet数据集的识别错误率及网络深度。

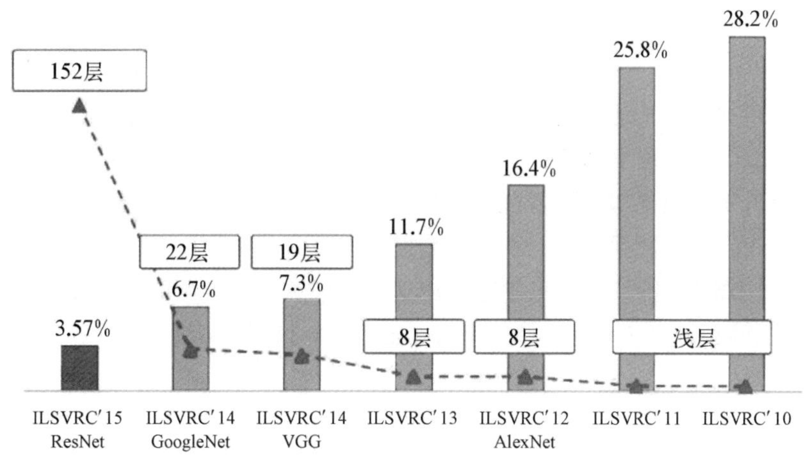

图7-4 ImageNet数据集的识别错误率及网络深度

当前以深度学习为代表的新一代人工智能的研究方兴未艾。理论方面的研究包括深度神经网络(统计特性、网络结构、可解释性和训练方法等)、非网络结构的深度模型、对抗生成网络(GAN)、强化学习、学习过程的学习(meta learning)、跨领域匹配(domain alignment)以及基于图的数据表达和学习等。与前几次人工智能发展的高潮不同，现在的人工智能研究已经走出了实验室，进入了实用的阶段，推动了人工智能的发展，人工智能的发展简史如图7-5所示。下面将介绍在大数据时代下以深度学习为代表的新一代人工智能的发展状况。

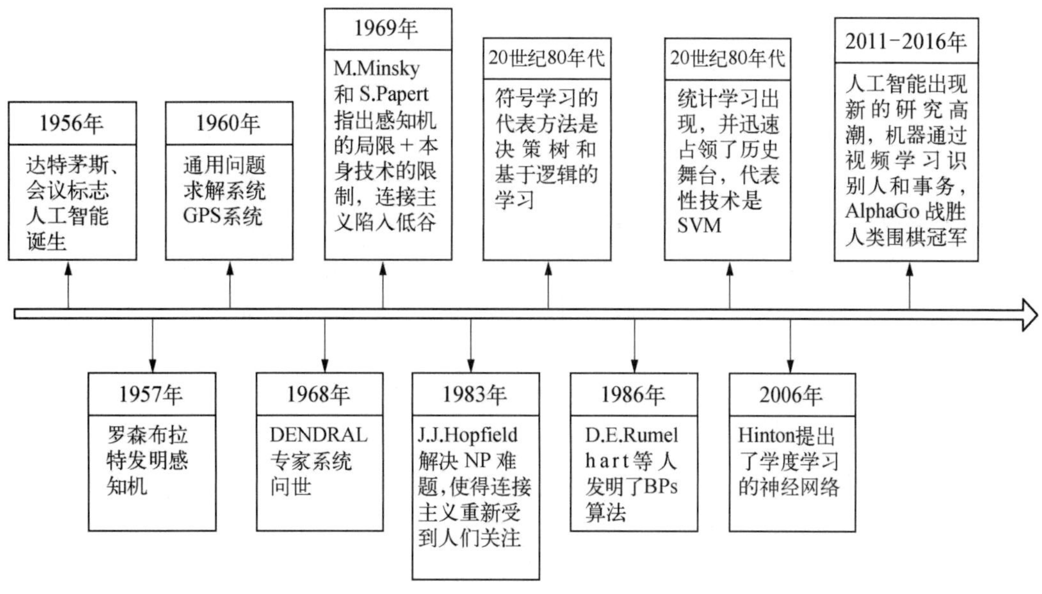

图7-5 人工智能发展简史

7.2 当代人工智能的基石：大数据

对于数据的重要性，谷歌的首席科学家诺维格曾感叹说："我们没有更好的算法，谷歌有的只是更多的数据。"这种说法虽然略有夸张，但却揭示出信息技术的一个发展方向：数据正逐渐成为当下竞争的关键和发展的瓶颈。

人们经常笼统地说"大数据就是大规模的数据"。这个说法并不准确，"大规模"只是就数据的量而言。但数据量大并不代表数据一定有可以被深度学习算法利用的价值。例如，地球绕太阳运转的过程中，每1秒钟记录1次地球相对太阳的运动速度、位置，这样积累多年，得到的数据量不可谓不大。但是，如果只有这样的数据，其实并没有太多可以挖掘的价值，因为地球围绕太阳运转的物理规律，人们已经研究得比较清楚了，不需要由计算机再次总结出万有引力定律或广义相对论来。

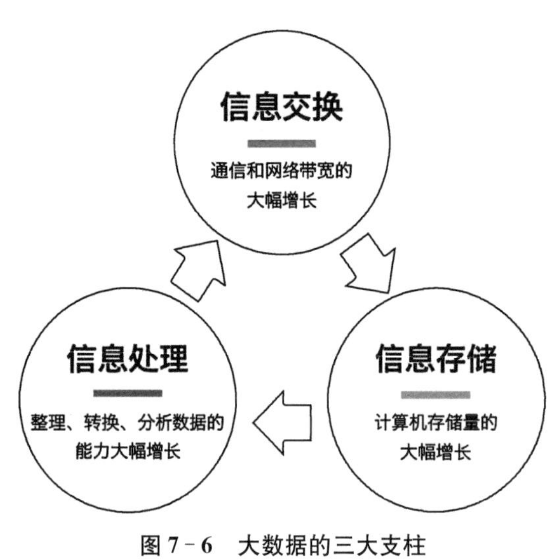

图7-6　大数据的三大支柱

那么，大数据到底是什么？大数据是如何产生的？什么样的数据才最有价值，才最适合作为计算机的学习对象呢？

根据马丁·希尔伯特(Martin Hilbert)的总结，今天我们常说的大数据其实是在2000年后，因为信息交换、信息存储、信息处理这3个方面(见图7-6)能力的大幅增长而产生的数据。

1. 信息交换

据估算，从1986-2007年这20年间，地球上每天可以通过既有信息通道交换的信息数量增长了约217倍，这些信息的数字化程度从1986年的约20%增长到2007年的约99.9%。在数字化信息爆炸式增长的过程中，每个参与信息交换的节点都可以在短时间内接收并存储大量数据。这是大数据得以收集和积累的重要前提条件。

2. 信息存储

全球信息存储能力大约每3年翻一番，图7-7所示为全球存储容量的增长图。从1986-2007年这20年间，全球信息存储能力增加了约120倍，所存储信息的数字化程度也从1986年的约1%增长到2007年的约94%。在1986年，即便我们用尽所有的信息载体和存储手段，也只能存储全世界所交换信息的约1%，而到了2007年，这个数字已经增长到约16%。信息存储能力的增加为我们利用大数据提供了近乎无限的想象空间。例如谷歌这样的搜索引擎，几乎就是一个全球互联网的"备份中心"，谷歌的大规模文件存储系统完整保留了全球大部分公开网页的数据内容，相当于每天都在为全球互联网做“热备份”。

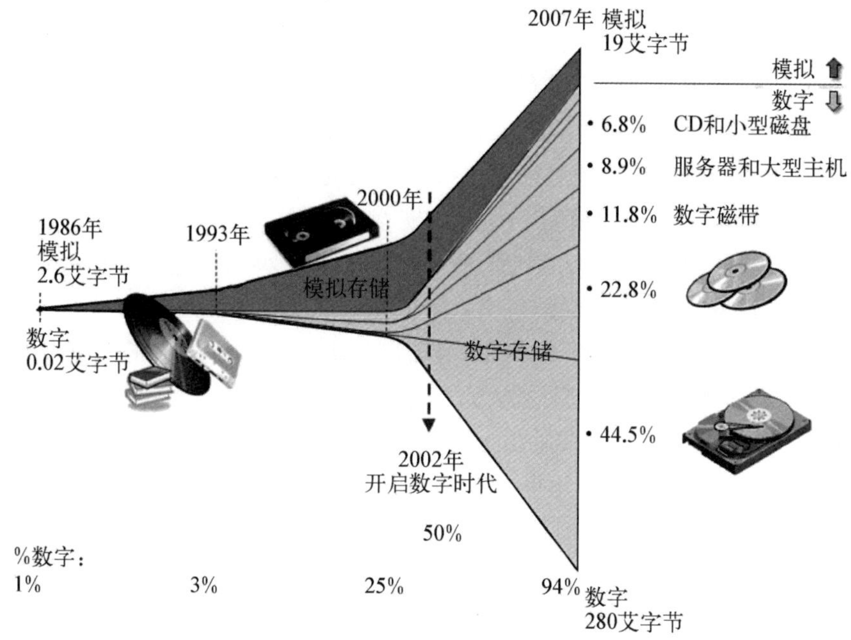

图7-7　全球信息存储容量的增长图

3. 信息处理

有了海量的信息获取能力和信息存储能力，我们也必须具备对这些信息进行整理、加工和分析的能力。谷歌、Facebook、亚马逊、百度、阿里等公司在数据量逐渐增大的同时，也相应地建立了灵活又强大的分布式数据处理集群。数万台乃至数十万台计算机构成的并行计算集群每时每刻都在对累积的数据进行进一步加工和分析。谷歌的分布式处理三大利器——GFS、Map Reduce和Bigtable就是在大数据的时代背景下诞生并成为绝大多数大数据处理平台的标准配置。利用这些数据处理平台，谷歌每天都会将多达数百亿的搜索记录清理、转换成便于数据分析的格式，并提供强有力的数据分析工具，可以非常快地对数据进行聚合、维度转换、分类、汇总等操作。

7.3　大数据时代下的人工智能

尽管在过去的半个世纪里，计算机的运算速度一直呈指数提升，它可以做的事情越来越多，可是它给人的印象依然是“快但不够聪明”。比如它不能回答人的提问、不会下棋、不认识人、不能开车、不善于主动做出判断……然而，当数据量足够大之后，很多智能问题都可以转化成数据处理的问题，这时计算机开始变得“聪明”起来。

7.3.1 大数据、大智能

在拥有大数据之前，计算机并不擅长解决人类智能的问题，但是今天这些问题只要换个思路就可以解决了，其核心就是将智能问题变为数据问题。由此，全世界开始了新一轮的技术革命——智能革命。当我们有可能获得大量的、具有代表性的数据之后，我们能够获得什么好处呢？大家很快就想到的是把一些模型描述得更准确，或者对一些规律认识得更深刻。比如当开普勒从他的老师手上接过大量的天文数据之后，他终于找到了准确描述行星围绕太阳运动轨迹的模型——椭圆模型。类似的情况在今天不断地发生。但是，这还远远不足以让我们兴奋，因为那还只是一个量的改变，不足以产生颠覆这个世界的创新。大量数据的使用，其最大的意义在于它能让计算机完成一些过去只有人类才能做到的事情，这最终将带来一场智能革命。我们不妨用一些具体的例子来说明这种趋势。在过去，只有人类才有用语音交流的能力，尽管人类从 1946 年开始就努力让计算机有听得懂人说话的智能，但是一直不成功。20 世纪 70 年代，科学家们采用数据驱动方法，找到了解决这个问题的途径，并且不断地改进方法。但是语音识别准确率的提高主要是靠 20 世纪 90 年代以后数据的大量积累。从这个研究领域，大家开始看到了数据的重要性。类似地，图像识别也取得了根本性的突破。在 2000 年以后，由于互联网特别是后来移动互联网的出现，数据量不但剧增，而且开始相互关联，出现了大数据的概念。科学家和工程师们发现，采用大数据的方法能够使计算机的智能水平产生飞跃，这样在很多领域计算机将获得比人类智能更高的智能。就此而言，大数据就是大智能。数据好比人类的新土壤，正是依托这片土壤，智能文明才得以滋生繁衍，土壤越肥沃，其孕育的新文明才更有生机和活力。

7.3.2 大数据与深度学习

在人工智能时代，深度学习和大数据成了密不可分的“一对儿”。深度学习可以从大数据中挖掘出以往人们难以想象的有价值的数据、知识或规律。简单来说，有足够的数据作为深度学习的输入，计算机就可以学会以往只有人类才能理解的概念或知识，然后再将这些概念或知识应用到之前从来没有看见过的新数据上。

深度学习是以不少于两个隐藏层的神经网络对输入进行非线性变换或表示学习的技术。它通过层级连接的方式实现不断抽象的非线性信息处理，非常擅长从输入到输出的复杂非线性变换，实现对原始数据的表示学习或非线性建模。不过传统的方法，深度学习不需要从人工设计的特征中学习，而是直接从原始数据中进行“端到端”的学习。

深度学习本质上是包含多个隐藏层的人工神经网络。人工神经网络的研究可以追溯到 20 世纪 40 年代。1943 年，McCulloch 和 Pitts 提出了第一个神经元的数学模型。1949 年，Hebb 提出了神经学习准则。1957 年 Rosenblatt 提出了感知机模型，开启了人工神经网络研究的第一次热潮。

但随后人工智能领域的知名学者 Minsky 和 Papert 等指出感知机模型是线性模型，

它无法解决线性不可分问题(无法表示异或逻辑),导致人工神经网络的研究进入了低谷。

此后,Rumelhart、Hinton 和 Williams 在 1986 年发表了有名的"反向传播算法"来训练多隐含层神经网络,这使得求解具有非线性学习能力的多层感知机成为可能,并推动了人工神经网络的发展,带来了人工神经网络的第二次研究热潮。这一算法作为训练多层神经网络的标准算法直到今天仍广泛使用。Hornik 等人在 1989 年从理论上证明了多层感知机可以逼近任意复杂的连续函数,进一步推动了非线性感知机的发展。

虽然反向传播算法给多层网络的优化提供了便利,但对于较深的网络仍然存在着诸多难题。除此之外,当时用于训练人工神经网络的数据规模都较小,不足以支撑它所包含的大量参数的学习,因此多层神经网络并没有在多个领域中取得突破性的成果,研究热潮也仅持续了很短的几年,便再次进入了研究的低谷。在此后的十多年里,学者们将研究方向转向了采用 SVM、AdaBoost 算法等在当时看来更加简单高效的分类方法(见图 7-8),这些方法在处理非线性时大多依赖于分段、局部线性逼近、核技巧等进行隐式非线性映射。

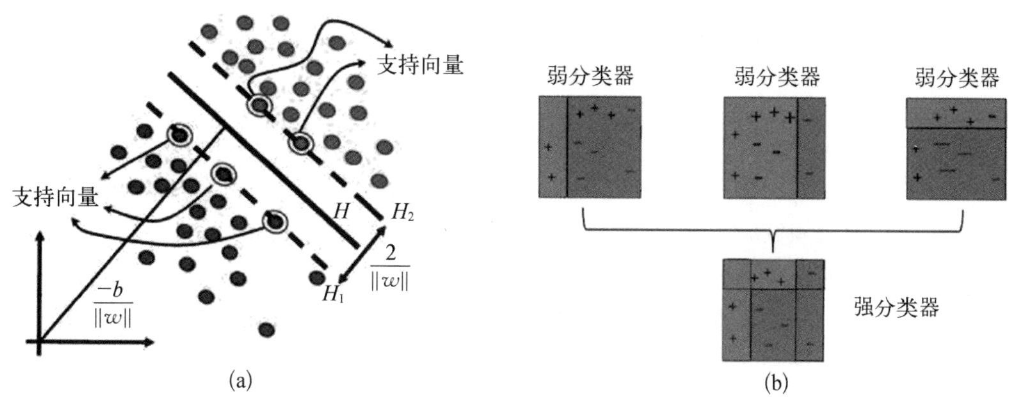

图 7-8　SVM(a)和 AdaBoost 算法(b)

同时,学者们还基于经验或专家知识设计了众多人工特征。例如,在语音信号处理领域大量采用的 LPCC、MFCC 等特征,在图像处理领域广泛使用的描述图像局部梯度或纹理性质的 SIFT、HoG、Gabor、LBP 等特征。人工特征在很多问题上取得了还不错的效果,但人工特征需要相关的先验知识,因而这些通过人工设计的特征通用性较差。更重要的是,这些以经验或专家知识驱动的模型无法借力大数据,不能从大数据中学习到蕴含其中的丰富知识和规律。

当今的深度学习推动多层神经网络的复兴,带来人工智能的第 3 次热潮,它开始于 2006 年,在这一年 Hinton 在 *Science* 及 *Neural Computation* 上发表文章,他强调多隐层深度神经网络相比浅层神经网络具有更优异的特征学习能力,并且可以通过分层、无监督的预训练有效解决深度神经网络训练困难的问题。与此同时,Bengio 等人在国际会议 NIPS2006 上也强调了分层训练深度网络的做法。这些工作重新开启了多层神经网络研究热潮。从 2009-2011 年,谷歌和微软研究院均采用深度网络配合大规模训练数据的方法，将语音识别系统的错误率降低了20%以上。此后，深度神经网络在诸多领域尤其是语音处理和计算机视觉领域取得了巨大的成功，显著地提升了语音识别、图像分类、人脸识别、机器翻译等众多人工智能任务的性能。

然而，通过回溯历史不难发现深度学习是一次算法的复兴而不是一场革命。在20世纪90年代后神经网络虽然陷入了低谷，但关于它的研究并未完全中断。LeCun等人在1989年就提出了卷积神经网络，并于1998年在此基础之上设计了LeNet－5网络(见图7－9)。

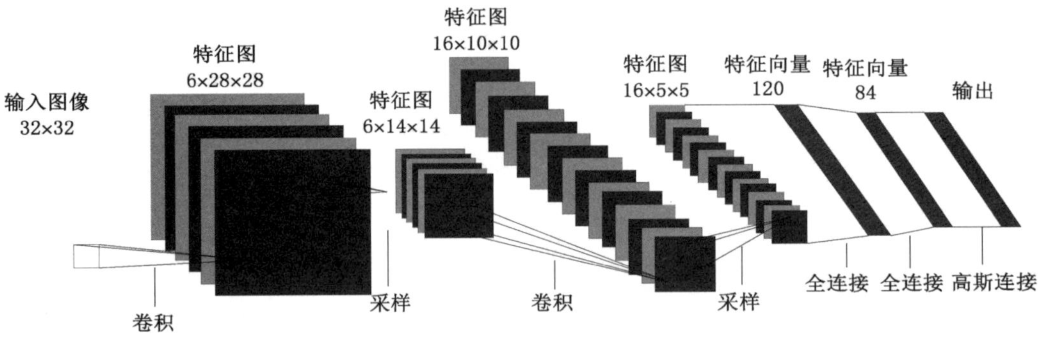

图7－9　LeNet－5网络

通过大量数据训练后，该模型成功地应用于美国邮政手写数字识别系统。引发深度学习在计算机视觉领域应用热潮的AlexNet网络(见图7－10)就是在LeNet－5上进行扩展与改进的。而LeNet－5模型在一定程度上受到了Fukushima在1975年提出的Cognitron模型和1980年提出的Neocognitron模型的启发。这些网络模型包括AlexNet基本结构都是卷积神经网络，只是在网络层数、连接方式、非线性激活函数和优化方法等方面有了新的发展。从这个意义上讲，深度学习的种子在20世纪80年代就已经开始生根发芽，此次复兴是大数据和并行计算共同作用的结果。

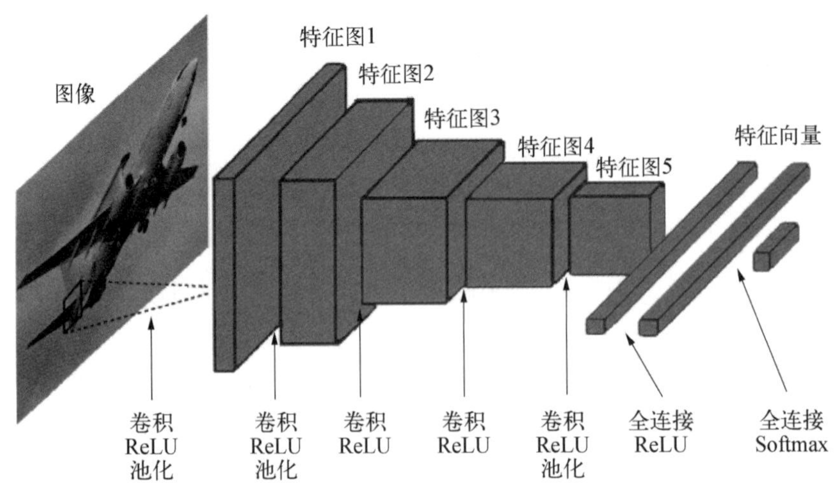

图7－10　AlexNet网络

《智能时代》的作者吴军说:"在方法论的层面,大数据是一种全新的思维方式。按照大数据的思维方式,我们做事情的方式与方法需要从根本上改变。"

谷歌的围棋程序 AlphaGo 已经达到了人类围棋选手无法达到的境界。没有人可以与之竞争,这是因为 AlphaGo 在不断学习。AlphaGo 不仅从人类专业选手以往的数百万份棋谱中学习,还从自己和自己的对弈棋谱中学习。人类专业选手的对局、AlphaGo 自己与自己的对局,这些都是 AlphaGo 赖以学习提高的大数据。

那么,基于大数据的深度学习到底如何在现实生活中发挥作用呢?一个非常好的例子是计算机可以通过预先学习成千上万张人脸图片,掌握认识和分辨人脸的基本规律。这样计算机可以"记住"全国所有通缉犯的长相,然而没有一个人类警察可以做到这一点。全国的安防系统安装这套会识别通缉犯相貌的计算机程序,通缉犯只要在公共场合一露面,计算机就可以通过监控摄像头采集的图像将通缉犯辨认出来。大数据和深度学习在一起可以完成以前也许需要数万名人类警察才能完成的任务。

在任何拥有大数据的场景中,我们都可以找到深度学习一展身手的空间,都可以实现高质量的 AI 应用。任何有大数据的领域都有创业的机会。

金融行业有大量客户的交易数据,基于这些数据的深度学习模型可以让金融行业更好地对客户进行风险防控,或针对特定客户进行精准营销;电子商务企业有大量商家的产品数据和客户的交易数据,基于这些数据的 AI 系统可以让商家更好地预测每月甚至每天的销售情况,并提前做好进货准备;城市交通管理部门拥有大量交通监控数据,在这些数据的基础上开发的智能交通流量预测、智能交通疏导等 AI 应用正在大城市中发挥作用;大型企业的售后服务环节拥有大规模的客服语音和文字数据,这些数据足以将计算机训练成为满足初级客服需要的自动客服员,帮助人工客服减轻工作负担;教育机构拥有海量的课程设计和课程教学数据,针对这些数据训练出来的 AI 模型可以更好地帮助老师发现教学中的不足,并针对每个学生的特点加以改进。

7.4 大数据下深度学习成功的启示

深度学习的成功不仅带来了人工智能的快速进步,还解决了许多过去被认为难以解决的问题,更重要的是它为人们带来了思想观念的变革。

1. 优化方法的变革

在深度学习迅速发展的过程中有一个不可忽视的方面是优化方法的不断进步。早在 20 世纪 80 年代已基本成型的深度模型在当时没能普及有多个原因,原因之一就是长期缺少优化多层网络的高效方法。从这方面来看,Hinton 等人在 2006 年的主要贡献是开创了无监督、分层训练多层网络的先河,这使众多研究者重拾了对多层神经网络的信心。但实际上近些年来深度卷积神经网络的繁荣与无监督、分层预训练并没有多大关系,而更多的与优化方法或者有利于优化的模块有关,如 Mini - Batch SGD、ReLU 激活函数、

Batch Normalization 等，特别是其中处理梯度消失问题的手段，对深度卷积网络的不断加深和性能的不断提升功不可没。

2. 从手工特征到自动特征

在深度学习兴起以前，专家知识和经验驱动的 AI 算法主宰了语音处理、计算机视觉和模式识别等众多领域很多年，特别是在信息表示和特征方面。在过去人们大量依赖人工的设计，严重影响了智能技术的有效性和通用性。深度学习彻底颠覆了这种“人工特征”的思路，开启了数据驱动的表示学习的自动特征。当数据量足够大时不需要显示的经验或知识的嵌入，可以直接从数据中学到这些知识和经验，也不需要人为将原始信号转换到其他空间中再进行学习，可以直接从原始信号中进行表示学习。数据驱动的表示学习方式使得研发人员不需要根据知识和经验针对不同问题设计不同的处理流程，从而大大提高了 AI 算法的通用性，同时有效地降低了解决新问题的难度。

3. 从“分步治之”到“端到端”

分治或分步的方法，也就是将复杂问题分解成若干个简单子问题的方法，曾经是解决复杂问题的常用思路，在人工智能领域也是如此。例如，为了解决图像模式识别问题，过去将其分解成预处理、特征提取与选择、分类器设计等步骤；为了解决非线性问题，采用分段线性方式来逼近全局的非线性。分解问题所得到的子问题变得更简单、更容易解决，但从深度学习的角度来看其缺点也很明显：子问题的最优解未必是全局的最优解。因而深度学习强调“端到端”的学习。它不去人为地分解问题而是直接学习从原始输入到期望输出的映射。相比分治的思路，这种“端到端”的学习方法具有协同增效的优势，它更可能获得全局的最优解。

4. 脑神经科学启发的思路值得引起更多的重视

深度学习作为多层神经网络是受脑神经的启发而发展起来的。特别是卷积神经网络(CNN)源于 Fukushima 在 1980 年底提出的认知机模型，而该模型的提出动机就是模拟感受野①逐渐变大、逐层提取由简及繁特征、语义逐级抽象的视觉神经通路。在 Hubel 和 Wiesel 的共同努力下，该通路从 20 世纪 60 年代开始逐渐清晰，为 CNN 的诞生提供了良好的参照。但值得注意的是，生物视觉神经通路极其复杂，神经科学家对初级视觉皮层区中简单神经细胞的边缘提取功能是清晰的，对位于神经通路后面的部分复杂神经细胞的功能也有一些探索，但对更高层级上的超复杂细胞的功能及其作用机制尚不清晰。这意味着卷积神经网络等深度模型是否真的能够模拟生物视觉通路尚不得而知。但可以确定的是，生物神经系统的连接极为复杂，更有大量的自上而下的反馈以及来自其他神经子系统的外部连接，这些都是目前的深度模型尚未建模的。

---

① 在视觉通路上，视网膜上的光感受器(杆体细胞和锥体细胞)通过接受光并将它转换为输出神经信号而影响许多神经节细胞，外侧膝状体细胞以及视觉皮层中的神经细胞。反过来，任何一种神经细胞(除起支持和营养作用的神经胶质细胞外)的输出都依赖于视网膜上的许多光感受器。我们称直接或间接影响某一特定神经细胞的光感受器细胞的全体为该特定神经细胞的感受野。在卷积神经网络 CNN 中，决定某一层输出结果中一个元素所对应的输入层的区域大小，称为感受野。

但无论如何，脑神经科学的进步可以为深度模型发展提供更多的可能性是非常值得关注的。例如，近些年越来越多的神经科学研究表明，曾一度被认为功能极为特异化的神经细胞其实具有良好的可塑性。例如，视觉皮层的大量神经细胞在失去视觉处理需求后不久，即被“重塑”转而处理触觉或其他模态数据。神经系统这种可塑性意味着不同智能处理任务具有良好的通用性，这为通用人工智能的发展提供了参照。

7.5 大数据人工智能的伦理

随着大数据人工智能新时代的来临，人工智能伦理再次成为各界热议和研究的核心议题之一。可以预见，随着机器智能的崛起，大数据与人工智能也带来了一系列让人忧虑的问题，比如个人关键隐私信息的大面积泄露问题，又如人工智能对若干劳动岗位的冲击，再如大数据和人工智能深度结合形成的新型数据独裁问题，甚至人工智能、机器人等开始从事越来越多的道德决策，因而加强人工智能伦理研究将显得尤为重要，尤其是为了保存人类的价值以及实现人机共存共荣的美好愿景。

7.5.1 安全与隐私

伴随着人工智能应用的推广，其安全问题越来越凸显。以目前非常热门的智能交通领域为例，很多汽车厂家和互联网公司都推出了无人驾驶汽车以及智能交通系统。在人工智能控制交通的时代，指挥交通运行的效率可以达到最优，交通事故率理论上可以趋近于零。但是在已有风险消除的同时，又引入了新的风险：曾经由于驾驶员人为因素造成的交通事故可能被智能交通系统的信息安全事故所替代。黑客可以从无线渠道侵入智能汽车终端、从有线渠道侵入后台信息控制系统，从而接管无人驾驶汽车，甚至智能交通系统的控制权，也可以破坏自动驾驶系统的信息采集和传输途径，进而诱导终端和后台的智能算法做出错误判断。实际上，无人驾驶汽车或者智能交通系统由复杂的自动化机器和信息系统组成，其信息采集、传输、处理等各个要素环节都面临安全风险，目前已有黑客通过盗取移动 App 账号密码，进而控制自动驾驶汽车的案例。

人工智能技术在其他领域的应用也遇到了同样的挑战和隐患。安全问题最突出的领域包括工业智能制造、智慧城市管理、智慧医疗、智慧家居等，这样都是与人们社会生产生活密切相关的领域。由于人工智能处于信息社会的核心层面，控制着大量生产、生活设备、数字化资产乃至社会运转规则，一旦黑客入侵后台控制系统，技术系统遭到破坏，将带来与其技术重要性相当的破坏力，严重威胁信息系统安全乃至人身安全和社会安全。

AI 技术的普及大大提升了人们生活的便利程度。但同时也带来了非常严重的隐私安全问题。AI 技术算法的准确率高度依赖于海量用户数据的训练分析，尤其需要获取大量用户个人信息，以便提供个性化、定制化服务，这些都会导致用户个人信息泄露。谷歌 Deep Mind 公司曾与英国 NHS 医疗服务机构联合开发了一个名为 Streams 的基于人工智能的手机应用程序，希望能为患者提供更加个性化的智能服务。但是作为医疗服务机构，NHS 并没有向患者明确说明他们的医疗信息将被如何使用，也没有询问患者是否同意 Deep Mind 处理自己的医疗数据。它们之间的数据交易被英国信息专员办公室认定为“没有遵守数据保护法案”。从这个案例可以看出，AI 技术的普及存在非常严重的隐私安全问题。实际上，目前获得生活便利与保护个人隐私已经成为一个两难选择。允许计算机访问包含个人隐私的数据，获得人性化的全方位技术服务，这是 AI 时代的基本模式。不管是无人驾驶、智能管家、数字助理还是机器人保姆，这些 AI 技术和产品能提供更好的服务的前提都是全面收集处理客户的各种行为数据。小到兴趣、爱好、行为习惯，大到道德、宗教、政治倾向、人生观价值观，人工智能比我们自己还要了解我们。这样一种生活状态不管是拒绝还是欢迎，都会在未来 20 年左右的时间来到我们身边。技术上为了保护用户的隐私，在采集数据的时候可以对数据集进行模糊处理，使得收集到的海量数据无法和个体用户相对应。这种信息模糊技术从 20 世纪就存在，但是其发展速度远远落后于 AI 技术的发展。目前，我们的隐私与个人数据在大数据和人工智能这些收集、处理和分析的技术面前基本上处于“裸露”的状态。

7.5.2 失业问题

在越来越进步的科技之下，许多以往借助于人力的劳动都被机器所取代。越来越具有专业特质的机器和机器人，似乎抢夺了许多原本属于自然人的生存领域，人工智能的发展将促进越来越多的领域进入自动化，由机器替代人类工作。

随着深度学习技术的发展，其对就业结构的影响将更为广泛，涉及生活的方方面面，从餐厅服务、库房物品搬运、高等教育，到医学诊断、新闻撰写、法律行业。在不久的将来，机器人和人工智能将代替人类的很多工作，这样的场景并非好莱坞的科幻电影。事实上，机器人已经出现在了我们生活的各个领域。比如，自动写作技术已被包括《福布斯》在内的顶级新闻媒体所使用，其自动生成的文章涉及各个领域，包括体育、商业和政治等。再比如，人工智能在医疗健康领域中的应用已经非常广泛，从应用场景来看，包括虚拟助理、医学影像、药物挖掘、营养学、生物技术、急救室或医院管理、健康管理、精神健康、可穿戴设备、风险管理和病理学共 11 个领域。

人工智能正以多种形式取代人的工作，这使得工作数量和工作结构都将产生深刻变革，劳动力最密集的制造业中的很多岗位正在迅速消失。从短期看，我们也许很难避免某些行业、某些地区出现局部的失业现象。但从长远来看，这种工作转变绝不是一种以大规模失业为标志的灾难性事件，而是人类的社会结构和经济秩序的重新调整。在调整的基础上，人类原有的工作会大量转变为新的工作类型，从而为生产力的进一步解放、人类生活的进一步提升打下更好的基础。

7.5.3 歧视

虽然数据是对人类社会客观中立的记录，但如果人类社会本身就存在偏见、歧视和不公平，那么相关数据自然也会带入这种不公。例如，互联网求职的简历数据显示，职场对身高和性别的歧视都非常严重，甚至有“平均身高越高，平均收入越高”的说法；在同等学力和行业背景下，女性要多工作 5～10 年才能获得与男性相当的薪水。显然，使用这类简历数据进行职位的推荐时，其结果必然“自带歧视”。实际上，有些我们人类自己都没有注意到的潜在歧视，计算机也能通过机器学习捕捉到。这些数据上存在的偏见会通过算法表现为带歧视的结果，这些结果可能进一步加大歧视，从而新的数据包含的偏见有可能被加剧，造成恶性循环。比如说数据中显示每 10 个前 1%高年薪的高端职位只有一位女性，于是“性别为女性”这个特征值在获得高端职位推荐中将是一个负面的因素，算法也将避免给女性推送高端职位的信息。在没有基于大数据和 AI 的招聘信息服务的情况下，男性和女性获取高端职位信息的数量可能相差不大，这种情况下女性真正获得高端职位的可能性也远低于男性。如今，计算机的自动服务在源头上就让女性更少地知道信息，所以可以预期女性获得高端职位的比例将进一步降低，而这又再次加强了数据的偏差，从而让算法更少向女性推荐高端职位。这种恶性循环，会进一步放大原本就存在的不公平。

算法的设计和学习过程也可能带来偏见甚至歧视。个性化推荐算法是目前在大数据和人工智能领域应用最为广泛的算法，其目的是根据用户过往的浏览、点击、收藏、购买等记录，向用户推荐他需要或者喜欢的资讯、商品等。淘宝平台上的“猜你喜欢”和今日头条的个性化新闻推荐就是推荐算法非常典型的应用。在电商网站上，同一个品类下商品的价格差别巨大，例如同样都是短袖 T 恤，在服装材料和款式差别不大的情况下，不同品牌的售价以几十元到上千元不等。如果某目标用户以前在电商网站收藏和购买的商品，在相关品类中价格排名都特别靠后，那么算法可能会在一个名为“价格敏感度”的特征维度上给该用户标上高分。于是当该用户搜索一个关键词后，如果他自己不做调整，可能从前往后浏览 10 页，他看到的都是便宜货。尽管算法的初衷是为了提高该用户的点击率，但是这事实上形成了同类商品展示对低收入消费者的歧视。

随着数据化浪潮的进一步发展，个人获取和处理信息的难度会进一步加大，我们会更加依赖各种各样的信息中介。例如我们到一个陌生的城市如何规划一条一日游的路线？又比如我们如何通过在线教育选择课程来学习一个新的领域？再比如我们如何在学生时代就规划和选择自己的职业道路？高度发达的人工智能会充分考虑包括家庭、性别、民族、消费水平等关于你的各种数据，最后给出“最适合你”的选择。于是，不同收入和不同家庭背景的人会抵达城市中不同的角落、下载不同的课程、规划不同的人生。在大数据的时代，不同出身的人所获取到的信息差异，可能比现实世界的差异还要大，因此人们很可能会更早地形成截然不同的视野、格局和能力，从而加剧，而不是减少阶级的固化。

7.5.4 道德机器

人工智能技术助力智能机器加速到来，机器逐步从被动工具向能动者转变。它可以像人一样具有感知、认知、规划、决策、执行等能力。以无人驾驶汽车为例，其区别于传统机器的最大特征在于具有高度的，甚至完全的自主性。在机器学习中创建规则的是学习算法而非程序员。其基本过程是程序员给学习算法提供训练数据,然后学习算法从数据中得到推论并生成一组新的规则,称为机器学习模型。无人驾驶汽车“观察”路况,持续注意其他汽车、行人、障碍物、绕行道等,考虑交通流量、天气以及影响汽车驾驶安全的其他所有因素并不断调整车速和路线。此外,自动驾驶汽车通过程序来避免与行人、其他车辆或者障碍物发生碰撞。所有这一切都是机器学习的结果。因此,在每一个现实情境中都是自动驾驶汽车自身在独立判断和决策。

这表明,计算机、机器人、机器等正在脱离人类的直接控制而独立自主地运作,虽然它们依然需要人类才能被启动,并由人类对其进行间接控制。但就本质而言,无人驾驶汽车、智能机器人、各种虚拟代理软件等已经不再是人类手中的被动工具,而成为人类的代理者,具有自主性和能动性。

当决策者是人类自身而机器仅仅是人类决策者手中的工具时,人类需要为其使用机器的行为负责,具有善意、合理、正当使用机器的法律和伦理义务,在道义上不得使用机器这一工具来从事不当行为。然而,既有的针对人类决策者的法律和伦理路径并不适用于非人类意义上的智能机器。但是,由于智能机器自身在替代人类从事之前只能由人类做出的决策行为,因此在设计智能机器时,人们需要对智能机器这一“能动者”提出类似的法律、伦理等道义要求,确保智能机器做出的决策可以像人类一样,也是遵守伦理道德和法律的,并且具有相应的外在约束和制裁机制。

更进一步地讲,智能机器决策中的一些问题也彰显了机器伦理的重要性,需要让高度自主的智能机器成为一个像人类一样的道德体,即道德机器(moral machine)。其中一个问题是,由于深度学习算法是一个“黑箱”,人工智能系统如何决策往往并不为人所知,其中可能潜藏着歧视、偏见、不公平等问题。人工智能决策中越来越突出的歧视和不公正问题使得人工智能伦理显得尤为重要。尤其是人工智能决策已经在诸如开车、贷款、保险、雇佣、犯罪侦查、司法审判、人脸识别、金融等诸多领域具有广泛应用,而这些决策活动影响的是用户和人们的切身利益,确保智能机器的决策“合情、合理、合法”就至关重要,因为维护每个人的自由、尊严、安全和权利,是人类社会的终极追求。

人工智能伦理评估中更为重要的一个问题其实是价值对接。现在的很多机器人都是为实现指定功能而设计的,扫地机器人只会一心一意地扫地,服务机器人只会一心一意为我们煮咖啡,诸如此类。但机器人的行为真的是我们人类想要的吗?这就产生了价值对接问题。以一个神话故事为例,迈达斯国王想要点石成金的技术,结果当他拥有这个法宝的时候,他碰到的所有东西包括食物都会变成金子,最后却被活活饿死。为什么会这样?因为这个法宝并没有理解迈达斯国王的真正意图,那么机器人会不会给我们人类带来类似的威胁呢?这个问题值得我们深思。

家庭服务机器人可能为了给孩子做饭而杀死家里的宠物狗。更极端地,一个消除人类痛苦的机器人可能发现人类在即使非常幸福的环境中,也可能找到使自己痛苦的方式,最终这个机器人可能合理地认为,消除人类痛苦的方式就是清除人类,这一假设在医疗机器人、养老机器人等方面具有现实的影响。所以有人提出兼容人类的人工智能,包括三项原则：① 利他主义，即机器人的唯一目标是最大化人类价值的实现；② 不确定性，即机器人一开始不确定人类价值是什么；③ 考虑人类，即人类行为提供了关于人类价值的信息，从而帮助机器人确定什么是人类所希望的价值。解决价值对接问题，需要更多跨学科的对话和交流机制。

7.5.5 人机关系

机器智能的发展不仅会使人与机器之间的界限变得模糊，冲击现有的互联网上的信任关系和安全(因为未来在通用型人工智能和超级人工智能出现之时，人类与机器的区别仅在于物理支撑的不同)，还会对人机关系提出新的挑战，包括人机之间如何协助和如何相处，机器是否可以享有人类与人类之间的人道主义待遇。所有这些都将成为未来社会无法回避的问题。

如今，人工智能的迅猛发展已经为如何区分某种行为究竟是由人类还是由计算机做出的带来了困难，为虚拟世界中的人机秩序带来了新的挑战，引发了一些安全隐患，出现了机器人影响网络活动安全和信任的诸多问题，人们越来越难以区分和自己在网络世界中互动的对方是人类还是机器人。比如，用户在婚恋网站遭遇"女方是机器人""机器人票贩子""机器人虚假评论"等现象，破坏了互联网信任。然而，传统主流的图像、拖曳验证码等人机区分方法可以被深度学习模型轻易破解，已不再安全可靠，对于新型验证码的设计就显得尤为重要。

一些研究者认为，由于目前机器的认知能力，特别是语言认知能力在未来一段时间内还难以达到人类水平，常识推理和语义理解依然是人工智能难以逾越的鸿沟。在此背景下，出现了考验机器语言认知能力的智能验证码，它以自然语言理解和问答为呈现形式，机器必须在一定程度上理解文本才能够破解。这类智能验证码对于目前阶段的机器人是可以发挥其人机区分的作用的，然而随着人工智能深度学习的进一步发展，虚拟网络世界是否还能通过此类验证码进行人机区分呢？若不能，未来应如何应对机器对虚拟世界提出的人机区分挑战呢？构建互联网虚拟世界中的人机关系，对于维护互联网的开放、自由、安全和信任意义重大。

本章小结

人工智能在过去60年间的发展历程中经历了辉煌，也遭遇到过低谷。2016年，当计算机在围棋赛场上战胜人类之时，属于人工智能的新一轮发展浪潮已经融入社会的各行各业。信息时代下的数据资源成为本次人工智能发展浪潮的源动力，大数据为人工智能研究提供了足量的知识和规律，让人工智能研究能够不断更新迭代。与此同时，技术的发展同样为当今社会带来了伦理层面的争论。人工智能技术的介入给人类过去生产生活中的安全隐私、失业问题、歧视问题和道德问题带来了不稳定因素，这也是人工智能技术发展的局限性所在。可以预见的是,未来人工智能技术势必会随着人类的生活需求而更多地融入人类社会中,人与机器的和谐发展将会成为一个重要的议题。正确处理人与机器发展合作过程中的矛盾问题,对于未来科技生活发展而言具有非常重要的意义。本章主要内容梳理如下:

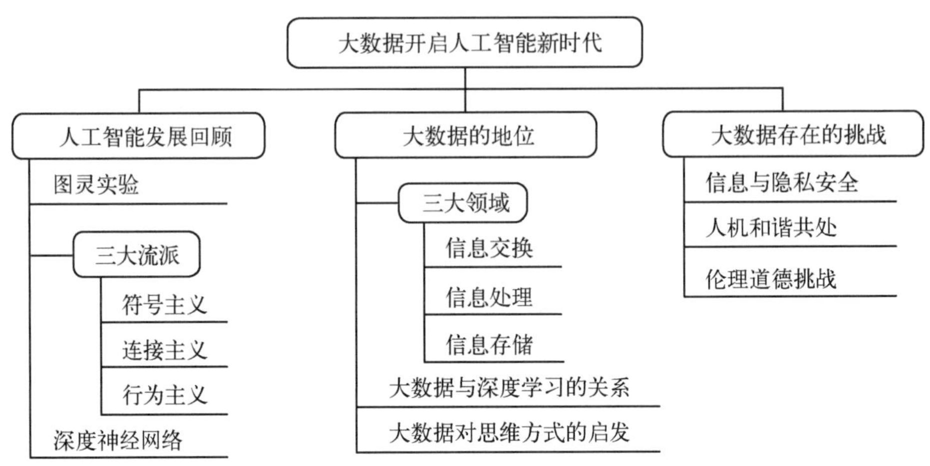

拓展阅读

人工智能的三大流派

符号主义(symbolism)是一种基于逻辑推理的智能模拟方法,又称为逻辑主义(logicism)、心理学派(psychlogism)或计算机学派(computerism),其原理主要为物理符号系统(即符号操作系统)假设和有限合理性原理。长期以来,符号主义一直在人工智能研究中处于主导地位,其代表人物是纽威尔、肖、西蒙和尼尔森。

符号主义学派认为人工智能源于数理逻辑。数理逻辑从 19 世纪末起就获得迅速发展,到 20 世纪 30 年代开始用于描述智能行为。计算机出现后,又在计算机上实现了逻辑演绎系统。符号主义的代表成果是 1957 年由纽威尔和西蒙等人研制的,成为"逻辑理论家"的数学定理证明程序 LT。LT 的出现成功说明了可以用计算机来研究人的思维过程,模拟人的智能活动。之后,符号主义走过了一条"启发式算法—专家系统—知识工程"的发展道路,尤其是专家系统的成功开发与应用,使 AI 研究取得了突破性的进展。

早期的人工智能研究者绝大多数属于此类。该学派认为:人类认知和思维的基本单元是符号,而认知过程就是在符号表示上的一种运算。它认为人是一个物理符号系统,计算机也是一个物理符号系统,因此我们才能够用计算机来模拟人的智能行为,即用计算机的符号操作来模拟人的认知过程。这种方法的实质就是模拟人的左脑抽象逻辑思维,通过研究人类认知系统的功能机理,用某种符号来描述人类的认知过程,并把这种符号输入到能处理符号的计算机中,就可以模拟人类的认知过程,从而实现人工智能。可以把符号主义的思想简单地归结为"认知即计算"。从符号主义的观点来看,知识是信息的一种形式，是构成智能的基础，知识表示、知识推理、知识运用是人工智能的核心，知识可用符号表示，认知就是符号的处理过程，推理就是采用启发式知识及启发式搜索对问题求解的过程，而推理过程又可以用某种形式化的语言来描述，因而有可能建立起基于知识的人类智能和机器智能的同一理论体系。

符号主义学派认为人工智能的研究方法应为功能模拟方法。通过分析人类认知系统所具备的功能和机能，然后用计算机模拟这些功能，实现人工智能。符号主义主张用逻辑方法来建立人工智能的统一理论体系，但却遇到了“常识”问题的障碍，以及不确定事物的知识表示和问题求解等难题，因而受到其他学派的批评与否定。

连接主义（connectionism）又称为仿生学派（bionicsism）或生理学派（physiologism），是一种基于神经网络及网络间的连接机制与学习算法的智能模拟方法，其原理主要为神经网络和神经网络间的连接机制和学习算法。这一学派认为人工智能源于仿生学，特别是人脑模型的研究。

这一方法从神经生理学和认知科学的研究成果出发，把人的智能归结为人脑的高层活动的结果，强调智能活动是由大量简单的单元通过复杂的相互连接后并行运行的结果。人工神经网络（简称神经网络）就是其典型代表性技术，因此我们可以把连接主义的思想简单地称为“神经计算”。

连接主义认为神经元不仅是大脑神经系统的基本单元，还是行为反应的基本单元。思维过程是神经元的连接活动过程，而不是符号运算过程，对物理符号系统假设持反对意见，认为人脑不同于电脑，并提出连接主义的大脑工作模式，用于取代符号操作的电脑工作模式。他们认为任何思维和认知功能都不是少数神经元决定的，而是通过大量突触相互动态联系着的众多神经元协同作用来完成的。

实质上，这种基于神经网络的智能模拟方法就是以工程技术手段模拟人脑神经系统的结构和功能为特征，通过大量的非线性并行处理器来模拟人脑中众多的神经细胞（神经元），用处理器的复杂连接关系来模拟人脑中众多神经元之间的突触行为。这种方法在一定程度上可能实现了人脑形象思维的功能，即实现了人的右脑形象抽象思维功能的模拟。

连接主义的代表性成果是 1943 年由麦克洛奇和皮兹提出的形式化神经元模型，即 M-P模型。他们总结了神经元的一些基本生理特性，提出神经元形式化的数学描述和网络的结构方法，从此开创了神经计算的时代，为人工智能研究创造了一条用电子装置模仿人脑结构和功能的新途径。1982 年，美国物理学家霍普菲尔特提出了离散的神经网络模型，1984 年他又提出了连续的神经网络模型，使神经网络可以用电子线路来仿真，开拓了神经网络用于计算机的新途径。1986 年，鲁梅尔哈特等人提出了多层网络中的反向传播（BP）算法，使多层感知机的理论模型有所突破。同时，由于许多科学家加入了人工神经网络的理论与技术研究，使这一技术在图像处理、模式识别等领域取得了重要的突破，为实现连接主义的智能模拟创造了条件。

行为主义又称为进化主义（evolutionism）或控制论学派（cyberneticsism），是一种基于“感知—行动”的行为智能模拟方法。这一学派认为，智能取决于感知和行为，取决于对外界复杂环境的适应，而不是表示和推理，不同的行为表现出不同的功能和不同的控制结构，其原理为控制论及感知—动作型控制系统。他们对人工智能发展历史具有不同的看法，这一学派认为人工智能源于控制论。

控制论思想早在20世纪40－50年代就成为时代思潮的重要部分，影响了早期的人工智能工作者。维纳和麦洛克等人提出的控制论和自组织系统以及钱学森等人提出的工程控制论和生物控制论影响了许多领域。控制论把神经系统的工作原理与信息理论、控制理论、逻辑以及计算机联系起来。早期的研究工作重点是模拟人在控制过程中的智能行为和作用，对自寻优、自适应、自校正、自镇定、自组织和自学习等控制论系统的研究，并进行“控制动物”的研制。到20世纪60－70年代，上述这些控制论系统的研究取得一定进展，播下智能控制和智能机器人的种子，并在20世纪80年代诞生了智能控制和智能机器人系统。

行为主义的主要观点可以概括为① 知识的形式化表示和模型化方法是人工智能的重要障碍之一；② 应该直接利用机器对环境产生作用后，环境对作用者的响应作为原型；③ 所建造的智能系统在现实世界中应具有行动和感知的能力；④ 智能系统的能力应该分阶段逐渐增强，在每个阶段都应是一个完整的系统。

行为主义的杰出代表布鲁克斯教授在1990和1991年相继发表论文，对传统人工智能进行了批评和否定，提出了无须知识表示和无须推理的智能行为观点。在这些论文中，布鲁克斯从自然界中生物体的智能进化过程出发，提出AI系统的建立应采用对自然智能进化过程仿真的方法。他认为智能只是在与环境的交互作用中表现出来的，任何一种“表达”都不能完善地代表客观世界的真实概念，因而用符号串表达智能是不妥当的。布鲁克斯这种基于行为(进化)的观点开辟了人工智能研究的新途径，从而在国际人工智能界形成了行为主义这个新的学派。

布鲁克斯的代表性成果是他研制的六足机器虫。布鲁克斯认为要求机器人像人一样去思维太困难了，在做一个像样的机器人之前，不如先做一个像样的机器虫，由机器虫慢慢进化，或许可以做出机器人。于是他在美国麻省理工学院(MIT)的人工智能实验室研制成功了一个由150个传感器和23个执行器构成的，像蝗虫一样能六足行走的机器虫试验系统。这个机器虫虽然不具有像人那样的推理和规划能力，但其应付复杂环境的能力却大大超过了原有的机器人，在自然(非结构化)环境下，具有灵活的防碰撞和漫游行为。

行为主义的思想提出后引起了人们的广泛关注，其中感兴趣的人有很多，反对的也大有人在。例如，有人认为布鲁克斯的机器虫在行为上的成功并不能引起高级控制行为，指望让机器从昆虫的智能进化到人类的智能只是一种幻想。尽管如此，行为主义学派的兴起表明了控制论、系统工程的思想将进一步影响人工智能的发展。

8 知识与推理

在人工智能研究中，经常会有人提出“如何表示知识?”“计算机如何理解知识?”“知识能否被程序利用?”等一系列问题。简单总结这些问题，可以归纳为“如何使机器懂得知识，然后对其进行处理，并能够以人类能理解的方式呈现”，这就是本章要介绍的知识表示与推理。

8.1 知识表示

知识表示就是指把问题求解中所需要的对象、前提条件、算法等知识构造为计算机可处理的数据结构以及解释这种结构的某些过程。智能活动主要是一个获得并应用知识的过程，而知识必须有适当的表示方法才便于在计算机中有效地被存储、检索、使用和修改。

8.1.1 知识

知识是信息接收者通过对信息的提炼和推理而获得的正确结论，是人对自然世界、人类社会以及思维方式与运动规律的认识，也是人的大脑通过思维重新组合并系统化后的信息集合。

在知识表示问题中，知识的涵义与我们一般认知的知识的涵义是有区别的，它是指以某种结构化的方式表示的概念、事件和过程。因此在知识表示中，并不是日常生活中的所有知识都能够得以体现的，而是只有限定了范围和结构，经过编码改造的知识才能成为知识表示中的知识。知识表示中的知识一般分为如下几类。

(1) 有关现实世界中所关心对象的概念，即用来描述现实世界所抽象总结出的概念。

(2) 有关现实世界中发生的事件、事件相关对象的行为和状态等内容，也就是说不只有静态的概念，还有动态的信息。

(3) 关于过程的知识，即不只有当前状态和行为的描述，还要有对其发展的变化及其相关条件、因果关系等描述的知识。

(4) 元知识,即关于知识的知识,是知识库中的高层知识,包括怎样使用规则、解释规则、校验规则、解释程序结构等知识,以及如何利用已知知识的知识。

在现阶段我们着重关注知识的以下几个特性。

(1) 条件性:一定条件下/某种环境中。

(2) 不确定性:中间状态/为真程度/随机性/模糊性/经验性/不完全性。

(3) 可表示性:语言/文字/图像/视频/图形/音频/神经网络/概率图。

8.1.2 知识表示方法

经过国内外学者的共同努力,目前已经有多种知识表示方法得到了深入的研究,目前使用较多的知识表示方法主要有以下几种。

(1) 一阶谓词逻辑表示:以谓词形式来表示动作的主体、客体,是一种叙述性知识表示方法。

(2) 产生式表示法:又称规则表示,有的时候被称为"IF - THEN"表示,它表示一种条件-结果形式,是一种比较简单表示知识的方法。IF 后面部分描述了规则的先决条件,而 THEN 后面部分描述了规则的结论。

(3) 框架表示法:把某一特殊事件或对象的所有知识储存在一起的一种的数据结构。

(4) 脚本表示法:一种与框架类似的知识表示方法,由一组槽组成,用来表示特定领域内一些时间的发生序列,类似于电影剧本。

(5) 基于 XML 的表示法:在可扩展标记语言(extensible markup language, XML)中,数据对象使用元素描述,而数据对象的属性可以描述为元素的子元素或元素的属性。

(6) 知识图谱表示法:一种语义网络(semantic network)的知识库。

此外,还有适合特殊领域的一些知识表示方法,如概念图、Petri、基于网格的知识表示方法、粗糙集、基于云理论的知识表示方法等,在此不做详细介绍。在实际应用过程中,一个智能系统往往包含了多种表示方法。

8.1.3 知识表示过程

从一般意义上讲,知识表示就是为描述世界所做的一组约定,是对知识的符号化、形式化和模型化。从计算机科学的角度来看,知识表示是研究计算机表示知识的可行性、有效性的一般方法,是把人类知识表示成机器能处理的数据结构和系统控制结构的策略。一个完整知识表示过程通常是:设计者首先针对各种类型的问题设计多种知识表示方法;然后表示方法的使用者选用合适的表示方法表示某类知识;最后知识的使用者使用或者学习经过表示方法处理后的知识。所以,知识表示的客体就是知识;知识表示的主体包括 3 类:表示方法的设计者、表示方法的使用者、知识的使用者。具体来说,知识表示的主体主要是人(个人或集体),有时也可能是计算机。

知识表示的过程如图 8 - 1 所示。图中的知识 I 是指隐性知识或者使用其他表示方法表示的显性知识;知识Ⅱ是指用该种知识表示方法表示后的显性知识。知识Ⅰ与知识Ⅱ的深层结构一致,只是表示形式不同。所以,知识表示的过程就是把隐性知识转化为显性知识的过程,或者是把知识由一种表示形式转化成另一种表示形式的过程。

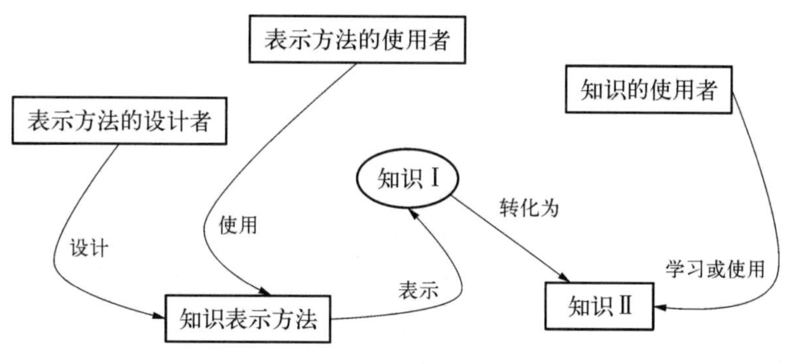

图 8-1 知识表示的过程

假设有这样一个知识需要表示:小潘是计算机系的学生,但他不喜欢编程。知识的表示有很多种,在此我们试着用"一阶谓词逻辑"来表示它。在谓词逻辑中,原子命题分解成个体词和谓词。个体词是可以独立存在的事或物,包括现实物、精神物和精神事。谓词则是用来刻画个体词的性质的词,即刻画事和物之间的某种关系表现的词。如"苹果"是一个现实物个体词,"苹果可以吃"是一个原子命题,"可以吃"是谓词,刻画"苹果"的一个性质,即与动物或人的一个关系,表示的步骤如下:

首先,定义谓词

Computer(x): x 是计算机系的学生

Like(x, y): x 喜欢 y

其次,用谓词公式表示

Computer(xiaopan) ∧ not Like(xiaopan,programing)

8.2 知识推理

知识推理是指在计算机或智能系统中,模拟人类的智能推理方式,依据推理控制策略,利用形式化的知识进行机器思维和求解问题的过程。智能系统的知识推理包括两个基本问题:一是推理方法,研究的是前提与结论之间的种种逻辑关系及其可信度传递规律等;二是推理的控制策略。而采用控制策略是为了限制和缩小搜索的空间,使原来的指数型困难问题在多项式时间①内求解。从问题求解角度来看,控制策略亦称为求解策略,它包括推理方向策略、搜索策略、冲突消解策略等。

① 同一问题可用不同算法解决,而一个算法的质量优劣将影响到算法乃至程序的效率,多项式时间是最小的复杂度类别。

8.2.1 知识推理的方法

推理方法主要解决在推理过程中前提与结论之间的逻辑关系，以及在非精确性推理中不确定性的传递问题。

如图 8-2 所示按照分类标准的不同，推理方法主要有以下 3 种分类方式。

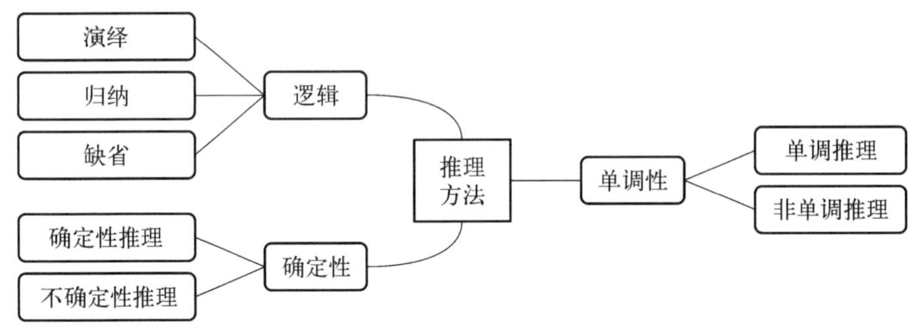

图 8-2 推理方法的不同分类方式

1. 从逻辑基础上分，可分为演绎推理、归纳推理和缺省推理

演绎推理是从已知的一般性知识出发，去推出蕴含在这些已知知识中的适合于某种个别情况的结论。

归纳推理是一种由个别到一般的推理方法。从足够多的事例中归纳出一般性结论的推理过程。

缺省推理又称为默认推理，它是在知识不完全的情况下，假设某些条件已经具备所进行的推理，是日常生活中常见的“推理”。例如，在条件 A 已成立的情况下，如果没有足够的证据能证明条件 B 不成立，则默认 B 是成立的，并在默认 B 正确的前提下进行推理，继而推导出某个结论；又如，除非能找到反例，否则我们总是认为一些事情是成立的。

2. 从确定性上分，分为确定性推理和不确定性推理

确定性推理是指推理时所用的知识都是确定的，推出的结论也是确定的，其真值或者为真，或者为假，没有第 3 种情况出现。

不确定性推理是指推理时所用的知识不都是确定的，推出的结论也不完全是确定的，其真值位于真与假之间。

3. 从单调性上分，可分为单调推理和非单调推理

单调推理推出的结论呈单调增加的趋势，并且越来越接近最终目标。一个演绎推理的逻辑系统有一个无矛盾的公理系统，新加入的结论必须与公理系统兼容，因此新的结论与已有的知识不发生矛盾，结论总是越来越多，所以演绎推理是单调推理。

非单调推理由于新知识的加入，不仅没有加强已推出的结论，反而否定了它。非单调推理的处理过程要比单调推理的过程复杂和困难很多。因为当一项知识加入知识库而必须撤销某些以前已经推出的且已存入知识库的知识时，并非简单地把该项过时的知识去掉，而应将那些在证明时曾依赖被撤销知识的一切陈述撤销，或者再用新数据去证明它

们。这种"撤销知识"的连锁反应过程需要反复进行直到不再需要进一步撤销时为止。

我们需要非单调推理的主要原因是：

(1) 由于缺乏完全的知识，只好对部分问题做暂时的假设。而这些假设可能是对的，也可能是错的。但错了以后要能够在某时刻得到修正，这就需要非单调推理。

(2) 客观世界变化太快，某一时刻的知识不能持久使用，这也需要非单调推理来维护知识库的正确性。

8.2.2 演绎推理

演绎推理(deduction)：演绎是从一般到特殊的过程。所谓演绎推理，就是从一般性的前提出发，通过演绎得出具体陈述或个别结论的过程。最经典的演绎推理就是三段论(syllogism)，包括一个一般性原则(大前提)、一个附属于大前提的特殊化陈述(小前提)、一个由此引申出的特殊化陈述或者符合一般性原则的结论。例如，

大前提：计算机系的学生都会编程。

小前提：李强是计算机系的学生。

结论：李强会编程。

演绎推理不仅仅局限于三段论，也不只是从一般到特殊的过程。它有着强烈的演绎特性，重在通过利用每一个证据，逐步地推导到目标或以外的结论，多用于数学物理证明、思维推导等各类应用。例如，

> 莎士比亚在《威尼斯商人》中，描写富家少女鲍西亚品貌双全，贵族子弟、公子王孙纷纷向她求婚。鲍西亚按照其父遗嘱，由求婚者"猜盒订婚"。鲍西亚有金、银、铅3个盒子，分别刻有3句话，其中只有一个盒子放有鲍西亚的肖像。求婚者中谁通过这3句话最先猜中肖像放在哪个盒子里，谁就可以娶到鲍西亚。
>
> 金盒子上写："肖像不在此盒中。"
>
> 银盒子上写："肖像在铅盒中。"
>
> 铅盒子上写："肖像不在此盒中。"
>
> 鲍西亚告诉求婚者，上述3句话中最多只有1句话是真的。如果你是一位求婚者，如何尽快猜中鲍西亚的肖像究竟放在哪一个盒子里？

大前提：银盒子与铅盒子的话互相矛盾，必一真一假。

小前提：3句话中，最多只有1句话是真的。

结论：金盒子的话为假。

从一组已知为真的事实出发，直接运用经典逻辑的推理规则推出结论的过程，称为自然演绎推理[①]，其基本的推理规则有P规则、T规则[②]、假言推理、拒取式推理等。

---

① 另有归结演绎推理，形式较为复杂，有兴趣者可自行查阅。

② P规则：(前提引入)在推导的任何步骤上，都可以引入前提。T规则：(结论引用)在推导任何步骤上所得结论都可以作为后继证明的前提。

假言推理的一般形式为

$$P, P \to Q \Rightarrow Q$$①

例如,由"铜是金属"及"如果 x 是金属,则 x 能导电"可推出"铜能导电"的结论。

拒取式推理的一般形式为

$$P \to Q, \neg Q \Rightarrow \neg P$$

其中"¬"表示"非"。例如,由"如果下雨,则地上湿"及"地上不湿"可推出"没有下雨"的结论。

自然演绎推理应避免的两类错误:① 肯定后件;② 否定前件。所谓肯定后件是指,当 $P \to Q$ 为真时,希望通过肯定后件 Q 为真来推出前件 P 为真。这是不允许的。例如,伽利略在论证哥白尼的日心说时,曾使用了如下推理。

(1) 如果行星系统是以太阳为中心的,则金星会显示出位相变化。

(2) 金星显示出位相变化。

(3) 所以,行星系统是以太阳为中心的。

这就是使用了肯定后件的推理,违反了经典逻辑的逻辑规则,他为此受到非难。

所谓否定前件是指,当 $P \to Q$ 为真时,希望通过否定前件 P 来推出后件 Q 为假,这也是不允许的。例如下面的推理就是使用了否定前件的推理,违反了逻辑规则。

(1) 如果下雨,则地上是湿的。

(2) 没有下雨。

(3) 所以,地上不湿。

这显然是不正确的,因为当地上洒了水时也会是湿的。

例如,设已知如下事实:

(1) 凡是容易的课程小王(Wang)都喜欢。

(2) C 班的课程都是容易的。

(3) ds 是 C 班的一门课程。

求证:小王喜欢 ds 这门课程。

证明:

首先定义谓词。

Easy(x):x 是容易的。

LIKE(x, y):x 喜欢 y。

C(x):x 是 C 班的一门课程。

把上述已知事实及待求证问题用谓词公式表示出来:

$EASY(x) \to LIKE(Wang, x)$

$(C(x) \to EASY(x))$

① A→B 表示蕴含关系。意思是 A 真的话,就能够推出 B 也真。

C(ds)

LIKE(Wang,ds)

然后应用推理规则进行推理。

C(x) →EASY(x)

C(y) →EASY(y)　　　　　　全称固化

C(ds),C(y) →EASY(y)⇒EASY(ds)　　　　P 规则及假言规则

EASY(ds),EASY(x) →LIKE(Wang,x)　　T 规则及假言规则

⇒LIKE(Wang,ds),即小王喜欢 ds 这门课程

8.2.3 归纳推理

归纳推理(induction):归纳是从特殊到一般的过程。所谓归纳推理,就是从一类事物的大量特殊事例出发,推出该类事物的一般性结论。我们熟知的数学归纳法就是归纳推理的一个典型例子。下面的这个举例虽并不十分严谨但很直观地展示了归纳推理的思想。

前提:蓝鲸可以喷射水柱。抹香鲸可以喷射水柱。座头鲸可以喷射水柱……

结论:所有已知鲸类都可以喷射水柱。

演绎推理与归纳推理的区别在于:演绎推理是在已知领域内的一般性知识的前提下,通过演绎求解一个具体问题或者证明一个结论的正确性。它所得出的结论实际上早已蕴含在一般性知识的前提中,演绎推理只不过是将已有事实揭示出来,因此它不能增殖新知识。而相反,归纳推理所推出的结论是没有包含在前提内容中的,这种由个别事物或现象推出一般性知识的过程,是增殖新知识的过程。

8.2.4 确定性推理与不确定性推理

确定性推理大多指确定性逻辑推理,它具有完备的推理过程和充分的表达能力,可以严格地按照专家预先定义好的规则准确地推导出最终结论。但是确定性推理很难应对真实世界中,尤其是存在于网络大规模知识图谱中的不确定,甚至不正确的事实和知识。

不确定的知识例:"一个人和其父亲拥有同样的国籍"这条规则在现实生活中大部分情况下都是正确的,但也不排除移民、母方国籍等因素使得少量事实不满足它。

不正确的事实例:在大规模知识图谱 YAGO(YAGO 是由德国马普研究所研制的链接数据库。YAGO 主要集成了 Wikipedia、WordNet 和 GeoNames 三个来源的数据)中,根据抽样统计宣布其中含有 5%左右的错误事实。

不确定性推理也称为概率推理,是统计机器学习中一个重要的议题。它并不是严格地按照规则进行推理,而是根据以往的经验和分析,结合专家先验知识构建概率模型,并利用统计计数、最大似然估计等统计学习的手段对推理假设进行验证或推测。不确定性推理可以有效建模真实世界中的不确定性。

8.2.5 知识推理的控制策略

1. 推理方向

推理方向主要包括正向推理、反向推理和混合推理。

正向推理又称为事实驱动或数据驱动推理，其主要优点是比较直观，允许用户提供有用的事实信息，是产生式专家系统的主要推理方式之一。如图 8-3 所示，正向推理的基本思想表示如下：

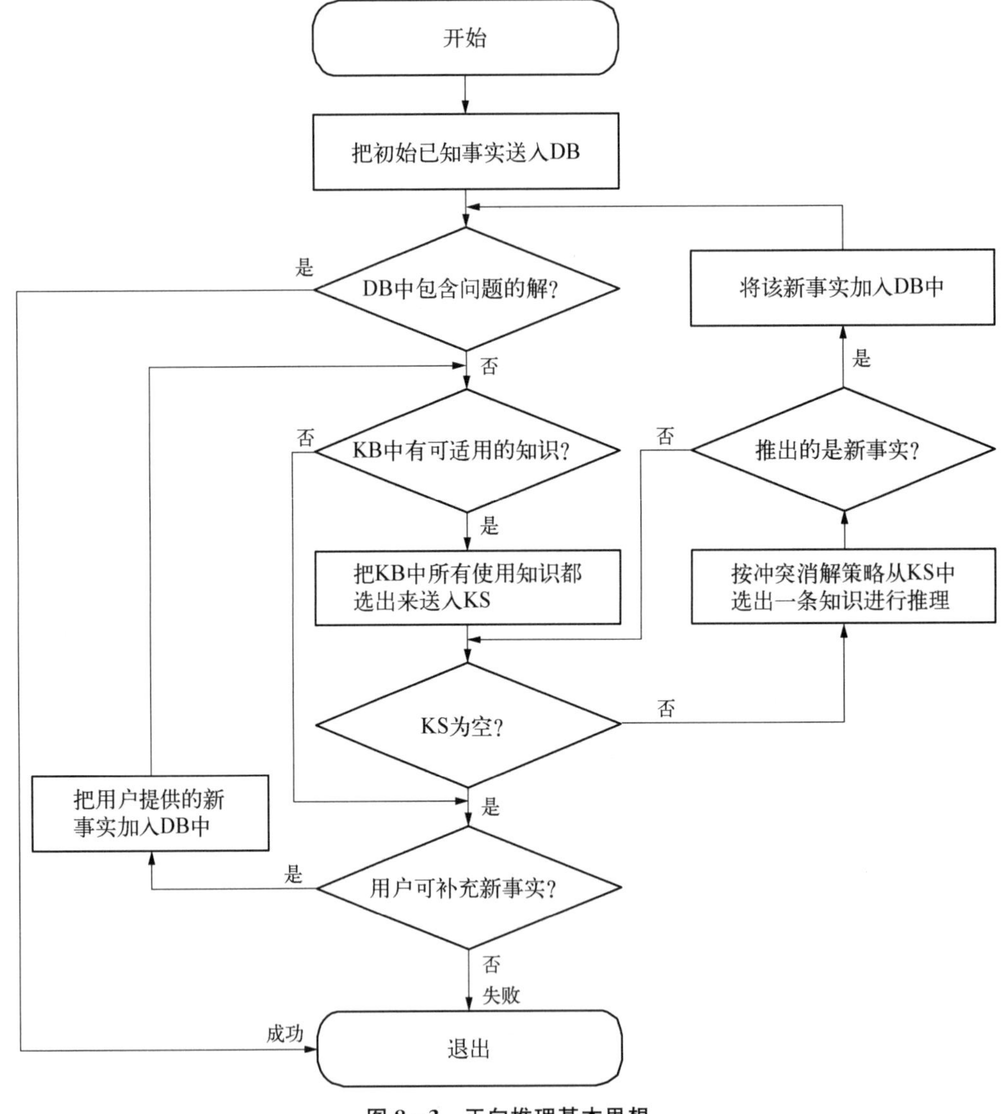

图 8-3　正向推理基本思想

首先，从用户提供的初始已知事实出发，在知识库 KB 中找出当前可适用的知识，构成可适用的知识集 KS；然后按某种冲突消解策略从 KS 中选出一条知识进行推理，并将推出的新事实加入数据库 DB 中，作为下一步推理的已知事实；在此之后，再在知识库中选取可适用的知识进行推理。如此重复进行这一过程，直到求得所要求的解。

下面以识别动物的推理过程为例进行说明(见图 8-4)。

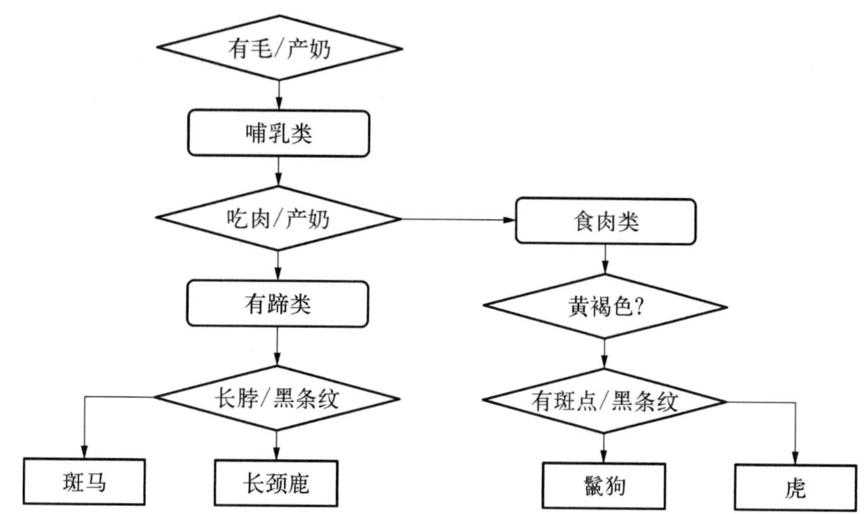

图 8-4　识别动物的推理过程

已知事实：某动物{有毛，吃草，黑条纹}。

R1：动物有毛→哺乳类；

R2：动物产奶→哺乳类；

R3：哺乳类∧吃肉→食肉类；

R4：哺乳类∧吃草→有蹄类；

R5：食肉类∧黄褐色∧有斑点→猎狗；

R6：食肉类∧黄褐色∧黑条纹→虎；

R7：有蹄类∧长脖→长颈鹿；

R8：有蹄类∧黑条纹→斑马。

在给定的知识库中，根据 R1、R4、R8 判据，可以认为该{有毛，吃草，黑条纹}动物为斑马。

反向推理又称目标驱动或假设驱动推理，其主要优点是不必使用与总目标无关的规则，且有利于向用户提供解释。如图 8-5 所示，反向推理的基本思想是：首先选定一个假设目标；然后寻找支持该假设的证据，若所需的证据都能找到，则说明原假设是成立的；若找不到所需要的证据，则说明原假设不成立，此时需要另做新的假设。

正反向混合推理可以克服正向推理和反向推理问题求解效率较低的缺点。比如基于神经网络的知识推理既可以实现正向推理，又可以实现反向推理。在研制结构选型智能设计系统时，应结合具体情况选择合适的推理策略。

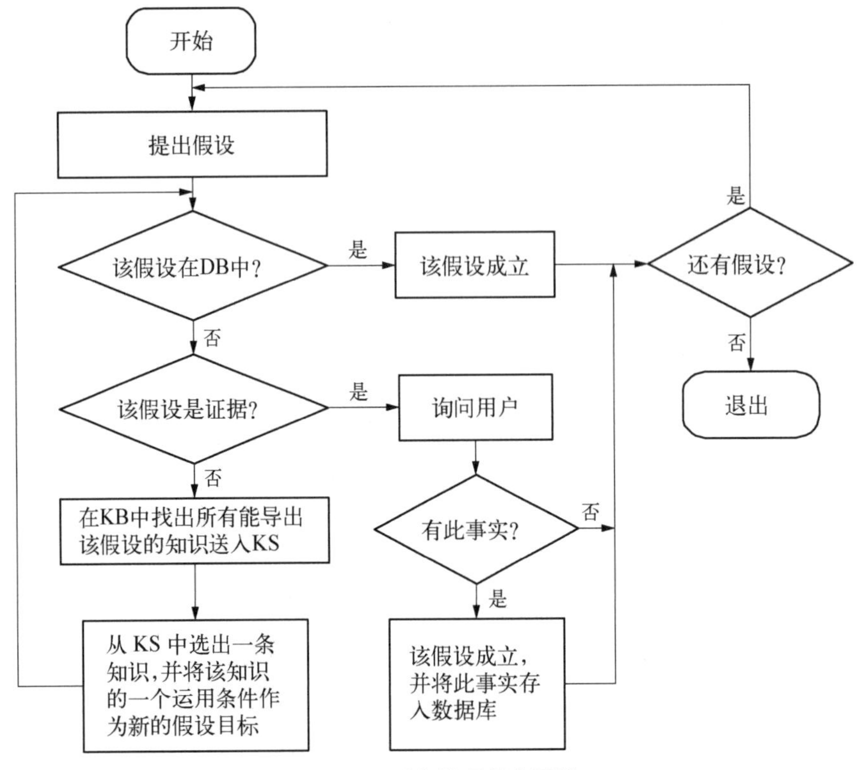

图 8-5　反向推理基本思想

2. 搜索策略

搜索策略主要包括盲目搜索和启发式搜索,前者包括广度优先、深度优先、迭代加深等;后者包括 A* 搜索,蚁群搜索等。

3. 冲突消解策略

冲突是指同时有多个知识都匹配成功。例如,正向推理：多条产生式前件①都与已知事实匹配成功;逆向推理：多条规则后件都和同一个假设匹配成功。

冲突消解的基本思想都是对知识进行排序,方法如下：

(1) 按针对性排序：优先选用针对性强的产生式规则。

(2) 按已知事实的新鲜性排序：优先选用与较多新事实匹配的规则。

(3) 按匹配度排序：在不确定性匹配中,计算两个知识模式的相似度(匹配度),并对其排序,相似度高的规则先推。

(4) 按领域问题特点排序。

(5) 按上下文限制排序：把规则按照下上文分组,并只能选取组中的规则。

(6) 按冗余限制排序：冗余知识越少的规则先推。

(7) 按条件个数排序：条件少的规则先推。

---

① 在假言命题中,表示条件的命题称为前件(一般用"p"表示),表示依赖条件而成立的命题称为后件(一般用"q"表示)。在充分条件假言命题中,连接词"如果(if)"后的支命题是前件,"那么(then)"后的支命题是后件。

4. 知识推理的内总结

第8.2节介绍了知识推理系统的两大基本组成部分及主要方法，内容较多将其整理如下便于直观理解，如图8-6所示。

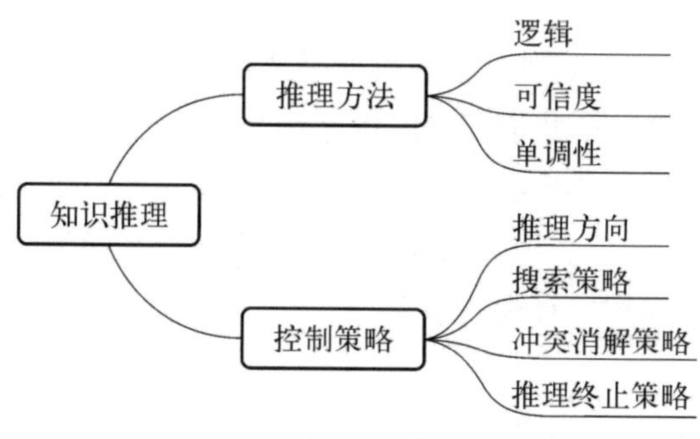

图8-6 知识推理的基本内容

8.3 产生式系统的推理

产生式系统的推理是基于产生式知识表示的推理，又称基于规则的推理(rule-based reasoning, RBR)，其核心是演绎推理，从一组前提必然推导出某个结论。它的特点包括：

(1) 具有很强的推理能力和较高的推理效率。

(2) 知识表示形式简单，通常是IF-THEN结构，易于系统实现。

(3) 知识获取困难，需要靠"人工移植"方式获取专家知识，知识库维护困难。

(4) 运行效率随Rule Base规模的增大而迅速降低。

(5) 对于非结构化的知识组织形式，求解复杂问题困难。

8.3.1 产生式系统的组成

如图8-7所示，产生式系统一般由3个基本部分组成：规则库、综合数据库和推理机。

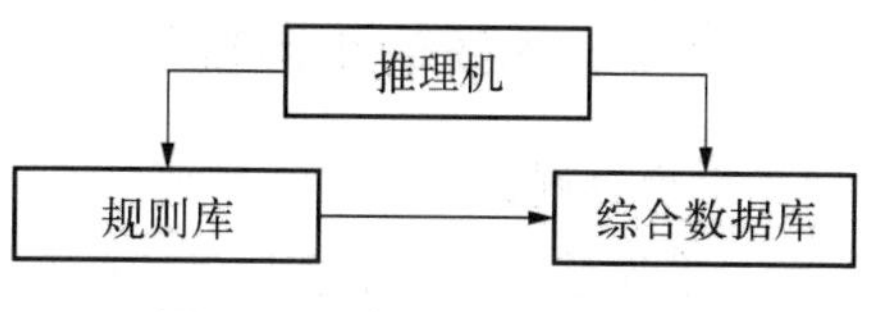

图8-7 产生式系统的组成

1. 规则库

规则库是用于描述某领域内知识的产生式集合，是某领域知识(规则)的存储器，其中的规则是以产生式形式表示的。规则库中包含着将问题从初始状态转换成目标状态的那些变换规则。

2. 产生式规则

产生式规则是在条件、因果等类型的判断中所采用的一种对知识进行表示的方法，其基本的形式是P→Q或者if P then Q。这里讲的产生式规则与刚才的谓词逻辑中的"蕴涵(→)式”表示是有区别的，后者是一种精确的匹配，即“如果 x，则 100%的会是 y”。而前者则可以表示一种模糊匹配，有一定的置信度，即发生概率。例如：if“咳嗽 and 发烧”，then“感冒”，置信度 80%。这里 if 部分表示条件部，then 部分表示结论部，置信度表示当满足条件时得到结论的发生概率。这整个部分就形成了一条规则，表示的就是这样一类因果知识：“如果病人发烧且咳嗽，则他很有可能是感冒了”。

因此，针对比较复杂的情况，我们都可以用这种产生式规则的知识表示方式形成一系列的规则。规则库是专家系统的核心，也是一般产生式系统赖以进行问题求解的基础，其中知识的完整性和一致性、知识表达的准确性和灵活性以及知识组织的合理性，都将对产生式系统的性能和运行效率产生直接的影响。

3. 综合数据库

综合数据库又称为事实库，用于存放输入的事实、从外部数据库输入的事实以及中间结果(事实)和最后结果的工作区。当规则库中的某条产生式的前提可与综合数据库中的某些已知事实匹配时，该产生式就被激活，并把用它推出的结论放入综合数据库中，作为后面推理的已知事实。显然，综合数据库的内容在不断变化，是动态的。

4. 推理机

推理机是一个或一组程序，用来控制和协调规则库与综合数据库的运行，包含了推理方式和控制策略。控制策略的作用就是确定选用什么规则或如何应用规则。通常从选择规则到执行操作分 3 步完成：匹配、冲突解决和操作。

(1) 匹配：匹配就是将当前综合数据库中的事实与规则中的条件进行比较。如果相匹配，则这一规则称为匹配规则。由于可能同时有几条规则的前提条件与事实相匹配，那么究竟选哪一条规则去执行？这就是规则冲突解决。通过冲突解决策略选中的在操作部分执行的规则称为启用规则。

(2) 冲突解决：冲突解决的策略有很多种，其中专一性排序、规则排序、规模排序和就近排序是比较常见的冲突解决策略。

(3) 操作：操作就是执行规则的操作部分。经过操作以后，当前的综合数据库将被修改，有可能启用其他规则继续推理。

8.3.2 产生式系统的正向推理

1. 基于规则正向推理

正向推理是从已知事实出发，通过规则库求得结论。正向推理方式也称为数据驱动方式或自底向上的方式。这种推理方式是由数据到结论，所以又称为数据驱动策略。推理方式为

初始状态　　　目标状态
(事实条件) → (结论假设)

正向推理的过程如下：

(1) 搜索规则(知识)库,逐条检查规则的前提在事实库中是否存在。

(2) 若各子项不全都存在,则放弃该规则;若全都存在,则执行该规则,并把结论放入综合数据库或对综合数据库进行必要的修改。

(3) 反复执行以上过程,直至推出目标。下面举例进行说明。

例 1: 患者眼睑局部红肿,顶尖有脓点,观察舌苔薄且黄,自述胃纳差(食欲不振)。根据产生式规则,诊断疾病并提出治疗方案。

下面通过产生式规则进行推理。

R1:毛囊皮根微红肿→轻型

R2:鼻塞流涕→外感风热

R3:舌苔薄黄∧胃纳差→胃肠积热

R4:眼睑局部明显红肿→重型

R5:眼睑局部红肿∧顶尖有脓点→重型

R6:脓点破溃→晚期

R7:轻型∧外感风热→轻风热型

R8:重型∧外感风热→重风热型

R9:重型∧胃肠积热→重积热型

R10:轻型→散痢法

R11:晚期→外敷药物

R12:轻风热型→散痢加罐

R13:重风热型→挑痢加罐

R14:重积热型→放血法

输入"眼睑局部红肿"∧"顶尖有脓点"∧"舌苔薄黄"∧"胃纳差"。

循环次数	使用规则	事实变动情况
1	R3	加入"胃肠积热"
2	R5	加入"重型"
3	R9	加入"重积热型"
4	R14	加入"放血法"

计算机利用正向推理求解问题时,先将事实数据存入计算机的事实库中,然后令领域知识表示为规则存入规则库中。推理时将问题的事实与规则的前提进行匹配。前提可能由条件或子句集合组成,如果规则前提中的所有子句匹配成功,则执行这条规则。将执行后所得的新事实存入事实库中,再次寻找匹配的规则,直至得出结论(见图8-8)。

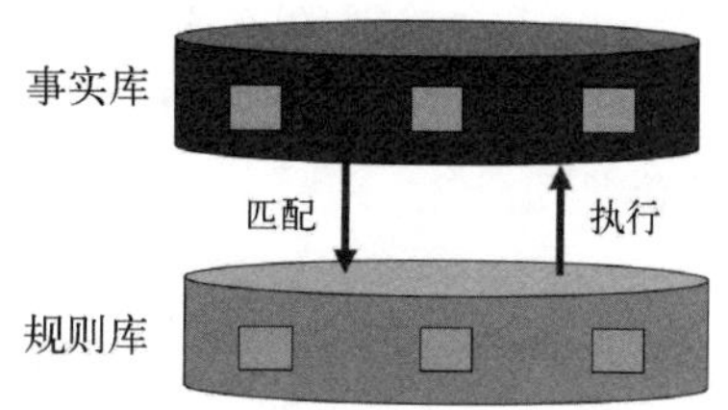

图 8-8 正向推理示意图

例 2：目标结论为李先生不出交通事故。

谓词表示：

年龄(x)//表示 x 的年龄

中年人(x)//表示 x 是中年人

老练(x)//表示 x 很老练

细心(x)//表示 x 很细心

有驾驶技术(x)//表示 x 有驾驶技术

不出交通事故(x)//表示 x 不出交通事故

事实

F1：年龄(李先生)=43//李先生的年龄是 43

F2：有驾驶技术(李先生)//李先生有驾驶技术

规则：(正向规则表示)

R1：If 年龄(x)小于等于 55 and 年龄(x)大于等于 35
　　Then 中年人(x)

R2：If 中年人(x)Then 老练(x)

R3：If 中年人(x)Then 细心(x)

R4：If 老练(x)and 细心(x)and 有驾驶技术(x)Then 不出交通事故(x)

推理过程　(用规则的前提匹配事实)

R1：年龄(李先生)小于等于 55 and 年龄(李先生)大于等于 35 → 中年人(李先生)

(F1：年龄=43)

R2：中年人(李先生)→ 老练(李先生)

R3：中年人(李先生)→ 细心(李先生)

R4：老练(李先生)and 细心(李先生)and 有驾驶技术(李先生)→ 不出交通事故(李先生)(F2)

2. 正向推理的冲突解决策略

重要度优先指预先给各规则赋予表示其重要程度的权值，在处理冲突规则时，选择权值最高的规则。

最近优先法指优先选择与最近加入事实库中的事实相匹配的规则。在这种情况下，各数据元素被赋予时间标志。在以实时控制为目标的事件驱动型推理中，常使用这种策略。

3. 正向推理的一般算法

(1) 扫描规则库，产生可用规则集 S，这些规则左边条件均为真，即都被问题的条件事实满足。

(2) 调用解决冲突算法，从 S 中选出规则 R。

(3) 执行规则 R 右边的结论部分，将产生的新事实加入事实库。

(4) 若目标得证或无新的事实产生，则停止；否则转(2)。

8.3.3 产生式系统的逆向推理

反向推理是从目标(作为假设)出发，反向使用规则，求得已知事实。这种推理方式也被称为目标驱动方式或自顶向下的方式。

这种推理方法由目标到数据，因此也称为目标驱动策略。推理方式如下所示：

初始状态　　　　目标状态
(事实　条件)　←　(结论　假设)

反(逆)向推理过程是：从目标开始，寻找以目标为结论的规则，并对该规则的前提进行判断；若前提中某子项是另一规则的结论，则寻找此结论的规则；重复以上过程，直到对某规则的前提能够进行判断；按对规则前提的判断("是"或"否")得出对结论的判断，并回溯到对上一规则的推理，一直回溯到对目标的判断。

1. 交通事故逆向推理举例

(1) 目标假设：李先生不出交通事故

(2) 谓词

年龄　(x)　//表示 x 的年龄
中年人　(x)　//表示 x 是中年人
老练　(x)　//表示 x 很老练
细心　(x)　//表示 x 很细心
有驾驶技术　(x)　//表示 x 有驾驶技术
不出交通事故　(x)　//表示 x 不出交通事故

(3) 事实

F1：年龄(李先生)=43　//李先生的年龄是 43
F2：有驾驶技术(李先生)　//李先生有驾驶技术

(4) 规则：(逆向规则表示法)

R1：中年人(x) If 年龄　(x)小于等于 55 and 年龄(x)大于等于 35
R2：老练　(x) If 中年人(x)
R3：细心　(x) If 中年人(x)
R4：不出交通事故(x) If 老练(x)and 细心(x)and 有驾驶技术(x)

(5) 推理过程(用目标匹配规则的结论)

不出交通事故(李先生)→　(R4)
老练(李先生)
细心(李先生)
有驾驶技术(李先生)√　(F2)
老练(李先生)→中年人(李先生)　(R2)
细心(李先生)→中年人(李先生)　(R3)

中年人(李先生)→　　　　　　　(R1,F1)

年龄(李先生)小于等于55√

年龄(李先生)大于等于35√

2. 逆向推理的算法

设目标为G,逆向推理算法如下。

(1) 扫描事实库,找出与目标G匹配的事实F,若F存在,则成功返回。

(2) 扫描规则库,找出结论与目标G匹配的规则集S。

(3) 如果S为空:则失败返回。

(4) 如果S非空且G未知,重复执行以下操作:① 调用解决冲突算法,从S中选出规则R;② 将规则R的前提部分作为子目标G′;③ 若G′未知,递归调用本算法;④ 若G′为真,执行R的结论部分,并且从S中删除规则R。

3. 反向推理树

推理树是指按反向推理把规则库所含总目标作为根结点,按规则的结论和前提展开成的一棵"树"。如图8-9所示,图(a)为展开后的推理树,连线间有弧线的表示"与"关系,无弧线的表示"或"关系;图(b)为按照深度优先搜索策略的推理过程:

R1:A→G　　　　R2:B∧C→G

R3:I∧J→A　　　　R4:K→A

R5:X∧F→J　　　　R6:L→B

R7:M→C　　　　R8:E→C

R9:W∧Z→M　　　　R10:P∧Q→E

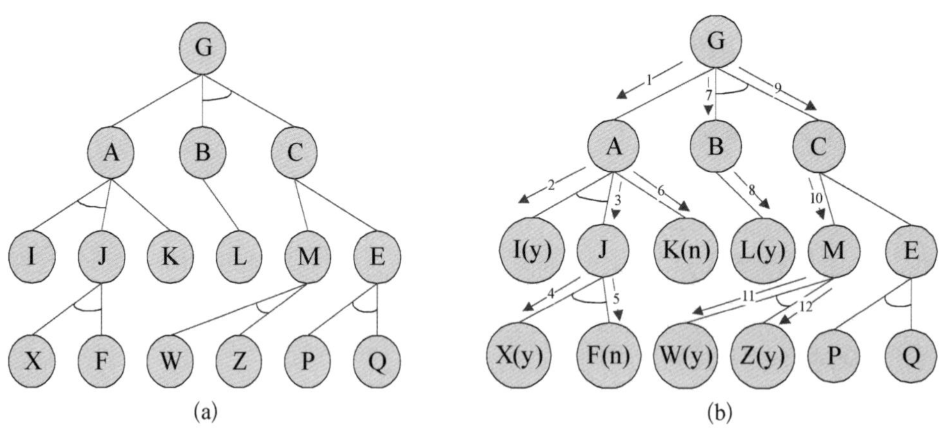

图8-9　反向推理树

推理结果:当I∧X∧F;或K;或L∧W∧Z;或L∧P∧Q四种情况存在其一或以上,G为真。

将前述关于交通事故的举例表示成反向推理树,如图8-10所示。

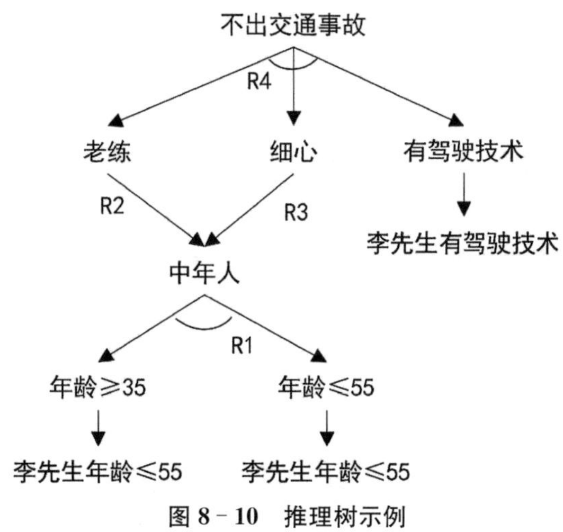

图 8-10 推理树示例

8.4 知识图谱

知识图谱是由 Google 公司在 2012 年提出来的一个新概念。从学术的角度，我们可以对知识图谱下一个这样的定义："知识图谱本质上是一种语义网络(semantic network)的知识库"。

8.4.1 语义网络

1. 语义网络(semantic web)

语义网络可以看成是一种用于存储知识的数据结构，即基于图的数据结构，这里的图可以是有向图，也可以是无向图。使用语义网络可以很方便地将自然语言的句子用图来表达和存储，用于机器翻译、问答系统和自然语言理解。比如，要表示"John gave a book to Mary"这样一句话，可以用如图 8-11 这样的一个语义网络来表示。

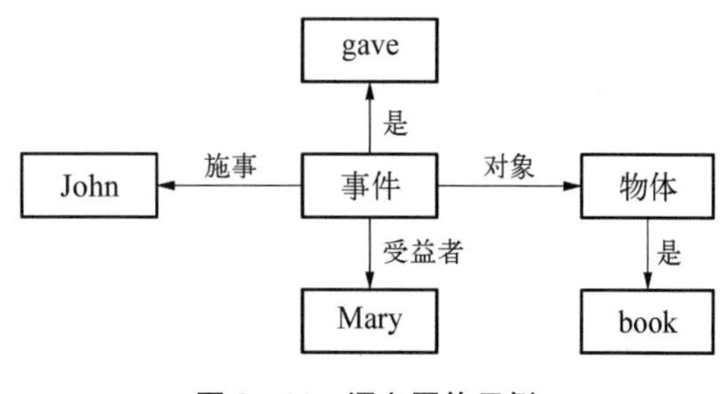

图 8-11 语义网络示例

这句话的核心是一个事件，触发词为 gave；该事件的主体是 John；对象是一个物体，该物体是一本书；客体是 Mary。这种表示方法至今仍然被采用。

2. 语义网络的优势

语义网络提出时，有一些研究人员评论说，语义网络不如自然语言那样更适合表示人类的知识。这引发了一个讨论，即对于人类的自然语言来说什么样的表示方法是合理的？是直接用我们的自然语言的句子表示？还是用谓词逻辑的线性表示？还是用图表示(即语义网络)？还是用向量(即 word embedding)或者张量表示？

为了回答这一问题,20世纪70年代有不少科研人员开始研究语义网络与一阶谓词逻辑之间的关系,结论表明:语义网络具有与一阶谓词逻辑同样的表达能力。但是,既然语义网络和一阶谓词逻辑具有等价的表达能力,为什么我们不直接用一阶谓词逻辑呢?要回答这个问题,就需要了解什么是知识表示和推理方法的评价标准。

评价一个知识表示和推理方法是否优越,不能仅看这个方法是否能足够表达知识,还要看这个方法是否支持高效的推理。丘奇(Church)和图灵(Turing)证明了一阶谓词演算系统是不可判定的逻辑系统S①,而且一阶谓词的线性表示使得并行推理变得困难。相比而言,语义网络由于采用了图表示而可以采用一些并行计算框架(如Pregel)来做推理,从而可以构建高效的并行推理机。

3. 语义网络的发展

到了20世纪80年代,人工智能研究的主流变成了知识工程和专家系统,特别是基于规则的专家系统开始成为研究的重点。这一时期,语义网络的理论更加完善,特别是基于语义网络的推理出现了很多进展,而且语义网络的研究开始转向具有严格逻辑语义的表示和推理。20世纪80年代末到90年代,语义网络的工作集中在对于概念(concept)之间关系的建模,提出了术语逻辑(terminological logic)以及描述逻辑。

进入21世纪,语义网络有了一个新的应用场景,即语义Web。语义Web由Web的创始人Tim Berners-Lee及其合作者提出,通过W3C1的一些标准来实现Web的一个扩展,从而数据可以在不同应用中共享和重用。语义Web与传统Web对比存在一个很大的区别是用户可以上传各种图结构的数据(采取的是W3C的标准RDF),并且数据之间可以建立链接,从而形成链接数据。链接数据项目汇集了很多高质量的知识库,比如说Freebase、DBpedia和Yago,这些知识库都是来源于人工编辑的大规模知识库(维基百科)。这些高质量的知识库的发布,为谷歌知识图谱项目的成功打下了坚实的基础。

8.4.2 知识库

知识库的范围大于知识图谱,Google提出的知识图谱也是知识库的一种。构建大规模的知识库一直都是自然语言理解等领域的核心任务之一,而知识库的诞生和专家系统密不可分。20世纪80年代专家系统获得激增式发展,其核心部分一般由两部分组成:知识库与推理机。人类专家提供知识,再将这种显式的知识映射并存储到知识库中用来推理。下面简要介绍知识库的发展。

1. 早期的知识库

Cyc知识库是早期较为出色的项目,由Douglas Lenat在1984年设立,旨在收集生活中的常识并将其编码集成到一个全面的本体知识库。Cyc知识库中的知识使用专门设计

① 逻辑系统S是不可判定的,是指不存在一个能行的算法,使得该算法能够判定S中的任何公式是否可证,即不具有能行判定算法的。

的 CycL 表示。与其他专家系统一样,Cyc 不仅包括知识,还提供了非常多的推理引擎,支持演绎推理和归纳推理。目前 Cyc 知识库涉及 50 万条概念的 500 万条常识。OpenCyc 是其开放出来免费供大众使用的部分知识,包括 24 万条概念的约 240 万条常识。

1985 年,普林斯顿大学认识科学实验室在心理学教授乔治・A・米勒的指导下开始建立和维护名为 WordNet 的英语字典,旨在为词典信息和现代计算提供更加有效的结合,为计算机程序提供可读性较强的在线词汇数据库。在汉语中,类似的典型代表有《同义词词林》及其扩展版、知网(HowNet)等,它们都是从语言学的角度出发,以概念为最基本的语义单元构建起来的可以由计算机处理的汉语词典。这些早期的知识库都是利用相关领域专家进行人工构建,具有很高的准确率和利用价值,但是其构建过程耗时耗力而且存在覆盖性较低的问题。

2. 基于链接数据与百科知识

1989 年万维网的出现为知识的获取提供了极大的方便。1998 年,万维网之父蒂姆・伯纳斯・李再次提出语义网络,其初衷是让机器也可以同人类一样很好地获取并使用知识。2006 年,伯纳斯・李提出链接数据(linked data)的概念,鼓励大家将数据公开并遵循一定的原则将其发布在互联网中,链接数据的宗旨是希望数据不仅发布于语义网络中,而且需要建立起数据之间的链接,从而形成一张巨大的链接数据网。其中最具代表性的当属 2007 年开始运行的 DBpedia 项目,是目前已知的第一个大规模开放域链接数据。朝着链接数据的构想,DBpedia 知识库利用语义网络技术,如资源描述框架(RDF),与众多知识库(如 WordNet、Cyc 等)建立了链接关系,构建成一个规模巨大的链接数据网络。

2001 年,一个名为维基百科(Wikipedia)的全球性多语言百科全书协作计划开启,其宗旨是为全人类提供自由的百科全书,在短短几年的时间里其利用全球用户的协作完成数十万词条(至今拥有上百万词条)知识。维基百科的出现推动了很多基于维基百科的结构化知识的知识库的构建,DBpedia、Yago 等都属于这一类知识库。

3. 基于自由文本的开放域

前述介绍的知识图谱的构建方式包括人工编辑和自动抽取,但自动抽取方法主要是基于在线百科中结构化信息而忽略了非结构化文本,而互联网中大部分的信息恰恰是以非结构化的自由文本形式呈现。与链接数据发展的同期,提出了很多基于信息抽取技术的知识获取方法,用以构建基于自由文本的开放域知识图谱。2007 年,华盛顿大学 Banko 等人率先提出开放域信息抽取(OIE),从大规模自由文本中直接抽取实体关系三元组,即头实体、关系指示词以及尾实体三部分,类似于语义网中 RDF 规范的 SPO 结构。

现今的知识库可以分为两种类型:Curated KBs 和 Extracted KBs。Curated KBs 以 yago2 和 freebase 为代表,它们从各大知识库(如 Wikipedia 和 WordNet)抽取了大量的实体及实体关系,可以把它理解为一种结构化的百科知识库;Extracted KBs 主要以 Open Information Extraction (Open IE), Never-Ending Language Learning (NELL)为代表,它们直接从上亿个网页中抽取实体关系三元组。与 freebase 相比,这样得到的实体知识更具有多样性，而它们的实体关系和实体更多的是自然语言的形式，如“姚明出生于上海。”可以被表示为(“Yao Ming”，“was also born in”，“Shanghai”)。直接从网页中抽取出来的知识也会存在一定的噪声，其精确度低于 Curated KBs。

8.4.3 知识图谱的表示

知识库和语义网络的概念有点抽象，从实际应用的角度出发其实可以简单地把知识图谱(见图 8－12)理解成多关系图(multi-relational graph)。

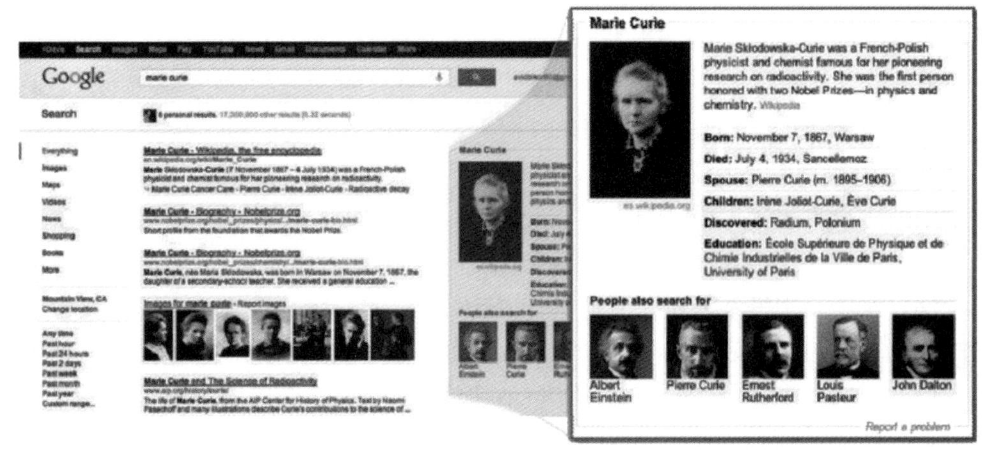

图 8－12　谷歌搜索引擎的知识图谱

学过数据结构的都应该知道什么是图(graph)。图是由节点(vertex)和边(edge)构成的，但这些图通常只包含一种类型的节点和边。相反地，多关系图一般包含多种类型的节点和多种类型的边。如图 8－13(a)表示一个经典的图结构，图(b)表示多关系图。因为图里包含了多种类型的节点和边，这些类型可由不同的颜色来标记。

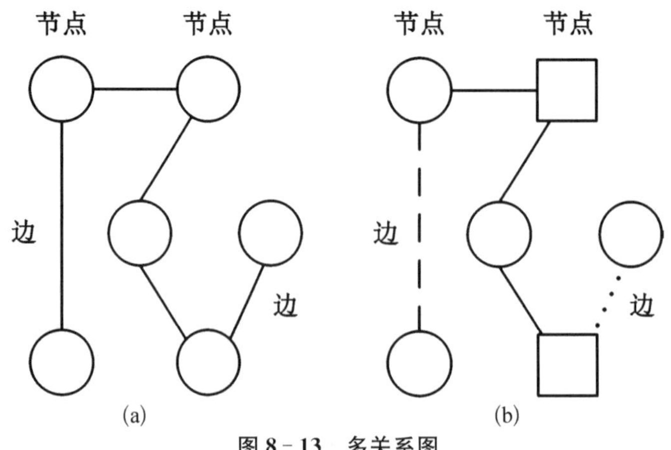

图 8－13　多关系图

(a) 包含一种类型的节点和边　(b) 包含多种类型的节点和边(不同线型和形状代表不同种类的节点和边)

在知识图谱里,我们通常用"实体(entity)"来表达图里的节点、用"关系(relation)"来表达图里的"边"。实体指的是现实世界中的事物,比如人、地名、概念、药物、公司等,关系则用来表达不同实体之间的某种联系,比如人"居住在"北京、张三和李四是"朋友"、逻辑回归是深度学习的"先导知识"等。

现实世界中的很多场景非常适合用知识图谱来表达,如图 8-14 所示,比如在一个社交网络图谱里,我们既可以有"人"的实体,也可以有"公司"实体。人和人之间的关系可以是"朋友",也可以是"同事"。人和公司之间的关系可以是"现任职"或者"曾任职"。类似地,一个风控知识图谱可以包含"电话"和"公司"两个实体,电话和电话之间的关系可以是"通话",而且每个公司它也会有固定的电话。

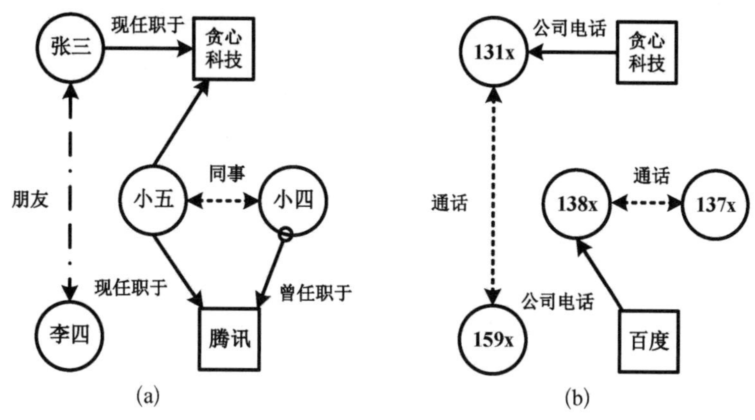

图 8-14 多关系图案例

(a) 社交网络图谱 (b) 风控知识图谱

知识图谱把大量多关系图构成的知识空间认为是一个知识库,这也是为什么它可以用来回答一些搜索相关问题的原因。如图 8-15 所示,在 Google 搜索引擎里输入"Who is the wife of Bill Gates?",我们直接可以得到答案"Melinda Gates"。这是因为我们在系统层面上已经创建好了一个包含"Bill Gates"和"Melinda Gates"的实体以及他俩之间关

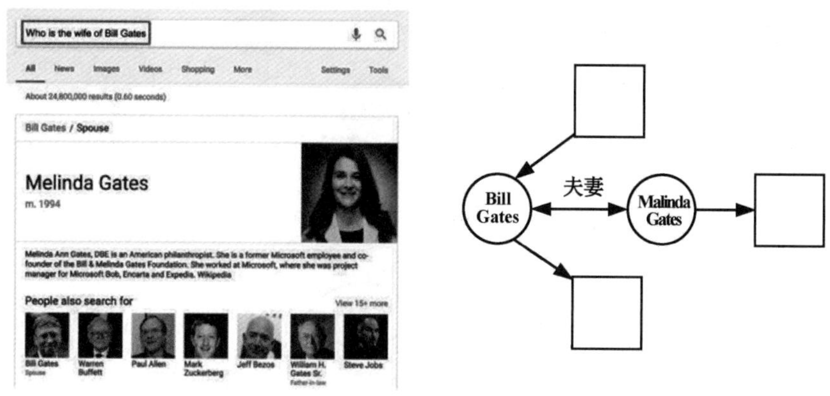

图 8-15 知识图谱在搜索引擎中的应用

系的知识库。所以，当我们执行搜索的时候，就可以通过关键词中提取"Bill Gates""Melinda Gates""wife"等词语再由知识库上的匹配可以直接获得最终的答案。这种搜索方式与传统的搜索引擎是不一样的，一个传统的搜索引擎返回的是网页，而不是最终的答案，所以就多了一层用户自己筛选并过滤信息的过程。

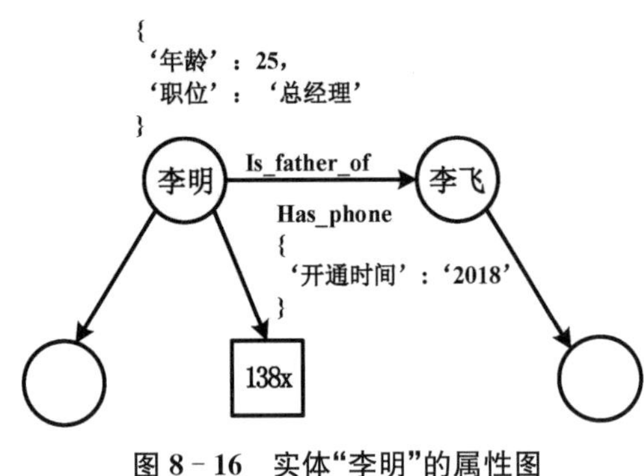

图 8-16　实体"李明"的属性图

在现实世界中，实体和关系也会拥有各自的属性，比如人可以有"姓名"和"年龄"。当一个知识图谱拥有属性时，我们可以用属性图(property graph)来表示。图 8-16 表示一个简单的属性图。李明和李飞是父子关系，并且李明拥有一个 138 开头的电话号，这个电话号开通时间是 2018 年，其中 2018 年就可以作为关系的属性。类似地，李明本人也带有一些属性值，比如年龄为 25 岁、职位是总经理等。

除了属性图，知识图谱也可以用资源描述框架(resource description framework，RDF)来表示，它是由很多的三元组(triples)来组成。三元组的基本形式主要包括(实体 1-关系-实体 2)和(实体-属性-属性值)等。每个实体(概念的外延)可用一个全局唯一确定的 ID 来标识，每个属性-属性值对(attribute-value pair，AVP)，可用来刻画实体的内在特性，而关系可用来连接两个实体，刻画它们之间的关联。

如图 8-17 所示，中国是一个实体；北京是一个实体；中国-首都-北京是一个(实体-关系-实体)的三元组样例。北京是一个实体；人口是一种属性；2 069.3 万是属性值。北京-人口—2 069.3 万构成一个(实体-属性-属性值)的三元组样例。

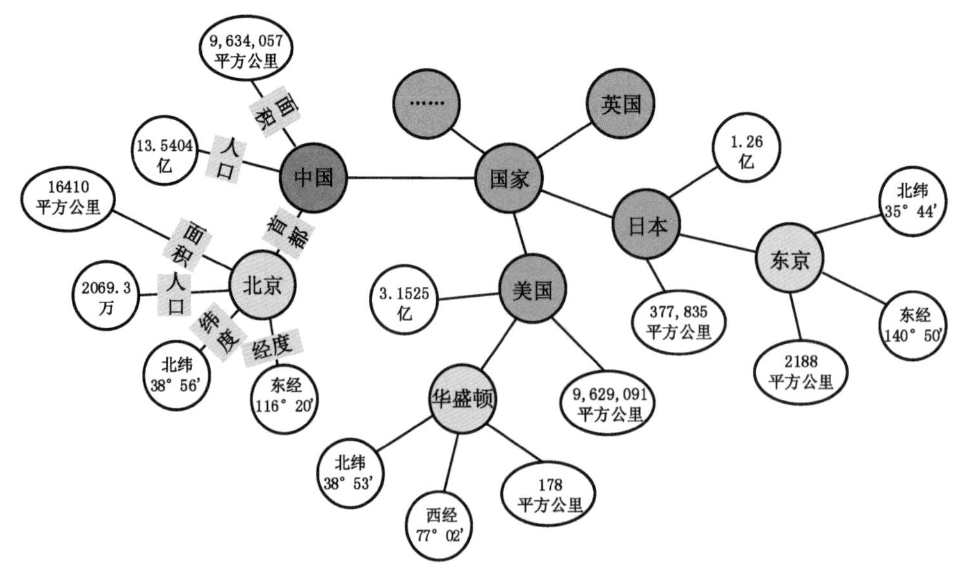

图 8-17　三元组示例

RDF在设计上的主要特点是易于发布和分享数据，但不支持实体或关系拥有属性，如果非要加上属性，则在设计上需要做一些修改。目前来看，RDF主要还是用于学术的场景，在工业界我们更多的还是采用图数据库(如用来存储属性图)的方式。

8.4.4 知识图谱的结构

架构知识图谱需要了解自身的逻辑结构以及所采用的技术(体系)架构。

1. 逻辑结构

知识图谱在逻辑上可分为数据层与模式层。数据层主要是由一系列的事实组成，而知识将以事实为单位进行存储。如果用(实体1，关系，实体2)、(实体、属性，属性值)这样的三元组来表达事实，可选择图数据库作为存储介质，例如开源的Neo4j、Twitter的FlockDB、Sones的GraphDB等以及中科天玑自主研发的Golaxy Graph。

模式层构建在数据层之上，是知识图谱的核心，通常采用本体库来管理知识图谱的模式层。本体是结构化知识库的概念模板(见图8-18)，通过本体库而形成的知识库不仅层次结构较强，并且冗余程度较小。本体又称为实体，源自形而上学的哲学分支，它对客观世界的事物进行分解，发现其基本的组成部分，进而研究客观事物的抽象本质。本体就是对那些可能相对于某一智能体(agent)或智能体群体而存在的概念和关系的一种描述(汤姆·格鲁伯《迈向知识共享型本体的设计原则》)。

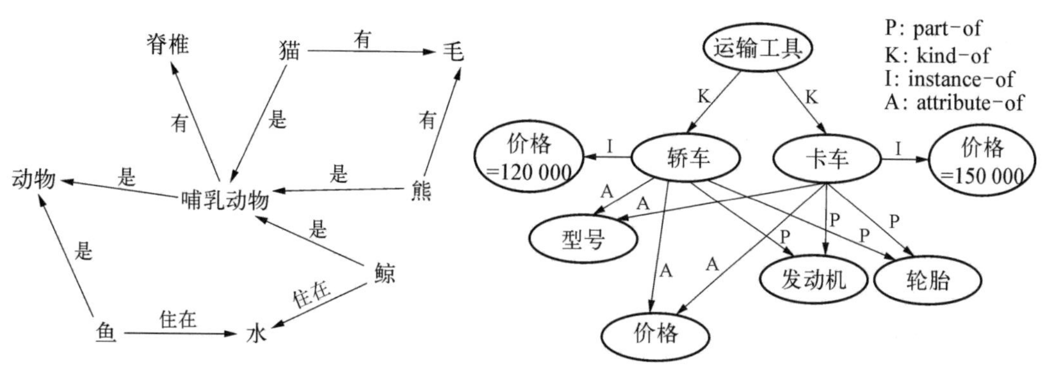

图8-18 本体的构成案例

2. 技术架构

图8-19所示为知识图谱的技术架构，其中虚线框内的部分为知识图谱的构建过程，也包含知识图谱的更新过程。处在信息社会的我们每天都要面临一大堆的数据，这些数据可能是结构化的、非结构化的或半结构化的。基于这些数据来构建知识图谱，主要通过一系列自动化或半自动化的技术手段来从原始数据中提取出知识要素，即一堆实体关系，并将其存入我们的知识库的模式层和数据层。构建知识图谱是一个迭代更新的过程，根据知识获取的逻辑，每一轮迭代包含以下4个阶段。

(1) 知识提取。从各种类型的数据源中提取出实体、属性以及实体间的相互关系，在此基础上形成本体化的知识表达。

(2) 知识表示(见第 8.1 节)。

(3) 知识融合。在获得新知识之后,需要对其进行整合,以消除矛盾和歧义。比如某些实体可能有多种表达,某个特定称谓也许对应于多个不同的实体等。

(4) 知识加工。对于经过融合的新知识,需要经过质量评估之后(部分需要人工参与甄别),才能将合格的部分加入知识库中,以确保知识库的质量。

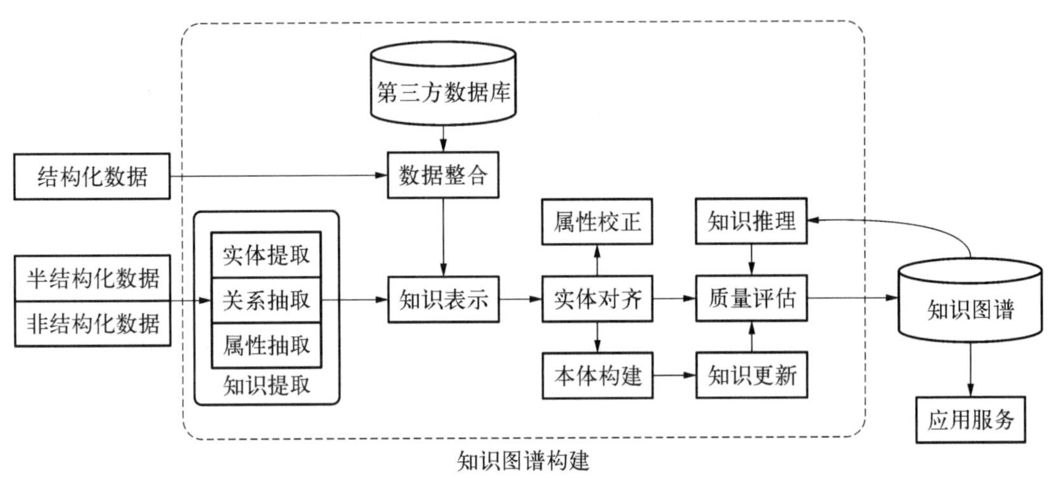

图 8－19　知识图谱的技术架构

8.4.5　知识图谱的意义

1. 对 Google 类搜索引擎而言

(1) 找到最想要的信息。语言可能是模棱两可的(一个搜索请求可能代表多重含义)。知识图谱(knowledge graph)会将信息全面展现出来,让用户找到自己最想要的那种含义。现在,Google 能够理解这其中的差别,并可以将搜索结果范围缩小到用户最想要的那种含义。

(2) 提供最全面的摘要。有了 knowledge graph,Google 可以更好地理解用户搜索的信息,并总结出与搜索话题相关的内容。例如,当用户搜索“玛丽・居里”时,不仅可看到居里夫人的生平信息,还能获得关于其教育背景和科学发现方面的详细介绍。此外,knowledge graph 也会帮助用户了解事物之间的关系。

(3) 让搜索更有深度和广度。由于 knowledge graph 构建了一个与搜索结果相关的完整的知识体系,所以用户往往会获得意想不到的发现。在搜索中,用户可能会了解到某个新的事实或新的联系,促使其进行一系列的全新搜索查询。

2. 对广义知识图谱而言

知识图谱是知识库技术的一大进步,虽然它在搜索引擎中率先使用,但是随着大数据时代的到来,知识图谱很快会在日常生活中得到应用。

知识图谱将信息表达成更接近人类认知世界的形式,提供了组织、管理和理解海量信息的能力，拥有着丰富的应用场景。在出行领域，基于实体识别、实体链指和语义分析技术，整合关联其他外部公开的本体即可搭建起一个巨大的知识网，进一步释放知识图谱和大数据潜能。这无论是在安保、反欺诈、反身份盗用、异常分析还是在用户交互等方面，意义都非常重大。

而知识图谱对于人工智能的意义或者说目标就是：让机器具备认知能力。以往的各种人工智能方法在预测领域已经取得了很好的成果，但是在机器描述上还差强人意，知识图谱可以帮助机器像人一样理解知识，描述知识，如果这一步取得突破性成功，将来机器就可以指挥机器完成任务。

8.4.6 知识图谱与事理图谱

1. 事理图谱

知识图谱表示方法和脚本表示方法的融合将是未来知识表示方法上的一个新的方向。目前，事理图谱可能是对这一方法的一种实践，与目前所熟知的抽象事件动态演化图谱不同。事理图谱是新一代知识图谱未来方向的一个重要形态，可以将事理图谱定义为"事理图谱是以'事件'为核心的新一代动态知识图谱，结构上具有抽象概念本体层和实例等多层结构；构成上包括静态实体图谱和动态事件逻辑图谱两部分；功能上注重描述事件及实体在时空域上的丰富逻辑事理关系(顺承、因果、反转、条件、上下位、组成等)；应用上可通过抽象、泛化等技术实现类人脑的知识建模、推理与分析决策"。图 8 - 20 所示是以智利地震带来的影响为例的事理图谱。

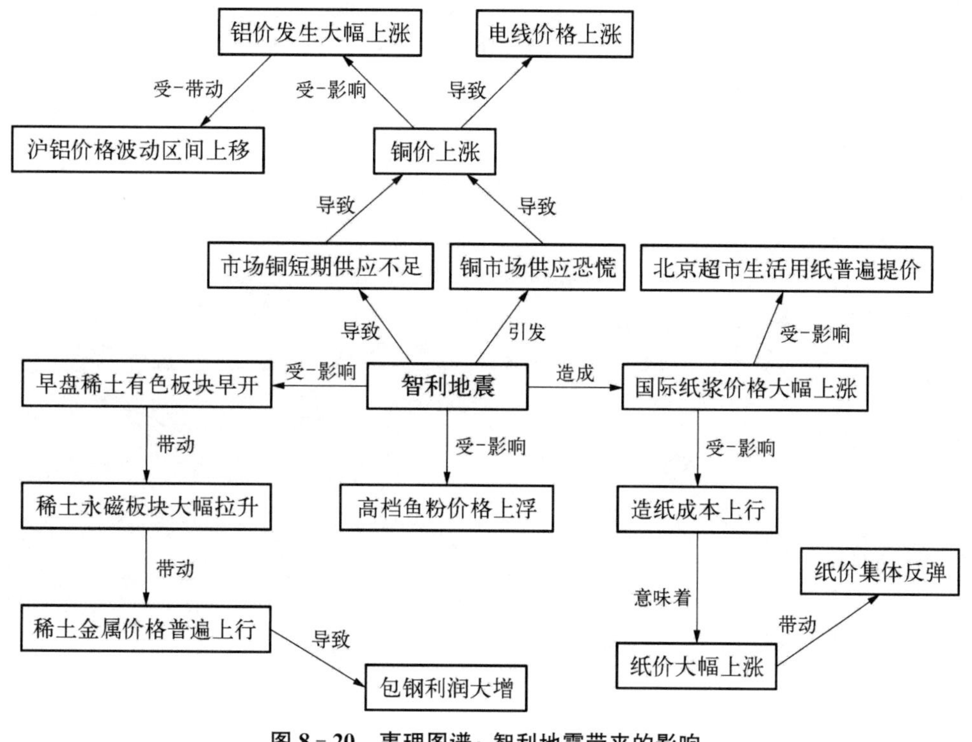

图 8 - 20　事理图谱：智利地震带来的影响

2. 事理图谱与事件预警

事件预警是目前我们使用事理图谱的应用尝试，事件预警是一种面向商品领域的重要资讯预警产品。通过监控上千家全行业网站，实时采集相关资讯，通过抽取识别资讯中的事件，将事件与事理图谱中的事件进行链接，结合情感分析技术、文本标签技术、文本重要性判定技术对具有影响力的资讯进行过滤，最终为用户实现自定义标注的预警资讯筛选以及基于该预警资讯的影响寻迹探索。

对于采集到的资讯，首先对其进行判定，给出该资讯所能造成的影响，为了能够对最终结果给出影响的原因解释，给出了该影响所遵循的事理图谱链条，如图 8－21 图(a)右侧所示

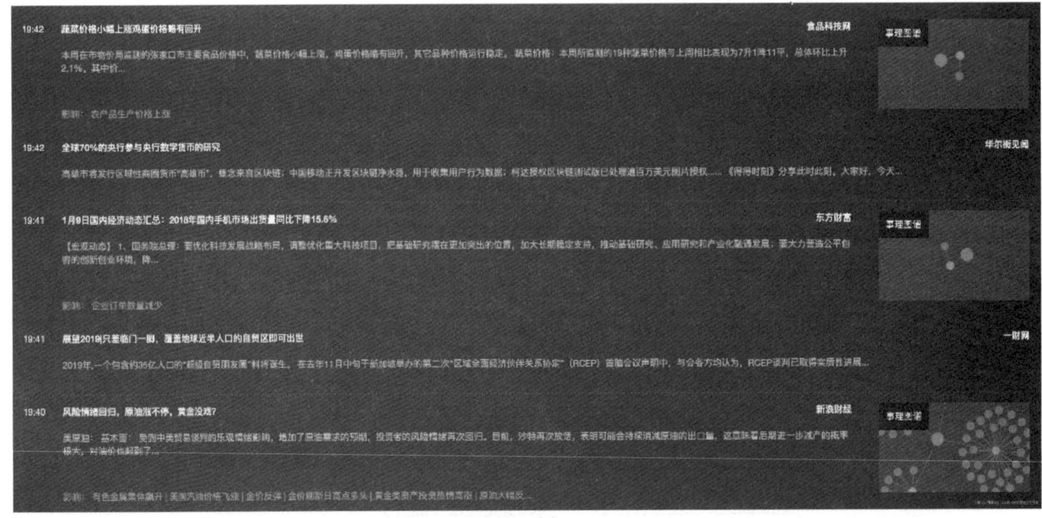

(a)

(b)

图 8－21　基于金融事理图谱的新闻预警软件

的事理图谱缩略图。在点击事理图谱缩略图后，可进入详情页见图(b)，页面给出资讯全文，图(b)右侧列举了与当前资讯具有事件影响相关的历史资讯，类似于 Kensho① 的做法，通过这种方式，我们尝试将历史事件影响应用于当前的资讯推荐与风险预警当中。

8.4.7 知识图谱与大数据

知识图谱是新一代的语义网实现，是具备推理能力的知识库应用，在构建中表现为一个技术栈②的组合，知识图谱的目标是解决信息过载问题。

大数据是数据结构化，知识图谱是知识结构化。在知识图谱技术中，所谓知识结构化就是用三元组的数据结构对实体和关系建模。所以归根到底，知识由数据构成，知识结构化当然也是一种用数据进行结构化的过程，只不过是用另一种更直接的模拟现实物理世界的封装方式而已。从企业级信息化工作的角度看，知识图谱项目的建设无论如何都需要在基础数据层面有所准备，如果之前没有做过企业级数据平台和数据治理的工作，为了知识图谱的建设这一课总是要补上的。

知识图谱和大数据的两个基本关系：

(1) 大数据和知识图谱的抽象工作都是关于“结构化”和“关联”，不过前者是数据结构化，后者是知识结构化，前者是数据的关联，而后者是知识的关联。

(2) 在应用落地的功能场景上，知识图谱和大数据在解决类似的问题，并且在方法上有共通之处，只是知识图谱在处理“关系”这件事儿上，更直观、更高效。

基于这两个基本点先得出一个基本结论：企业建设知识图谱项目，数据建设是必要的前期投入；知识图谱这个工具谈不上更高级或更先进，目前看来并不是万灵药，需要找到合适的应用场景。

那么，哪些分析工作是原来数据技术做不了而一定要用知识图谱的呢？这个问题的关键不在于能和不能，而在于效率的高低。撇开对知识本身的组织、查询和展现不谈，在分析和洞察方面知识图谱技术可以视为是一种新的分析手段，基于图数据库和图分析的知识图谱在风险防控和营销推荐的某些方面有比较好的表现，尤其在设计多层次、多关系事务的探查效率和模型扩展能力上，知识图谱被认为是突破传统数据分析技术瓶颈的希望所在。

本章小结

知识表示与知识推理是智能信息处理的基础。从人工智能的角度看，知识是构成智能的基础，人类的智能行为依赖于已有的知识进行分析、判断和预测等。当人们希望计算

① 知名计算机系统智能投研公司。
② 技术栈：一系列技能组合的统称。

机具有智能思维时，首先需要在计算机上表达人类的知识，然后再告诉计算机如何像人一样地利用这些知识。知识表示与推理是人工智能符号主义流派最主要的研究内容。

本章介绍了知识表示的方法与发展历史，从逻辑、确定性、单调性角度介绍了推理的主要方法并且以产生式系统的推理为例展示了正向和逆向两种推理方向的详细过程。最后一节介绍了最新的知识图谱技术，抓住其是一种“语义网络的知识库”的本质将有利于理解知识图谱的各种技术框架和应用。知识图谱的构建是多学科的结合，需要知识库、自然语言理解，机器学习和数据挖掘等多领域知识，面对现代社会的海量数据，如何将其结构化并能够为人类提供更多的服务是关键性的问题，而藏在数据中的个人隐私问题也给社会提出了新的挑战。

本章主要内容梳理如下：

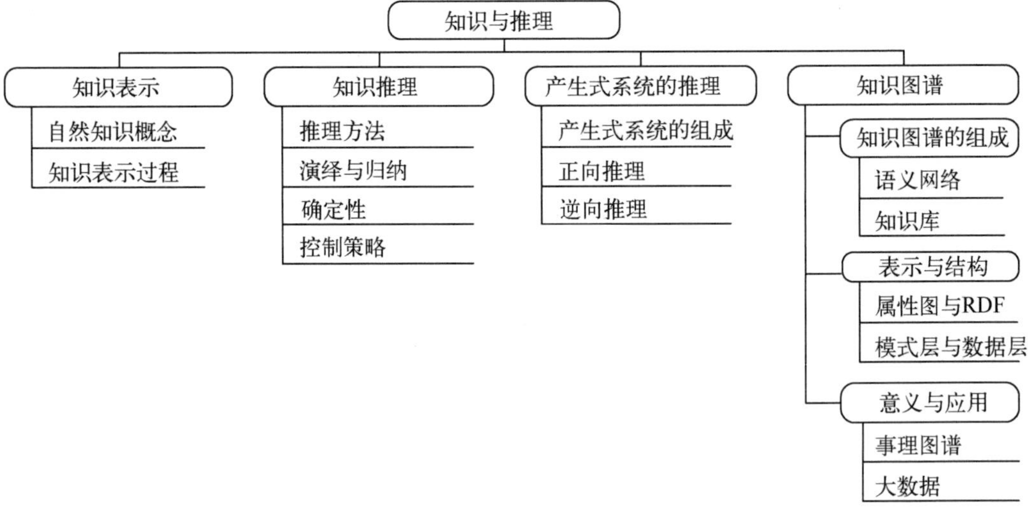

9 回归与分类

作为人工智能的重要学习手段,机器学习推动人工智能加速发展,由机器学习延伸的深度学习表现出异常出色的性能,将实际中的很多问题落地解决。机器学习方法大致可分为有监督学习和无监督学习两种,本章主要介绍有监督学习的相关算法。有监督学习的主要任务是通过给定输入样本,从而找出对应的分类或者变化的趋势,对应的术语概念就是回归和分类。回归是有监督学习中的一种技术,通过学习输入和输出变量之间的关系来依据数据做出预测。其中,依赖于输入变量的输出变量是连续值的实数。回归技术有助于我们理解输出变量的值随输入变量变化的规律。有监督学习中的另一种技术就是分类,即将数据划分到已知的若干个类中。在机器学习中,分类解决了判定新数据点所属类别的问题。一般都是在基于给定的数据和标签训练数据集上建立分类模型。本章将介绍几种典型的回归和分类算法。

9.1 线性回归

人工智能的基础是对外界的感知:在先验知识的支持下,人工智能通过观测到的数据建立相应模型用来描述外界环境现象,对未知数据进行估计预测。人工智能中最基础的感知任务之一是回归(regression),即根据给定的 m 个采样 $\{x_i, y_i\}_{i=1}^{m}$ 数据,构建从 x 到 y 的函数关系 $f(x)$,使得 y 和 $f(x)$ 尽可能地接近。$\boldsymbol{x}_i \in \mathbf{R}^n$,表示它是一个 n 维的向量,n 维的向量理解成其中的每一个分量表示了物体的某种属性,$f(\boldsymbol{x})$ 表示了这些属性和最终目标 $\boldsymbol{y}$ 之间的函数关系。

从最简单的情况下开始考虑,如果输入数据的属性只有一个,也就是此时的 x 是一维数据,我们可以将采样数据 $\{\boldsymbol{x}_i, \boldsymbol{y}_i\}_{i=1}^{m}$ 绘制成图 9-1(图中的黑点代表采样点)。人类可以很容易地在图中画出直线或曲线来近似描述这些点之间的关系,进而可以估计采样点之外的点的值,用这条线预测没有样本点的地方。回归方法的目标是使得机器能够自主地建立这样的函数关系。

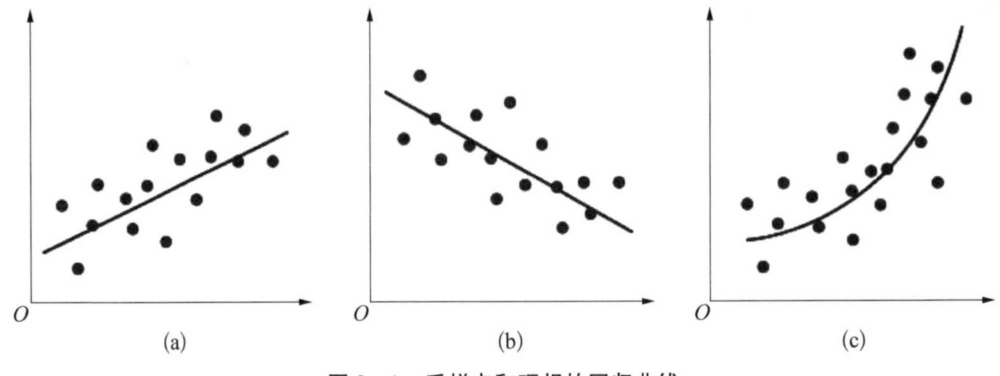

图 9-1　采样点和理想的回归曲线

想要建立很好的回归函数,首先需要解决以下 3 个主要问题。

(1) 构建合理的表达式 $f(\boldsymbol{x})$。

(2) 构建合理的准则,以确定表达式 $f(\boldsymbol{x})$ 中参数的值。

(3) 对模型进行求解,最终建立 $f(\boldsymbol{x})$。

回归函数形式的选择将从根本上决定回归的效果。复杂的函数能够表达复杂的关系;简单的函数,其相对可靠性更高。图 9-1 中的举例可以用线性函数(注:本书不严格区分仿射函数和线性函数,而将其统称为线性函数)很好地表达图(a)和图(b)所显示的 $\boldsymbol{x}$ 和 $\boldsymbol{y}$ 之间的关系;但线性函数显然无法很好地描述图(c)的关系。直观地看,我们无法找到一条直线来较好的描述采样点的变化趋势。

图 9-1 中图(a)和图(b)类似的回归问题称为线性回归(linear regression),$\boldsymbol{x}$ 和 $\boldsymbol{y}$ 之间的线性关系可以写为

$$f(\boldsymbol{x})=\sum_{j=1}^{n}\boldsymbol{w}(j)\boldsymbol{x}(j)+b=\boldsymbol{w}^{\mathrm{T}}\boldsymbol{x}+b$$

在这个函数中,$\boldsymbol{w}$, b 是参数,其中 b 称为偏置量(bias term);$\boldsymbol{w}$ 的维数与 $\boldsymbol{x}$ 相同。最终的输出是 $\boldsymbol{w}$ 的每一维和 $\boldsymbol{x}$ 相应维的乘积之和加上 b。之后,我们用 $\boldsymbol{w}^{\mathrm{T}}\boldsymbol{x}$ 表示向量间乘法,即 $\boldsymbol{w}^{\mathrm{T}}\boldsymbol{x}=\sum_{j=1}^{n}\boldsymbol{w}(j)\boldsymbol{x}(j)$。

构建了 $\boldsymbol{x}$ 和 $\boldsymbol{y}$ 之间关系的形式之后,需要确定关系式里的参数。例如,采样结果如表 9-1 所示,假设它们符合线性关系 $\boldsymbol{y}=\boldsymbol{w}\boldsymbol{x}$。

表 9-1　采样结果

	第 1 组	第 2 组	第 3 组	第 4 组	第 5 组	第 6 组
$\boldsymbol{x}_i$	1.0	3.0	3.4	4.1	4.9	5.2
$\boldsymbol{y}_i$	3.1	9.2	10.1	11.8	14.3	15.8

线性回归的目标是找到合适的系数 $\boldsymbol{w}$ 能够最好地描述 $\boldsymbol{x}$ 和 $\boldsymbol{y}$ 之间的关系。自然地，我们希望函数能够尽量准确地描述已有的样本点。对于上面的举例，则需要 $\boldsymbol{w}$ 对所有的采样都满足 $\boldsymbol{y}_i=\boldsymbol{w}\boldsymbol{x}_i$，即需要满足 6 个方程

$$\begin{cases}3.1=w\times 1\\9.2=w\times 3\\10.1=w\times 3.4\\11.8=w\times 4.1\\14.3=w\times 4.9\\15.8=w\times 5.2\end{cases}$$

显然无法找到能够满足所有方程的 $\boldsymbol{w}$，即不存在最好的解，退而求其次，则需要找到"尽量好"的解。首先，我们需要定义解的好坏，什么样的解可以称为比较好的解，而什么样的解可以称为不太好的解。

对于给定的 w，计算第 1 个采样的误差为 $3.1-w$，因为正偏差和负偏差都需要避免，所以选择用误差的平方 $(3.1-w)^2$ 来衡量在第一个采样处的偏差。以此类推，第 2 个采样处的偏差为 $(9.2-3w)^2$，…，对第 6 个采样的偏差为 $(15.8-5.2w)^2$。因此用给定的 w 描述所有 6 个采样点的总体效果可以用"误差平方和"来表示，即

$$(3.1-w)^2+(9.2-3w)^2+\cdots+(15.8-5.2w)^2$$

效果最好的 w 则可以通过求解下面的优化问题得到

$$\min_{w}(3.1-w)^2+(9.2-3w)^2+\cdots+(15.8-5.2w)^2$$

为求解这个问题，即找到使得上式最小的 w，首先需要求取目标函数的导数。函数 f 对变量 w 的导数记为 $\frac{\mathrm{d}f}{\mathrm{d}w}$ 或 $\frac{\partial f}{\partial w}$。导数是微分的基础运算，理解导数涉及连续性、极限等高等数学的基础性概念。读者在高等数学的学习中将会详细和严谨地学习相关的知识。在本书中，可以将导数理解为函数的变化量。例如，对于函数 $f(x)=x$ 的导数为 $\frac{\mathrm{d}f}{\mathrm{d}x}=1$，表示 $f(x)=x$ 这个函数在定义域内的变化量是常数 1；而函数 $f(x)=x^2$ 的导数为 $\frac{\mathrm{d}f}{\mathrm{d}x}=2x$，当 $|x|$ 越大时，$f(x)$ 变化得越剧烈。因此求解最优的 w 的方法是对之前的目标函数求导，并令导数等于零。得到了下列方程：

$$-2(3.1-w)-6(9.2-3w)-\cdots-10.4(15.8-5.2w)=0$$

满足方程的解为 $w=2.971$。

比 $\boldsymbol{x}$ 和 $\boldsymbol{y}$ 之间呈比例关系更复杂一点的情况是存在偏置项 b，即 $\boldsymbol{y}_i=\boldsymbol{w}\boldsymbol{x}_i+b$。按照前述的讨论，最好的 w 和 b 需要通过求解如下的优化问题得到

$$\min_{w,b}[3.1-(w+b)]^2+[9.2-(3w+b)]^2+\cdots+[15.8-(5.2w+b)]^2$$

分别对 w 和 b 求导，可以得到二元方程组

$$\begin{cases}-2[3.1-(w+b)]-6[9.2-(3w+b)]-\cdots-10.4[15.8-(5.2w+b)]=0\\-2[3.1-(w+b)]-2[9.2-(3w+b)]-\cdots-2[15.8-(5.2w+b)]=0\end{cases}$$

通过求解方程组，可以得到最优的 w 和 b 。

以上用一维的例子显示了线性回归的基本思想；需要思考的是如何将一维的讨论推广到高维，即在 n 维空间我们希望利用 m 个采样 $\{\boldsymbol{x}_i, \boldsymbol{y}_i\}_{i=1}^m$ 来建立 $\boldsymbol{x}$ 和 $\boldsymbol{y}$ 之间的关系：$\boldsymbol{y}=\boldsymbol{w}^{\mathrm{T}}\boldsymbol{x}+b$。

由于噪声等干扰因素的存在，观测到的采样 $\boldsymbol{y}_i$ 是包含噪声的，即如果真实的函数关系为 $f(\boldsymbol{x})=\bar{\boldsymbol{w}}^{\mathrm{T}}\boldsymbol{x}+\bar{b}$，那么采样值为

$$\boldsymbol{y}_i=\bar{\boldsymbol{w}}^{\mathrm{T}}\boldsymbol{x}_i+\bar{b}+\varepsilon$$

这里 ε 为随机噪声，可以假设其服从均值为 0，方差为 σ^2 的正态分布为

$$\mathrm{Prob}(\varepsilon)=\frac{1}{\sqrt{2\pi}\,\sigma}\exp\left(-\frac{\varepsilon^2}{2\sigma^2}\right)$$

这样的噪声 ε 称为高斯噪声。

$\boldsymbol{y}_i$ 和 $\boldsymbol{w}^{\mathrm{T}}\boldsymbol{x}_i+b$ 之间存在的偏差 $\boldsymbol{y}_i-(\boldsymbol{w}^{\mathrm{T}}\boldsymbol{x}_i+b)$ 称为残差。我们寻找的“最优”参数应当是使得总的误差值“最小”。

9.2 最小二乘法

为使得误差最小，就需要对误差进行衡量：如利用残差的平方和，即 $\sum_{i=1}^m[\boldsymbol{y}_i-(\boldsymbol{w}^{\mathrm{T}}\boldsymbol{x}_i+b)]^2$ 或者“均方误差”(即在前式基础上再除以总的样本数)对拟合的效果进行衡量。由此可以构造如下的优化问题

$$\min_{w,b}\sum_{i=1}^m[\boldsymbol{y}_i-(\boldsymbol{w}^{\mathrm{T}}\boldsymbol{x}_i+b)]^2 \tag{9-1}$$

其含义是寻找出一对 $\boldsymbol{w}$、b 使得误差平方和最小(注意，对于优化问题的目标函数，乘以一个正的常数并不影响求解的结果，因此“误差平方和”或“均方误差”对应的目标函数没有区别)。因为是通过极小化误差平方和来求解回归问题，因此称为“最小二乘方法”(least squares)。

为求解最小二乘法问题，需要将目标函数对参数分别进行求导，得到最优解需要满足的条件，即

$$\frac{\partial \sum_{i=1}^{m}[\boldsymbol{y}_i-(\boldsymbol{w}^{\mathrm{T}}\boldsymbol{x}_i+b)]^2}{\partial \boldsymbol{w}}=2\sum_{i=1}^{m}[\boldsymbol{y}_i-(\boldsymbol{w}^{\mathrm{T}}\boldsymbol{x}_i+b)]\boldsymbol{x}_i=0$$

$$\frac{\partial \sum_{i=1}^{m}[\boldsymbol{y}_i-(\boldsymbol{w}^{\mathrm{T}}\boldsymbol{x}_i+b)]^2}{\partial b}=2\sum_{i=1}^{m}[\boldsymbol{y}_i-(\boldsymbol{w}^{\mathrm{T}}\boldsymbol{x}_i+b)]=0$$

由此得到了包含 $m+1$ 个未知数的 $m+1$ 个线性方程，通过求解这个线性方程组(又称为“正则方程”，normal equation)，就可以得到问题的解。设正则方程的解是 $\boldsymbol{w}^*$ 和 b^* 是问题的最优解，即 $f(\boldsymbol{x})=\boldsymbol{w}^{*\mathrm{T}}\boldsymbol{x}+b^*$ 所给出的回归直线，在所有直线中具有最小的误差平方和。

寻找最小的误差平方和的直线符合我们在欧式空间的直观想法。实际上，它对应于高斯噪声下的最大似然估计，即最小二乘法给出的线性函数使得观测到采样值 $\boldsymbol{y}_i$，$i=1, 2, \cdots, m$ 的概率最大。

如图 9－2 所示，对于给定的参数 $\boldsymbol{w}$ 和 b，对于输入 $\boldsymbol{x}_i$，观测到 $\boldsymbol{y}_i$ 的条件概率为

$$\begin{aligned}\mathrm{Prob}(\boldsymbol{y}_i \mid x_i, w, b)&=\mathrm{Prob}(\boldsymbol{w}^{\mathrm{T}}\boldsymbol{x}_i+b+\varepsilon \mid \boldsymbol{x}_i, \boldsymbol{w}, b)\\&=\frac{1}{\sqrt{2\pi}\sigma}\exp\left\{-\frac{[\boldsymbol{y}_i-(\boldsymbol{w}^{\mathrm{T}}\boldsymbol{x}_i+b)]^2}{2\sigma^2}\right\}\end{aligned}$$

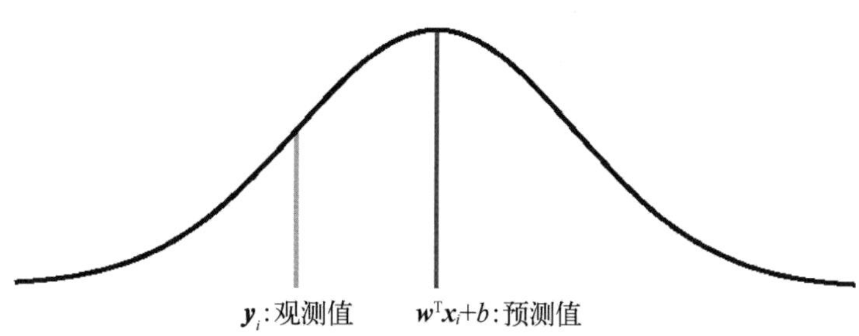

图 9－2　给定参数和输入时，观测到 $\boldsymbol{y}_i$ 的条件概率

同时观测到 m 个采样 $\{\boldsymbol{x}_i, \boldsymbol{y}_i\}_{i=1}^{m}$ 的概率为 $\prod_{i=1}^{m}\mathrm{Prob}(\boldsymbol{y}_i \mid \boldsymbol{x}_i, \boldsymbol{w}, b)$。为方便讨论，对其取对数，将乘法转变为加法可以得到

$$\ln\left[\prod_{i=1}^{m}\mathrm{Prob}(\boldsymbol{y}_i \mid \boldsymbol{x}_i, \boldsymbol{w}, b)\right]=\sum_{i=1}^{m}\ln\frac{1}{\sqrt{2\pi}\sigma}\exp\left\{-\frac{[\boldsymbol{y}_i-(\boldsymbol{w}^{\mathrm{T}}\boldsymbol{x}_i+b)]^2}{2\sigma^2}\right\}$$

$$\ln\left[\prod_{i=1}^{m}\mathrm{Prob}(\boldsymbol{y}_i \mid \boldsymbol{x}_i, \boldsymbol{w}, b)\right]=-\left\{\sum_{i=1}^{m}\ln\sqrt{2\pi}+\ln\sigma+\frac{[\boldsymbol{y}_i-(\boldsymbol{w}^{\mathrm{T}}\boldsymbol{x}_i+b)]^2}{2\sigma^2}\right\}$$

在优化问题中，加上常数项和除以正常数项均不影响优化的结果。因此，求解最小二乘问题就是在高斯噪声假设下的最大似然估计。

高斯噪声是应用最为广泛的噪声模型。高斯噪声模型假设观测数据受到服从高斯分

布的加性噪声干扰。在实际应用中,如果真实噪声与高斯噪声相差较远,特别是幅值较大的噪声出现概率较大(常称为“长尾”或“厚尾”现象)时,简单地使用最小二乘方法往往导致结果容易受到这些大噪声的影响。此时需要选用和设计稳健的罚函数,例如 Huber 罚函数、绝对值罚函数等。

最小二乘法是用于求解线性回归问题的方法,能够通过优化得到线性参数 $\boldsymbol{w}$ 和 b 。如果选用非线性基函数 $\phi(x)$: $R^n \mapsto R^d$。那么,最小二乘方法也可以用以构建非线性的回归函数 $\boldsymbol{y}_i = \boldsymbol{w}^{\mathrm{T}}\phi(\boldsymbol{x}_i) + b + \varepsilon$,相应的回归问题可以写为

$$\min_{w,\, b} \sum_{i=1}^{m} [\boldsymbol{y}_i - (\boldsymbol{w}^{\mathrm{T}}\phi(\boldsymbol{x}_i) + b)]^2$$

常用的基函数包括多项式函数、高斯核函数等。例如,二阶多项式基函数包含所有分量 $x(1)$, $x(2)$, …, $x(n)$,各分量的平方项 $x(1)^2$, $x(2)^2$, …, $x(n)^2$,各分量的二阶交叉项 $x(1)x(2)$, $x(1)x(3)$, …, $x(n-1)x(n)$。

图 9-3 给出了利用 5 阶多项式进行学习的结果,曲线 I 是用最小二乘方法得到的结果。可以观察到一个有趣的现象:虽然利用最小二乘得到的多项式在每一个采样点上都拟合得很好,但在非采样点上的准确度却不高。出现的这种现象被称为“过拟合”,在采样有噪声的情况下,过拟合带来的危害更大。

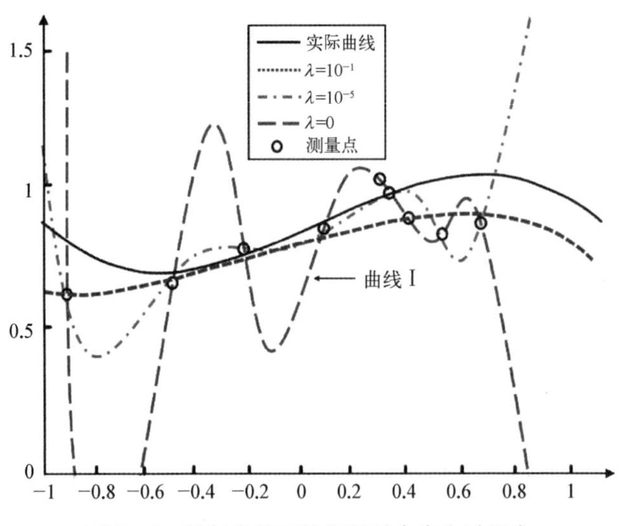

图 9-3　用复杂的函数逼近时会产生过拟合

过拟合的实质是采样误差和扩展误差之间的不一致性。一般来说,使用的模型越复杂,两者的不一致性越大。在 $\boldsymbol{w}^{\mathrm{T}}\phi(\boldsymbol{x}_i) + b$ 中,$\boldsymbol{w}$ 越大,函数的变化范围和剧烈程度就越大。可以用 $\|\boldsymbol{w}\|_2^2 = \sum [\boldsymbol{w}(j)]^2$ 衡量模型的复杂程度,进而将最小二乘法修改为

$$\min_{w,\, b} \lambda \|\boldsymbol{w}\|_2^2 + \sum_{i=1}^{m} \{\boldsymbol{y}_i - [\boldsymbol{w}^{\mathrm{T}}\phi(\boldsymbol{x}_i) + b]\}^2,$$

式中,$\|\boldsymbol{w}\|_2^2$ 称为“正则化项”(regularization term),用以调节模型的复杂性;λ 为正则化

参数，用于模型准确度和复杂性之间取得平衡。

修改后的最小二乘法又称为“岭回归”(ridge regression)；而式(9－1)称为“原始最小二乘”(original least squares)。

岭回归中使用 $\|\boldsymbol{w}\|_2^2$ 作为正则化项，使得优化问题本身仍然是无约束的二次优化，能够快速地求解；并且 $\|\boldsymbol{w}\|_2^2$ 具有良好的统计学意义，有兴趣的读者可以通过阅读其他参考书进行细致的了解。图 9－3 显示了使用不同 λ 的效果，可以看到合理的正则化参数能够更好地进行建模。

正则化项是对模型的复杂度进行控制的有效手段，根据不同的先验知识，可以选择不同的正则化方法。以深度神经网络(deep neural networks)为例。深度神经网络实质上是一个非线性函数 $f(x)$，其特点是这个函数由很多层(每一层又包含很多神经元)级联在一起的神经网络所构成。神经网络的形式非常灵活，同时也含有大量的参数，现代的大型深度神经网络可以包含百万个参数，因此可以很好地逼近复杂的非线性系统。在深度神经网络中，神经元的个数表征了网络的复杂度。为此，可以通过控制神经元的个数以控制神经网络的复杂度。

9.3　支持向量机

构建分类器的过程和求解回归问题类似，都是通过构建合理的优化问题来构建函数去实现符合样本和先验知识的目的。与回归问题的本质区别在于分类问题的样本 $\{x_i, y_i\}$ 的标号 y_i 不再是连续的实数，而是对类别的标号，一般用整数表示。

对于二分类问题，本书约定用 $y_i=1$ 和 $y_i=-1$ 来区分两类样本。对于多分类问题，可以采用 $y_i=1, 2, 3, \cdots$ 对各类进行标号。但需要注意，除了某些应用(如推荐系统、打分系统等)外，多分类问题标号的数值本身是没有具体意义的，因此不宜采用回归方法进行建模。

多分类的问题可以通过构建多个二分类器进行判别。常用的判别准则包括 1 对 1(即对多分类的每两类间构建一个二分类器)或 1 对其余(即对多分类的每一类，构建一个与其他类别进行区分的分类器)。本节仅讨论二分类问题。

考察在二分类问题中的线性分类方法，给定采样点 $\{x_i, y_i\}_{i=1}^m$，其中 $x_i \in \mathbf{R}^n$，$y_i \in \{-1, +1\}$，试图构建一个线性函数 $f(\boldsymbol{x})=\boldsymbol{w}^{\mathrm{T}}\boldsymbol{x}+b$ 使得 $f(\boldsymbol{x})$ 的符号与其标号相同，即利用 $\boldsymbol{f}(\boldsymbol{x})=0$ 作为分类面。在二维空间中，这样的分类面就是一条直线。同样的数据可能存在多条这样的分类直线，那么它们之中存不存在对分类最有利的直线呢？

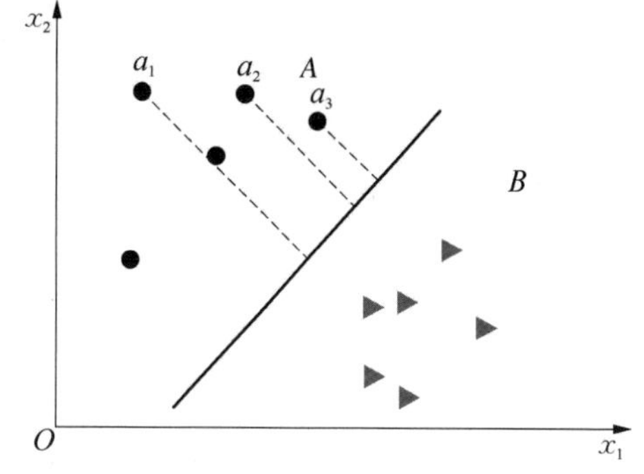

图 9－4　距离与预测确信度的关系

在图 9－4 中，样本空间中的分类直线将空

间分为 A 和 B 两类，a_1、a_2、a_3 均位于 A 类空间，但 a_1 距离分类直线最远。直观来说，预测它为 A 类的可信度最高，a_2 距离分类直线相对比较近，可信度相对较低，a_3 距离分类直线最近，可信度最低。一般说来，样本点到分类直线的距离与预测的可信度成正比关系。在分类直线确定的情况下，这里设为 $w_1x_1+w_2x_2+b=0$，$|w_1x_1+w_2x_2+b|$ 可以相对地表示这个距离的远近。又 y 与 $w_1x_1+w_2x_2+b$ 的符号是否相同能够表示分类是否正确，所以 $y(w_1x_1+w_2x_2+b)$ 既表示分类的正确性，又表示了预测的可信程度。

上面的例子从直观的角度说明了对于固定的分类直线，离开直线距离越远的样本点，预测的确信度越高。也就是说，在分类正确的前提下，样本点离分类直线越远越好。实际上我们更关心那些离分类直线距离较近的样本，因为这些样本是相对容易分错的样本。把两个类中离分类直线最近的样本点到直线的距离之和称为分类间隔。

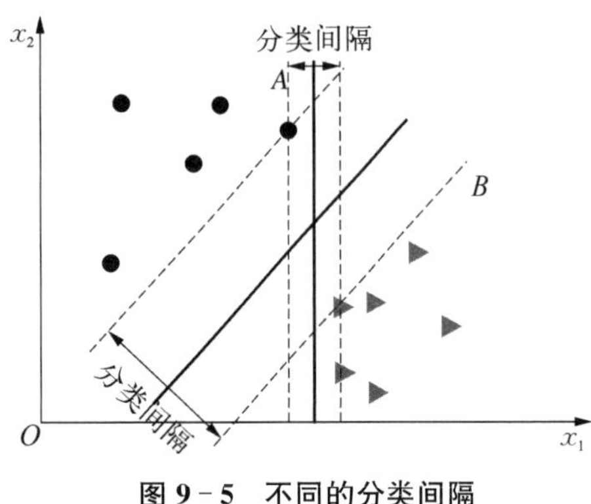

图 9-5　不同的分类间隔

图 9-5 体现了两条分类直线所对应的分类间隔，如图中虚线之间的距离所示。可以看出，向右倾斜的分类直线所对应的分类间隔更大，所以它的分类确信度相对更高。

支持向量机（support vector machine, SVM）就是这样一种在特征空间上使分类间隔最大的分类器，它对两个类别进行分类。线性分类器是分类器中的一种。类似地，线性支持向量机也是支持向量机中的一种。若无特殊说明，我们这里说的支持向量机指的是线性支持向量机。

由支持向量的定义可知，它仅和两个类中距离分类直线最近的样本点有关，将其他样本点删除或保留，并不会影响分类间隔的大小，也就是说距离分类直线最近的这些样本点对分类间隔大小非常“重要”，起着关键作用，因此这些样本点称为支持向量。

要获得最大分类间隔，也就是求解一条直线 $w_1x_1+w_2x_2+b=0$，使得支持向量，也就是离分类直线最近的样本点距离分类直线最远。如果某数据点(x_1, x_2)被正确分类，那么它到直线的距离可由下式求得

$$\frac{|w_1x_1+w_2x_2+b|}{\sqrt{w_1^2+w_2^2}}=y\frac{w_1x_1+w_2x_2+b}{\sqrt{w_1^2+w_2^2}}$$

如果它没有被正确分类，等式的右端就等于这个数据点到分类直线的距离的负值，我们定义等式右端的值为几何间隔。设支撑向量的几何间隔为 γ，则

$$\gamma=\min_{i=1,\cdots,N}\gamma^{(i)}$$

式中

$$\gamma^{(i)}=y^{(i)}\times\frac{w_1x_1^{(i)}+w_2x_2^{(i)}+b}{\sqrt{w_1^2+w_2^2}}$$

由图 9 - 6 可知，分类间隔是支持向量几何间隔的两倍。最大化分类间隔，即最大化两倍几何间隔：$\max\limits_{w1,\,w2,\,b} 2\gamma$，这等效于 $\min\limits_{w1,\,w2,\,b} \dfrac{2}{\gamma}$，其中 $\gamma = \min\limits_{i=1,\,\cdots,\,N} \gamma^{(i)}$，即 $\gamma^{(i)} \geqslant \gamma$。

因此求解最大分类间隔的分类直线等价于求解以下的优化问题

$$\min_{w1,\,w2,\,b} \frac{2}{\gamma}$$

$$\text{s.t.} \quad y^{(i)} \times \frac{w_1 x_1^{(i)} + w_2 x_2^{(i)} + b}{\sqrt{w_1^2 + w_2^2}} \geqslant \gamma$$

这个问题的求解方法已经超出本书的范围，这里不做深入探讨，有兴趣的同学可以参考相关书籍。

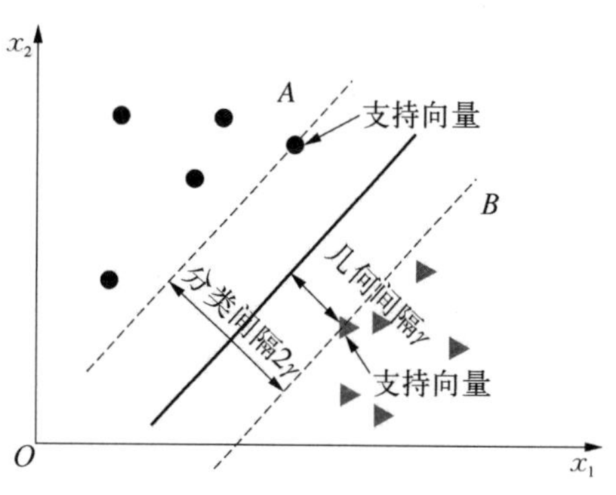

图 9 - 6　几何间隔和分类间隔

9.4　决策树

从前述讨论中看出，我们可以通过最小二乘、支持向量机等方法构建线性回归或分类函数，并且相应的优化问题可以得到高效的求解。本节介绍另一种处理非线性问题的方式，即将问题的定义域划分为小的子区域再处理。这种处理问题的方式在生活中也比较常见，比如在面临一些艰难决策的问题时，有些人会列出每一种可能性和它的利与弊端来权衡自己的选择。假设一个求职者正在几份工作机会之间做抉择，这些工作中有的离家近，有的离家远，且有着不同水平的薪酬和福利，他可能会创建一张带有每一个职位特征的列表，然后根据这些特征，创建规则来排除一些选择。比如，“如果我上下班时间超过 1 个小时，那么我不能接受每天待在车上的时间太长”，或者“如果我挣的钱少于 5 万美元，那么我的收入将不能够支撑我的家庭生活”。可以把预测未来是否幸福的决定简化为一系列越来越小的越来越具体的选择。

决策树学习算法以树形结构建立模型，类似于流程图，模型本身包含一系列逻辑决策，带有表明根据某一特性做出决定的决策节点。从这些决策节点引出的分枝表示可做出的选择，决策树由叶节点终止，叶节点表示遵循决策组合的结果。决策树是最广泛使用的机器学习技术之一，它几乎可以用于任何类型的数据建模，同时具有无与伦比的性能。

决策树的建立使用一种称为递归的探索法，这种方法通常称为分而治之，这是因为它利用特征的值将数据分解成具有相似性的较小子集。

从代表整个数据集的根节点开始，该算法选择最能预测目标类的特征。然后这些案例将被划分到这一特征的不同值的组中，这一决定形成了每一组树枝。该算法继续到其他节点，每次选择最佳的候选特征，直到达到停止的标准。停止时可能有下列几种情况。

(1) 节点上所有(几乎所有)案例都属于同一类。

(2) 没有剩余的特征来分辨案例之间的区别。

(3) 决策树已经到达预先定义的大小限制。

想象你是一名水果采购人员正在水果批发市场采购西瓜,在你面前堆放着一批大小不一、色泽各异的西瓜,你决定利用一个决策树算法来预测一个西瓜是否好吃。为了收集数据来建立模型,随机采样了若干个西瓜,通过观察、触摸、敲击和试吃的方法得到如表9-2所示的数据。

表9-2 从若干个西瓜中得到的数据

编号	色泽	根蒂	敲声	纹理	脐部	触感	是否好吃
1	青绿	卷缩	浊响	清晰	凹陷	硬滑	是
2	乌黑	卷缩	沉闷	清晰	凹陷	硬滑	是
3	乌黑	卷缩	浊响	清晰	凹陷	硬滑	是
4	青绿	卷缩	沉闷	清晰	凹陷	硬滑	是
5	浅白	卷缩	浊响	清晰	凹陷	硬滑	是
6	青绿	稍卷	浊响	清晰	稍凹	软黏	是
7	乌黑	稍卷	浊响	稍糊	稍凹	软黏	是
8	乌黑	稍卷	浊响	清晰	稍凹	硬滑	是
9	乌黑	稍卷	沉闷	稍糊	稍凹	硬滑	否
10	青绿	硬挺	清脆	清晰	平坦	软黏	否
11	浅白	硬挺	清脆	模糊	平坦	硬滑	否
12	浅白	卷缩	浊响	模糊	平坦	软黏	否
13	青绿	稍卷	浊响	稍糊	凹陷	硬滑	否
14	浅白	稍卷	沉闷	稍糊	凹陷	硬滑	否
15	乌黑	稍卷	浊响	清晰	稍凹	软黏	否
16	浅白	卷缩	浊响	模糊	平坦	硬滑	否
17	青绿	卷缩	沉闷	稍糊	稍凹	硬滑	否

为了使用该数据建立一个简单的决策树,可以应用一个分而治之的策略。首先用西瓜的纹理特征进行划分,将西瓜按照纹理划分成清晰、稍糊和模糊三类,如图9-7所示,其中用下划线标出不好吃的瓜。

其次,在纹理稍糊的这组西瓜中,可以根据西瓜的触感将西瓜继续做另一个划分。

此时已经将数据划分为4组。如图9-8所示,最左边的是由纹理模糊的西瓜组成,这一组的西瓜都不好吃;中间的两组由纹理稍微模糊的西瓜组成,其中触感软黏的好吃,触感硬滑的不好吃;最右边是由纹理清晰的西瓜组成,其中有7/9是好吃的,2/9是不好吃的。

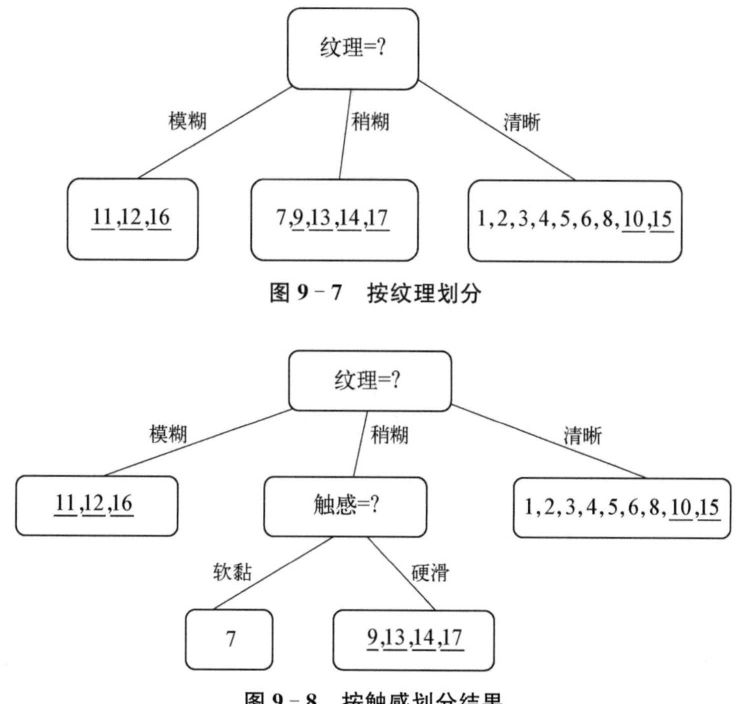

图 9-7　按纹理划分

图 9-8　按触感划分结果

如果需要,可以对纹理清晰的西瓜继续划分。根据根蒂、色泽等其他不同特征进行划分,直到每个错误的分类值都分配到自己的分区(或许是很微小的分区),如图 9-9 所示。只要数据可以继续划分,就能根据剩余的不同特征继续分类,直到同一个分区内的特征没有区别为止。所以决策树很容易对训练数据进行过度拟合,给出过于具体细节的决策。用于预测西瓜是否好吃的模型可以用一个简单的决策树来表示,并且依照每一个决策分枝进行,直到预测出它是好吃还是不好吃为止。

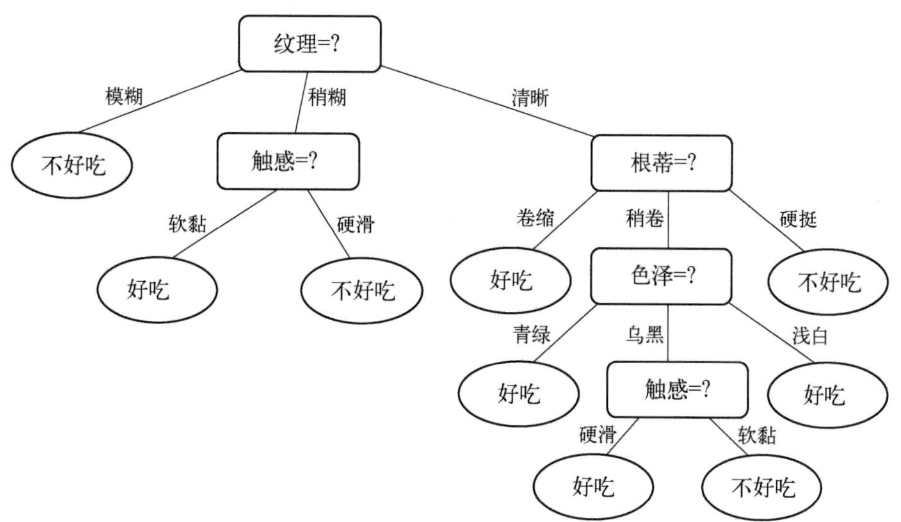

图 9-9　继续划分,直到每个错误的分类值都分配到自己的分区

接下来更详细地探讨决策树模型的数据如何使用分而治之的策略，研究该算法在实际中是如何运作的。

决策树面临的第一个挑战就是需要确定根据哪个特征进行分割。在前面的举例中，以这样一种方式来寻找分割数据的特征，即分区中主要包含来源于一个单一类的案例。如果一组数据中只包含一个单一的类，那么认为这些类是纯的。度量纯度的方法有很多种，它们可以用来确定分割的标准。

样本数据的熵表示分类值之间混杂的程度，最小值 0 表示的样本是完全同质的，而 1 表示样本凌乱的程度最大。熵的定义为

$$Entropy(S)=\sum_{i=1}^{c}-p_i\lg_2(p_i)$$

在熵的公式中，对于给定的数据分割(S)，常数 c 代表类的个数，p_i代表第 i 类样本占整个数据集样本的比例。例如，假设有一个两个类的数据集：红(60%)和白(40%)，可计算该数据集的熵为

$$-0.60\times\lg_2(0.60)-0.40\times\lg_2(0.40)=0.970\ 950\ 6$$

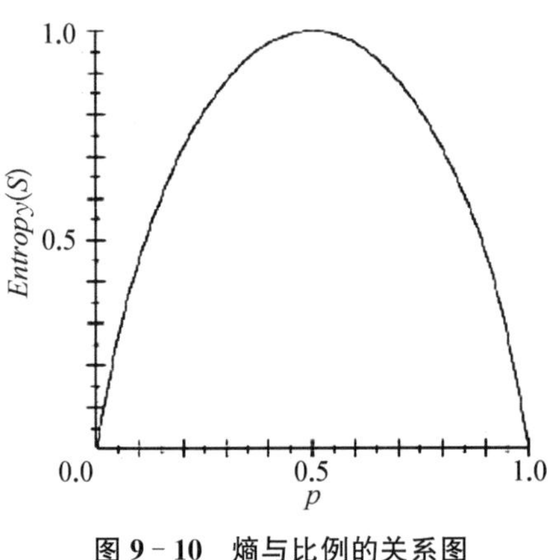

图 9-10　熵与比例的关系图

可以考察所有可能的两个类划分的熵。如果知道在一个类中案例的比例为 x，那么在另一个类中的比例就是 $1-x$。

如图 9-10 所示，熵的峰值在 $x=0.5$ 时取到，即数据集中两类数据各占一半时会导致整个数据集的熵最大。当一个类相对于其他类越来越占据主导地位时，熵值会逐渐减少到 0。

给定这种度量纯度的方式，决策树算法仍然必须根据某个特征进行分割。对于这一点，决策树算法使用熵值来计算在每一个可能特征上的分割所引起的同质性(均匀性)变化，该变化称为信息增益。对于特征 F，信息增益的计算方法是分割前的数据分区(S_1)的熵值减去由分割产生的数据分区(S_2)的熵值，即

$$InfoGain(F)=Entropy(S_1)-Entropy(S_2)$$

复杂之处在于，经过一次分割后数据被划分到多个分区中，因此计算 $Entropy(S_2)$ 的函数需要考虑所有分区熵值的总和。这可以通过记录落入每一分区的比例来计算每一分区的权重，表示为

$$Entropy(S)=\sum_{i=1}^{n}w_iEntropy(P_i)$$

简单来说，从一个分割得到的总熵就是根据样本落入各个分区中的比例 w_i 加权的 n

个分区的熵值的总和。

信息增益越高，根据某一特征分割后创建的分组就越均衡。如果信息增益为零，那么根据该特征进行分割后的值就不会减少。另外，最大信息增益等于分割前的熵值，这意味着分割后的熵值为零，即决策结果是在完全同质的分组中。

前面的公式是针对离散特征的(特征值没有顺序或大小关系，如西瓜的色泽等)，但对于连续特征的分割(特征的值连续且有大小关系，例如人的身高、年龄或是体重等)，决策树同样可以使用信息增益。一个通常的做法就是测试不同的分割，根据比阈值大还是比阈值小，将连续数值划分到不同的组中，这将连续特征转换到一个两分类特征或是多分类特征，从而信息增益可以很容易计算，选择产生最大信息增益的数字阈值用于进行分割。

决策树算法有多种类型，本章介绍的 ID3 算法主要针对属性(特征)选择问题，是决策树学习方法中最具影响和最为典型的算法，该方法使用信息增益选择测试属性。ID3 算法重要的思想是：

(1) $Gain(S, A)$ 是属性 A 在集合 S 上的信息增益；

(2) $Gain(S, A) = Entropy(S) - Entropy(S, A)$；

(3) $Gain(S, A)$ 越大，说明选择的测试属性对分类提供的信息越多。

以下用常见的例子来说明 ID3 算法的过程，例如电器用品公司统计多个问卷的信息(见表 9-3)，想分析数据内在的关系是否能知道什么属性的购买者会购买计算机。

表 9-3　问卷调查

编号	计数	年龄	收入	学生	信誉	归类：买/不买计算机?
1	64	青	高	否	良	不买
2	64	青	高	否	优	不买
3	128	中	高	否	良	买
4	60	老	中	否	良	买
5	64	老	低	是	良	买
6	64	老	低	是	优	不买
7	64	中	低	是	优	买
8	128	青	中	否	良	不买
9	64	青	低	是	良	买
10	132	老	中	是	良	买
11	64	青	中	是	优	买
12	32	中	中	否	优	买
13	32	中	高	是	良	买
14	63	老	中	否	优	不买

第 1 步：计算决策属性的熵

决策属性“买计算机”，该属性分为两类：买/不买。先算出买与不买的概率再算出熵。

买的数量 S_1(买)$=640$，不买的数量 S_2(不买)$=383$，总和 $S=S_1+S_2=1\,023$；

买的概率 $P_1=640/1\,023=0.625\,6$，不买的概率 $P_2=383/1\,023=0.374\,4$；

熵 $E(S_1,\ S_2)=E(640,\ 383)=-P_1\lg_2 P_1-P_2\lg_2 P_2=-(P_1\lg_2 P_1+P_2\lg_2 P_2)=0.954\,0$。

第 2 步：计算条件属性的熵

条件属性共有 4 个，分别是年龄、收入、学生、信誉，计算不同属性的信息增益。

1）年龄

分为三组：青年、中年、老年，首先算出这三组各自的熵。

(1) 青年的熵：

买的数量 S_1(买)$=128$，不买的数量 S_2(不买)$=256$，总和 $S=S_1+S_2=384$；

买的概率 $P_1=128/384=0.333\,3$，不买的概率 $P_2=256/384=0.666\,7$；

熵 $E(S_1,\ S_2)=E(128,\ 256)=-P_1\lg_2 P_1-P_2\lg_2 P_2=-(P_1\lg_2 P_1+P_2\lg_2 P_2)=0.918\,3$。

(2) 中年的熵：

买的数量 S_1(买)$=256$，不买的数量 S_2(不买)$=0$，总和 $S=S_1+S_2=256$；

买的概率 $P_1=256/256=1$，不买的概率 $P_2=0/256=0$；

熵 $E(S_1,\ S_2)=E(256,\ 0)=-P_1\lg_2 P_1-P_2\lg_2 P_2=-(P_1\lg_2 P_1+P_2\lg_2 P_2)=0$。

(3) 老年的熵：

买的数量 S_1(买)$=256$，不买的数量 S_2(不买)$=127$，总和 $S=S_1+S_2=383$；

买的概率 $P_1=256/383=0.668\,4$，不买的概率 $P_2=127/383=0.331\,6$；

熵 $E(S_1,\ S_2)=E(256,\ 127)=-P_1\lg_2 P_1-P_2\lg_2 P_2=-(P_1\lg_2 P_1+P_2\lg_2 P_2)=0.916\,6$。

接着计算年龄的平均信息期望，青年占 $384/1\,023=0.375\,4$，中年占 $256/1\,023=0.250\,2$，老年占 $383/1\,023=0.374\,4$。

平均信息期望$=0.375\,4\times0.918\,3+0.250\,2\times0+0.374\,4\times0.916\,6=0.687\,9$，*Gain*(年龄信息增益)$=0.954\,0-0.687\,9=0.266\,1$。

2）收入

分为三组：高、中、低。

(1) 高收入的熵：

买的数量 S_1(买)$=160$，不买的数量 S_2(不买)$=128$，总和 $S=S_1+S_2=288$；

买的概率 $P_1=160/288=0.555\,6$，不买的概率 $P_2=128/288=0.444\,4$；

熵 $E(S_1,\ S_2)=E(160,\ 128)=-P_1\lg_2 P_1-P_2\lg_2 P_2=-(P_1\lg_2 P_1+P_2\lg_2 P_2)=0.991\,1$。

(2) 中收入的熵：

买的数量 S_1(买) $=288$，不买的数量 S_2(不买) $=191$，总和 $S=S_1+S_2=479$；

买的概率 $P_1=288/479=0.601\,3$，不买的概率 $P_2=191/479=0.398\,7$；

熵 $E(S_1, S_2)=E(288, 191)=-P_1\lg_2 P_1-P_2\lg_2 P_2=-(P_1\lg_2 P_1+P_2\lg_2 P_2)=0.970\,2$。

(3) 低收入的熵：

买的数量 S_1(买) $=192$，不买的数量 S_2(不买) $=64$，总和 $S=S_1+S_2=256$；

买的概率 $P_1=192/256=0.750\,0$，不买的概率 $P_2=64/256=0.250\,0$；

熵 $E(S_1, S_2)=E(192, 64)=-P_1\lg_2 P_1-P_2\lg_2 P_2=-(P_1\lg_2 P_1+P_2\lg_2 P_2)=0.811\,3$。

接着计算收入的平均信息期望，高收入占 288/1 023 = 0. 281 5，中收入占 479/1 023=0.468 2，低收入占 256/1 023=0.250 2。

平均信息期望 $=0.281\,5\times0.991\,1+0.468\,2\times0.970\,2+0.250\,2\times0.811\,3=0.936\,2$，*Gain*(收入信息增益) $=0.954\,0-0.936\,2=0.017\,8$。

3) 学生

分为两组：学生、非学生。

(1) 学生的熵：

买的数量 S_1(买) $=420$，不买的数量 S_2(不买) $=64$，总和 $S=S_1+S_2=484$；

买的概率 $P_1=420/484=0.867\,8$，不买的概率 $P_2=64/484=0.132\,2$；

熵 $E(S_1, S_2)=E(420, 64)=-P_1\lg_2 P_1-P_2\lg_2 P_2=-(P_1\lg_2 P_1+P_2\lg_2 P_2)=0.563\,4$

(2) 非学生的熵：

买的数量 S_1(买) $=220$，不买的数量 S_2(不买) $=319$，总和 $S=S_1+S_2=539$；

买的概率 $P_1=220/539=0.408\,2$，不买的概率 $P_2=319/539=0.591\,8$；

熵 $E(S_1, S_2)=E(220, 319)=-P_1\lg_2 P_1-P_2\lg_2 P_2=-(P_1\lg_2 P_1+P_2\lg_2 P_2)=0.975\,5$。

接着计算学生的平均信息期望，学生占 484/1 023=0.473 1，非学生占 539/1 023=0.526 9。平均信息期望 $=0.473\,1\times0.563\,4+0.526\,9\times0.975\,5=0.780\,5$，*Gain*(学生信息增益) $=0.954\,0-0.780\,5=0.173\,5$。

4) 信誉

分为两组：良、优。

(1) 良的熵：

买的数量 S_1(买) $=480$，不买的数量 S_2(不买) $=192$，总和 $S=S_1+S_2=672$；

买的概率 $P_1=480/672=0.714\,3$，不买的概率 $P_2=192/672=0.285\,7$；

熵 $E(S_1, S_2)=E(480, 192)=-P_1\lg_2 P_1-P_2\lg_2 P_2=-(P_1\lg_2 P_1+P_2\lg_2 P_2)=0.863\,1$。

(2) 优的熵:

买的数量 S_1(买)$=160$,不买的数量 S_2(不买)$=191$,总和 $S=S_1+S_2=351$;

买的概率 $P_1=160/351=0.455\ 8$,不买的概率 $P_2=191/351=0.994\ 4$;

熵 $E(S_1, S_2)=E(160, 191)=-P_1\lg_2 P_1-P_2\lg_2 P_2=-(P_1\lg_2 P_1+P_2\lg_2 P_2)=0.975\ 5$。

接着计算信誉的平均信息期望,良好占 672/1 023=0.656 9,优良占 351/1 023=0.343 1。

平均信息期望 $=0.656\ 9\times 0.863\ 1+0.343\ 1\times 0.975\ 5=0.901\ 7$,*Gain*(信誉信息增益)$=0.954\ 0-0.901\ 7=0.052\ 3$。

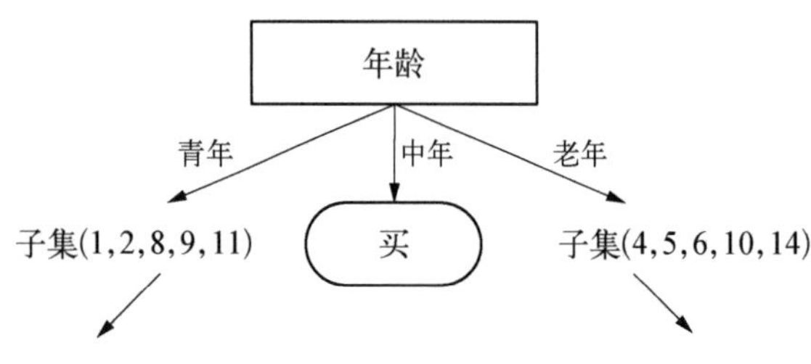

图 9-11 信息增益最大的年龄属性为分枝依据

第 3 步:选择属性

计算完每个属性各自的信息增益后比较 4 个属性的信息增益,选择值最大的为决策树下一次分枝的属性(特征),如图 9-11 所示,第 1 次的分枝选择年龄属性。

第 4 步:继续分枝

根据还没有分类完成的数据继续重复第 1 步到第 3 步直到所有分枝都为同一类才停止计算。最终,计算第 2 次分枝信息增益的大小,青年的数据根据是不是学生的属性分枝,以及老年的数据根据信誉优秀或是良好的属性分枝。经过第 2 次分枝后,所有的结果都已经分成同一类,就实现 ID3 决策树算法的使用(见图 9-12)。

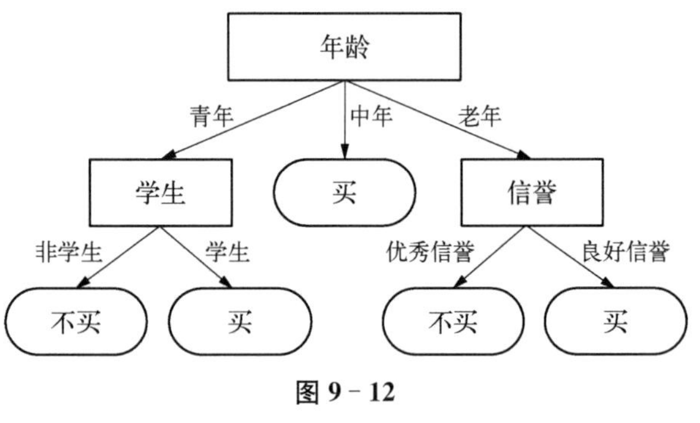

图 9-12

在实际应用时,得到的数据通常分为离散和连续的值,由于建立决策树时,用离散型数据进行处理速度最快,因此对连续型数据进行离散化处理。

表 9-4 的信息中发现数据有离散和连续的值,可以用阈值将“在网时长”“费用变化率”和“年龄”的连续值划分区间转换成离散值。

表 9-4 客户信息表

年龄	学历	职业	缴费方式	在网时长/年	费用变化率/%	客户流失
58	大学	公务员	托收	13	10.00	NO
47	高中	工人	营业厅缴费	9	42.00	NO
26	研究生	公务员	充值卡	2	63.00	YES
28	大学	公务员	营业厅缴费	5	2.91	NO

续表

年龄	学历	职业	缴费方式	在网时长/年	费用变化率/%	客户流失
32	初中	工人	营业厅缴费	3	2.30	NO
42	高中	无业人员	充值卡	2	100	YES
68	初中	无业人员	营业厅缴费	9	2.30	NO

根据专家经验和实际计算的信息增益，在“在网时长”属性中，通过检测每个划分，得到在阈值为 5 年时信息增益最大，从而确定最好的划分是在 5 年处，则这个属性的范围就变为{≤5，>5：H1，H2}。而在“年龄”属性中，信息增益有两个峰值，分别在 40 和 50 处，因而该属性的范围变为{≤40，>40∩≤50，>50}即变为{青年，中年，老年：N1，N2，N3}；费用变化率：[(当月话费近 3 个月的平均话费)/近 3 个月的平均话费]×%>0，F1：≤30%，F2：30%～99%，F3：=100%变为{F1，F2，F3}。

而离散的数据可以很轻易地分类，文化程度分为 3 类：W1 初中以下(含初中)，W2 高中(含中专)，W3 大学(专科、本科及以上)；职业类别按工作性质来划分成 3 类：Z1～Z3(公务员、工人、无业人员)；缴费方式分 T1：托收，T2：营业厅缴费，T3：充值卡。

根据上述提到的数据转化，可以将表 9-4 改成表 9-5 后，再进行决策树算法。

表 9-5 转化后的客户信息表

年龄	学历	职业	缴费方式	在网时长	费用变化率	客户流失
N3	W3	Z1	T1	H2	F1	NO
N2	W2	Z2	T2	H2	F2	NO
N1	W3	Z1	T3	H1	F2	YES
N1	W3	Z1	T2	H1	F1	NO
N1	W1	Z2	T2	H1	F1	NO
N2	W2	Z3	T3	H1	F3	YES
N3	W1	Z3	T2	H2	F1	NO

一棵决策树可以无限制地生长，选择需要分割的特征，分割成越来越小的分区直到每一个样本完全归类，或者分区中再也没有可用于分割的特征。然而，如果决策树增长过大，将会使许多决策过于具体，模型将会过度拟合训练数据。而修剪一棵决策树的过程涉及减小它的大小，以使决策树能更好地推广到未知的数据。

解决这个问题的一种方法是一旦决策树达到一定数量的决策，或者决策点中含有少量的样本，我们就阻止树的增长，称为提前停止法或预剪枝决策法。由于这种预剪枝决策树避免了不必要的工作，所以这是一个有吸引力的策略。然而，不足之处在于没办法知道决策树是否会错过细微却很重要的模式，这种细微的模式只有决策树生成到足够大的时才能学习到。

另一种方法称为后剪枝决策树法，如果一棵决策树生长得过大，则根据节点处的错误率使用修剪准则将决策树修剪到更合适的大小。该方法通常比预剪枝法更有效，因为如果没事先生成决策树，要确定一棵决策树生成的最佳程序是相当困难的，而事后修剪决策树肯定可以使算法查到所有重要的数据结构。

修剪操作的实施细节是很具技术性的。ID3 的改进算法 C5.0 算法的优点之一就是它可以自动修剪，即它关注许多决策，能自动使用相当合理的默认值。该算法的总体策略就是事后修剪决策树，它先生成一个过度拟合训练数据的大决策树，然后删除对分类误差影响不大的节点和分枝。在某些情况下，整个分枝会进一步向上移动或者由一些简单的决策所取代，这两个移植分枝的过程分别称为子树提升和子树替换。

权衡决策树是过度拟合还是欠拟合是一门学问，但如果模型的准确性是至关重要的，那么就很值得在不同的剪枝方案上花些时间，看看它是否对测试数据的性能有所改善。

9.5 集成学习

另一种有趣的思路是能否从弱的学习机得到强的学习机，让“三个臭皮匠”顶得上“一个诸葛亮”，这类学习方法称为“集成学习”(ensemble learning)。集成学习通过构建并结合多个学习器来完成学习任务，有时也称为多分类器系统、基于委员会学习等。

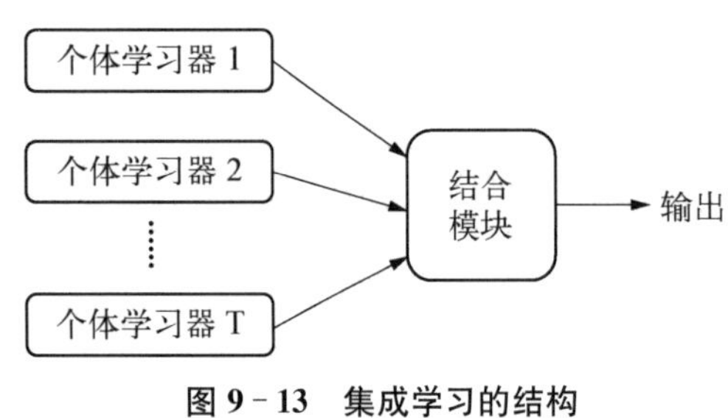

图 9 - 13 集成学习的结构

图 9 - 13 显示出集成学习的一般结构：先产生一组“个体学习器”，再用某种策略将它们结合起来。个体学习器通常由一个现有的学习算法从训练数据中产生，例如决策树算法、神经网络算法等。此时集成中只包含同种类型的个体学习器，例如“决策树集成”中全是决策树，“神经网络集成”中全是神经网络，这样的集成是“同质”的。同质集成中的个体学习器亦称“基学习器”，相应的学习算法称为“基学习算法”。集成也可包含不同类型的个体学习器，例如同时包含决策树和神经网络，这样的集成是“异质”的。异质集成中的个体学习器由不同的学习算法生成，这时就不再有基学习算法；相应地，个体学习器一般不称为基学习器，常称为“组件学习器”或直接称为个体学习器。

集成学习通过将多个学习器进行结合，通常可获得比单一学习器显著优越的泛化性能。这对“弱学习器”尤为明显，因此集成学习的很多理论都是针对弱学习器进行的，而基学习器有时也直接称为弱学习器。需注意的是，虽然从理论上来说使用弱学习器集成足以获得好的性能，但在实践中出于种种考虑，例如希望使用较少的个体学习器，或是重用关于常见学习器的一些经验等，往往会使用比较强的学习器。

在一般经验中，如果把好坏不等的东西掺在一起，那么通常结果会比最坏的好一些，而比最好的要坏一些。集成学习把多个学习器结合起来，如何能获得比最好的单一学习器更好的性能呢？

考虑一个简单的问题：在二分类任务中，假定 3 个分类器在 3 个测试样本上的表现如表 9-6 所示，其中√表示分类正确，用×表示分类错误，集成学习的结果通过投票法产生，即“少数服从多数”。在表 9-6(a)区域中每个分类器都只有 66.6%的精度，但集成学习却达到了 100%；在表 9-6(b)区域中 3 个分类器没有差别，集成之后性能没有提高；在表 9-6(c)区域中每个分类器的精度都只有 33.3%，集成学习的结果变得更糟。由这个简单的例子可知：要获得好的集成，个体学习器应当“好而不同”，即个体学习器要有一定的“准确性”，即学习器不能太坏，并且要有“多样性”，即学习器间具有差异。

表 9-6 集成的效应

(a) 集成提升性能				(b) 集成不起作用				(c) 集成起反作用			
分类器编号	测试例 1	测试例 2	测试例 3	分类器编号	测试例 1	测试例 2	测试例 3	分类器编号	测试例 1	测试例 2	测试例 3
1	√	√	×	1	√	√	×	1	√	×	×
2	√	×	√	2	√	√	×	2	×	×	√
3	×	√	√	3	√	√	×	3	×	√	×
集成	√	√	√	集成	√	√	×	集成	×	×	×

然而个体学习器的“准确性”和“多样性”本身就存在冲突。一般地，当准确性达到很高之后，要增加多样性就需牺牲准确性。如何产生并结合“好而不同”的个体学习器，正是集成学习研究的核心。

9.6 随机森林

根据个体学习器的生成方式，目前的集成学习方法大致可分为两大类：① 个体学习器之间存在强依赖关系，必须串行生成的序列化方法；② 个体学习器之间不存在强依赖关系，可同时生成的并行化方法。前者的代表是 Boosting，后者的代表是 Bagging 和随机森林。

Boosting 是一种可将弱学习器提升为强学习器的族算法，最著名的代表是 AdaBoost。族算法的工作机制大致是：先从初始训练集训练出一个基学习器，再根据基学习器的表现对训练样本分布进行调整，使得先前基学习器做错的训练样本在后续受到更多关注，然后基于调整后样本分布来训练下一个基学习器，如此重复进行，直至基学习器数目达到事先指定的 T 值，最终将这 T 个基学习器进行加权结合。

Boosting 算法要求基学习器能对特定的数据分布进行学习（见图 9－14），这可通过“重赋权法”实施，即在训练过程中的每一轮中，根据样本分布为每个训练样本重新赋予一个权重。对无法接受带权样本的基学习算法，则可通过“重采样法”来处理，即在每一轮学习中，根据样本分布对训练集重新进行采样，再用重采样得到的样本集对基学习器进行训练。一般而言，这两种做法没有显著的优劣差别。需注意的是，Boosting 算法在训练的每一轮都要检查当前生成的基学习器是否满足基本条件。一旦条件不满足，则当前基学习器即被抛弃，且学习过程终止。在此种情形下，初始设置的学习轮数 T 也许还远未达到，可能导致最终集成中只包含很少的基学习器而性能不佳。若采用“重采样法”，则可获得“重启动”机会以避免训练过程过早停止，即在抛弃不满足条件的当前基学习器之后，可根据当前分布重新梳理并且对训练样本进行采样，再基于新的采样结果重新训练基学习器，从而使得学习过程可以持续到预设的 T 轮为止。

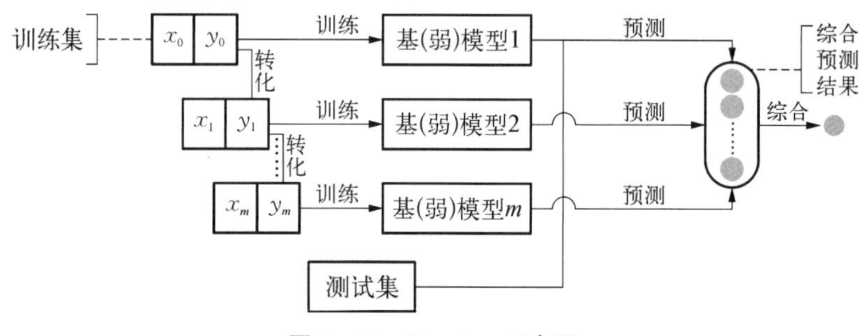

图 9－14　Boosting 示意图

下面介绍 Bagging 与随机森林。由前述可知，想要得到泛化性能强的集成，集成中的个体学习器应尽可能相互独立，虽然“独立”在现实任务中无法做到，但可以设法使基学习器尽可能具有较大的差异。

给定一个训练数据集，一种可能的做法是对训练样本进行采样，产生出若干个不同的子集，再从每个数据子集中训练出一个基学习器。这样，由于训练数据不同，获得的基学习器可具有比较大的差异。然而，为获得好的集成，同时还希望个体学习器性能不能太差。如果采样出的每个子集都完全不同，则每个基学习器只用到一小部分训练数据，甚至不足以进行有效学习，这显然无法确保产生比较好的基学习器。为解决这个问题，可考虑使用相互交叠的采样子集。

Bagging 是并行式集成学习方法最著名的代表。从名字即可看出，它直接基于自助采样法。给定包含 m 个样本的数据集，先随机取出一个样本放入采样集中，再把该样本放回初始数据集，使得下次采样该样本仍有可能被选中。这样，经过 m 次随机采样操作，得到含 m 个样本的采样集，初始训练集中有的样本在采样集里多次出现，有的则从未出现。按照这样，可采样出 T 个含 m 个训练样本的采样集，然后基于每个采样集训练出一个基学习器，再将这些基学习器进行结合，这就是 Bagging 的基本流程（见图 9－15）。在对预测输出进行结合时，Bagging 通常对分类任务使用简单投票法，对回归任务使用简单平均法。若分类预测时出现两个类收到同样票数的情形，则最简单的做法是随机选择一个，也可进一步考察学习器反对票的置信度来确定最终胜者。另外，与标准 AdaBoost 只适用于二分类任务不同，Bagging 能不经修改地用于多分类、回归等任务。

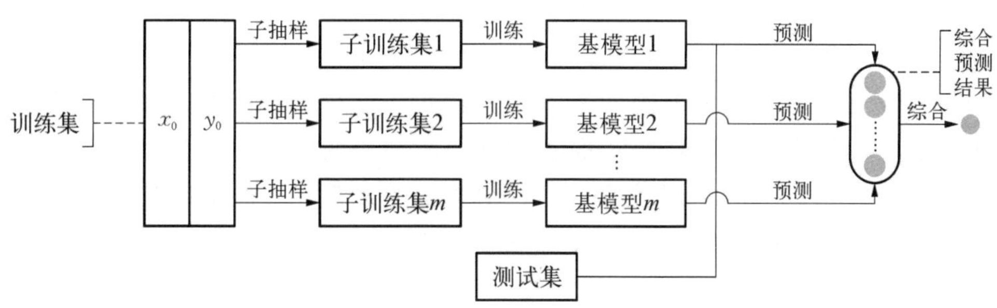

图 9-15　Bagging 基本流程

随机森林(random forest, RF)是 Bagging 的一个扩展变体。RF 在以决策树为基学习器构建 Bagging 集成的基础上，进一步在决策树的训练过程中引入了随机属性选择。具体来说，传统决策树在选择划分属性时是在当前节点的属性集合中选择一个最优属性；在 RF 中，对基决策树的每个节点，先从该节点的属性集合 d 中随机选择一个包含 k 个属性的子集，然后再从这个子集中选择一个最优属性用于划分。这里的参数 k 控制了随机性的引入程度：若令 $k=d$，则基决策树的构建与传统决策树相同；若令 $k=1$，则是随机选择一个属性用于划分。一般情况下，推荐值 $k=\lg_2 d$。

随机森林简单、容易实现、计算开销小，它在很多现实任务中展现出强大的性能，被誉为“代表集成学习技术水平的方法”。可以看出，随机森林对 Bagging 只做了小改动，但是与 Bagging 中基学习器的“多样性”仅通过样本扰动(通过对初始训练集采样)而产生不同，随机森林中基学习器的多样性不仅来自样本扰动，还来自属性扰动，这使得最终集成的泛化性能可通过个体学习器之间的差异度的增加而进一步提升。

值得一提的是，随机森林的训练效率优于 Bagging。这是因为在个体决策树的构建过程中，Bagging 使用的是“确定型”决策树，在选择划分属性时要对节点的所有属性进行考察，而随机森林使用的是“随机型”决策树则只需要考察一个属性子集。

集成学习器可能会从 3 个方面带来好处：① 从统计的方面来看，由于学习任务的假设空间往往很大，可能有多个假设在训练集上达到同等性能，此时若使用单学习器可能因误选而导致泛化性能不佳，而结合多个学习器会减少这一风险；② 从计算的方面来看，学习算法往往会陷入局部极小，有的局部极小点所对应的泛化性能可能很糟糕，而通过多次运行之后进行结合，可降低陷入糟糕局部极小点的风险；③ 从表示的方面来看，某些学习任务的真实假设可能不在当前学习算法所考虑的假设空间中，此时若使用单学习器则肯定无效，而通过结合多个学习器，由于相应的假设空间有所扩大，有可能学得更好的近似。

本章小结

本章节介绍了人工智能的回归与分类算法。首先介绍如何构建回归函数求得系数 $\boldsymbol{w}$ 和偏置项 b，从而通过线性回归描述 $\boldsymbol{x}$ 与 $\boldsymbol{y}$ 的关系。最小二乘法利用残差的平方和对拟合的效果进行衡量，也可以构建非线性的回归函数，并且加入正则化项调节模型的复杂度。回归问题的样本是连续的实数，而分类问题的样本是类别的标号。在二分类任务中，支持向量机最大化特征空间上的分类间隔，使得分类的可信度最好。然后介绍决策树，决策树是一种进行分类或回归任务时将问题划分成多个子区域的非线性算法，根据计算信息增益选择其值最大的特征作为当前步骤的分割依据。最后介绍了集成学习，是一种结合多个学习器来提升回归或分类性能的方法。集成学习根据学习器的生成方式分成两种，序列化代表是 Boosting，而并行化代表是 Bagging 和随机森林。本章主要内容梳理如下：

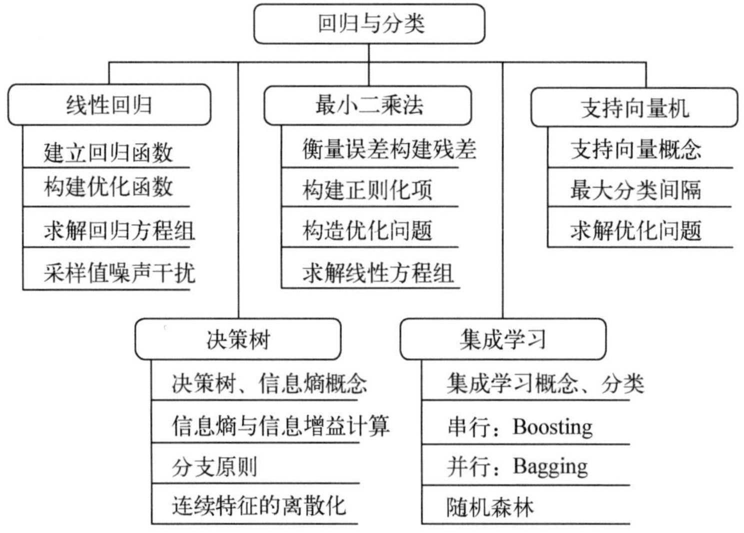

10 深度学习网络

在人工智能早期的研究中，很多对于人类智力非常困难但对计算机却相对简单的问题得到迅速解决。比如，那些可以通过一系列形式化的数学规则来描述的问题。人工智能的真正挑战在于解决那些对于人来说很容易执行但很难形式化描述的任务，如识别人们所说的话或图像中的脸。对于这些问题，人类往往可以凭借直觉轻易地解决。针对这些比较直观的问题，本章讨论一种解决方案。该方案可以让计算机从经验中学习，并根据层次化的概念体系来理解世界，而每个概念则通过与某些相对简单的概念之间的关系来定义。让计算机从经验获取知识，可以避免由人类将计算机形式化并指定它需要的所有知识。层次化的概念让计算机构建较简单的概念来学习复杂概念。如果绘制出这些概念是如何建立在彼此之上的图，将得到一张很“深”(层次很多)的图。基于这个原因，这种方法称为深度学习。

10.1 从特征工程到深度神经网络

特征是机器学习系统的原材料，对最终模型的影响是毋庸置疑的。如果数据很好地表达成了特征，通常线性模型就能达到满意的精度。一个传统机器学习的典型过程是：首先提出问题并收集数据，理解问题和分析数据，继而提出抽取特征方案，使用机器学习建模得到预测模型。然后是特征工程，如果主要是人来完成的话，则称为人工特征工程。例如在设计垃圾邮件过滤系统的应用中，首先要收集大量的用户邮件和对应标记，然后通过分析这些数据，提取一些与垃圾邮件相关的特征，如邮件是否包含“交友”“发票”“免费促销”等一些与垃圾邮件相关的关键词，再使用线性逻辑回归来训练得到模型。

特征工程是一个长期的过程，为了提升特征质量，需要不断地提出新的特征。例如，通过分析被错误分类的邮件，可能会发现含有大量彩色文字和图片的邮件大概率是垃圾邮件，于是需要新加入一个样式特征。又比如根据经验，一个长期使用中文的人收到的俄语邮件通常是不正常的邮件，可以直接过滤掉，于是又加入字符编码这一新特征。再如通过搜集信息得到大量不安全的IP和发信地址的数据库，于是可以加入不安全来源这一新特征。通过这样不断地优化特征，系统的准确性和覆盖性可以不断提高，同时这又驱使我们继续寻求新的特征。

由此可以看出，特征工程建立在对问题的不断深入和对数据的不断寻求之上。但问题是，通常情况下人根据数据能抽象出来的特征种类非常有限。例如，对于广告点击预测这一应用，容易理解的、易于使用且干净的数据源并不多，并且与广告点击有关的特征也不多，它们无外乎是广告本身信息（标题、正文、样式）、广告主信息（行业、地理位置、声望）和用户信息（性别、年龄、收入等个人信息、cookie、session等点击信息），所以最终能得到的特征类数上限也就是数百类。

而这些简单的机器学习算法的性能在很大程度上依赖于给定数据的“表示”（representation）。例如，在我们之前所学到的决策树的举例中，可以让决策树通过学习，根据西瓜的色泽、纹理等信息判断是否是好瓜。表示西瓜的这些信息称为特征信息，决策树学习西瓜的这些特征与其是否是好瓜的结果相关联。如果将西瓜的图片直接输入作为决策树的输入，而不是关于这些特征的描述，它将无法做出有用的预测。西瓜图片的单一像素与其是否是好瓜之间的相关性微乎其微。在整个计算机科学乃至日常生活中，对表示的依赖都是一个普遍现象。在计算机科学中，如果能把数据集合精巧地结构化并智能地索引，那么诸如搜索之类的处理速度就可以呈指数级地加快。人们可以很容易地用阿拉伯数字表示进行算术运算，但用罗马数字表示运算会比较耗时。因此可以肯定地说，表示的选择会对机器学习算法的性能产生很大的影响。

然而，对于许多任务来说，应该提取哪些特征是个难题。例如，假设现在需要编写一个程序来检测照片中的车。因为汽车都有轮子，用车轮的存在与否作为特征是个很好的选择。但准确地根据像素值来描述车轮看上去像什么是一件很困难的事。虽然车轮具有简单的几何形状，但它的图像可能会因场景而异，如落在车轮上的阴影、太阳照亮的车轮金属零件、汽车的挡泥板或者遮挡车轮一部分的前景物体等。

解决这个问题的途径之一是使用机器学习来发掘表示本身，而不仅仅把表示映射到输出，这种方法称为表示学习（representation learning）。学习到的表示往往比手动设计的表示表现得更好。并且它们只需最少的人工干预，就能让AI系统迅速适应新的任务。表示学习算法只需几分钟就可以为简单的任务找到一个很好的特征集，对于复杂任务则需要几小时到几个月。手动为一个复杂的任务设计特征需要耗费大量的人工时间和精力，甚至需要整个研究小组花费几年的时间。

当设计特征或设计用于学习特征的算法时，目标通常是分离出能解释观察数据的变差因素（factors of variation）。在这里，“因素”这个词仅指代影响的不同来源，这些因素通常是不能直接观察到的量。相反，它们可能是现实世界中观察不到的物体或者不可观测的量。它们可以看作是数据的概念或者抽象，以帮助我们了解这些数据的丰富多样性。

当分析语音记录时，变差因素包括说话者的年龄、性别、口音和正在说的词语。当分析汽车的图像时，变差因素包括汽车的位置、颜色、太阳的角度和亮度。

在许多现实的人工智能应用中，困难主要源于多个变差因素同时影响着能够观察到的每一个数据。比如，在一张包含红色汽车的图片中，其单个像素在夜间可能会非常接近黑色，汽车轮廓的形状在不同视角下会有很大的变化。大多数应用需要分清变差因素并忽略不需要关心的因素。

显然，从原始数据中提取如此高层次、抽象的特征是非常困难的。许多诸如说话口音这样的变差因素，只能通过对数据进行复杂的、接近人类水平的理解来辨识。这几乎与获得原问题的表示一样困难。因此，乍一看表示学习似乎并不能帮助我们，但深度学习(deep learning)可以通过其他较简单的表示来表达复杂表示，有效地解决了表示学习中的核心问题。

深度学习让计算机通过较简单概念构建复杂的概念。图 10-1 中展示了深度学习系统模型，计算机难以理解原始感观输入数据的含义，如表示为像素值集合的图像。将一组像素映射到对象标识的函数非常复杂。如果直接处理、学习或评估此映射似乎是不可能的。深度学习将所需的复杂映射分解为一系列嵌套的简单映射(每个由模型的不同层描述)来解决这一难题。输入展示在可视层(visible layer)，这样命名的原因是因为它包含能直接观察到的变量。然后是一系列从图像中提取越来越多抽象特征的隐藏层(hidden

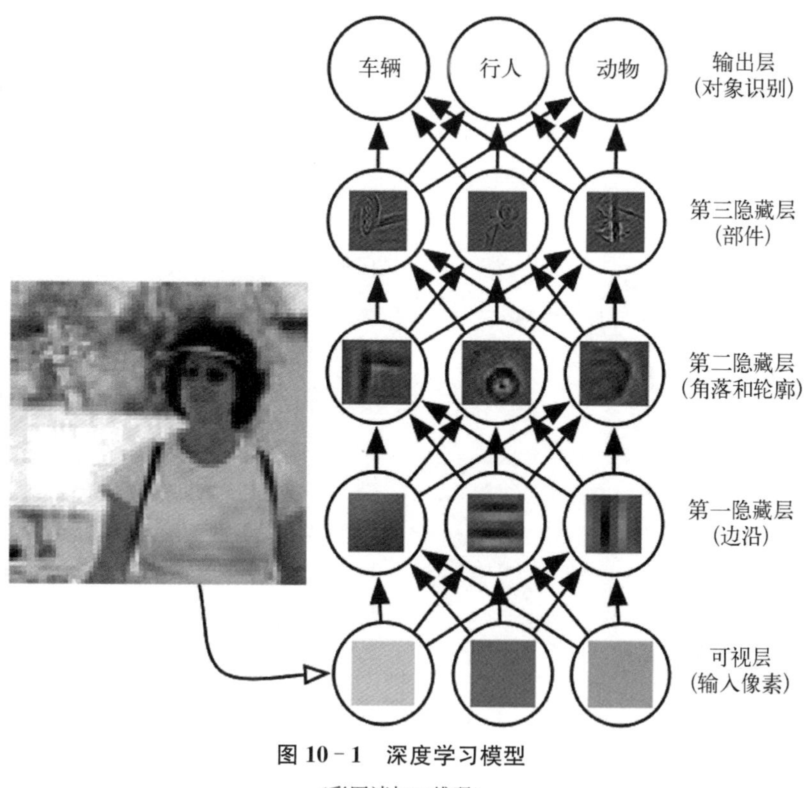

图 10-1　深度学习模型

(彩图请扫二维码)

layer)。因为它们的值不在数据中给出，所以将这些层称为“隐藏层”，模型必须确定哪些概念有利于解释观察数据中的关系。给定像素，第一隐藏层可以轻易地通过比较相邻像素的亮度来识别边缘；有了第一层描述的边缘，第二隐藏层可以容易地搜索可识别为角和扩展轮廓的边集合；给定第二隐藏层中关于角和轮廓的图像描述，第三隐藏层可以找到轮廓和角的特定集合来检测特定对象的整个部分。最后，根据图像描述中包含的对象部分，可以输出(识别)图像中存在的对象。

如何通过组合较简单的概念(例如转角和轮廓，它们转而由边线定义)来表示图像中人的概念。深度学习模型的典型示例是前馈深度网络或多层感知机(multilayer perceptron, MLP)。多层感知机仅仅是一个将一组输入值映射到输出值的数学函数。该函数由许多较简单的函数复合而成。我们可以认为不同数学函数的每一次应用都为输入提供了新的表示。

总的来说，深度学习是通向人工智能的途径之一。具体来说，它是机器学习的一种，一种能够使计算机系统从经验和数据中得到提高的技术。深度学习是一种特定类型的机器学习，具有强大的能力和灵活性，它将大千世界表示为嵌套的层次概念体系(由较简单概念间的联系来定义复杂概念、从一般抽象概括到高级抽象表示)。

10.2 神经元模型

说起深度神经网络，就不得不提到神经网络中最基本的成分：神经元(neuron)模型。在生物神经网络中，每个神经元都通过轴突和树突与其他神经元相连。当它“兴奋”时，就会向相连的其他神经元发送化学物质，从而改变这些神经元内的电位。如果某神经元的电位超过了一个“阈值”(threshold)，那么它就会激活，即“兴奋”起来，向其他神经元发送化学物质。

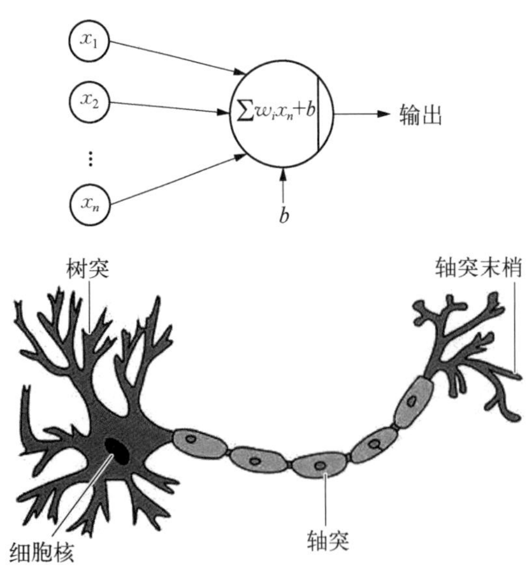

图 10-2 神经元模型

1943 年，McCulloch 和 Pitts 将上述情形抽象为由图表示的简单模型，这就是“M-P神经元模型”。如图 10-2 所示，神经元接收到来自 n 个其他神经元传递过来的输入信号 x_1，x_2，…，x_n，这些输入信号通过带权重因子 w_i 及偏置 b 的连接进行传递，神经元接收到的总输入值通过“激活函数”(activation function)处理以产生神经元的输出。

激活函数有很多种，这里简单地介绍其中的 3 种：Sigmoid 函数、线性整流函数(ReLU)和 Softmax 函数。

1. Sigmoid 函数

作为最常用的激活函数之一，它的定义为

$$Sigmoid(x)=\frac{1}{1+e^{-x}}$$

如图 10-3 所示，Sigmoid 函数为值域在 0 到 1 之间的光滑函数。当需要观察输入信号数值上微小的变化时，与阶梯函数相比，平滑函数(如 Sigmoid 函数)的表现更好。

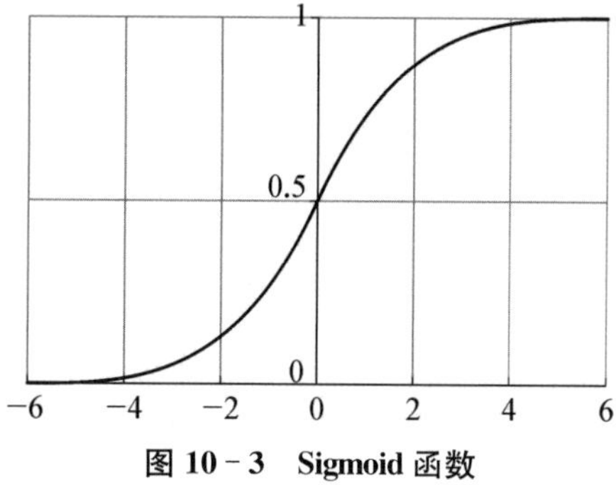

图 10-3 Sigmoid 函数

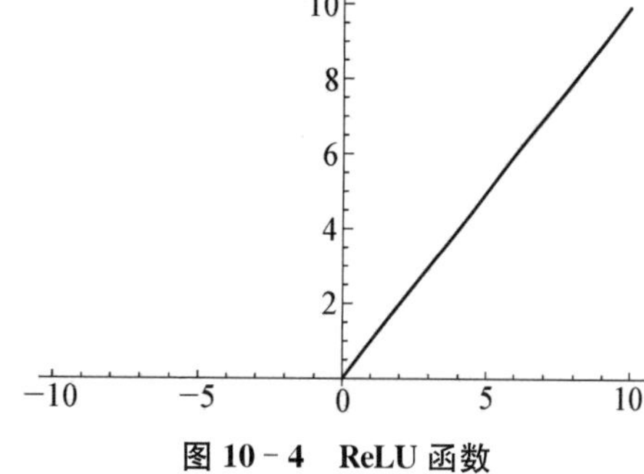

图 10-4 ReLU 函数

2. 线性整流函数(rectified linear units, ReLU)

近年来的神经网络倾向于使用 ReLU 替代 Sigmoid 函数作为隐藏层的激活函数，它的定义为

$$f(x)=\max(x, 0)$$

当 x 大于 0 时，函数输出 x，其余的情况输出为 0。函数的图像如图 10-4 所示。使用 ReLU 函数的好处是对于所有大于 0 的输入，导数是恒定的，这能够加快训练网络的速度。

3. Softmax 函数

Softmax 激活函数通常应用在分类问题的输出层上。它与 Sigmoid 函数相似，唯一的不同是 Softmax 函数输出结果是归一化的。Sigmoid 函数能够在双输出的时候奏效，但当面对多种类分类问题的时候，Softmax 函数可以方便地直接将各个分类出现的概率算出。

假设有一个 n 维数组 Y，y_i 表示 Y 中的第 i 个元素，那么这个元素的 Softmax 值为

$$y_i=\frac{e^{x_i}}{\sum_{j=1}^{n}e^{x_j}}$$

该元素的 Softmax 值，就是该元素指数与所有元素指数和的比值。以 3 个元素的数组 [3, 1, 0]为例，Softmax 处理过程如图 10-5 所示，输出结果为[84%, 11%, 5%]。

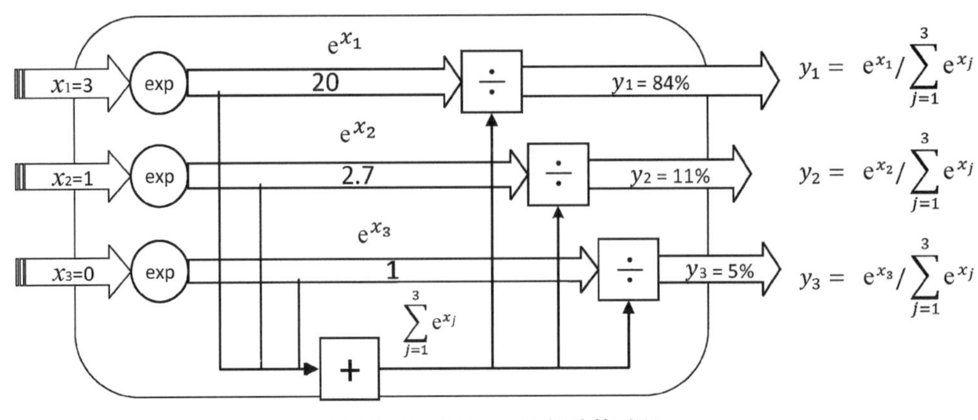

图 10-5 Softmax 函数计算过程

学习了神经元模型,我们得到了搭建人工神经网络的“砖瓦”,通过很多个神经元的相互组合就可以搭建各式各样的人工神经网络了。其中,感知机(perceptron)由两层神经元组成,输入层接收外界输入信号后传递给输出层,输出层是 M-P 神经元。而更一般地,每层神经元与下一层神经元全互联,神经元之间不存在同层连接,也不存在跨层连接,这样的神经网络通常称为“多层前馈神经网络”(multi-layer feedforward neural networks),而这样的层级前馈结构,在计算机视觉领域得到了广泛的应用。

实际上,从计算机科学的角度来看,深度神经网络不一定模拟真实的生物神经网络,“模拟生物神经网络”只是认知科学家对神经网络所做的一个类比阐释,而有效的神经网络学习算法大多以数学证明作为支撑。

10.3 深度神经网络的结构及训练

一个深度神经网络通常由多个顺序连接的层(layer)组成。对于用于图像识别的网络,第一层一般以图像为输入,通过特定的运算从图像中提取特征。接下来的每一层以前一层提取出的特征为输入,对其进行特定形式的变换,便可以得到更复杂一些的特征。这种层次化的特征提取过程可以累加,赋予神经网络强大的特征提取能力。经过很多层的变换之后,神经网络就可以将原始图像变换为高层次的抽象的特征。

这种由简单到复杂、由低级到高级的抽象过程可以通过生活中的案例来体会。例如,在英语学习过程中,通过字母的组合,可以得到单词;通过单词的组合,可以得到句子;通过句子的分析,可以了解语义;通过语义的分析,可以获得表达的思想或目的。而这种语义、思想等,就是更高级的抽象。

接下来,让我们来看一个具体的神经网络,以便对深度神经网络的结构有一个直观的感受。这个网络中出现了卷积层、ReLU 非线性激活层、池化层、全连接层、Softmax 归一化指数层等概念,我们会在后面逐一介绍。

2012 年，Alex Krizhevsky 发布了 AlexNet。该神经网络在 LeNet 的基础上调整了网络架构并加深了深度，在当年的 ImageNet 大赛上以明显优势夺得了冠军。如图 10－6 所示，这个神经网络的主体部分由 5 个卷积层和 3 个全连接层组成。5 个卷积层位于网络的最前端，依次对图像进行变换以提取特征。每个卷积层之后都有一个 ReLU 非线性激活层来完成非线性转换。第 1、2、5 个卷积层之后连接有最大池化层，用以降低特征图的分辨率。经过 5 个卷积层以及相连的非线性激活层与池化层之后，特征图被转为 4 096 维的特征向量，再经过两次全连接层和 ReLU 层的变换之后，就得到了对图片所属类别的预测。

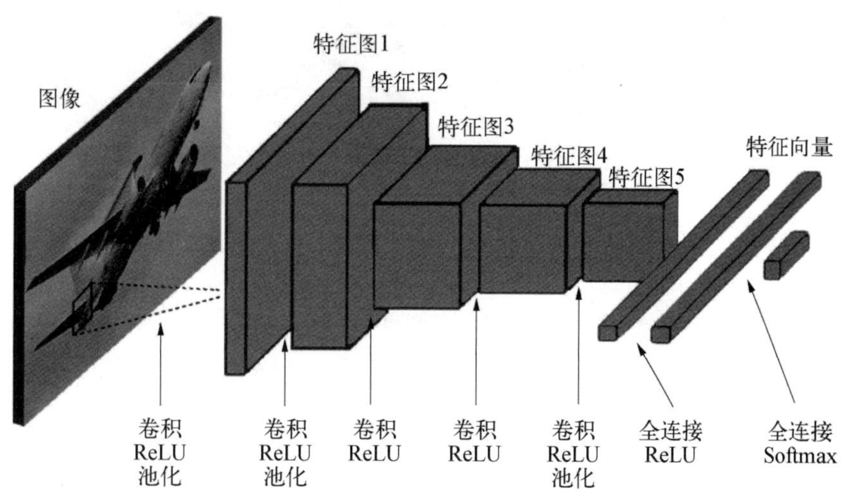

图 10－6　AlexNet 结构

10.3.1　卷积层

在图像处理中，卷积操作指的是使用一个卷积核对图像中的每个像素进行一系列操作。卷积核(算子)是用来做图像处理时的矩阵，图像处理时也称其为掩膜，是与原图像做运算的参数。卷积核通常是一个四方形的网格结构(例如 3×3 的矩阵或像素区域)，该区域上每个方格都有一个权重值。使用卷积进行计算时，需要将卷积核的中心放置在要计算的像素上，依次计算卷积核中每个元素和其覆盖的图像像素值的乘积并求和，得到的值就是该位置的新像素值。

下面来看一个简单的例子。如图 10－7 所示，位于图左部的是将边界用 0 填充的原图像，中间是一个 3×3 的卷积核，右部是左上角像素对应的卷积结果。在求卷积的过程中，卷积核滑过整个图像，在每个位置上通过求取卷积核与原图对应区域(被卷积核覆盖的区域)之间的乘积和来得到卷积结果。

卷积层完成的操作，可以认为是受到局部感受野概念的启发，通过卷积的权值共享及池化的方法来降低网络参数的数量级。如果使用传统神经网络方式对一张图片进行分类，则需要把图片的每个像素都连接到隐藏层节点上，例如对于一张 1 000×1 000 像

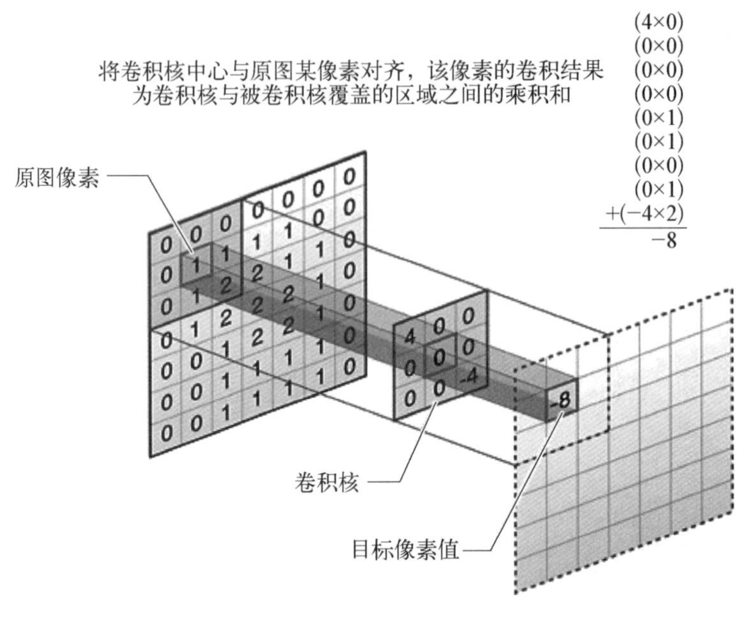

图 10-7　卷积示意图

素的图片，如果隐藏层有 1 兆(M)个单元，参数将达到 10^{12} 个，这显然是不能接受的[如图 10-8(a)所示]。

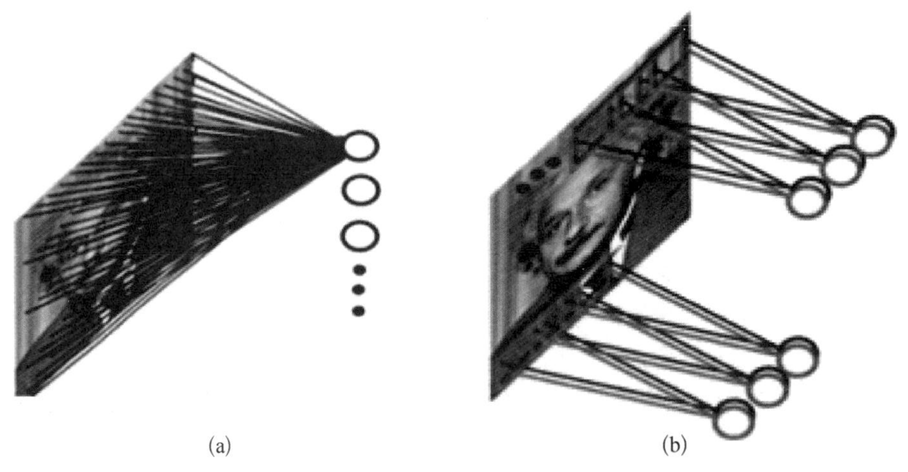

图 10-8　全连接(a)与局部连接(b)

但是在卷积神经网络里，基于以下两个假设可以大大减少参数个数。

(1) 最底层特征都是局部性的，也就是说用 10×10 这样大小的过滤器就能表示边缘等底层特征。

(2) 图像上不同小片段，以及不同图像上的小片段的特征是类似的，也就是说可以用同样的一组分类器来描述各种各样不同的图像。

基于以上两个假设，可以把第一层网络结构简化，如图 10-8(b)，对于 1 000×1 000

的图像用 100 个 10×10 的小过滤器就能够大概描述整幅图片上的底层特征。

在具体应用中往往有多个卷积核，每个卷积核代表了一种图像模式，假如某个图像块与此卷积核卷积出的值大，则认为此图像块十分接近于此卷积核。例如在某应用中设计了 6 个卷积核，可以认为这个图像上有 6 种底层纹理模式，也就是用 6 种基础模式就能描绘出一幅图像。图 10－9 所示为 24 种不同卷积核的示例。

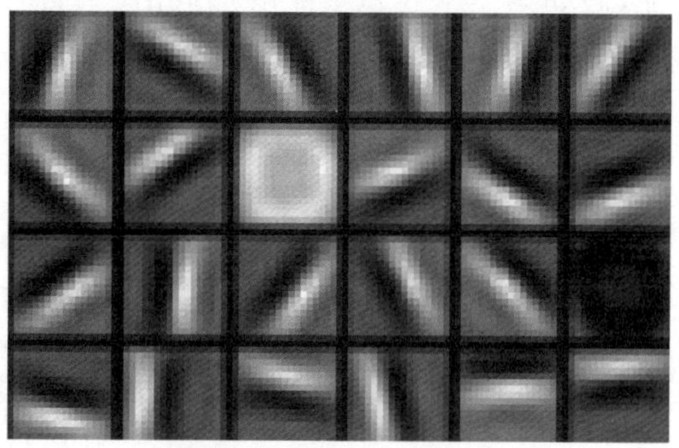

图 10－9　不同卷积核示例

10.3.2　非线性激活层

卷积处理之后的输入信号通过激活函数进行非线性变换，从而得到输出信号。最后输出的信号具有 $f(a \times w + b)$ 的形式，其中 f 为激活函数。

在图 10－2 中，设 x_1，x_2，…，x_n 等 n 个输入分别对应着权重因子 w_1，…，w_i 以及偏置 b。我们把输入 X_i 乘以对应的权重因子 w_i 再加上 b 的结果记为 u。

这个激活函数 f 是作用在 u 上的，也就是说这个神经元最终的输出结果为 $y_k = f(u)$。常用的激活函数就包括前文中介绍的 Sigmoid 函数、线性整流函数（ReLU）和 Softmax 函数。

10.3.3　池化层

通过上一层的卷积核操作后，我们将原始图像变为了一个新的图片。池化层的主要目的是通过降采样的方式，在不影响图像质量的情况下压缩图片和减少参数。简单地说，假设特征图像大小为 3×3，池化层采用 MaxPooling，大小为 2×2，步长为 1，那么图片的尺寸就会从 3×3 变为 2×2，如图 10－10 所示。

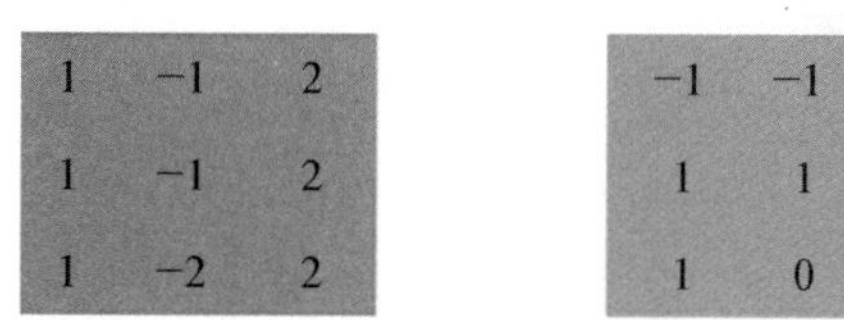

卷积后的特征图

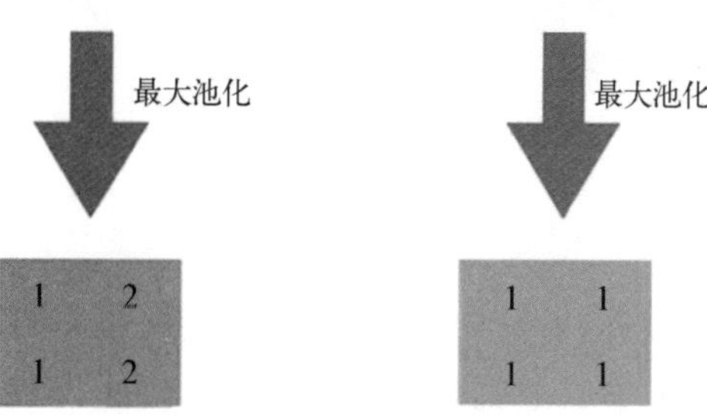

最大池化后的特征图

图 10－10　MaxPooling 结果

通常来说，池化方法一般有以下两种：① MaxPooling（取滑动窗口里最大的值）；② AveragePooling（取滑动窗口内所有值的平均值）。

从计算方式来看，MaxPooling 是最简单的一种，取最大值即可。但这也引发一个思考，为什么需要 MaxPooling，其意义在哪里？如果我们只取最大值，那其他的值被舍弃难道就没有影响吗？

其实每一个卷积核可以看作一个特征提取器，不同的卷积核负责提取不同的特征，假如第1个卷积核能够提取出“垂直”方向的特征，第2个卷积核能够提取出“水平”方向的特征，那么我们对其进行MaxPooling操作后，提取出的是真正能够识别特征的数值，其余被舍弃的数值，对于提取特定的特征并没有特别大的帮助。但在进行后续计算中，减小了特征图的尺寸，从而减少了参数，达到减小计算量却不损失效果的目的。

不过，并不是在所有情况下MaxPooling的效果都很好，有时候有些周边信息也会对某个特定特征的识别产生一定效果，那么这个时候舍弃这部分“不重要”的信息，就不是一个好的选择了。所以具体情况应该具体分析，如果在实际应用中使用MaxPooling后效果反而变差了，不妨将卷积后不加MaxPooling的结果与卷积后加了MaxPooling的结果输出对比一下，看看MaxPooling是否对卷积核提取特征起了反效果。

10.3.4 全连接层

其实到这一步，一个完整的“卷积部分”已经算完成了。如果还想要叠加层数，通常也是叠加Conv-MaxPooling层(卷积层和池化层的组合)，因为叠加卷积层可以通过提取更多更抽象的特征来达到更好的识别效果。由于全连接层只能处理一维向量，不能直接处理卷积、池化层输出的特征图，因此需要先将特征图输入到一个能把任意尺寸拉成一维向量的Flatten层，然后把Flatten层的输出输入到全连接层里对其进行分类，如图10－11所示。

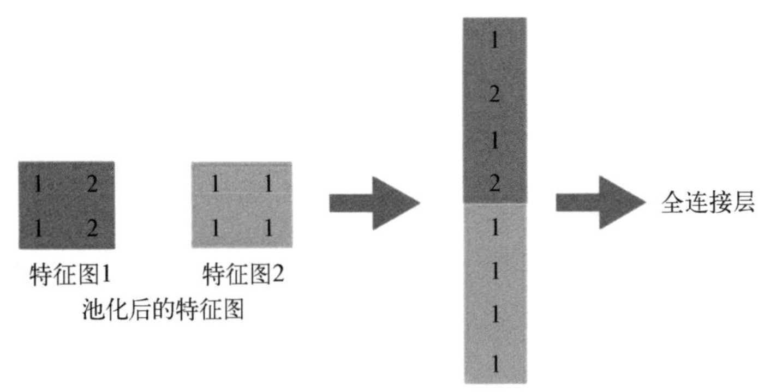

图10－11 Flatten过程

10.3.5 深度神经网络的训练

分类器需要经过训练才可以区分属于不同类别的特征向量，深度神经网络也需要经过训练才能学习有效的图像特征。我们知道，训练本质上就是寻找最佳参数的过程。在线性分类器中，参数包含所有线性函数的所有系数。而在神经网络中，卷积层所有卷积核的元素值、全连接层中所有内积运算的系数都是参数。比如在AlexNet中，需要学习的参数有 6 千万个，其难度远高于线性分类器的训练。针对神经网络训练的问题，人工智能科学家提出了反向传播算法，它是训练神经网络最有效的手段之一。

每次将一幅图像输入网络中，经过逐层的计算最终得到预测的属于每一类的概率。我们将预测结果与正确答案进行对比，如果发现预测结果不够好，那么会从最后一层开始，逐层调整神经网络的参数，使得网络对这个训练样本能够做出更好的预测。我们将这种从后往前调整参数的方法称为反向传播算法。

对于简单的分类任务，通过多次使用反向传播算法迭代之后，深度神经网络预测输入类别的准确率逐渐升高直到满足分类任务要求。反向传播算法涉及的数学知识过于复杂，在此不介绍。

10.3.6 深度神经网络与人类视觉系统

基于深度学习的图像识别思想源于对人视觉系统的认知机理。这得益于美国神经生物学家 David Hubel 和 TorstenWiese(1981 年诺贝尔医学奖获得者)的发现：人类负责视觉系统的信息处理的可视皮层是分级的(见图 10－12)。

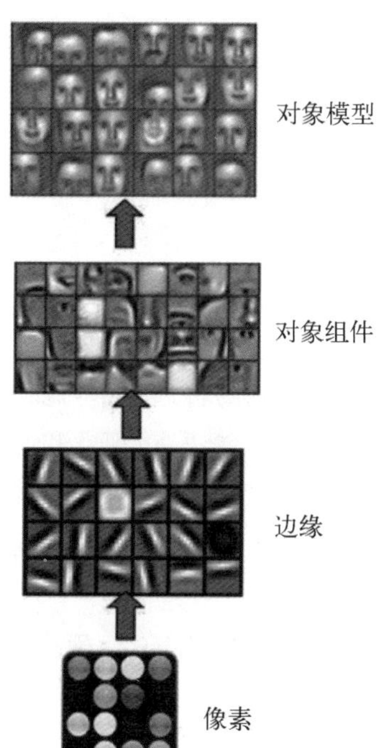

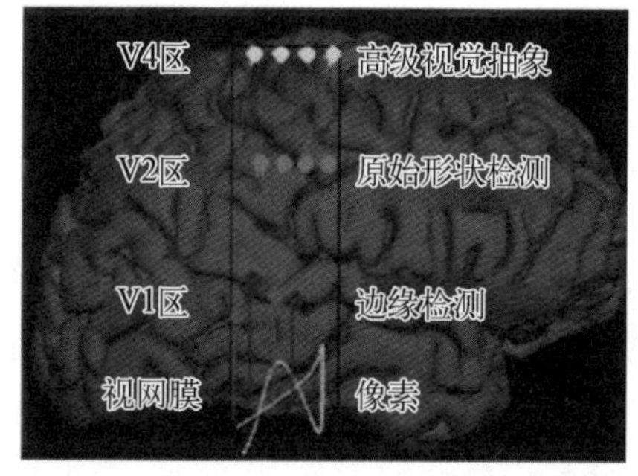

图 10－12 人的视觉系统分级处理信息

(彩图请扫二维码)

1958 年，他们在约翰·霍普金斯大学研究瞳孔区域与大脑皮层神经元的对应关系，目的是证明他们的一个猜测：位于后脑皮层的不同视觉神经元与瞳孔所受刺激之间存在某种对应关系，一旦瞳孔受到某一种刺激，后脑皮层的某一部分神经元就会变得活跃。

他们在猫的后脑头骨上开了一个 3 mm 的小洞，在洞里插入电极来测量神经元的活跃程度，并在小猫的眼前展现各种形状和各种亮度的物体。在展现每一件物体时，他们还改变物体放置的位置和角度。经历了很多天反复枯燥的试验，David Hubel 和 Torsten Wiesel 发现了一种称为“方向选择性细胞(orientation selective cell)”的神经元细胞。当瞳孔发现了眼前物体的边缘，而且这个边缘指向某个方向时，这种神经元细胞就会变得活跃。

这个发现激发了人们对于神经系统的进一步思考：“神经-中枢-大脑”的工作过程或许是一个不断迭代、不断抽象的过程。从原始信号开始做低级抽象，然后逐渐向高级抽象迭代，而人类的逻辑思维经常使用高度抽象的概念。

例如，从原始信号摄入开始(瞳孔摄入像素)，接着做初步处理(大脑皮层某些细胞发现边缘和方向)，然后抽象(大脑判定眼前物体的形状是圆形的)，再进一步抽象(大脑进一步判定该物体是一只气球)。这个生理学的发现促成了计算机 AI 在 40 年后的突破性发展。

总的来说，人的视觉系统的信息处理是分级的。从低级的 V1 区提取边缘特征，再到 V2 区的形状或者目标的部分等，再到更高层，整个目标和目标的行为等。也就是说，高层的特征是低层特征的组合，从低层到高层的特征表示越来越抽象，越来越能表现语义或者意图。而抽象层面越高，存在的可能的猜测就越少，就越利于分类。

10.4 深度学习与传统机器学习的优势

在过去几年中，深度学习已成为大多数人工智能类型问题的首选技术，掩盖了传统的机器学习。其中明显的原因是深度学习已经在包括语音、自然语言、视觉和游戏在内的各种各样的任务中多次表现出优异的性能。然而，尽管深度学习具有如此高的性能，但在一些特定的情况下，使用线性回归或决策树等一类传统的机器学习方法反而会得到更好的效果。

在这一节中，我们将比较深度学习与传统机器学习(传统 ML 算法)，两种技术各自的优势。

10.4.1 深度学习的优势

1. 一流的表现

深度学习已经实现了远远超过传统 ML 算法的精确度，包括语音、自然语言、视觉和游戏等诸多领域。在许多任务中，传统 ML 算法甚至无法与之竞争。例如，图 10－13 显示了不同方法的图像分类错误率，纵轴数据表示算法在 ImageNet 数据集上 Top－5 的错误率，横轴表示不同的算法，蓝色表示传统 ML 方法，紫色表示深度卷积神经网络(CNN)方法。

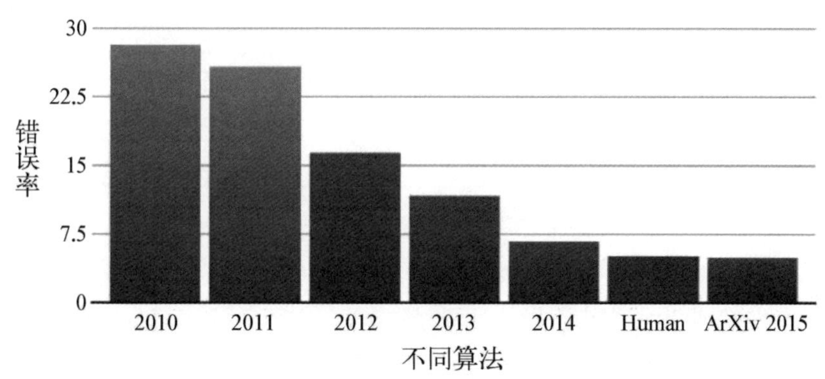

图 10－13　ImageNet 数据集上不同算法的图像分类准确性

(彩图请扫二维码)

2. 使用数据进行有效缩放

与传统 ML 算法相比，深度学习使用更多的数据可以更好地扩展。图 10－14 是一个简单而有效的例子。很多时候，通过深层网络来提高准确性的最佳方法就是使用更多的数据。使用传统 ML 算法这种快速简单的修复方法甚至几乎没有效果，并且通常需要更复杂的方法来提高准确性。

3. 不需要特征工程

传统 ML 算法通常需要复杂的特征工程。首先在数据集上执行深度探索性数据分析，然后做一个简单的降低维数的处理，最后必须仔细选择最佳功能以传递给 ML 算法。但深度学习不需要这样做，因为它通常只需将数据直接传递到网络就可以实现良好的性能。这完全消除了整个过程的大型和具有挑战性的特征工程阶段。

性能
深度学习
传统ML算法
O
数据量

图 10－14　深度学习与传统 ML 算法使用数据及性能对比

4. 适应性强，易于转换

与传统 ML 算法相比，深度学习可以更容易地适应不同的领域和应用。首先，深度学习使得预先训练的深度网络适用于同一领域内的不同应用程序是有效的。例如，在计算机视觉中，预先训练的图像分类网络通常用作对象检测和分割网络的特征提取前端。将这些预先训练的网络用作前端，可以减轻整个模型的训练，并且通常有助于在更短的时间内实现更高的性能。此外，不同领域使用的深度学习的基本思想和技术往往是相互可转换的。例如，一旦了解了语音识别领域的基础深度学习理论，那么学习如何将深度网络应用于自然语言处理并不是太具有挑战性，因为基准知识非常相似。对于传统 ML 算法来说，情况并非如此，因为构建高性能 ML 模型需要特定领域和特定应用的 ML 技术和特征工程。对于不同的领域和应用而言，传统 ML 算法的知识库是非常不同的，并且通常需要在每个单独的区域内进行广泛的专业研究。

10.4.2 传统机器学习(传统 ML 算法)的优势

1. 更适合小数据集

为了实现高性能,深度学习需要非常大的数据集。对于许多应用来说,这样的大数据集并不容易获得,加之花费昂贵且耗时。对于较小的数据集,传统 ML 算法性能通常优于深度网络。

2. 成本低

深度学习需要高端 GPU 在大量数据的合理时间内进行训练。这些 GPU 非常昂贵,但是如果没有它们训练深层网络来实现高性能,这在实际上并不可行。要有效使用这样的高端 GPU,还需要快速的 CPU、SSD 存储以及快速和大容量的 RAM。传统 ML 算法只需要一个合适的 CPU 就可以训练得很好,而不需要高级的硬件。它们在计算上花费也不高,因此可以更快地迭代,并在更短的时间内尝试许多不同的技术。

3. 更容易理解

由于传统 ML 算法中使用直接特征工程,这些算法很容易解释和理解。此外,调整超参数并更改模型设计更加简单,因为我们对数据和底层算法都有了更全面的了解。而深层网络属于"黑匣子"型,即便到现在研究人员也不能完全了解深层网络的"内部"。由于缺乏理论基础,超参数和网络设计也是一个相当大的挑战。

10.5 深度学习的应用

自 2006 年以来,深度学习开始受到人工智能学术界的广泛关注,到今天已经成为互联网大数据和人工智能的一个热潮。谷歌、微软、IBM、百度等拥有大数据的高科技公司相继投入大量资源进行深度学习技术的研发,在语音、图像、自然语言、在线广告等领域取得了显著进展。从对实际应用的贡献来说,深度学习可能是机器学习领域最近 10 年来最成功的研究方向。下面简单介绍一下深度学习在一些较常见领域中的应用和发展状况。

10.5.1 图像分类

2012 年,Alex 和他的导师 Hinton 设计的 AlexNet 以超过第二名 10%的惊人成绩夺得了 ImageNet 大规模图像识别竞赛的冠军。人工神经网络因此再度掀起热潮,之后新的算法层出不穷,图像识别精度也是节节攀升。如图 10 - 15 所示,2013 年的 ZFNet 在这一竞赛中将图像识别错误率降低至 11.7%,2014 年 VGG 和 GooLeNet 的识别错误率降低至 10%以下,2015 年微软提出的残差网络更是降到了 3.5%,超过了人类水平(5.1%)。

10.5.2 目标检测

目标检测是指在分类图像的同时把物体用矩形框标识出来。从 2014 - 2016 年,先后

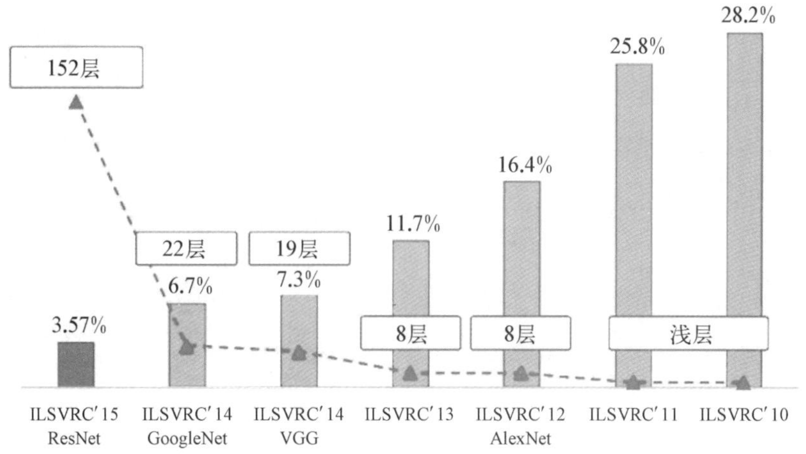

图 10－15　2010—2015 年 ILSVRC 竞赛图像识别错误率演进趋势

涌现出 R－CNN、Fast R－CNN、Faster R－CNN、YOLO、SSD 等知名框架，其检测平均精度（mAP），在一个知名计算机视觉数据集上 PASCAL VOC 上的检测平均精度（mAP），也从 R－CNN 的 53.3%提升到 Fast R－CNN 的 68.4%，之后到 Faster R－CNN 的 75.9%，再到 Faster R－CNN 结合残差网（Resnet－101），它的检测精度可以达到 83.8%。深度学习的检测速度也越来越快，从最初的 R－CNN 模型的 2 秒/张，到 Faster RCNN 的 198 毫秒/张，再到 YOLO 的 155 帧/秒（其缺陷是精度较低，只有 52.7%），最后出现精度和速度都较高的 SSD（精度 75.1%，速度 23 帧/秒）。图 10－16 和图 10－17 所示为代表性算法 Fast R－CNN 的架构图和一些目标检测结果实例。

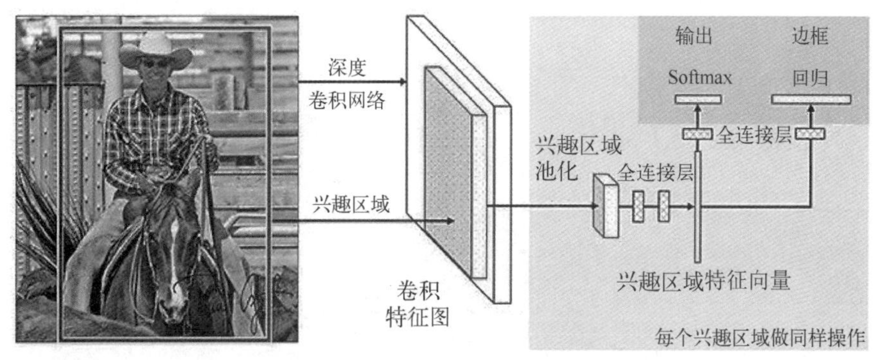

图 10－16　Fast R－CNN 架构

（彩图请扫二维码）

10.5.3　图像分割

图像分割目的是把图像中各种不同物体给用不同颜色分割出来，如图 10－18 所示，其平均精度也从最开始的 FCN 模型（图像语义分割全连接网络）的 62.2%提升到 DeepLab

图 10 - 17　目标检测结果

（彩图请扫二维码）

图 10 - 18　图像分割

（彩图请扫二维码）

框架的72.7%,再到牛津大学的CRF as RNN的74.7%。该领域仍在发展,依然有很大的进步空间。

10.5.4 图像标注(看图说话)

图像标注是一项引人注目的研究领域,它的研究目的是根据图片让机器用一段文字描述它。如图10-19中所示,对于图(a),程序给出的描述是"一个人在尘土飞扬的路面上骑摩托车";图(b)的描述是"两只狗在草地上玩耍"。由于该研究巨大的商业价值例如图片搜索,近几年工业界的百度、谷歌和微软以及加州大学伯克利分校和深度学习研究重地多伦多大学都在做相应的研究。

图10-19 图像标注(根据图片生成描述文字)

(a) 一个人在尘土飞扬的路面上骑摩托车 (b) 两只狗在草地上玩耍 (c) 一群年轻人在玩飞碟 (d) 两个曲棍球球员正在争夺一个冰球

(彩图请扫二维码)

10.5.5 图像生成(文字转图像)

计算机既然可以从图片产生描述文字,那么也能从文字生成图片。如图10-20所示,对于图(b)中的"一架大客机在蓝天飞翔",模型自动根据文字生成了16张图片;图(c)的文字描述比较有意思"一群大象在干燥的草地上行走",这个有点违背常态,因为大象一般在雨林,不会在干燥草地上行走,但模型还是生成了对应图片,虽然生成的质量还不算太好,但也表现出了文字内容。

10.5.6 生成对抗网络

如果人工智能可以从庞大的自然界自动学习，那将会多么地激动人心。自 Ian Goodfellow 在 2014 年提出生成对抗网络后，该领域越来越受到关注，到 2016 年这一领域已成为人工智能研究的焦点之一。Yann LeCun 曾说："生成对抗网络是切片面包发明以来最令人激动的事情。"

图 10-20 根据文字生成图片

(a) 一架大客机在蓝天上飞翔 (b) 一架大客机在下雨的天空飞翔 (c) 一群大象在干燥的草地上行走 (d) 一群大象在绿色的草地上行走

(彩图请扫二维码)

生成对抗网络可简单解释为：假设有两个模型，一个是生成模型，一个是判别模型。判别模型的任务是判断一个实例是真实的还是由模型生成的；生成模型的任务是试图生成一个实例来骗过判别模型。这两个模型互相对抗，发展下去就会达到一个平衡：生成模型生成的实例与真实的没有区别，而判别模型无法区分自然的还是模型生成的。以赝品画商为例，赝品画商（生成模型）试图制作出假的毕加索画作来欺骗行家（判别模型），他一直在提升他的仿造水平来欺骗行家，行家也一直在学习真的与假的毕加索画作来提升自己的辨识能力，两个人一直博弈，最后赝品商人高仿的毕加索画作达到了"以假乱真"的水平，行家最后也很难区分正品和赝品了。图 10-21 是 Goodfellow 生成对抗网络中的一些生成图片，可以看出模型生成的模型与真实的还是有较大差别。但这是 2014 年的技术水平，到 2016 年这个领域的进展非常快，相继出现了条件生成对抗网络（conditional generative adversarial nets）和信息生成对抗网络（InfoGAN），深度卷积生成对抗网络（deep convolutional generative adversarial network，DCGAN）。更重要的是，当前生成对抗网络的应用延伸到了视频预测领域。众所周知，人类主要是靠视频序列来理解自然界的，图片只占非常小的一部分。当人工智能学会理解视频后，它也真正开始显现出威力了。

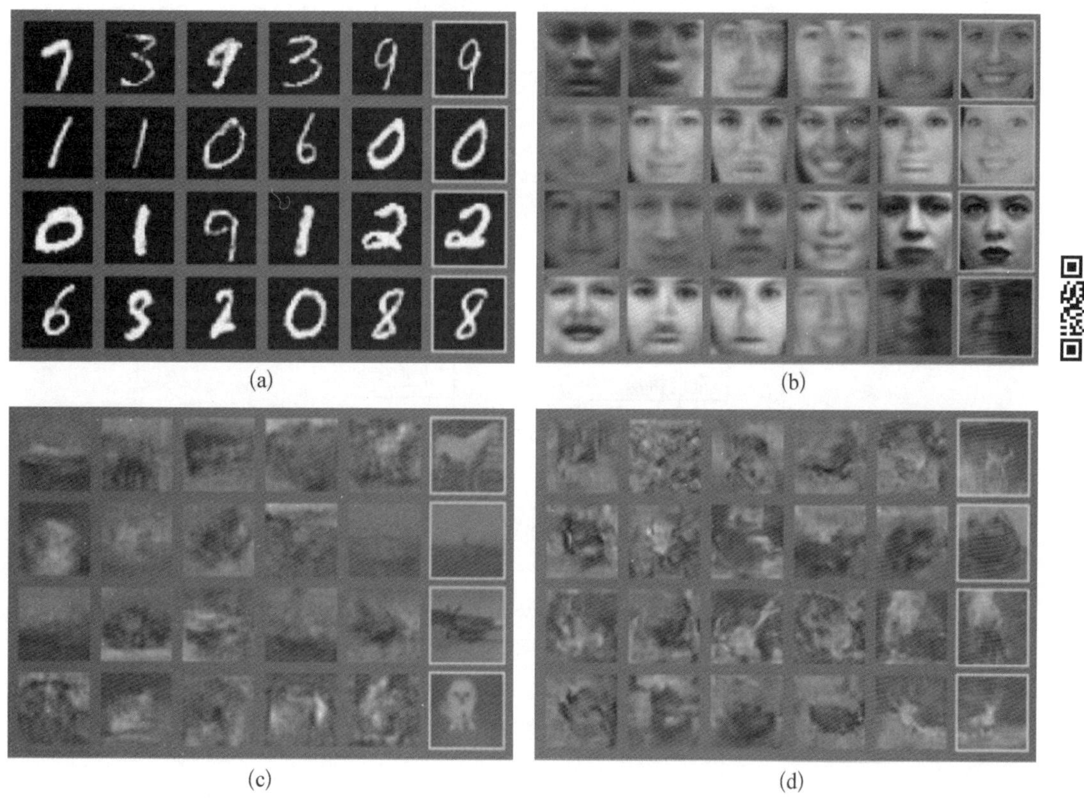

(a) (b) (c) (d)

图 10-21 生成对抗网络生成的一些图片

注：最后边一列是与训练集中图片最相近的生产图片

（彩图请扫二维码）

以上介绍的是一些深度学习代表性的应用。目前深度学习技术也已经应用到了许多各式场景中，并且在将来肯定会应用到更多的场景中去。

本章小结

本章通过介绍特征工程引入了深度学习的概念，简要介绍了深度神经网络的结构、训练、优势和应用。深度神经网络包括卷积层、非线性激活层、池化层和全连接层等，通过反向传播算法进行训练。深度学习相较于传统机器学习具备许多优势，包括高性能、设计简单、适应性强等，但同时存在数据需求大、成本高、解释性差等问题。此外，本章还介绍了深度学习与人类视觉系统的关联，即深度学习借鉴了人类视觉系统中的分级感知的机理搭建多层级神经网络。最后，本章介绍了深度学习在图像分类、目标检测、图像分割、图像标注、图像生成等领域的应用，在这些领域中深度学习算法相较于传统算法能够表现出非常出色的性能。本章主要内容梳理如下：

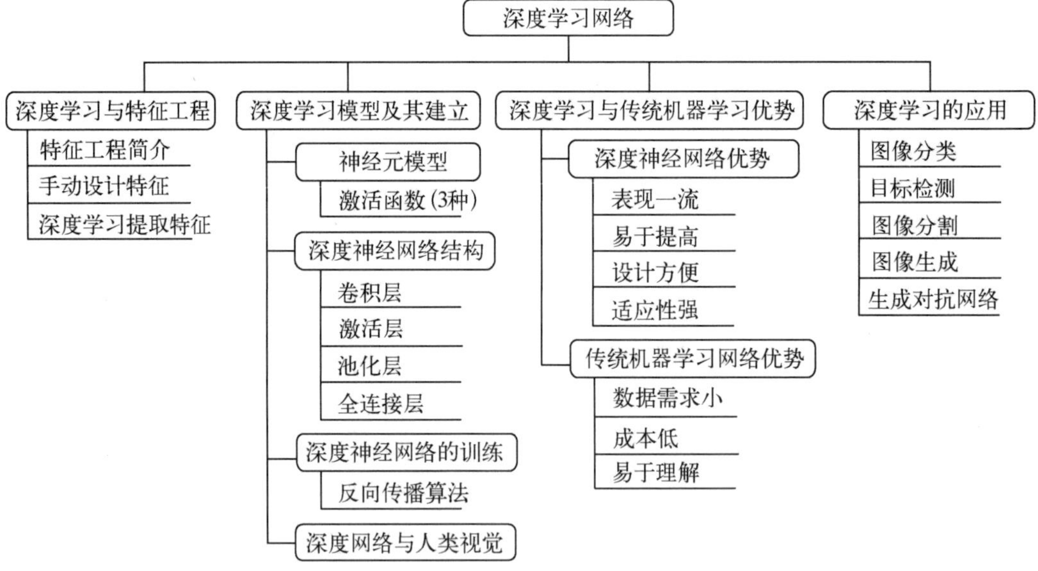

11 感知信息处理

本书第3章介绍了计算机是如何模仿人类感知声音和景物图像等环境信息的。通过麦克风、相机等设备，计算机将声音和图像信息数字化成为其能够直接进行分析的数字声音信号和数字图像信号。人类在听到声音和看到图像之后，可以通过大脑进行分析与理解进而做出相应的决策，为了使得计算机能够像人类一样拥有对声音信号和图像信号分析与理解的能力，就需要赋予计算机一些智能分析算法。本章将分别从计算机如何实现语音识别和图像理解两个方面，结合应用实例分别详细介绍相关算法。

11.1 语音识别

语音识别是模式识别中的一个分支，又属于信号处理科学领域，同时与语音学、语言学、数理统计及神经生物学等多门学科有着非常密切的关系，是一门多学科交叉的应用技术。此外，语音也是人类用来进行思维交互和环境交互的主要工具之一，语言是智能的标志。因此，语音识别与认知科学、人工智能等领域的研究有千丝万缕的联系，是目前发展最迅速的信息科学研究领域中较为重要的内容之一。

我们常听到的人机交互，简单来说就是人与机器(计算机)之间可以进行相互沟通交流。语音识别技术是实现人机交互最关键的技术之一，语音识别的目的就是让机器(计算机)能够"听懂"人类说的话。"听懂"包括了两方面的含义：一方面是机器(计算机)能够逐字逐句听懂人类的语音并且将其转化成书面语言文字；另一方面是机器(计算机)能够对人类语言中所包含的要求或询问加以理解，做出正确回答或者响应，而不是仅拘泥于词语的正确转换。

11.1.1 语音识别技术的发展历程

下面简单介绍语言识别技术的发展历程：

1952 年，贝尔实验室(Bell Labs)实现了第一个可以识别 10 个英文数字的语音识别系统——Audry 系统。

1956 年，普林斯顿大学 RCA 实验室开发了单音节词识别系统，可以识别特定的人的 10 个单音节词中所包含的不同音节。

1959 年，MIT 林肯实验室开发了针对 10 个元音的非特定人的语音识别系统。

20 世纪 60 年代初，东京无线电实验室、京都大学和 NEC 实验室在语音识别领域取得了开拓性的进展，各自先后制作了能够进行语音识别的专用硬件。

1964 年在纽约举办的世界博览会上，IBM 向全世界展示了能够进行数字语音识别的“show box recognizer”。

20 世纪 70 年代，语音识别的研究取得了突破性的进展，但是其当时的研究重心仍然集中在孤立词语的语音识别。

1971 年，美国国防部研究所赞助了一个为期 5 年的语音理解研究项目，该项目的目的是希望将能够识别的单词量提升到 1 000 个以上，这一项目在 IBM、卡耐基梅隆大学、斯坦福研究院等公司和学术机构的参与下最终诞生了“Harpy 系统”，区别于之前的语音识别系统只能识别出孤立词语，Harpy 系统已经能够识别出一句完整的话。

20 世纪 80 年代，NEC 提出了二阶动态规划算法，贝尔实验室提出了分层构造算法以及帧同步分层构造算法等一系列新的算法，与此同时连接词和大词汇量连续语音的识别取得了重大进展，统计模型逐步取代了模板匹配的方法，隐马尔可夫模型(HMM)成为语音识别系统的基础模型。

20 世纪 80 年代中期，IBM 基于隐马尔可夫模型在信号处理技术中加入了统计信息，发明了一个可以由语音控制的打字机。

1984 年，IBM 发布了一个拥有 5 000 词汇量级以上、识别率达到 95%的语音识别系统。

1987 年，我国开始执行“863 计划”后，“国家 863 智能计算机主题专家组”为语音识别研究立项。

1987 年 12 月，李开复开发出了世界上第一个“非特定人连续语音识别系统”。

1988 年，卡耐基梅隆大学结合矢量量化技术(VQ)，用 VQ 和 HMM 方法开发出了世界上第一个非特定人大词汇量连续语音识别系统 SPHINX，该系统能够识别包括 997 个词汇在内的 4 200 个连续语句。同年，清华大学和中科院声学所在大词库汉语听写机的研制上取得了突破性进展。

1990 年，声龙公司发布了第一款消费级别的语音识别产品。

1992 年，IBM 引入了第一个听写系统“IBM Speech Server Series”。

1997 年，IBM 的首个语音听写产品问世，只要人对着话筒说出要输入的字符，它就会进行自动判断并且帮你输入相应的文字。

1998 年，微软在北京成立亚洲研究院，将汉语语音识别纳入重点研究方向。

2002 年中科院自动化所及其所属模式科技公司推出了“天语”中文语音系列产

品——Pattek ASR，打破了该领域一直由国外公司垄断的局面。同年，美国相关部门启动了“全球自主语言开发”(Global Autonomous Language Exploitation, GALE)项目，其目标是应用计算机软件技术对海量规模的多种语言语音和文本进行获取、转化、分析和翻译。

2009 年，在深度神经网络热潮的复苏后，Hinton 以及他的学生首次将深度神经网络应用于语音的声学建模，在小词汇量连续语音识别数据库 TIMIT 上获得了成功。同年，微软 WIN7 集成了语音功能。

2010 年，Google Voice Action 开始支持语音操作和搜索。

2011 年初，微软的深度神经网络(DNN)模型在语音搜索任务上获得成功。同年，科大讯飞首次成功将深度神经网络(DNN)模型应用到中文语音识别领域。2011 年 10 月，苹果公司在新机发布会上揭开了个人手机助理 Siri 的神秘面纱，人机交互领域翻开了新的篇章。

2012 年，科大讯飞在语音合成领域首创 RBM 技术。同年，来自谷歌的智能语音助手 Google Now 出现在世人面前，该系统也可以用于安卓系统手机上。

2013 年，Google 发布 Google Glass，苹果公司加大对 iWatch 的研发投入，穿戴式语音交互设备成为新的热点。

2016 年，科大讯飞上线了基于深度全序列卷积神经网络(deep fully convolutional neural network, DFCNN)的语音识别系统。同年 11 月，科大讯飞、搜狗、百度先后公布其语音识别准确率均达到了 97%。

2017 年 12 月，Google 发布全新端到端语音识别系统，错词率降低至 5.6%，相对于强大的传统系统有 16%的性能提升。

语音识别技术是非常重要的人机交互技术之一，有着非常广泛的应用领域和市场前景。至今，随着大数据和深度学习技术的发展，各种语音助手系统，如苹果公司的 Siri、科大讯飞的“灵犀”等产品已投入市场，也正在逐步为人们接受。语音识别、语音合成、多媒体等技术的结合将为计算机及其他移动设备提供更加友好的交互方式，为网络技术、计算机的应用与普及提供更加良好的条件；应用语音的自动理解和翻译还可以消除不同国家人与人之间相互交流时的语言障碍，进一步缩小地区差异，促进不同国家之间的文化交流。表 11 - 1 展示了几种常见的语音助手。

表 11 - 1　常见语音助手

语音助手	特点及功能
苹果公司 Siri	最初的 Siri 并不能“说话”，而是以文本的形式推送答案；现在的 Siri 除了能够实现打电话、发短信、安排行程等基础功能以外，还有一些神奇的技能。例如当你感到沮丧或者郁闷时，你与 Siri 进行对话，Siri 会对你说出一些鼓励的话；偶尔 Siri 还会说出一句完整的话对你进行嘲笑
微软公司 Cortana	Cortana 除了可以完成打电话、发短信、创建及修改日程、导航和搜索等基本任务以外，还具有一些有趣的功能，如定期推出节日特辑(元旦特辑、新春特辑等)，为你制订专门的祝福和相应图片

续表

语音助手	特点及功能
亚马逊公司 Alexa	Alexa 可以在智能音箱、汽车、恒温器甚至电灯上运行。迄今为止,装配 Alexa 的智能设备已经过亿。Alexa 的 Meow 功能甚至可以发出"喵喵"声,让你与"猫咪"进行交流
谷歌公司 Google Assistant	Google Assistant 涵盖了语音指令、语音搜索、语音激活设备控制等多种功能,将这些功能融合在一起形成以个人为中心的对话互动式 AI 体验。Google Assistant 应用范围极广,可用于安卓手机、智能家电、Google Home、Android Wear 2.0 等多种设备
科大讯飞公司灵犀	灵犀是一款普通话综合识别率最高的智能语音软件,除了类似以上语音助手所有的基本功能外,其特别针对中国人说普通话时会出现的口音问题进行了识别优化;支持黑屏唤醒手机功能;为大家提供了更加全面的本土化服务

11.1.2 语音信息的基本特征

1. 语音信息的时域特征

语音信息可以直接通过时间波形图来表示,时间波形图又称为时域波形图。图 11-1 所示是一段声音的时域波形图,横坐标是时间,纵坐标是幅度。语音信息在时域上的特征通常比较直观,物理意义明确。下面简单介绍语音信息在时域上常见的特征。

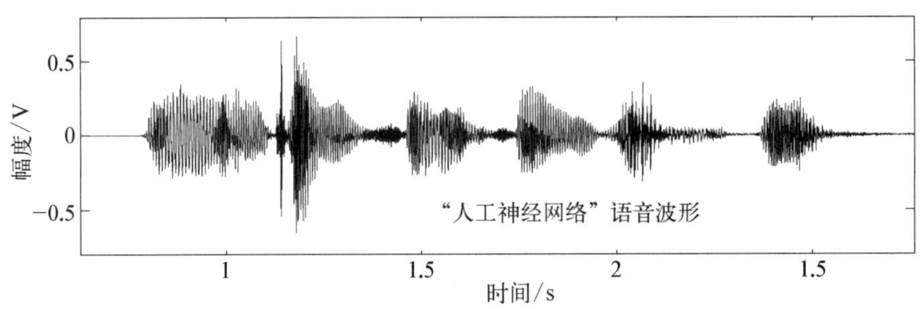

图 11-1 声音的时间波形图

声音传感器将采集到的声音信号转换成模拟数字信号,再经过采样量化等声音信号的数字化操作之后,最终获得一段数字语音信号。在介绍时域特征之前,首先要了解"1 帧"的概念。

将一段语音信号切分成若干个短小的段落,每一个很短的语音段落称为 1 帧。一般来说,默认语音信号在极短的时间内(10～30 ms 内)是近似不变的,因此可以将一段 10～30 ms 内的语音视为 1 帧。为了保证帧与帧之间的平滑过渡,保持语音的连续性,前一帧与后一帧一般有重叠的部分,重叠部分称为帧移,重叠部分一般占帧长度的1/3～1/2 之间,分帧过程如图 11-2 所示。

1) 音量(响度)

音量代表声音的强度,可以由 1 帧内信号振幅的大小来衡量,一般来说有两种度量音

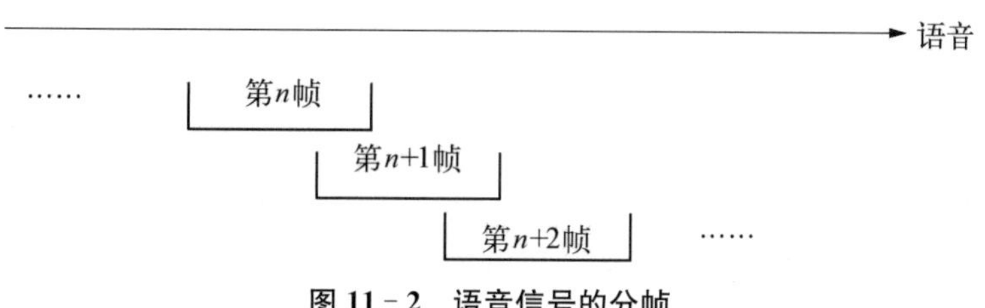

图 11-2 语音信号的分帧

量大小的方法。

(1) 用每一帧内信号振幅的绝对值总和来度量音量的大小

$$volume = \sum_{i=1}^{n} |s_i| \tag{11-1}$$

式中，s_i 是一帧内的第 i 个采样点；n 是该帧内总的采样点数，计算量小，但不是非常符合人类的听觉感受。

(2) 对每一帧信号的幅值平方和的常数对数取 10 倍

$$volume = 10 \times \lg_{10} \sum_{i=1}^{n} s_i^2 \tag{11-2}$$

此时音量的单位是分贝，虽然计算相对上一方法稍复杂，但是更加符合人耳对声音大小的感觉。

对同一段音频帧的音量分析如图 11-3 所示，从上到下依次为一段声音的时域波形图，式(11-1)所计算的音量波形图和式(11-2)所计算的音量波形图。

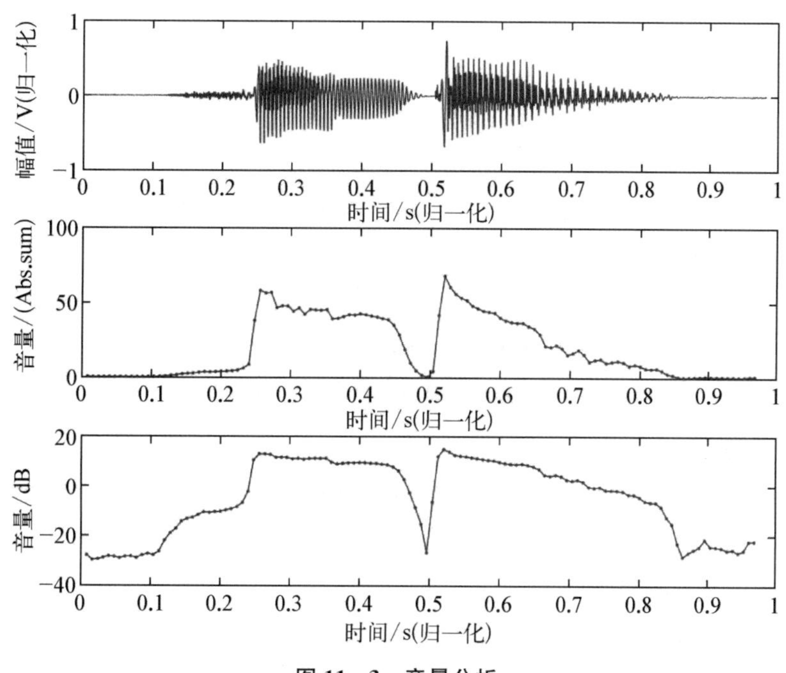

图 11-3 音量分析

2）清音和浊音

清音和浊音是语音中两个很简单的概念。清音是发音时声带不振动发出的音，浊音指的是发音时声带需要振动才能发出的音。清音和浊音的判断是语音信号预处理过程中的一个重要环节，清音和浊音判断的准确度对后续语音处理有很大影响。声音信号一般在浊音段表现出周期信号的特征，在清音段表现出随机噪声的特征。

3）过零率

过零率(ZCR)是另一种可以轻松计算的语音信号特征。过零率指每一帧语音信号通过零点的次数。ZCR具有以下特性：① 一般而言，清音和环境噪声的过零率都大于浊音；② 由于清音和环境噪声的ZCR大小相近，因此不能通过ZCR来区分清音和环境噪声；③ ZCR通常与短时能量特性相结合来进行端点检测，尤其是用ZCR检测清音的开始和结束位置。

图11－4是ZCR的简单示意图，图(a)是一段时间内的声音波形图，图(b)是这段声音波形图的过零率图。

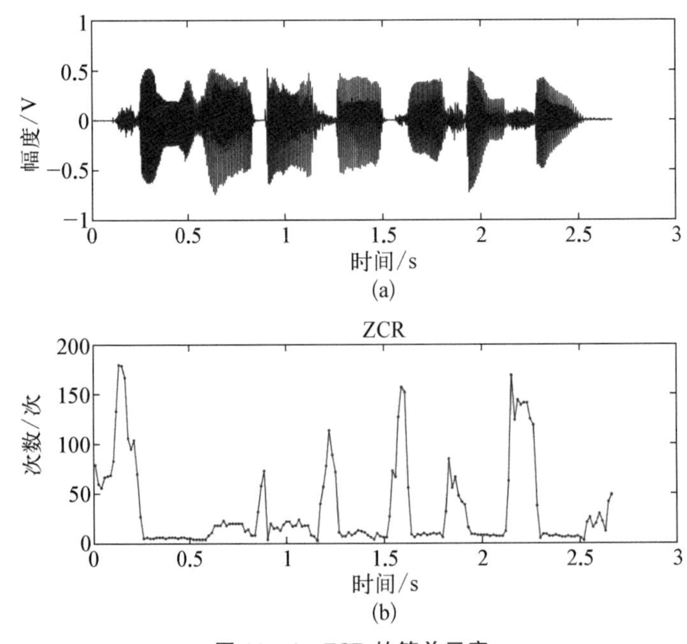

图11－4　ZCR的简单示意

(a) 声音波形　(b) 该段波形的过零率

2. 语音信息的频域特征

语音信息的频域波形图的横坐标代表频率，纵坐标表示频谱幅度，频谱幅度的含义是相应频率的声音所对应的振幅。图11－5表示的是某段语音的频谱图。下面简单介绍语音信息在频域中常见的频域特征。

1）音调

音调表示人听到的声音的高低。声音信号的频率越高，人耳听到的声音音调就越高；

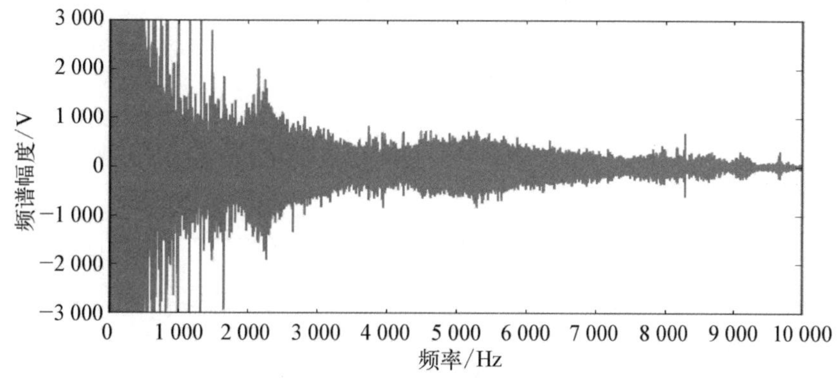

图 11－5　某段语音的频谱图

声音信号的频率越低，人耳听到的声音音调就越低。音调的高低由声音频率的大小决定，因此可以用声音的频谱图来描述声音的音调特征。

2）共振峰

共振峰指声音频谱上能量相对集中的一些区域。共振峰不但是音质的决定因素之一，而且反映了声道的物理特征，共振峰代表了发音信息最直接的来源，而且人在语音感知中也利用了共振峰信息，所以共振峰是语音信号处理中非常重要的特征参数。如图 11－6 中所示，小圆圈圈出的是某一段语音信息频谱图中的共振峰。

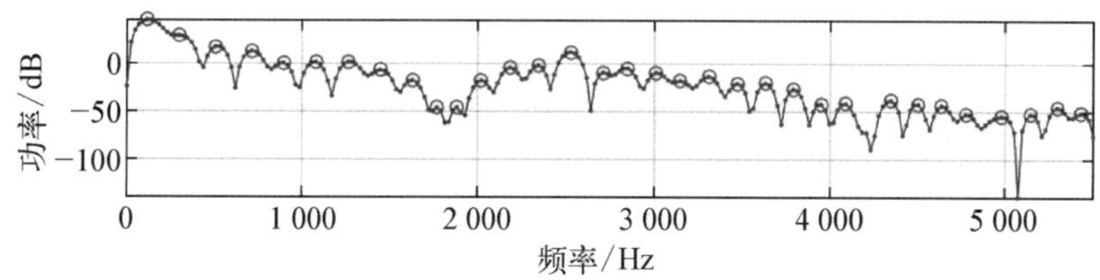

图 11－6　语音频谱的共振峰

3. 语音信息的倒谱特征

前面介绍了声音信息中常见的时域特征和频域特征，通过观察声音信息的时域波形图和频谱图可以得到一段声音信息的不同特征，但是想要通过观察声音信息的时域波形图和频谱图来对一段声音信息进行判断和内容分析还是很有难度的，为了降低后续处理的难度，从声音信息中提取到更好的特征就显得很重要。

梅尔频率倒谱系数(MFCC)是经典的声学特征之一。相对原来声音信息的频谱图来说，梅尔频率倒谱系数特征大大降低了特征维数。它不仅可以粗略地刻画出频谱的形状，大致描述出不同频率下声音的能量高低，还可以表达出声音另外一个非常重要的特性——共振峰。

所谓特征维数可以理解为特征维数越高，对特征进行后续进一步计算的难度就越大，因此在提取语音信息特征时常常希望尽量降低特征维数。所谓共振峰，指的是声音频谱上能量相对集中的一些区域，是常用于语音识别时提取的主要特征之一。

提取梅尔倒谱系数的第 1 步是用梅尔频率对普通频率进行转换，梅尔频率与普通频率之间的关系为

$$mel(f) = 1\,125 \times \ln(1 + f/700) \tag{11-3}$$

通过式(11-3)，可以将梅尔频率刻度下等长的频率区间对应到普通频率下不等长的区间，梅尔频率与普通频率对应关系如图 11-7 所示。

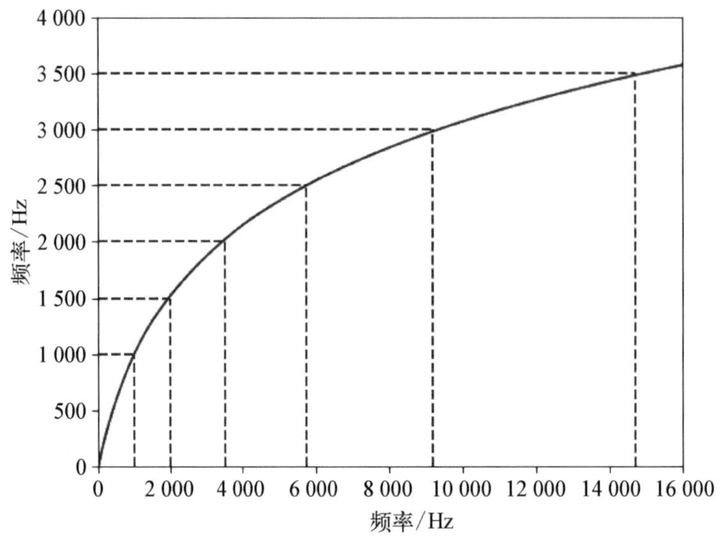

图 11-7　梅尔频率-频率转换

由图 11-7 中可以看出，低频部分分辨率较高，高频部分分辨率较低，这与人耳对不同频率下声音的感受是类似的，即在一定频率范围内人耳对低频声音比对高频声音更加敏感。将普通频率范围分为 26 个区间，对每个区间内的频谱求均值，该均值代表了每个频率范围内声音能量的大小。如图 11-8 所示，一共分为 26 个频率范围，从而得到 26 个均值，用这 26 个均值来表示一个 26 维的特征。

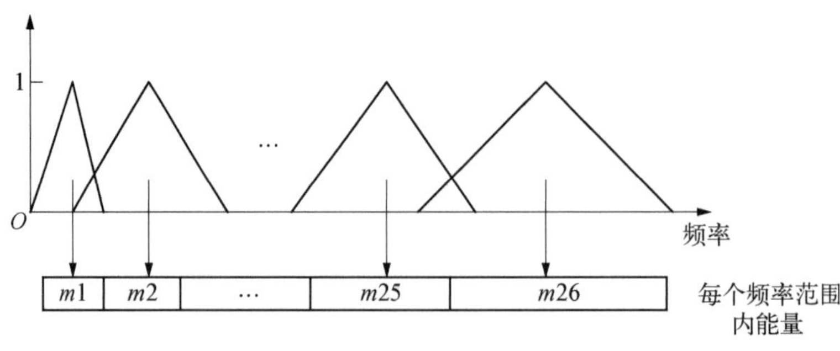

图 11-8　26 维的特征

提取梅尔倒谱系数的第 2 步是将上述 26 维特征经过一系列较为复杂的数学变换后得到一个 13 维的特征，这个 13 维的特征才是真正的梅尔倒谱系数(MFCC)。具体的数学变化较复杂，这里需要了解的是这个 13 维的梅尔倒谱系数特征保留了音频信号的一些

重要的特点，同时尽量降低了特征的维数。

用梅尔倒谱系数提取音频特征的过程是先将音频切分为等间隔的若干小段，这一过程就是前面提到的分帧，对每一帧分别提取出一个 13 维的 MFCC 特征，这些若干个 MFCC 特征则可以近似地代表这段音频的完整信息。

4. 深度学习方法提取语音特征

MFCC 特征是传统语音信号处理领域中一个具有代表性的语音特征，可以基于 MFCC 特征设计一个分类器，对一段语音进行分类，如判断某段语音到底是成年男子的声音，还是成年女子的声音，还是小孩子的声音。随着近年来深度学习和神经网络的兴起和进一步发展，为了提高语音分类和语言识别的准确率，可以考虑将 MFCC 特征与神经网络相结合，用神经网络从 MFCC 特征上提取到更加强大的特征来进行人声分类。

以图 11－9 为例，图(a)表示一段语音信息的频谱图，假设根据这段频谱图所提取到的 MFCC 特征用图(b)中长向量来表示，图(b)中的短向量表示用来与长向量进行卷积运算，提取音频特征的卷积核。卷积运算和加减乘除一样是一种数学运算卷积核，也就是图中短向量中的数字可以理解为预先设置好的一种参数。因为语音信息是一维信息，因此表示 MFCC 特征的长向量和表示卷积核的短向量都是一维向量，卷积运算的结果向量也是一个一维向量。

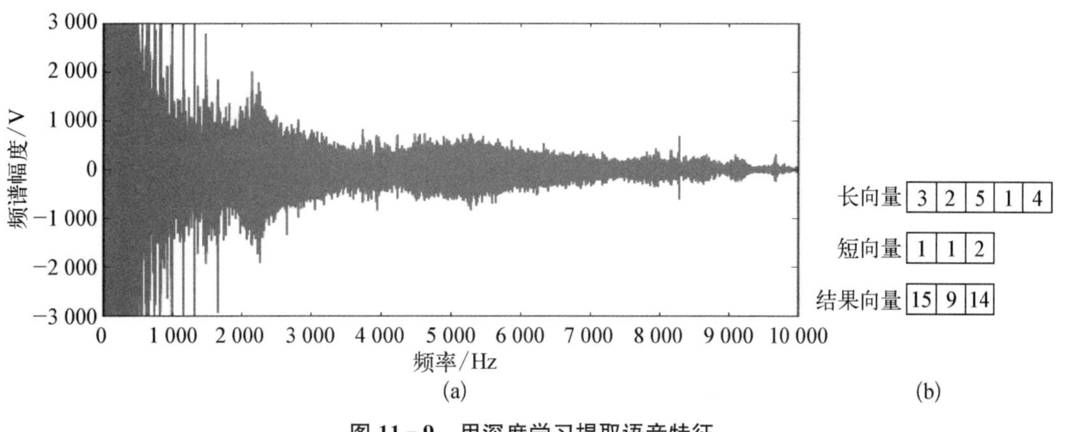

图 11－9　用深度学习提取语音特征

用深度学习方法提取更加强大的语音特征的过程是先将所得 MFCC 特征输入神经网络中，经过一系列卷积计算后，神经网络提取到了更加强大的语音特征，根据这个特征实现人声分类的目的，神经网络的输出就是这段语音的人声分类。神经网络的应用大大提高了语音分类的准确率。

11.1.3　语音识别系统框架

语音识别系统基本框架如图 11－10 所示。所谓语音识别就是机器(计算机)将一段语音信号转换成与之相对应的文本信息，语音识别的最终目的是计算机能够真正地理解这段语音所表达的含义，然后做出正确的决策。本小节仅简单介绍传统语音识别系统的基本框架。

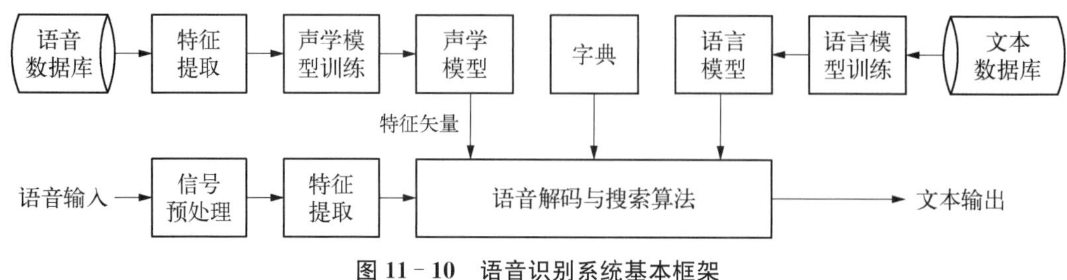

图 11－10　语音识别系统基本框架

传统语音识别系统主要包括以下部分。

1. 信号预处理

首先，将输入的一段语音进行预处理操作，例如首尾端的静音切除、尽可能地降低环境噪声等，以降低对后续步骤造成的干扰。其次，声音信号的预处理还包括前文所介绍的声音分帧。

2. 特征提取

特征提取模块的主要任务是从预处理后的声音信号中提取特征，供后续声学模型进行处理。用于提取声音信号特征的主要算法有线性预测倒谱系数(LPCC)和梅尔频率倒谱系数(MFCC)，这两种算法的最终目的就是把每一帧波形都变换成一个包含声音信息的多维向量。

3. 声学模型

声学模型充分利用了声学、语音学、环境特性以及人口性别、口音等各方面的信息来对语音进行建模。该模型是对语音数据库中的所有语音数据进行训练获得的，输入的是语音数据库中语音的特征向量，输出的是该特征所对应的音素信息。所谓音素信息可以理解为汉语中的拼音或英语中的音标。

4. 字典

字典包含该语音识别系统所能够处理的全部词汇及其发音，字典所提供的实际上是声学模型单元与语言模型单元之间的映射，简单来说就是拼音和汉字的对应，或音标与单词的对应。

5. 语言模型

语言模型对中文或英文识别系统进行建模，通过文本数据库中的大量文本信息进行训练，得到单个字或词语相互关联的概率，目前各个语音识别系统常用的是基于统计的 N 元文法(N－Gram)，即统计前后 N 个字出现的概率。

6. 解码器

解码器是语音识别系统的核心之一，其任务是对输入的信号，根据声学模型、字典及语言模型对提取所得到的特征进行处理解码，找出能够以最大概率输出该信号的词序列，这样就成功地将音频数据变成文本输出。

11.1.4 语音识别基本原理

为了进一步理解和认识语音识别系统，本小节主要介绍语音识别系统基本原理。语音识别系统的输入自然是人类发出的声音，而声音的本质是一种波，图 11－11 是人读数字 0－10 时的声音波形图，常见的 MP3 格式或 WAV 格式的音频都是经过压缩处理的声音信号，这些压缩格式必须转换成非压缩形式的纯波形文件才能输入到语音识别系统中进行处理。

输入语音信息后，语音识别系统想要将这段语音信息转换成文字信息准确地表达出来是一个较为复杂的过程，想要快速且准确的完成语音识别任务并不容易。以中文语音识别为例，中文常用汉字大约有 3 500 个，其中包括许多同音字与谐音字，想要通过语音正确地找到与之对应的每一个汉字是有难度的。但是同时，人类说话时候的语言是有规律可循的。以中文为例，每个汉字都有汉语拼音，而拼音都是由声母和韵母组成，相比 3 500 个常用汉字来说，拼音的声母和韵母则要少很多，可以用拼音的声母韵母等声音特性提高语音识别的准确性。同时语言的表达也是有一定规律的，我们想要识别出的语音一定是有意义的，例如，当语音识别系统识别出一个词是“ni hao”，那么这个词语是“你好”的可能性要远远高于是“泥嚎”的可能性。

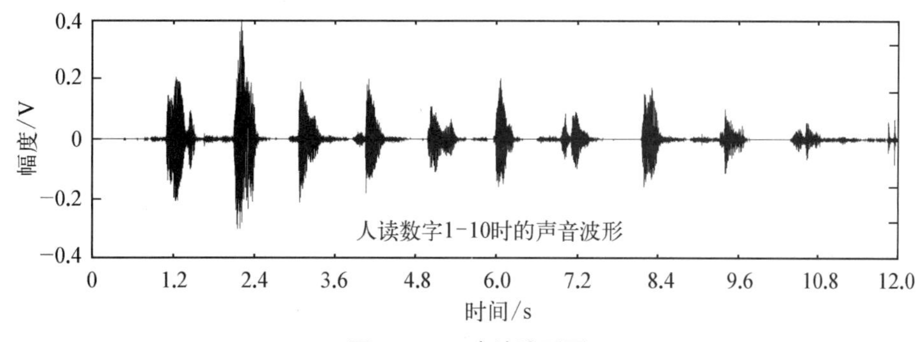

图 11－11 声波波形图

图 11－12 为语音识别过程的简化流程图。在语音识别系统接收到一段语音后，首先要将这段语音切分成若干个比较小的段落，这一过程称为分帧。分帧后，将每 1 帧语音识别为 1 个状态，一般来说 3 个状态可以组合成一个音素，音素可以理解成拼音中的声母或者韵母，因此状态是比音素更加细节的语音单位。如何将一系列语音帧转换为若干个对应的音素利用的是语言的声学特性，这部分就是所谓的声学模型。也就是说，通过语音识别系统中的声学模型可以将一系列语音帧转换成对应的音素。而如何将音素转换成文字并且使语句通顺且具有实际意义，这是语言模型的任务。

不同的声学模型和语言模型都会影响到语音识别的准确性。例如一个语音识别系统，它的声学模型描述的是普通话的发音特点，语言模型描述的是常用话题的语言表述，那么如果用这个语音识别系统去识别新闻联播中主播的语音，其准确率会非常高；但是如

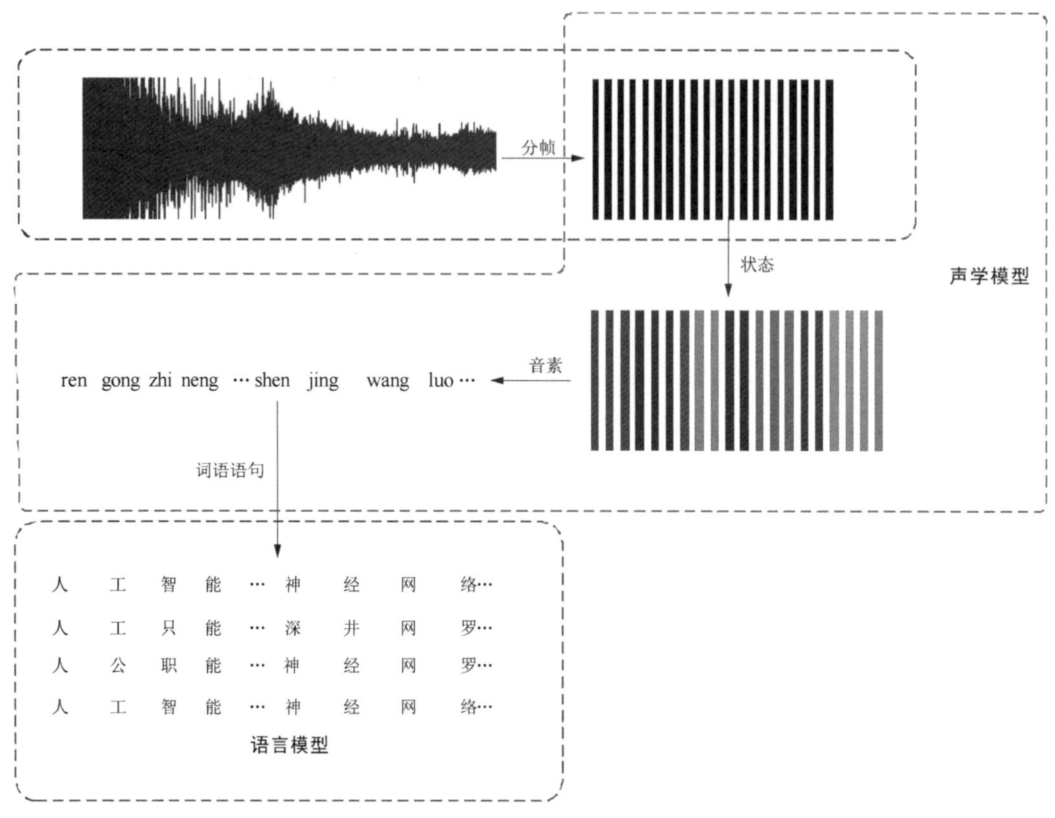

图 11-12 语音识别流程

果用来识别一名女高音歌唱家唱的民族歌曲，则识别准确率会下降；而如果用来识别一个带有严重口音的老师在课堂上讲课时的语音，准确率可能会下降得更多。

一套完整的语音识别系统进行语音识别的过程实际上是由以下步骤组成的：

(1) 对语音信号进行分析和处理，除去冗余信息。

(2) 提取影响语音识别的关键信息和表达语言含义的特征信息。

(3) 紧扣特征信息，用最小单元识别字词。

(4) 按照不同语言的各自语法，依照先后次序识别字词。

(5) 把前后意思当作辅助识别条件，有利于分析和识别语音。

(6) 按照语义分析，给关键信息划分区间，取出所识别出的字词并连接起来，同时根据语句意思调整句子构成。

(7) 结合语义，仔细分析上下文之间的相互联系，对当前正在处理的语句进行适当修正，最后输出语音识别结果。

随着深度神经网络的进一步发展，基于深度学习的语音识别相对于基于传统方法的语音识别来说，有效地提高了语音识别的准确性，推动了语音识别系统的进一步发展。尤其近几年，随着大数据、深度学习以及云计算的进一步发展与融合，语音识别性能和准确率得到了进一步的提升，目前市场上有很多成熟的语音识别系统已经进行了商业化应用。

11.2 图像识别

人们走在马路上能够轻易地根据路边标志牌知道想去××路应该在前方左转，限速标志表示此路限速在 30 km/h 以下，最左侧车道是非机动车道和人行道等。通过对路边标志牌的观察，无论你是开车，还是步行或者骑自行车，都能够轻而易举地做出正确的判断和选择。从看见路边的标志牌到知道怎么走，这短短的一瞬间你实际上已经经历了以下几个步骤：① 看到标志牌后，先找到标志牌上最引人注意且能够直接表达出标志牌内容的特征；② 根据观察到的特征，把它与大脑中之前见过的标志牌特征进行匹配，判断这个标志牌是限速标志牌，还是指路标志牌还是其他标志牌；③ 根据所得到的结论做出决策。整个思考判断的过程想让计算机理解并且完成，那么计算机想要识别标志牌的流程图如图 11－13 所示。

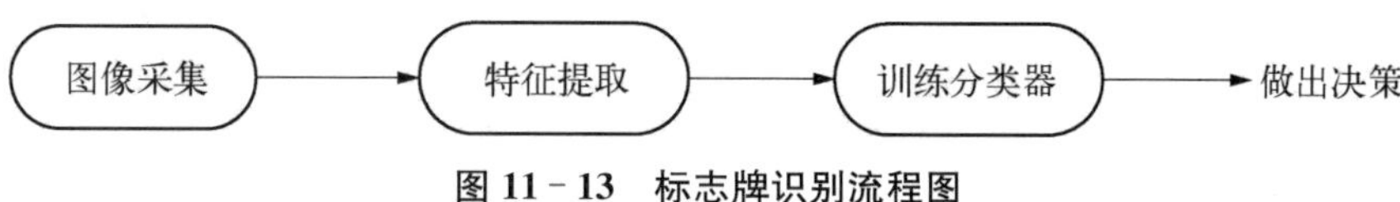

图 11－13 标志牌识别流程图

11.2.1 了解图像识别技术

图像采集主要负责准备训练数据，用于训练的数据主要包括了两部分内容：

（1）目标所在的图像区域。例如，行人检测数据集中行人所在的那部分图像区域或者标志牌检测数据集中标志牌所在的图像区域。

（2）标注数据，也就是图像数据的标签，标注可以用不同的数字，如用 0，1，2 等来表示不同类别的分类，或者代表不同目标信息的描述性字符，如行人、左转、直行、非机动车道、限速标志牌等。

以识别交通标志牌为例，用来训练的数据就是每块标志牌所在的图像区域，标注数据就是这个标志牌所对应的信息，例如这块标志牌是直行标志牌还是限速标志牌，或是其他类型的标志牌。通过图像采集可以在有交通标志牌的图片中将交通标志牌所在的那部分图像切割出来，并且对每张标志牌进行标注，这样就形成了可以用于训练的样本数据集。

特征提取一般是从较低级的原始数据中提取到一组抽象且能反映图像属性的数据。一般而言，可以将图像的颜色分布、边缘结构等信息作为图像在色彩和纹理方面的特征。提取特征的好坏会直接影响训练后得到的分类器的分类精度，针对不同的分类任务需要具体考虑提取哪些数据作为图像特征可以取得更好的分类精度。

提取到的特征数据和相应的标签数据将作为分类器学习分类规则的样本数据。一般而言，样本数据量越大，涵盖的场景越丰富。例如在不同光照条件下、不同模糊等级环境下的图片。样本涵盖的场景越丰富，训练出的分类器的分类效果会越好。

11.2.2 图像采集

训练数据质量的好坏以及训练数据的丰富程度直接影响了经过训练得到的分类器的分类精度。因此，我们常常希望采集到大量且标注准确的数据集。一般而言，训练数据集都是经过专业标注人员对采集的图像进行人工标注得到的。在图像采集和标注的过程中会涉及图像目标区域的剪裁以及图像尺寸的调整。图像采集的过程如图 11－14(a)和(b)所示。

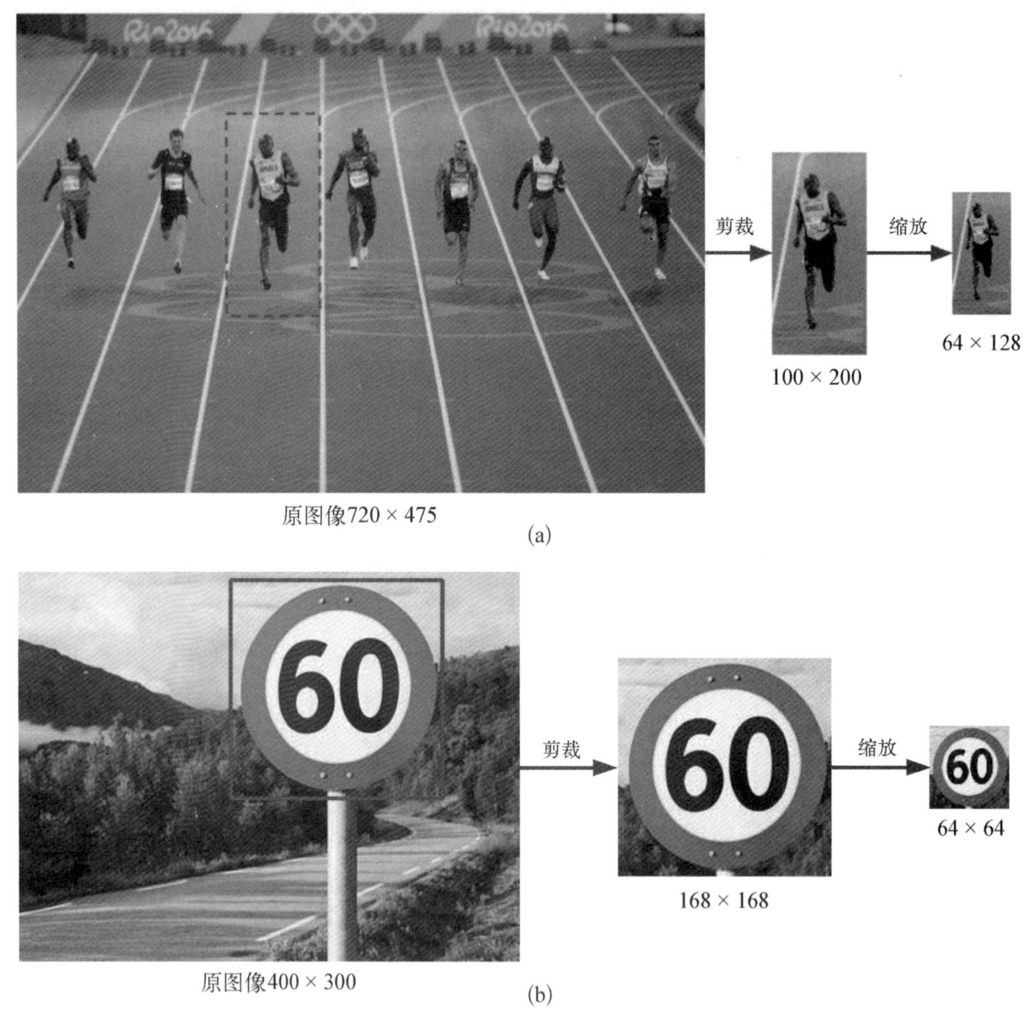

图 11－14 图像采集过程

以图 11－14(b)中的标志牌数据图像采集为例，首先在 400×300 像素大小的图像中找到限速 60 km/h 的标志牌所在的位置，将该区域裁剪出来，得到一个只包含限速60 km/h标志牌的 168×168 大小的图像块，然后在可接受的范围内对剪裁后得到的图像进行缩放。在保持图像长宽比不变的基础上将限速标志牌缩放到 64×64 的大小。这样就得到了训练数据集中的一个训练样本，重复以上操作就可以构建训练数据集，图(a)中对博尔特人像的图像采集过程与此类似。训练分类器时，若是选用传统分类器如 SVM 往往只需要几十至几千个样本图片，而利用深度学习进行分类器训练则通常需要几万甚至几十上百万个不同的样本图片，一般而言，可以从网上获取到一些公开的数据集，但对于一些特定的任务可能就需要自己手工去标注图像才能得到相应的训练数据集，但是这样的工作量会非常大。

11.2.3 图像特征提取

图像的特征有很多，例如颜色特征、边缘特征、梯度特征等。特征反映了一幅图像最基本的属性，即计算机可以从特征层面出发，将不同的图片区分开来，例如可以根据颜色特征判断图片中的鸟类是乌鸦还是白鸽。

所谓特征提取就是对数据集提取出具有区分度的特征。这里以方向梯度直方图(histogram of oriented gradient，HoG)特征为例简单介绍图像特征提取的过程。

如图 11-15 所示，对图像建立坐标系，图中点 P 的坐标用(x, y)表示，P 点的取值为像素值，设为 $I(x, y)$。

图 11-15 图像的坐标表示

点 P 的水平梯度和垂直梯度定义为

$$G_x(x, y)=I(x+1, y)-I(x-1, y) \tag{11-4}$$

$$G_y(x, y)=I(x, y+1)-I(x, y-1) \tag{11-5}$$

点 P 的梯度幅值和梯度方向为

$$G(x, y)=\sqrt{G_x(x, y)^2+G_y(x, y)^2} \tag{11-6}$$

$$\theta(x, y)=\arctan\left[\frac{G_y(x, y)}{G_x(x, y)}\right] \tag{11-7}$$

图像中的每一个像素点都可以得到一个梯度幅值和对应的梯度方向。值得注意的是,在RGB格式的图像中,梯度幅值和梯度方向在图像的RGB三通道上(红色、绿色和蓝色通道)是分别计算的,对于每个像素点,其梯度幅值取3个通道上最大的梯度幅值,梯度方向取最大幅值所对应的梯度角。最终得到的梯度图像是一幅单通道的灰度图像。经过计算得到的图11-14中的人物和标志牌的梯度图像如图11-16所示,图(a)、图(b)和图(c)依次为图像的水平梯度图像、垂直梯度图像和梯度幅值图像。

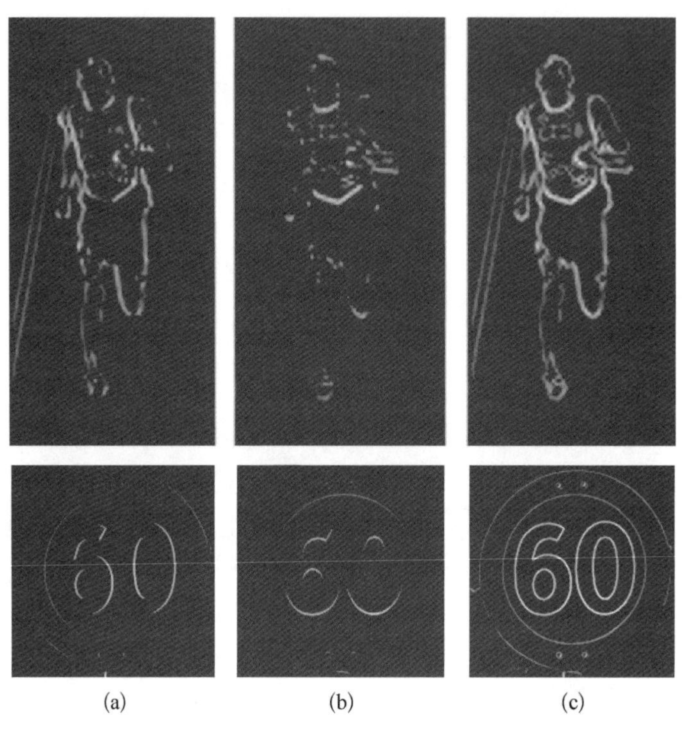

(a) (b) (c)

图11-16 梯度图像

在此基础上将图像进行分块,然后对每个小块计算梯度直方图。通常选取8×8像素大小的图像作为一个图像小块,分块结果如图11-17所示。

因此对于64×128的人物图像区域,可以将其均匀的分为128个8×8的小区域,而64×64的标志牌可以均匀地分为64个小区域。

下面通过人物图像举例来详细说明方向梯度直方图(HoG)的计算过程,标志牌的方向梯度直方图(HoG)的计算过程完全一样。对于每个8×8的小区域,其梯度的幅值和方向如图11-18所示。

HoG特征中的梯度方向的范围是0°~180°,不考虑梯度的正负性。在此基础上将角度每隔20°均匀地划分为9个区间,然后将每个8×8的小块中的64个像素的梯度幅值按一定规则计入相应的区间就形成了梯度直方图。计算规则如图11-19和图11-20所示。首先将0°~180°平均分成9个区域,分别是以0°,20°,40°,60°,80°,100°,120°,

(a) (b)

图 11-17 图像分块

(a) 人物图像 (b) 标志牌图像

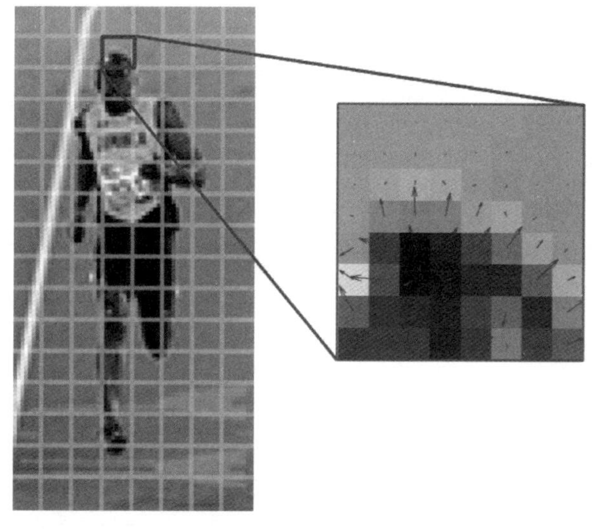

2	3	4	4	3	4	2	2
5	11	17	13	7	9	3	4
11	21	23	27	22	17	4	6
23	99	165	135	85	32	26	2
91	155	133	136	144	152	57	28
98	196	76	38	26	60	170	51
165	60	60	27	77	85	43	136
71	13	34	23	108	27	48	110

梯度幅值

80	36	5	10	0	64	90	73
37	9	9	179	78	27	169	166
87	136	173	39	102	163	152	176
76	13	1	168	159	22	125	143
120	70	14	150	145	144	145	143
58	86	119	98	100	101	133	113
30	65	157	75	78	165	145	124
11	170	91	4	110	17	133	110

梯度方向

图 11-18 图像小块的梯度

140°,160°为区域中心点,每两个中心点之间相差 20°。图 11-19(a)是梯度方向图,第一行第一列的数值是 80°,因此与这个位置对应的梯度幅值图中的数值 2 计入 80°所在区域位置上,如图 11-19 中实线箭头所示;梯度方向图上第一行第四列上的数值是 10°,因为 10°位于 0°区域和 20°区域中间点,按照 10°离 0°和 20°的距离之间的比例,将 10°所对应的梯度幅值 4 平均分成两份,其一半数值 2 计入梯度方向为 0°的位置,一半数值 2 计入梯度方向为 20°的位置,如图 11-19 中虚线箭头所示。

方向梯度直方图的计算只需要将每个点的梯度幅值根据其梯度方向角度计入相应的区间即可,这里要注意两点:

(1) 对于梯度方向角度刚好在直方图区域中心点上的梯度直接累加计入即可。

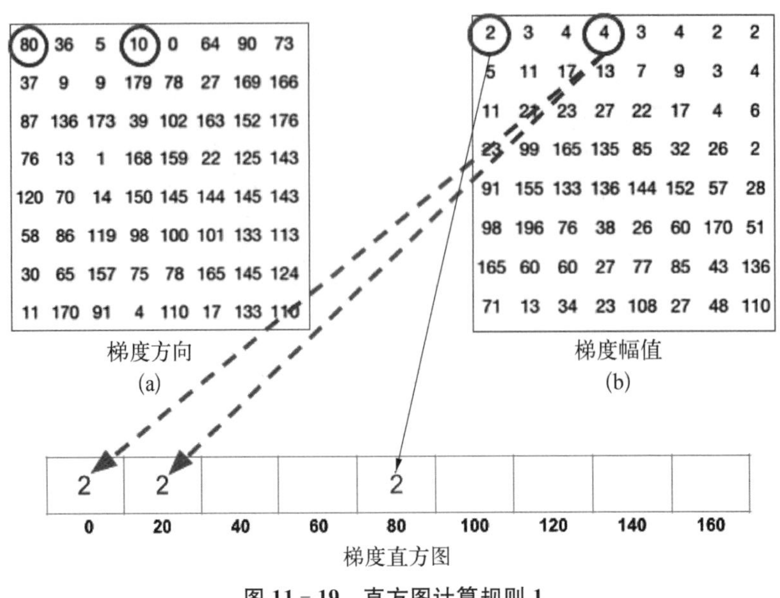

图 11－19　直方图计算规则 1

（2）梯度方向角度落在直方图的两个区域中心点之间的情况需要将梯度幅值按比例分配给两个区间。如图 11－20 所示，图(a)圆圈中的角度是 165°，可以知道 165°的梯度方向位于 160°～0°之间。因为 165°的梯度方向与 160°梯度方向相差 5°，165°与 0°相差 15°，两者距离之比为 5：15，即 1：3，说明 165°的梯度方向更加接近 160°的梯度方向，因此将 165°梯度方向对应的梯度幅值按照 3：1 的比例分给 160°区域和 0°区域，距离越近的区域获得的幅值比例越高。因此如图 11－20(b)所示，将幅值 85 按照 3：1 的比例分给 160°区域和 0°区域，因此 160°区域获得 63.75，0°区域获得 21.25。

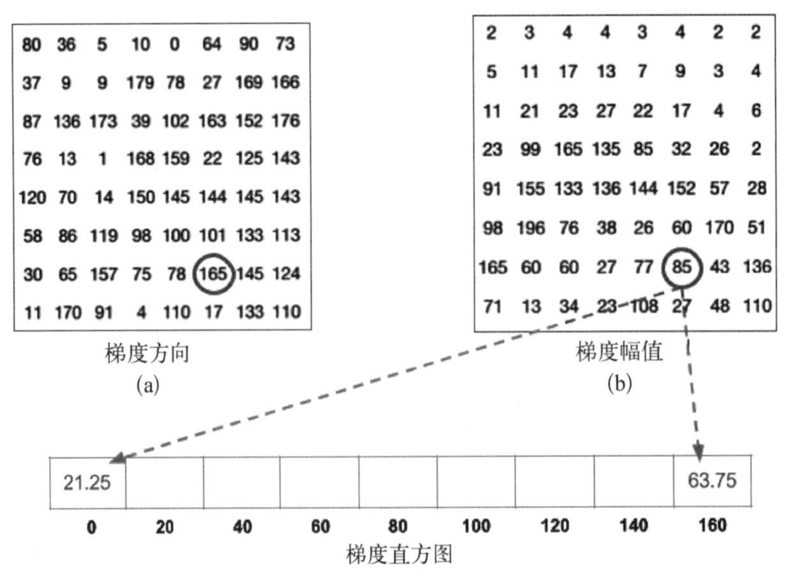

图 11－20　直方图计算规则 2

通过以上步骤可以得到一个小图像块的 HoG 特征，但这样计算得到的 HoG 特征对于光照变化非常敏感，当光照减弱使得图像的像素值变为原来的一半时(图像相应会变暗)，计算得到的直方图(见图 11－21)在每个区间上的值也会缩减为原来的一半。因此如果使用这样不够稳定的 HoG 特征训练分类器，训练出来的分类器将只能适用于特定环境的光照条件下的图像分类，而如果将一幅带有目标，但是较暗的图像拿给这个分类器进行分类，很有可能就不能检测出目标。

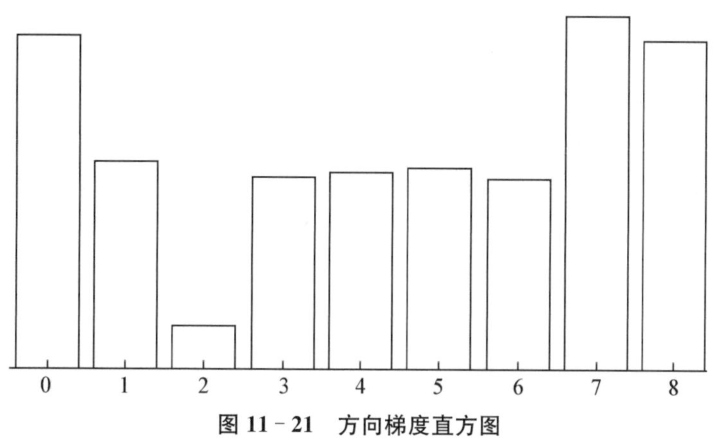

图 11－21　方向梯度直方图

为了使得 HoG 特征可以实现对光照的不变性，首先对原图像进行归一化操作。所谓归一化操作，可以简单地用一个向量来示例，对于向量 $\boldsymbol{v}=[128, 64, 32]$，它包含 3 个像素值，每个像素的值分别为 128、64 和 32，那么该向量的幅值为 $\sqrt{128^2+64^2+32^2}=146.64$，归一化操作就是对向量 $\boldsymbol{v}$ 除以其幅值得到 $\bar{\boldsymbol{v}}=[0.87, 0.43, 0.22]$，经过简单验证发现。归一化之后，当向量值变为原来的一半时，其归一化之后的向量依旧保持不变，这样就做到了 HoG 特征面对光照的不变性。图像的归一化操作如图11－22 所示。

计算 HoG 特征时选择在原图像上对每个通道(红色、绿色和蓝色三通道)分别将 4 个 8×8 的图像块结合起来进行归一化。换言之，在每个通道上将 4 个 8×8 的图像块看成一个向量，然后计算其幅值，最后对其中的每个元素都除以幅值得到归一化之后的像素值。因为是对每个通道上的像素值都计算一遍，所以上述操作需要重复 3 次才得到归一化之后的图像。计算过程如图 11－22中黑色方框所示，方框每次向右或者

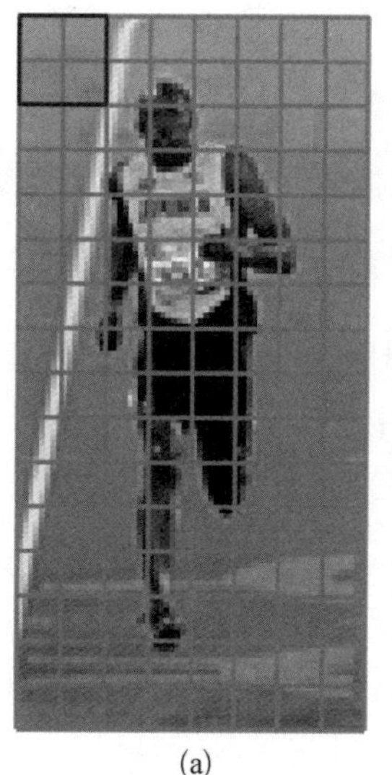

(a)

(b)

图 11－22　图像归一化

(a) 归一化方式　(b) 归一化结果

(彩图请扫二维码)

向下移动 8 个像素(即向右或者向下滑动一个图像块的距离)进行归一化操作,经过这样的滑动归一化之后,再按照前文中计算 HoG 特征的步骤计算,就可以得到最终的方向梯度直方图。对于每个 8×8 的图像块计算得到 1 个方向梯度直方图,即一个向量,这样 64×128 的人物图像就可以得到 128 个不同的向量(相应的 64×64 的标志牌会得到 64 个向量),这些向量的整体就是最终得到的图像的 HoG 特征,也就是该图像的特征向量。

11.2.4 标志牌分类和识别

本节介绍标志牌的识别与分类。首先我们需要考虑的是在一张场景图中寻找出标志牌所在的位置。由于这里的标志牌是圆形的,因此本书的第 4 章中所提到的霍夫圆检测为这个问题提供了可行的解决方案。该方法可以用来定位一张图像上可能存在的标志牌的位置,对该图像区域进行裁剪、缩放等操作后采集到图像数据,然后利用下文的介绍的分类器设计方法来判定所采集到的图像数据是否是标志牌,以及是哪一种标志牌。

在分类器训练阶段,可以采用人工的方法从大量图片中获取各类标志牌图像,并加上标签置于训练数据集中。对训练数据集中的每一幅样本图像提取 HoG 特征,就可以采用不同的算法实现对标志牌的分类和识别。

假设本文小车实验中使用的标志牌数据分为 3 类:左转标志牌、右转标志牌和直行标志牌,如下图 11－23 所示。

图 11－23　交通标志牌,依次为左转、右转和直行

采集训练样本图像之后需要对上述的图片加上相应类别标签或者文本标签。所谓标签,就是在训练过程中告诉分类器当前输入图片的特征代表了什么。标签需要具有一定的区分度,在这里我们使用数字 0、1 和 2 分别作为“左转”“右转”和“直行”的标签。训练过程如图 11－24 所示,图像特征与相应的标签用来训练分类器(SVM 分类器),最终得到一个分类模型。

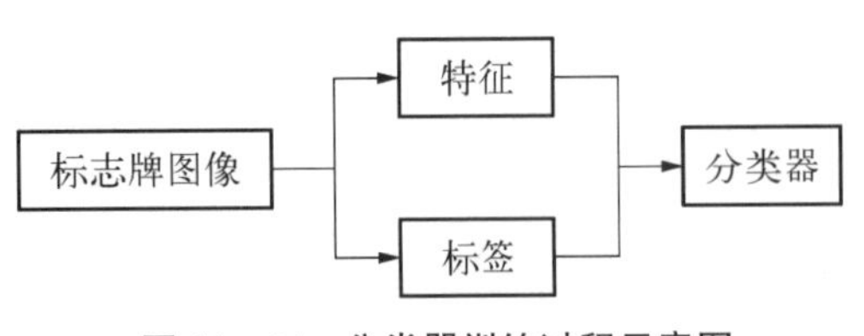

图 11－24　分类器训练过程示意图

所谓分类问题,就是在获得了新的标志牌的 HoG 特征之后,需要对这些输入的特征进行相应的处理,从而判断特征所属的标志牌属于训练集中的哪一类标志牌,再根据判断结果做出左转、右转或直行的决策。例如输入图像 A，得到图像 A 的 HoG 特征，经过判断后认为图像 A 属于第 3 类标志牌，而不是第 1 类和第 2 类的标志牌，这种问题实际上就是一个简单的分类问题。分类问题的目标是判断一个新的样本属于数据库中的哪种已知样本类别。

1. 基于 HoG 的 kNN 算法

想要利用上面提取到 HoG 特征进行标志牌分类，首先想到的是 k 最近邻分类算法，也就是 kNN 算法。所谓 k 最近邻，即 k 个最近邻居的意思，表示每个样本可以由最接近它的 k 个邻居来代表。kNN 算法的具体流程如图 11－25 所示。

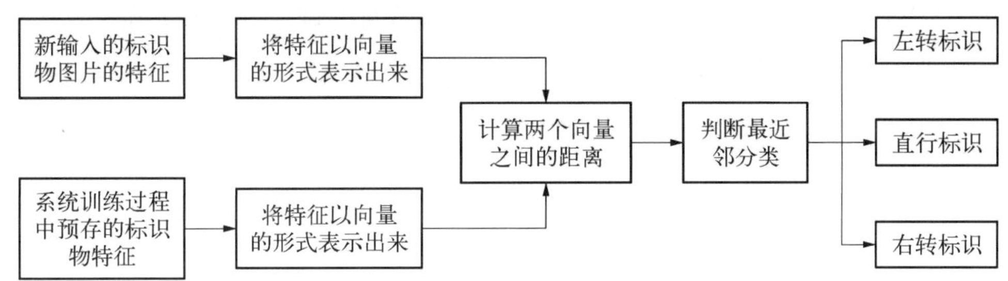

图 11－25　k 最近邻算法流程图

kNN 算法就是在输入标志牌图像的 HoG 特征后，计算训练样本集中每个样本的 HoG 特征与该样本的 HoG 特征之间的距离，选出距离最近的 k 个邻居样本，可以理解成在训练数据集中这 k 个邻居样本的 HoG 特征和输入的标志牌的 HoG 特征最为相似，然后根据这 k 个邻居样本所属的类别标签进行投票，判断投票最多的样本类别为该标志牌所属的类别。

以图 11－26 为例，如果 k 取值为 5，若图(a)中最中心处的圆点为新输入的标志牌，根据其特征找出距离它最近的 5 个最近的标志牌[见图(b)]，其中有 3 个是直行标志牌，1 个是右转标志牌，1 个是左转标志牌[见图(c)]。按照少数服从多数的原则，就可以判断新标志牌属于直行标志牌，如图(d)所示。

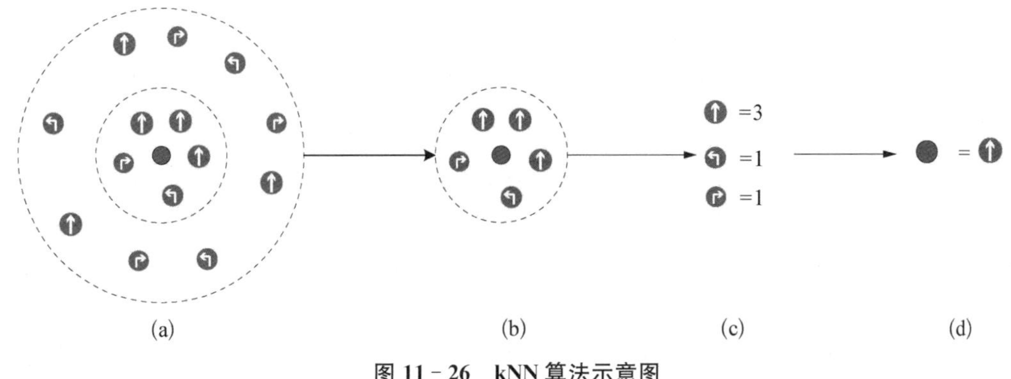

图 11－26　kNN 算法示意图

kNN 算法的优点在于思想简单。但是使用 kNN 算法时，尤其是在训练数据集很大的情况下，每一次进行标志牌的分类，都要将训练集中的所有样本拿出来与输入标志牌进行比较，计算量非常大，需要大量内存，同时也会影响标志牌分类的实时性，因此考虑是否可以采用别的算法再次尝试进行标志牌分类或识别。

2. 基于 HoG 的 SVM 识别标志牌

在支持向量机(SVM)算法中，样本数据只需要被比对一次就可以得到分类结果，大大降低了计算量，提高了标志牌分类和识别的实时性。如图 11－27 所示，假设直行标志牌和右转标志牌的 HoG 特征是二维的，这样两者的特征可以分布在直角坐标系中，图中仅靠一条直线就可以区分出输入标志牌是直行还是右转。当输入标志牌的 HoG 特征数据在该直线上方时，判断该标志牌是直行标志牌；输入标志牌的特征数据在该直线下方时，判断该标志牌是右转标志牌。

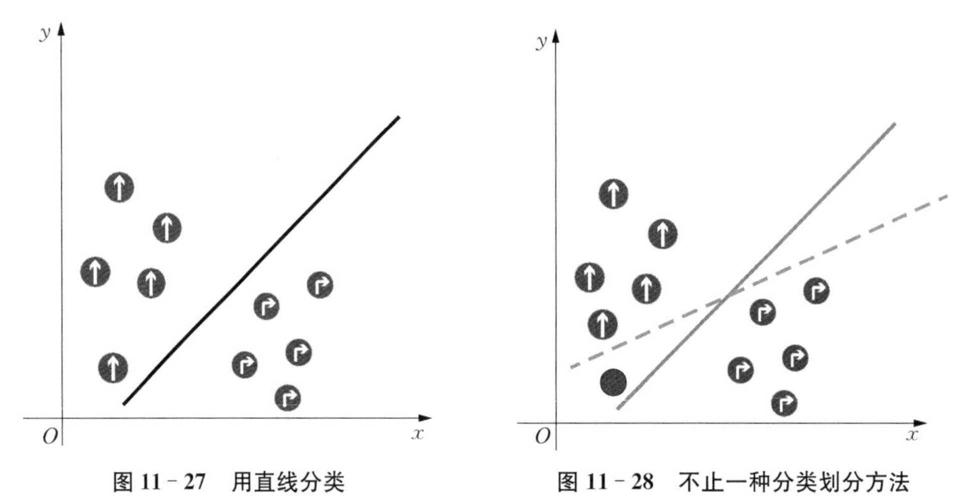

图 11－27　用直线分类　　图 11－28　不止一种分类划分方法

实际上，图 11－27 中可以满足分割要求的直线不止一条。如图 11－28 所示，处于同一位置的样本数据，可能因为分割线的不同导致不同的预测结果。如果以虚线为分割线的话，分类器会认为最左下角输入数据(圆点)是右转标识物；如果以实线为分割线的话，分类器则会认为输入的该数据是直行标识物。SVM 算法所做的，就是选择出最合适的分类线对输入标志牌进行分类。这里最合适的分类线可以理解成最准确的分类线。

以图 11－29 为例，可以直观地观察到距离虚线和实线两条分类线最近的样本，也就是具有最小边界距离的样本，而显然实线分类线距离两种样本的最小边界距离更大，这意味着实线分类线所能留出的分类缓冲区域更大，这样即使一些样本处于分类线附近，也能尽可能地被划分在正确的一边，提高了分类正确的可能性。换言之，边界距离越大，缓冲区域就越大，分类器分类的准确性就越高。因此 SVM 分类的过程，实际上就是找到最小边界距离最大的分类器。

那么什么是支持向量呢？在寻找具有最大缓冲区域的边界的过程中，缓冲边界上的边界点至关重要，影响边界选择的就是边界附近的若干个数据点，这些数据点又称为支持向量。这些支持向量影响了边界距离，最终决定了分类器的选择。这就是支持向量机名称的由来。图 11－30 中黑色实线圈出的数据点即为支持向量。

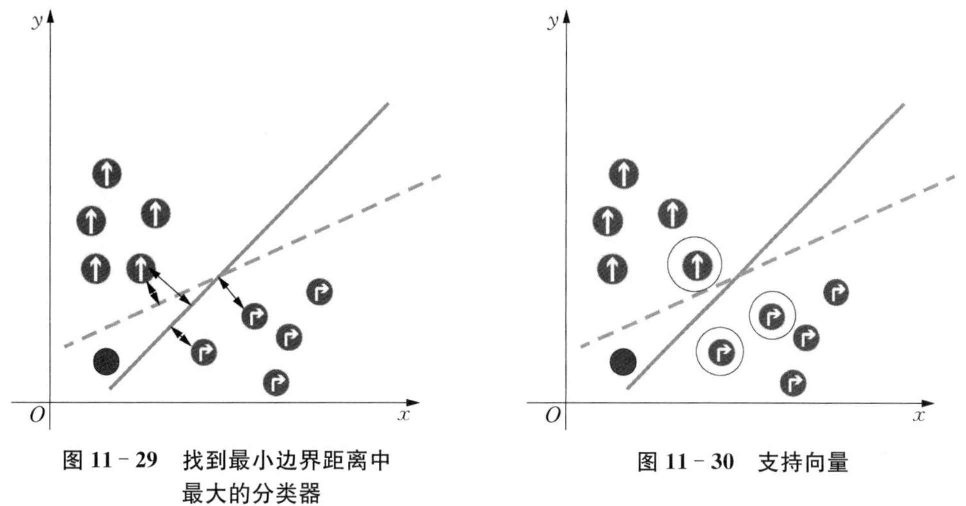

图 11－29　找到最小边界距离中最大的分类器

图 11－30　支持向量

11.2.5　基于 HoG 特征的 SVM 进行行人检测

除了上文中介绍用基于 HoG 特征的 SVM 算法进行标志牌的识别之外，提取出图像的 HoG 特征与 SVM 算法相结合还可以解决很多其他的问题，其中最经典的一个应用就是基于 HoG 特征和 SVM 分类器的行人检测。

1. SVM 行人检测器的训练

首先介绍基于 HoG 特征的 SVM 行人检测器的训练过程，训练过程如下图 11－31 所示。训练的准备工作是建立训练数据集，该数据包括正样本和负样本。

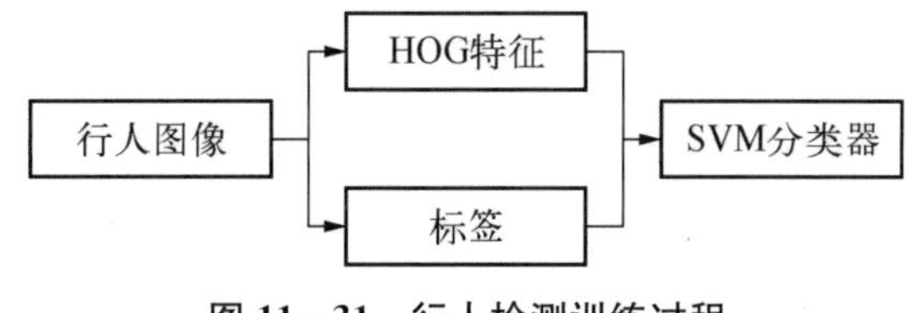

图 11－31　行人检测训练过程

将含有不同人的各种姿势的行人图像从场景图像中人工提取出来。这些行人图像都被标上标签，该标签的意思就是这张图像是行人图像，这就是用来训练分类器的正样本；负样本则按照正样本图像大小任意截取不含有行人的图像，同样也做好标签(非行人)一并存入训练数据集。对数据集中的每张图像计算 HoG 特征，然后将图像的 HoG 特征和对应图像的标签同时输送到 SVM 分类器中进行训练，训练完成后得到的 SVM 分类器可以判断输入的图片是否是行人图片。

2. SVM 行人检测器的检测

在得到一个训练好的且可以判断输入图像是否是行人图片的 SVM 分类器之后，如何检测一张图像上是否在某个位置有行人呢？首先需要设置训练集中图像大小的滑动窗口（一般设定为 64×128），从整体图像的左上角开始，提取该滑动窗口区域内图像块的 HoG 特征，将该 HoG 特征输入到已经训练好的 SVM 分类器中，通过该分类器的输出结果判断这个滑动窗口中是否有行人。图 11－32 所示是滑动窗口中图像块的分类过程。如果有，则对该位置做出方框标记，并且滑动窗口水平或者垂直移到下一位置；如果没有，滑动窗口不做任何标记，直接水平或者垂直移动到下一位置。然后重复前面步骤，直到滑动窗口从图像左上角遍历到图像右下角，完成整张图像的行人检测工作。

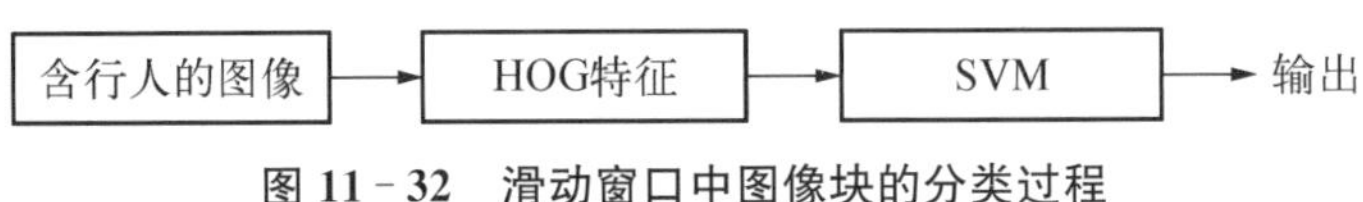

图 11－32　滑动窗口中图像块的分类过程

图 11－33 所示是行人检测过程中滑动窗口的滑动过程。图 11－33 图(b)中左上角的绿色的滑动窗口是行人检测的起始位置，右下角的滑动窗口是行人检测的结束位置。每个滑动窗口中的图像块都要被提取 HoG 特征，送入 SVM 分类器中进行判断一次。

滑动窗口

(a)　　(b)

图 11－33　滑动窗口的滑动过程示意图

(a) 待检测图片　(b) 滑动窗口在图像上滑动

（彩图请扫二维码）

行人检测

(a)　　(b)

图 11－34　行人检测

（彩图请扫二维码）

行人检测的最终结果如图 11 - 34 所示，输入图 11 - 34 左图后，通过滑动窗口的移动，检测出图中是否有行人，并且标记出行人所在位置，最后输出结果如图 11 - 34 图(b)所示，被检测到的行人用红色方框标记出来。

11.2.6 评价标志牌识别性能

在了解了不同的标志物识别方法以后，通过计算一些性能评价指标来衡量不同的标志物识别方法之间的好坏，从中选择表现最好，评价指标最高的方法。

表 11 - 2 评价图像识别性能标准

指　标	说　明
识别准确率	准确率是指正确分类的测试实例个数占测试实例总数的比例，用于衡量模型正确预测新的或者先前从未见过的数据的能力
识别误分率	错误分类的测试实例个数占测试实例总数的比例，表示分类器做出错误分类的可能性有多大
识别精确率	正确分类的正例的个数与分类为正例的实例的个数之比，又称为查准率
识别查全率	正确分类的正例个数占实际正例个数的比例，又称为召回率
识别速度	识别速度可以理解为识别出一张标识物所需的时间，识别所需时间越短，说明该系统性能越好，实时性越强

本章小结

本章在前面获取到数字语音和数字图像信息的基础上，进一步介绍了计算机是如何处理和应用语音信息和图像信息的。

针对数字语音信息，本章从语音信息的基本特征入手，简单介绍了语音信息的时域特征，频域特征，以及利用深度学习提取到的有效特征，基于这些特征，对计算机实现语音识别的基本系统框架以及语音识别的基本原理进行了介绍。

针对数字图像信息，本章从图像数据的采集入手，以提取图像的 HoG 特征为例介绍了图像特征提取的过程，进而介绍了两种基于图像的 HoG 特征进行标志牌分类和识别的算法，即基于 HoG 特征的 kNN 标志牌分类算法和基于 HoG 特征的 SVM 标志牌识别算法。除此之外，本章还简单介绍了基于 HoG 特征利用 SVM 分类器进行行人检测的方法。最后简单介绍了常见的评价图像识别性能的若干性能指标。本章内容为本书后续实验打下了坚实的基础。

本章主要内容梳理如下：

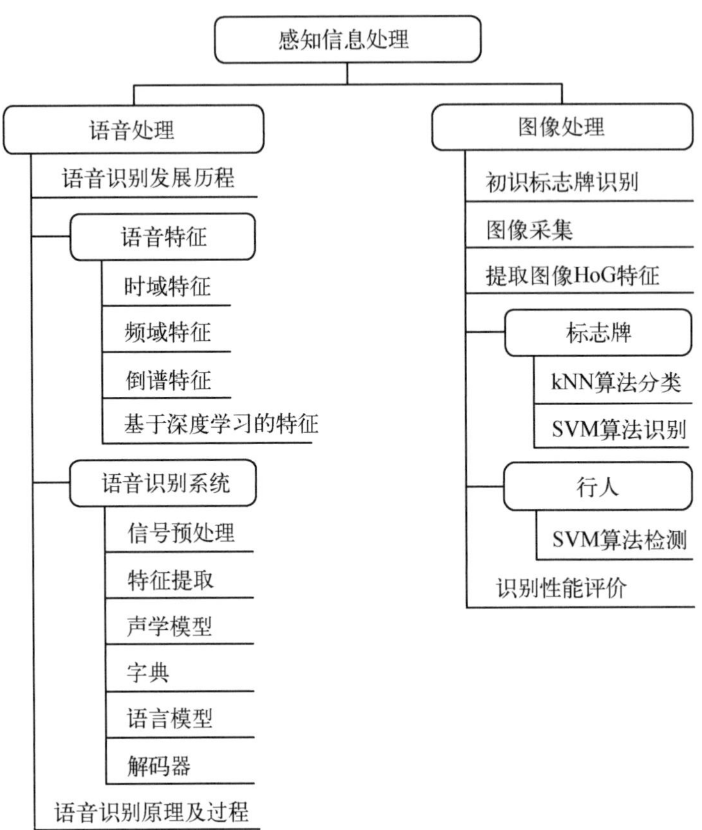
感知信息处理
语音处理
语音识别发展历程
语音特征
时域特征
频域特征
倒谱特征
基于深度学习的特征
语音识别系统
信号预处理
特征提取
声学模型
字典
语言模型
解码器
语音识别原理及过程
图像处理
初识标志牌识别
图像采集
提取图像HoG特征
标志牌
kNN算法分类
SVM算法识别
行人
SVM算法检测
识别性能评价

12 人工智能进阶实验

在本章的实验中，我们将再次使用带有树莓派的微缩车来进行更高难度的人工智能视觉任务挑战，主要有两个任务，分别是标志牌识别及微缩车倒车入库。

车中的控制器仍使用单板式计算机树莓派，树莓派使用的操作系统是过去实验所使用过的“Raspbian”系统。我们仍将使用 VNC 操作树莓派来完成实验。

12.1 实验 1——标志牌识别

1. 情景描述

标志牌识别实验要求微缩车能够在循迹行驶途中正确识别前方的标志牌并进行相应的动作。本实验中使用的标志牌数据分为 3 种：左转、右转和直行，如图 12 - 1 所示。

图 12 - 1　交通标志牌，依次为左转、右转和直行

2. 场地布置

循迹场地以实地为准(见图 12 - 2)，主要由直线、弯道以及道路交叉组成。标志识别的循迹场地上有两个交叉路口，交叉路口放置有标志牌指示转向方向(见图 12 - 3)。如图 12 - 2 所示，其中圆弧半径为 50 cm，线宽 2 cm。标志牌大小为 5 cm×5 cm。

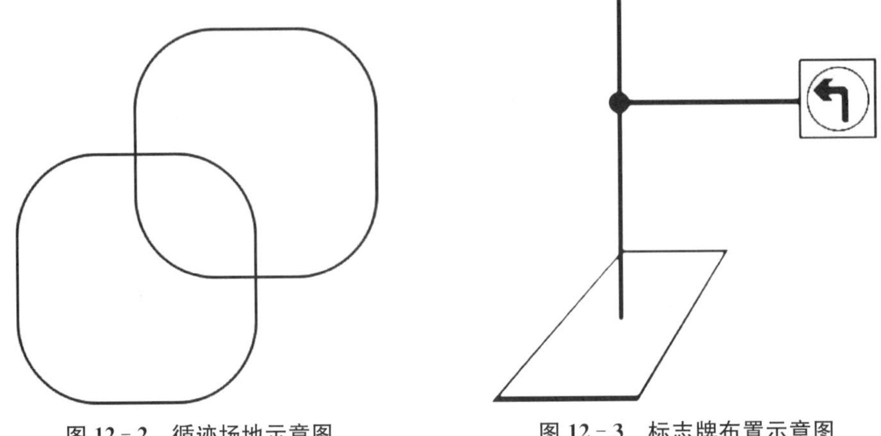

图 12－2　循迹场地示意图　　　　图 12－3　标志牌布置示意图

3. 实验步骤

(1) 启动并连接 VNC。

这里推荐在其他计算机上使用 VNC 客户端获取树莓派上的 VNC 服务，进而使用笔记本电脑等计算机便捷地完成对树莓派的远程输入与输出，如图 12－4 所示。

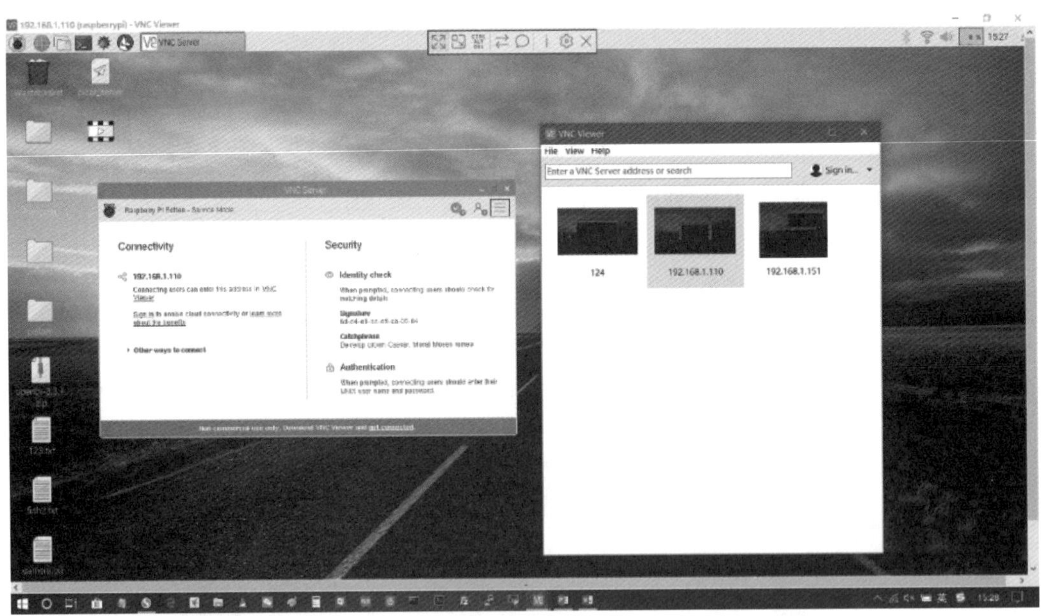

图 12－4　Windows 下通过 VNC 操作 Raspbian 系统

(2) 编写并改进程序。

在本实验中，参与者需要修改本书提供的示例程序，组合合适的使用方法。使得微缩车能够完成巡线行驶，并且当在视野中出现标志牌时，需要正确识别标志牌，并且做出相应的前进、左转、右转的决策。在 Raspbian 系统中可按照 Linux 下常见的方式编写、编译及运行程序。

本节中各个实验所编写的代码框架与以下的代码框架类似，大部分程序已经包含在这样的代码程序文件中。读者需要阅读这个框架程序，大致理解这些框架中代码的作用，同时在指定位置编写完成每个小实验所需的函数。在代码框架中，这样的位置会有注释“ #——————从这里开始定义 XXX 函数——————”以及“ #——————从这里开始调用函数——————”。在实际实验中使用的最新版本代码可能会有所不同，需要你根据前面所学的内容理解并灵活修改。

当代码编写完成后需要运行时，需要先打开微缩车控制服务程序，具体方式是运行“picar_server”，待 glog 信息输出后运行实验中编写的程序，如图 12 - 5 所示。此时微缩车会根据程序中的算法做出行动。

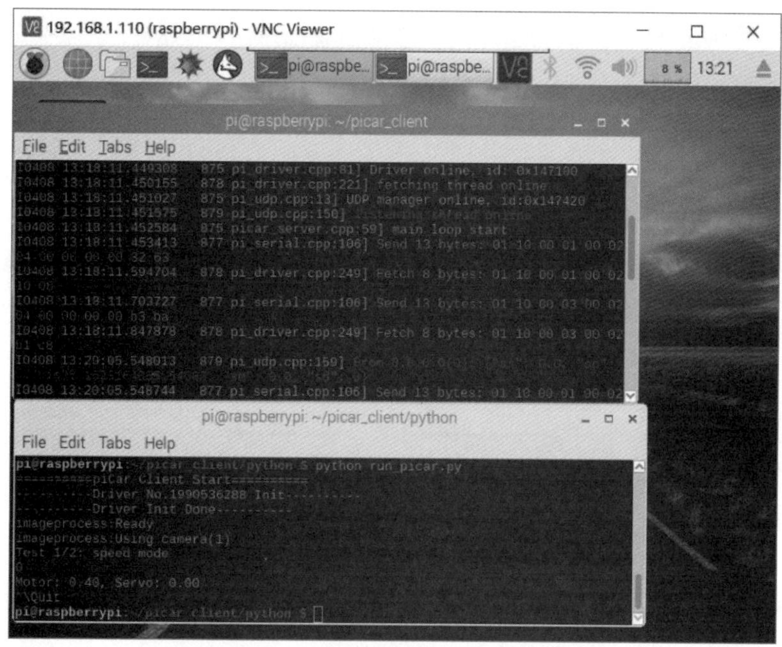

图 12 - 5　运行“picar_server”时的效果

(3) 现场测试。

当程序准备就绪时，将微缩车放置于预先布置的场地中指定位置，运行程序后参与测试的学生应当离开场地，让微缩车自行完成指定任务。

4. 实验指导

按照先前所学的图像识别知识，交通标志牌检测识别的技术流程分为图像采集、特征提取和训练 SVM 分类器 3 个部分，如图 12 - 6 所示。

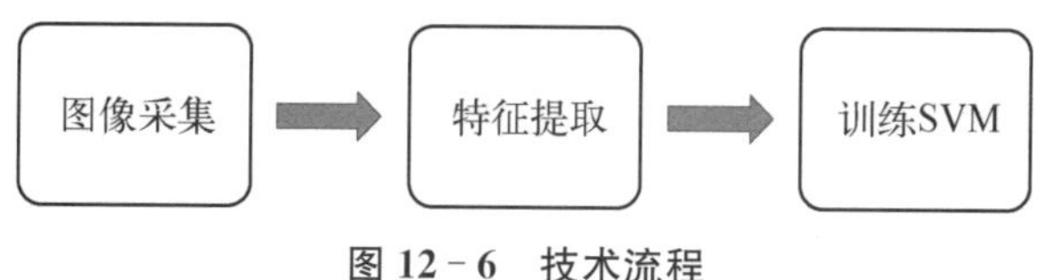

图 12 - 6　技术流程

本章微缩车实验中使用的标志牌数据分为 3 种：左转、右转和直行。我们需要对上述的图片加上数据标签。所谓标签，简单讲就是在训练过程中告诉 SVM 分类器当前输入的图片的特征代表什么。因此，标签只需要具有区分度即可，这里我们使用数字 0、1 和 2 分别代表"左转""右转"和"直行"。训练示意图见图 12－7：

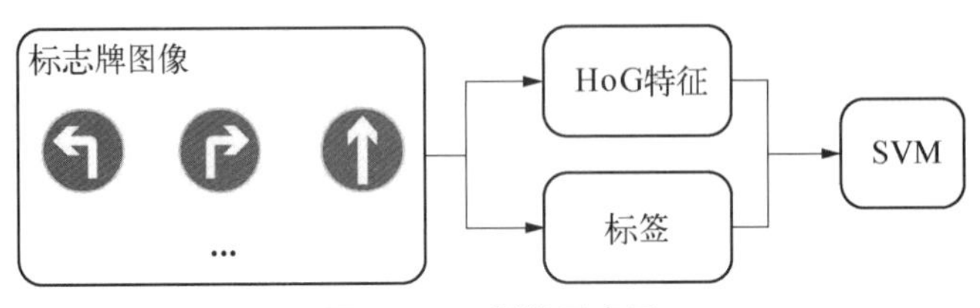

图 12－7　训练示意图

如图 12－8 所示，特征数据与相应的标签被用来训练 SVM 分类器，最终得到一个分类模型。得到训练模型之后就可以调用这个模型对标志牌进行分类，一般步骤如下：

(1) 标志牌区域获取、HoG 特征提取和调用 SVM 模型进行分类。其中标志牌区域获取负责将标志牌所在的图像区域进行分割从而得到待测试的图像；HoG 特征提取负责对待测试图像提取 HoG 特征。

(2) 将该特征应用于训练好的 SVM 模型就可以得到一个预测的标签(比如 0,1,2 中间的一个)，该标签对应的标志牌的信息(对应左转、右转和直行)就是 SVM 模型对待测试图像的预测结果。测试示意图见图 12－8。

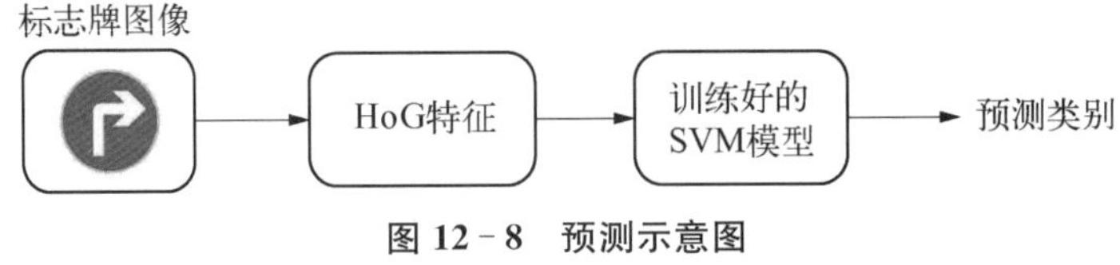

图 12－8　预测示意图

核心源码参考：

```
import cv2
from svm import SVM # SVM 分类器，源码参见《人工智能基础与进阶(Python 编程)》第 19 章
from prepare import prepare_data# 为 SVM 准备数据，源码参见《人工智能基础与进阶(Python 编程)》第 19 章

sign_class = {14: 'stop',
              33: 'Turn right',
              34: 'Turn left',
              35: 'Straight'}:
# 初始化 svm class
svm = SVM()
```

```
#准备数据 data
data = prepare_data(feature_type)

# 训练 SVM
svm.train(data)

# 预测类别
ID_num = svm.predict(frame, feature_type)#假设已经获取到当前帧图片 frame
```

12.2　实验 2——微缩车倒车入库

1. 情景描述

在室内地面环境(可设置反光、地砖接缝等干扰条件)中布置 4 个矩形车位，当微缩车倒车入库时，矩形长边相邻，布置方法如图12 - 9 所示。测试时随机抽取一个车位驶入，泊车结束后，以车右后轮外侧接地点为定位点考察泊车精度。

图 12 - 9　倒车入库车位布置示意图

2. 场地布置

每个车位为宽度 24 cm，长度 40 cm 的矩形，设计两种构型：第 1 种由不同的纯色填充，顺序依次为 C：100，M：80，Y：0，K：0；C：0，M：100，Y：0，K：0；C：0，M：0，Y：100，K：0；C：0，M：0，Y：100，K：0。第 2 种由白色背景填充，车位边缘画有宽度为 2 cm 的黑色边线，黑色边线为向内填充，其外缘为 40 cm×24 cm 的车库边界，两种类型都有黑色阿拉伯数字标注车位，彩色车位形制如图 12 - 10 所示，黑白车位形制如图 12 - 11 所示。注意：图 12 - 10 与图 12 - 11 最外侧的灰色底色不是图片的一部分。

图 12 - 10　彩色车库示意图(车库 1～4 颜色分别为深蓝，红，黄，浅蓝)

(彩图请扫二维码)

图 12 - 11　黑白车库示意图

3. 实验步骤

(1) 启动并连接 VNC。

这里推荐在其他计算机上使用 VNC 客户端获取树莓派上的 VNC 服务，进而使用笔记本电脑等计算机便捷地完成对树莓派的远程输入输出，如图 12－12 所示。

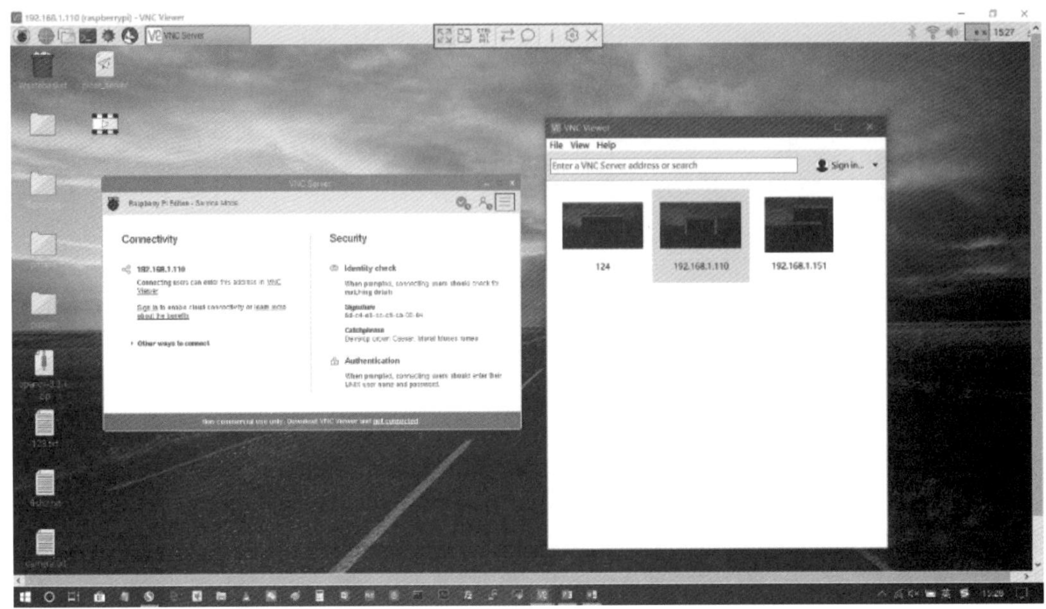

图 12－12　Windows 下通过 VNC 操作 Raspbian 系统

(2) 编写并改进程序。

在本实验中，参与者需要自行设计能够令微缩车完成循迹及倒车入库任务的算法，并且通过编写程序实现该算法。需要注意的是，此算法不仅包含数字图像处理部分，还包含对处理结果决定行动方式的算法。要使得智能车按算法行动，应当在 Raspbian 系统中运行本书提供的控制微缩车的服务程序，并在实验程序中调用本书提供的控制接口以控制智能车。编程部分与以往的微缩车实验中使用的方式相同。依然是在树莓派上编写、编译及运行程序。

本节中各个实验所编写的代码框架与以下的代码框架类似，大部分程序已经包含在这样的代码程序文件中。读者需要阅读这个框架程序，大致理解这些框架中的代码的作用，同时在指定位置编写完成每个小实验所需的函数，在代码框架中，这样的位置会有注释“# — — — — — —从这里开始定义 XXX 函数— — — — — —”以及“# — — — — — —从这里开始调用函数— — — — — —”。在实际实验中使用的最新版本代码可能会有所不同，需要你根据前面所学的内容理解并灵活修改。

当代码编写完成后需要运行时，需要先打开微缩车控制服务程序，具体方式是运行“picar_server”，待 glog 信息输出后运行实验中编写的程序，如图 12－13 所示。此时微缩车会根据程序中的算法作出行动。

(3) 现场测试。

当程序准备就绪时，把微缩车放置于预先布置的场地中指定位置，运行程序后参与测试的学生应当离开场地，令微缩车自行完成指定任务。

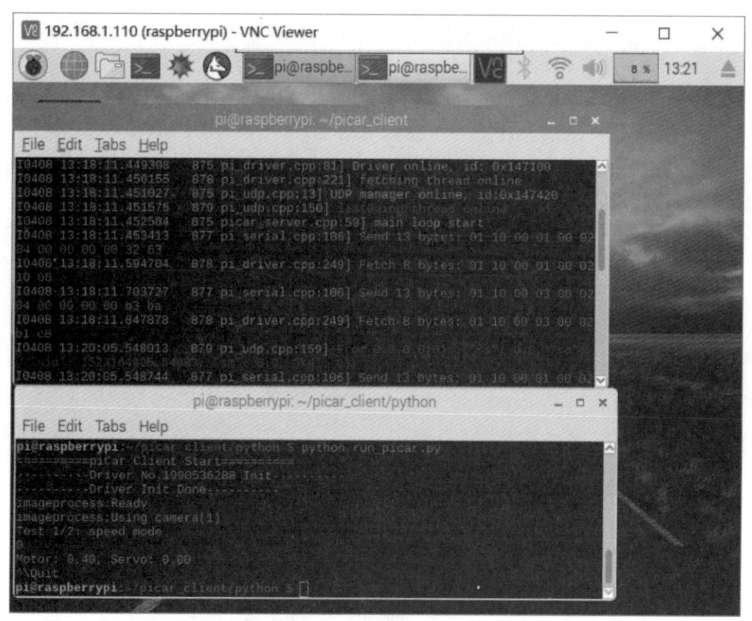

图 12－13　运行“picar_server”时的效果

4. 实验指导

完成倒车入库的方法有很多，本节提出一种思路并给出示例代码。对于黑白车库的检测，可以使用模板匹配，通过匹配到图像中数字的模板，可以确定出特定数字车库的位置，之后可以通过以前学习的控制微缩车后退及转向的方法不断调整微缩车的位置直到数字消失或者车库上边沿到达图像下方即可停止。对于彩色车库，既可以使用上面的思路，也可以使用 RGB 颜色空间至 HSV 颜色空间的转换，筛选出拥有指定颜色的车库。首先，为了降低识别数字的难度，应当将视野转换为鸟瞰图形式，此时需要使用透视变换将视野转换为鸟瞰图（详见本章拓展阅读）。在相机固定并且去除畸变的情况下，可以手动获取 4 组图像中的像素点与地面的对应关系（如图 12－14 矩形框出的 4 个角点），计算出单应矩阵（homography matrix）。倒车入库过程中，根据该单应矩阵对所有摄像头获取的图片进行透视变换。此时可以获得鸟瞰图，如图 12－15 所示。

需要注意的是，当摄像头在微缩车上的位置和角度变化时，需要重新计算出单应矩阵。

由于单应矩阵计算前的对应关系是人为设定的，所以在倒车入库的过程中鸟瞰图中数字的长宽像素数量不会发生明显的变化。只会出现旋转等情况，因此依然可以使用模板匹配。

如果是如图 12－16 所示的情况，数字没有发生旋转，缩放模板后，进行模板匹配的结果如图 12－17 所示。

事实上，车没有对齐车库是更为常见的情况，此时在鸟瞰图中数字存在一定角度的倾斜。直接进行模板匹配的效果不理想，因此需要对模板进行旋转。

图 12－14　对此区域四个角

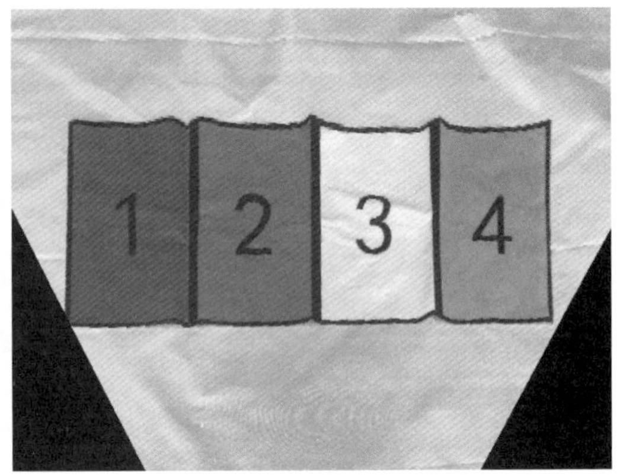

图 12－15　计算出鸟瞰图

2

图 12－16　缩放后的模板

图 12－17　进行模板匹配的结果

图 12－18 是黑白的车库图像，观察图像可知，车库包含许多平行线。因此可以先对车库进行直线检测，再通过直线的朝向确定数字的旋转情况。

图 12－18　倾斜的黑白车库

图 12－19　二值化后的车库图像

如图 12－19 所示，先将黑白车库和模板转为二值图像。如图 12－20 所示，由于相机的俯仰角并没有发生变化，因此可以继续使用刚才选取的单应矩阵进行透视变换，得到鸟瞰图(见图 12－21)。对鸟瞰图进行霍夫直线检测(见图 12－22)，由于车库的朝向始终是靠近垂直方向的，因此可以只筛选出靠近垂直方向的直线，并记录直线的角度。

图 12－20　二值化后的模板

图 12－21　车库图像的鸟瞰图

图 12－22　直线检测结果

图 12－23　旋转后的模板

根据直线与水平方向的夹角，计算出模板应当旋转的角度，并且旋转模板。此时使用旋转后的模板(见图 12－23)进行模板检测，可以识别到车库中的数字(见图 12－24)。到此为止，可以识别出车库的位置。

相关核心源码语句参考：

```
src = frame#将当前视频帧命名为 src
lred = np.array([140,43,46])#设置 HSV 筛选红色的阈值
ured = np.array([180,255,255])
img = cv2.resize(src,(src.shape[1]/5,src.shape[0]/5))
birdeye = img.copy()
```

图 12-24　数字识别结果

```
imghsv = cv2.cvtColor(img,cv2.COLOR_BGR2HSV) #将 RGB 图像用 HSV 表示
#cv2.imwrite('imghsv.jpg',imghsv)
gray = cv2.cvtColor(img,cv2.COLOR_BGR2GRAY)
redimg = cv2.inRange(imghsv,lred,ured)#使用之前设置的阈值筛选
#cv2.imwrite('red.jpg',redimg)
kernel = cv2.getStructuringElement(cv2.MORPH_CROSS,(7,7))#用于腐蚀膨胀的核

eros = cv2.erode(redimg,kernel)#腐蚀操作
#cv2.imwrite('eros.jpg',eros)
#dila = cv2.dilate(eros,kernel) #膨胀操作

#EXternal contour!!!!
cont, contours, hierarchy = cv2.findContours(eros, cv2.RETR_CCOMP,cv2.CHAIN_APPROX_SIMPLE)#获取图形边缘
img = cv2.drawContours(img, contours, -1, (0,255,0), 3)
#cv2.imwrite('imgwithcont.jpg',img)
#cv2.imwrite('cont.jpg',cont)
'''
cv2.imshow('cont.jpg',img)
cv2.waitKey(30)
'''
#birdeye
```

```
    img_corners = np.array([(112,251),(664,227),(0,371),(793,343)])
    real_corners = np.array([(100,200),(900,200),(100,550),(900,550),])#透
视变换参数
    drawcorners = np.array([[0,371],[112,251],[664,227],[793,343]],np.int32)
    #drawcorners = drawcorners.reshape((-1,1,2))
    #计算透视变换相关的单应矩阵并进行透视变换
    M,adaf = cv2.findHomography(img_corners, real_corners, cv2.RANSAC)
    bird = cv2.warpPerspective(birdeye,M,(1000,800),cv2.BORDER_CONSTANT,0)
    cv2.polylines(birdeye,np.int32([drawcorners]),True,(255,0,0),5,cv2.LINE_8)
    #cv2.imwrite('bird.jpg',bird)
    #cv2.imwrite('birdeye.jpg',birdeye)
    #template
    #模板匹配操作
    numtemplate = cv2.imread('num2.png')
    template = cv2.resize(numtemplate,(int(150),int(150)))

    #HoughLines 霍夫直线检测
    gsblur = cv2.GaussianBlur(bird,(3,3),0)
    edges = cv2.Canny(gsblur,50,150,apertureSize=3)
    lines = cv2.HoughLines(edges,1,np.pi/180,120)
    #设定直线检测的阈值
    cnt = 0
    thetacnt = 0
    for line in lines:
      rho = line[0][0]
      theta = line [0][1]
      a = np.cos(theta)
      b = np.sin(theta)
      x0 = a*rho
      y0 = b*rho
      x1 = int(x0 + 1000*(-b))
      y1 = int(y0 + 1000*(a))
      x2 = int(x0 - 1000*(-b))
      y2 = int(y0 - 1000*(a))
      if theta>(0.25*3.14):
        if theta<(0.75*3.14):
```

```
            continue
        thetacnt + = theta
        cnt + = 1
        print theta

        cv2.line(bird,(x1,y1),(x2,y2),(255,255,255),5)
    #cv2.imwrite('line.jpg',bird)
    thetacnt = thetacnt/cnt
    print thetacnt
    # rotM = cv2.getRotationMatrix2D((int(template.shape[0] * 0.5),int
(template.shape[1] * 0.5)),180 * (3.14 * 0.5 - thetacnt + 1.5 * 3.14)/3.14,1)
    #rottemp = cv2.warpAffine(template, rotM,(int(template.shape[0]),int
(template.shape[1])))
    #cv2.imwrite('rottemp.jpg',rottemp)
    #template = rottemp
      #stoptemplate

    temROI = bird.copy()
    ret = cv2.matchTemplate(temROI,template,cv2.TM_CCOEFF_NORMED)
    min_val, max_val, min_loc, max_loc = cv2.minMaxLoc(ret)
    top_left = max_loc
    w = template.shape[1]
    h = template.shape[0]
    bottom_right = (top_left[0] + w, top_left[1] + h)
    cv2.rectangle(temROI,top_left, bottom_right, 255, 2)
    ret = ret * 255
    #cv2.imwrite('ret.jpg',ret)
    #cv2.imwrite('ROI.jpg',temROI)
    #cv2.imwrite('template.jpg',template)
```

本章小结

在本章的学习过程中，我们再一次使用熟悉的微缩车进行实验，再一次完成标志牌识别任务。但这次我们使用了更加强有力的视觉算法。在实验中，标志牌识别的成功率相比之前的实验有了明显提升。此外，本章新增了倒车入库的实验，通过我们设计的算法让微缩车看到车位并不断调整自身位置，正确停到车位中，通过与环境交互完成一项对微缩车而言并不轻松的任务。相信在进行实验的过程中，你对人工智能的认识再次加深，同时对它的能力有了更明确的认识。希望读者带着在这段学习过程中的知识、经验和兴趣，以坚实的数理基础和信息技术知识为后盾，持续探索广阔的人工智能领域，使用这种充满无限可能的技术让生活变得更加美好。

本章主要内容梳理如下：

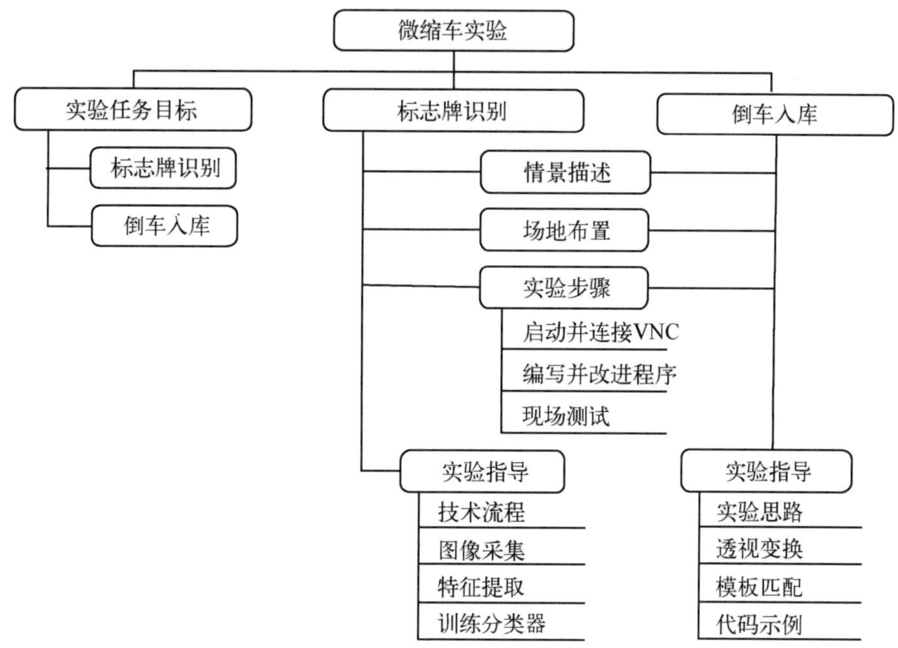

拓展阅读

使用仿射变换和透视变换的目的是对当前的图像进行一些例如缩放，旋转以及倾斜等图像处理技术，使得变换后的图像变成在另一个视角下的形状。为了通俗地描述和理解仿射变换，可以想象这样一个场景：有一副矩形框(原始状态)挂在正对着我们的墙上，每一个边都可以绕顶点进行旋转，此时你可以沿着对角线挤压或者拉伸这个框的对角，这个框就可以由矩形变成平行四边形。注意：这个框始终紧贴墙面。除了可以将其沿着对角线挤压和拉伸成不同的平行四边形，也可以将其沿着墙平移和旋转，或者缩小放大，或者翻转。这个框在墙面上经过以上变化所能呈现的形态，都是可以从原始的矩形框经过仿射变换所得到。

透视变换则是在这个基础上去掉了墙面，可以假想这个框悬浮在空中，可以将它拉近或者放远，或者朝着三维空间中任意方向倾斜，我们所看到框的每一个形态都是可以将原始的框通过透视变换而得到。这个过程同样可以理解为框在空间位置不变，观察的这个框的视角发生了变化导致看到的画面的不同。

在数学上使用单应矩阵的概念来描述透视变换的处理过程，即在三维空间里在两个不同的视角观察同一目标，两者之间的关系可以用单应矩阵来确定。比如微缩车在平视车库时，车库的四个顶点在变成鸟瞰图时一定是矩形，所以我们就可以推断出在鸟瞰图上的位置，进而通过数学计算求出描述这个平视到鸟瞰变换过程的单应矩阵，之后对任意一个平视图像，我们都可以利用所求出的单应矩阵求出平视视角获得图像对应的鸟瞰视角图像。

参考文献

[1] 李开复，王咏刚.人工智能[M].北京：文化发展出版社，2017.

[2] 腾讯研究院，中国信息通信研究院互联网法律研究中心，腾讯 AILab，等.人工智能[M].北京：中国人民大学出版社，2017.

[3] 周志华.机器学习[M].北京：清华大学出版社，2016：73－190.

[4] 汤晓欧，陈玉琨.人工智能基础（高中版）[M].上海：华东师范大学出版社，2018：19－39.

[5] 范立南，韩晓微，张广渊.图像处理与模式识别[M].北京：科学出版社，2007.

[6] 阮秋琦.数字图像处理基础[M].北京：清华大学出版社，2009.

[7] 赵力.语音信号处理（第 3 版）[M].北京：机械工业出版社，2016.

[8] 韩纪庆，张磊，郑铁然.语音信号处理[M].北京：清华大学出版社，2013.

[9] 梁静，刘刚.基于深度学习模型的语音特征提取方法研究[EB/OL].北京：中国科技论文在线[2013－12－31].

[10] 蒋云良.知识表示综述[J].湖州师专学报，1995(5)：18－22.

[11] Ian Goodfellow，Yoshua Bengio，Aaron Courville.Deep Learning[M].Cambridge，Massachusetts：MIT Press，2016：1－8.

[12] https://www.jianshu.com/p/b6068b20aca8

[13] https://blog.ailemon.me/2019/06/20/history-and-research-status-quo-of-speech-recognition/

[14] https://baike.baidu.com/item/%E8%AF%AD%E9%9F%B3%E5%8A%A9%E6%89%8B/9819119

[15] https://baike.baidu.com/item/%E6%A2%85%E5%B0%94%E9%A2%91%E7%8E%87%E5%80%92%E8%B0%B1%E7%B3%BB%E6%95%B0

[16] https://blog.csdn.net/yang_daxia/article/details/83819595

[17] https://blog.csdn.net/u012528143/article/details/51873467
[18] https://baike.baidu.com/item/%E8%AF%AD%E9%9F%B3%E8%AF%86%E5%88%AB%E6%8A%80%E6%9C%AF/5732447? fr=aladdin
[19] https://blog.csdn.net/wchccy/article/details/11524713
[20] https://blog.csdn.net/weixin_34344677/article/details/91698420
[21] https://baike.baidu.com/item/%E7%89%B9%E5%BE%81%E6%8F%90%E5%8F%96/8827539
[22] https://zhuanlan.zhihu.com/p/50800849
[23] https://blog.csdn.net/arag2009/article/details/64439221
[24] https://baike.baidu.com/item/HOG
[25] https://zhuanlan.zhihu.com/p/40960756
[26] https://wenku.baidu.com/view/1d45b1057f1922791788e83e.html
[27] https://www.zhihu.com/question/41540197/answer/91698989
[28] https://blog.csdn.net/lhy2014/article/details/86470565
[29] https://blog.csdn.net/u013185349/article/details/64122909
[30] https://baike.baidu.com/item/%E5%A3%B0%E9%9F%B3/33686
[31] https://baike.baidu.com/item/%E5%A3%B0/7318450
[32] https://baike.baidu.com/item/%E5%8F%91%E9%9F%B3
[33] https://zhuanlan.zhihu.com/p/46729622
[34] https://baike.baidu.com/item/%E5%A3%B0%E9%9F%B3%E4%BC%A0%E6%84%9F%E5%99%A8/53452
[35] https://baike.baidu.com/item/%E6%95%B0%E5%AD%97%E5%8C%96
[36] https://wenku.baidu.com/view/91bfd4b669dc5022aaea004e.html
[37] https://baike.baidu.com/item/%E9%87%87%E6%A0%B7%E8%BF%87%E7%A8%8B/22110306
[38] https://baike.baidu.com/item/%E8%AF%AD%E9%9F%B3%E5%90%88%E6%88%90
[39] https://zhuanlan.zhihu.com/p/51080753
[40] http://www.doc88.com/p-3117449132754.html
[41] https://baike.baidu.com/item/%E4%BA%BA%E7%9C%BC/2058520?fr=aladdin
[42] https://baike.baidu.com/item/%E7%9C%BC%E7%90%83%E6%88%90%E5%83%8F/5795853
[43] https://baike.baidu.com/item/%E5%8D%95%E9%95%9C%E5%A4%B4%E5%8F%8D%E5%85%89%E7%9B%B8%E6%9C%BA/8119931
[44] https://baike.baidu.com/item/%E9%95%9C%E5%A4%B4
[45] https://baike.baidu.com/item/%E5%85%89%E5%9C%88/94964

[46] https://baike.baidu.com/item/%E6%84%9F%E5%85%89%E5%BA%A6

[47] https://zhuanlan.zhihu.com/p/20946753

[48] https://baike.baidu.com/item/CCD%E5%9B%BE%E5%83%8F%E4%BC%A0%E6%84%9F%E5%99%A8

[49] https://m.baidu.com/tc?from=bd_graph_mm_tc&srd=1&dict=20&src=http%3A%2F%2Fshixinhua.com%2Fcamera%2F2012%2F07%2F56.html&sec=1569219955&di=5997f869987d369e

[50] https://blog.csdn.net/pinbodexiaozhu/article/details/39696153

[51] https://baike.baidu.com/item/%E5%9B%BE%E5%83%8F%E4%BC%A0%E6%84%9F%E5%99%A8/11369

[52] https://baike.baidu.com/item/%E5%9B%BE%E5%83%8F%E4%BC%A0%E6%84%9F%E5%99%A8

[53] https://baike.baidu.com/item/%E6%95%B0%E5%AD%97%E5%9B%BE%E5%83%8F

[54] https://baike.baidu.com/item/%E6%BF%80%E5%85%89%E9%9B%B7%E8%BE%BE%E7%B3%BB%E7%BB%9F/1085926

[55] https://blog.csdn.net/ccnt_2012/article/details/81127117

[56] https://blog.csdn.net/deramer1/article/details/88165771

[57] https://www.sohu.com/a/144427458_610300

[58] https://www.cnblogs.com/charlotte77/p/7759802.html

[59] http://baijiahao.baidu.com/s?id=1597143397344696211&wfr=spider&for=pc

[60] https://blog.csdn.net/u014696921/article/details/54095449?locationNum=15&fps=1